火山岩油气藏的形成机制与分布规律研究丛书

火山作用的成烃与成藏效应

李建忠　单玄龙　吴晓智　王　民
卢双舫　郑　曼　郝国丽　李吉焱　著

科学出版社
北京

内 容 简 介

本书针对火山岩油气勘探中出现的与火山作用有关的有机质成烃、油气成藏效应问题进行研究，包括与岩浆活动有关的烃源岩发育和催化促烃评价、火山活动对油气成藏的建设和破坏作用、火山活动与无机气富集规律、火山岩油气藏主控因素与成藏机制。

本书适合于广大地质勘探人员、石油地质综合研究人员及大专院校相关专业的师生参考。

图书在版编目（CIP）数据

火山作用的成烃与成藏效应／李建忠等著．—北京：科学出版社，2015.5

（火山岩油气藏的形成机制与分布规律研究丛书）

ISBN 978-7-03-044171-3

Ⅰ.①火… Ⅱ.①李… Ⅲ.①火山作用-油气藏形成-研究 Ⅳ.P618.130.2

中国版本图书馆 CIP 数据核字（2015）第 084789 号

责任编辑：王 运 韩 鹏／责任校对：宋玲玲
责任印制：肖 兴／封面设计：王 浩

科学出版社 出版
北京东黄城根北街16号
邮政编码：100717
http://www.sciencep.com

北京通州皇家印刷厂 印刷
科学出版社发行 各地新华书店经销

*

2015 年 5 月第 一 版 开本：787×1092 1/16
2015 年 5 月第一次印刷 印张：17 1/4
字数：410 000

定价：158.00 元

（如有印装质量问题，我社负责调换）

从 书 序

——开拓油气勘查的新领域

2001 年以来，大庆油田有限责任公司在松辽盆地北部徐家围子凹陷深层火山岩勘探中获得高产工业气流，发现了徐深大气田，由此，打破了火山岩（火成岩）是油气勘探禁区的传统理念，揭开了在火山岩中寻找油气藏的序幕，进而在松辽、渤海湾、准噶尔、三塘湖等盆地火山岩的油气勘探中相继获得重大突破，发现一批火山岩型的油气田，展示出盆地火山岩作为油气新的储集体的巨大潜力。

从全球范围内看，盆地是油气藏的主要聚集地，那里不仅沉积了巨厚的沉积岩，也往往充斥着大量的火山岩，尤其在盆地发育早期（或深层），火山岩在盆地充填物中所占的比例明显增加。相对常规沉积岩而言，火山岩具有物性受埋深影响小的优点，在盆地深层其成储条件通常好于常规沉积岩，因此可以作为盆地深层勘探的重要储集类型。同时，盆地早期发育的火山岩多与快速沉降的烃源岩共生，组成有效的生储盖组合，具备成藏的有利条件。

但是，作为一个新的重要的勘探领域，火山岩油气藏的成藏理论和勘探路线与沉积岩石油地质理论及勘探路线有很大不同，有些还不够成熟，甚至处于启蒙阶段。缺乏理论指导和技术创新是制约火山岩油气勘探开发快速发展的主要瓶颈。为此，2009 年，国家科技部及时设立国家重点基础研究发展计划（973）项目“火山岩油气藏的形成机制与分布规律”，把握住历史机遇，及时凝炼火山岩油气成藏的科学问题，实现理论和技术创新，这对于占领国际火山岩油气地质理论的制高点，实现火山岩油气勘探更广泛的突破，保障国家能源安全具有重要意义。大庆油田作为项目牵头单位，联合中国科学院地质与地球物理研究所、吉林大学、北京大学、中国石油天然气勘探研究院和东北石油大学等单位的专业人员，组成以冯志强、陈树民为代表的强有力的研究团队，历时五年，通过大量的野外地质调查、油田现场生产钻井资料采集和深入的测试、分析、模拟、研究，取得了一批重要的理论成果和创新认识，基本建立了火山岩油气藏成藏理论和与之配套的勘探、评价技术，拓展了火山岩油气田的勘探领域，指明火山岩油气藏的寻找方向，为开拓我国油气勘探新领域和新途径做出了重要贡献：

一是针对火山岩油气富集区的地质背景和控制因素科学问题，提出了岛弧盆地和裂谷盆地是形成火山岩油气藏的有利地质环境，明确了寻找火山岩油气藏的盆地类型；二是针对火山岩储层展布规律和成储机制的科学问题，提出了不同类型、不同时代的火山岩均有可能形成局部优质和大面积分布的致密有效储层的新认识，大大拓展了火山岩油气富集空间和发育规模，对进一步挖掘火山岩勘探潜力有重要指导意义；三是针对火山岩油气藏地球物理响应的科学问题，开展了系统的地震岩石物理规律研究，形成了火山岩重磁宏观预测、火山岩油气藏目标地震识别、火山岩油气藏测井评价和火山岩储层微观评价4个技术系列，有效地指导了产业部门的勘探生产实践，发现了一批油气田和远景区。

“火山岩油气藏的形成机制与分布规律”项目，是国内第一家由基层企业牵头的国家重大基础研究项目，通过各参加单位的共同努力，不仅取得一批创新性的理论和技术成果，还建立了一支以企业牵头，“产、学、研、用”相结合的创新团队，在国际火山岩油气领域形成先行优势。这种研究模式对于今后我国重大基础研究项目组织实施具有重要借鉴意义。

《火山岩油气藏的形成机制与分布规律研究丛书》的出版，系统反映了该项目的研究成果，对火山岩油气成藏理论和勘探方法进行了系统的阐述，对推动我国以火山活动为主线的油气地质理论和实践的发展，乃至能源领域的科技创新均具有重要的指导意义。

刘嘉麒

2015年4月

前言

油气勘探实践表明，全球找到的油气藏几乎都在盆地的沉积岩中，火山岩分布区一般被看成寻找油气的禁区。但是随着油气勘探技术的进步及石油地质理论的不断深化，国内外已在火山岩中发现了一系列大中型油气藏，火山岩特殊储层油气藏日益受到地质学家与勘探人员的重视。我国火山岩油气藏勘探已有60余年历史，自20世纪50年代开始在新疆准噶尔盆地西北缘先后发现了一批油气田，到20世纪90年代又在渤海湾盆地、准噶尔盆地、海拉尔盆地发现了一系列中小型油气藏，这些油气藏均属新生古储型火山岩油气藏。进入21世纪，中国石油天然气股份有限公司逐步加大对火山岩勘探领域的探索，先后在东北松辽盆地发现徐深、长岭大气田；在西部准噶尔盆地、三塘湖盆地发现克拉美丽大气田、牛东大油田；极大地推动了我国火山岩领域油气勘探。但对于火山岩油气藏，其火山作用的成烃效应、火山岩储层改造、火山岩油气成藏、火山岩油气藏分布规律等基础性科学问题亟待解决。以往研究，人们在认识到火山作用对烃源岩及油气藏具有破坏作用的同时，也认识到火山作用的热效应及流体对烃源岩有机质的溶蚀和催化作用具有重要影响。自20世纪80年代开始，逐步开始探索与火山作用有关的成烃效应，探讨火山作用的热效应对沉积岩中烃类生成的影响。

2009年，国家科技部设立国家重点基础研究发展计划（973）项目“火山岩油气藏的形成机制与分布规律”，下设8个课题，其中第6课题为“火山作用的成烃、成藏效应”，重点解决火山岩热效应的定量模型、火山流体的成烃效应模型与无机气富集规律、火山岩油气藏成藏机理与分布规律三个科学问题。

本课题研究的主要目标是通过对不同类型、不同时代火山岩油气藏的解剖，利用地质–地球化学方法和实验与模拟手段，揭示火山作用的成烃、成藏效应发生的条件和规律，建立成烃成藏效应定量模型。取得4项创新性研究成果：

（1）建立火山作用侵入与喷发岩成烃热效应模型，实现火山作用对泥质烃源岩热效应成烃定量评价。

（2）建立火山流体成烃实验模型与评价方法，实现火山流体成烃定性评价。

（3）研究火山作用与CO_2气藏形成关系，明确了我国东部被动大陆边缘裂谷型盆地CO_2气藏成因及主控因素。

（4）通过详细解剖我国东西部典型火山岩油气藏，基本明确我国火山岩油气藏主控因素与主要成藏模式，初步揭示火山岩油气成藏机理。

课题研究成果揭示火山作用的成烃、成藏过程及其相互关系，揭示火山岩油气成藏的控制因素和机理，对我国火山岩油气藏地质理论创新及火山岩油气藏勘探具有良好的启示意义与推动作用。

本书在课题组近5年的研究成果基础上编写而成，全书共分八章。第一章为火山作用与成烃、成藏关系，主要回顾国内外火山作用的成烃、成藏研究现状、研究进展，主要研究方法及手段；第二章为陆相火山水下喷发与油气成烃、成藏，针对火山作用的水下喷发，探讨火山水下喷发识别标志，火山水下喷发对有效烃源岩物质形成的促进作用；第三章在探讨火山作用热效应与成烃效应理论基础及实验模型建立的基础上，经过高温热模拟试验，确定火山作用侵入岩成烃效应与定量评价模型及火山作用喷发岩成烃效应与定量评价模型；第四章在探索火山流体成烃理论基础及实验模型建立基础上，通过实验装置设计与模拟试验，基本确定火山流体的成烃效应与定性评价流程；第五章探讨火山作用对成藏建设性作用、改造作用及破坏作用；第六章在典型火山岩油气藏解剖基础上，确定我国主要类型火山岩油气藏成藏主控因素，分析火山岩油气藏成藏过程；第七章归纳总结我国火山岩成藏类型，建立火山岩油气藏成藏模式，探讨火山岩油气藏成藏机理；第八章开展我国火山岩油气藏成藏有利条件研究，分析我国火山岩油气资源潜力，明确我国火山岩油气藏勘探领域，指明我国火山岩油气藏研究与勘探方向。

本书是在项目组的组织与指导下完成的，研究工作与书稿编写具体分工如下：前言由李建忠完成，第一章由卢双舫、单玄龙、吴晓智完成，第二章由李吉焱、单玄龙完成，第三章由王民、卢双舫完成，第四章由单玄龙、郝国丽完成，第五章由王民、郑曼完成，第六章由李建忠、吴晓智、郑曼、单玄龙完成，第七章由吴晓智、郑曼、郝国丽完成，第八章由李建忠、吴晓智、王民、郑曼完成。全书由李建忠、单玄龙、吴晓智统稿，由郑曼、郝国丽、王民校编数据和清绘书稿插图。全书由陈树民、冯子辉、王璞珺审定。研究工作得到了中国石油天然气股份有限公司科技管理部、大庆油田公司、新疆油田分公司、吉林油田分公司、吐哈油田分公司以及方朝亮教授、罗治斌教授、冯志强教授、匡立春教授、梁世君教授、王绪龙教授、王立武教授、梁浩教授、杨迪生教授、唐勇教授、冉清昌教授的大力支持和指导，在此表示衷心的感谢！鉴于作者水平有限，书中误漏在所难免，请广大读者予以指正。

目　录

第一章　火山作用与成烃、成藏关系

油气勘探实践已在世界20多个国家300余个盆地中发现与火山作用有关的油气藏或油气显示，如印度尼西亚的Jatibarang玄武岩油气田、澳大利亚的Scoot Reef玄武岩油气田、纳米比亚的Kudu玄武岩气田及巴西Parana盆地二叠系油气藏（Mitsuhata，1999；Araujo et al.，2000；Schutter，2003；Koning，2003；Potter et al.，2003；杨辉等，2006；赵文智，2009；Rodriguez et al.，2009）。近年来，我国松辽、渤海湾、准噶尔、三塘湖等盆地的火山岩油气勘探均获得重大突破，如松辽盆地深层约3000亿m^3探明天然气储量富集在火山岩中，展示出巨大的勘探潜力。随着勘探的进行，有关火山作用与烃源岩成烃、成藏的研究也不断深入。

第一节　火山作用与有机质成烃的研究现状

火山作用为沉积盆地提供了新的热源，这必然对有机质的成烃进程和成烃量产生重要影响，即存在火山作用的热效应。业已认识到，火山作用的热效应对油气成藏既有有利的一面，即加速烃源岩的成熟和成烃作用（Galushkin，1997；Chen et al.，1999；Othman et al.，2001；Fjeldskaar et al.，2008），也有不利的一面，如破坏先期形成的油藏或加速烃源岩进入过熟期（Finkelman，1998；Thorpe et al.，1998；周庆华等，2007）。

众多的研究表明，受火山岩侵入体结晶潜热释放（即岩浆冷却热释放）的影响，围岩中有机质镜质组反射率急剧上升（可达5%以上），远远高于沉积盆地正常热演化所能达到的成熟度，表明火山岩侵入体结晶潜热释放可以加速围岩有机质成熟。在侵入体附近，随着与接触面（侵入体与围岩的接触部位）距离的变小，围岩中有机碳含量快速降低、干酪根的H/C值迅速下降、围岩中残留烃含量逐渐增加及芳香度逐渐变高等现象都表明火山侵入体可以促进烃类的生成（Jaeger，1957；Dow，1977；Simoneit et al.，1978；Raymond and Murchison，1988；George，1992；孙永革等，1995；Barker et al.，1998；Gurba and Weber，2001；Fjeldskaar et al.，2008；Rodriguez et al.，2009）。但这些认识还只是停留在定性描述方面，尤其是对火山岩体引起围岩热蚀变的程度研究较多，但认识不一，热蚀变的范围从侵入体厚度的0.3倍到4倍距离均有报道（Dow，1977；Kazarinov and Homenko，1981；Kontorovich et al.，1981；陈荣书、何生，1989；Galushkin，1997），而引起热蚀变的范围大小对生烃量评价有重要影响。

国内学者（张健等，1997；傅清平等，2000）通过非稳态热传导方程模拟了火山侵入体冷却过程中所释放的热量，对冷却过程中的温度分布和变化规律进行了探讨性研究。国外学者（Galushkin，1997；Fjeldskaar et al.，2008）通过对Carslaw和Jaeger

（1959）热传导模型修订建立了火山侵入体冷却热释放模型，结合围岩镜质组反射率数据和 Easy R^o% 模型标定了热释放模型参数。如 Barker 等（1998）认为在距离火山侵入体 1/3 的厚度范围内，与火山侵入体越近镜质组反射率 R^o 不增反而降低，Raymond 和 Murchison（1988）的研究也得到与 Barker 相似的结论。

另外据统计，火山岩在盆地发育早期占盆地充填体积约1/4，占储集岩体积约1/2，且在盆地发育早期，盆地伸展、火山喷发、岩浆侵入、快速沉降、烃源岩沉积交互进行，往往形成火山岩与烃源岩互层。Stagpoole 和 Funnell（2001）认为火山侵入体的温度、厚度、平面展布控制了盆地中直接叠合在火山岩侵入体之上的烃源岩生排烃史。Araújo 等（2000）报道了通过物质平衡法所得到的巴西 Parana 盆地火山侵入体热作用的烃源岩排烃强度可达 500×10^3 ~ $3500\times10^3 m^3$ HC/km^2，表明火山侵入体可以促进烃源岩大量生烃。

一、火山岩热作用对围岩有机质成熟度的影响

目前，关于火山侵入体对附近烃源岩生烃影响的研究主要集中在成熟度参数（如 R^o、OEP、S/(S+R）等）变化描述及火山岩侵入体引起的围岩热蚀变强度上。如 Schimmelmann 等（2009）对伊利诺斯盆地（Illinois Basin）岩墙附近烟煤有机质成熟度变化的研究表明，火山岩的热作用可使得煤岩快速成熟，成熟度 R^o 从 0.62% 升高到 5.03%；Cooper 等（2007）对科罗拉多州拉顿盆地中煤岩有机质成熟度的研究表明，岩床的存在可以使 R^o 从 0.99% 升高到 6.38%；Raymond 和 Murchison（1988）对苏格兰 Midland Valley 石炭系岩床围岩中有机质成熟度的研究发现，这种异常热源可使 R^o 从 1% 升高到 4.1%；Gurba 和 Weber（2001）对澳大利亚冈尼达盆地（Gunneda Basin）煤层中有机质成熟度的研究表明，侵入体的存在可以使围岩有机质成熟度从 0.8% 升高到 6% 左右；George（1992）对苏格兰 Midland Valley 油页岩成熟度的研究发现，岩床的存在可以使 R^o 从 0.5% 升高到 6.5%；Othman 等（2001）对澳大利亚冈尼达盆地北部三叠系 Napperby 地层中有机质成熟度的研究表明，侵入体的存在使 R^o 从 0.7 左右升高到 2.43%；Chen 等（1999）报道的在辽河盆地 R16 井火山岩附近成熟度指标（R^o、OEP、$C_{29}\alpha\alpha$、$C_{30}\beta\alpha/\alpha\beta$）出现异常，同样现象在我国其他盆地也有出现，如渤海湾盆地、南堡凹陷以及西部盆地。

二、火山岩热作用对围岩有机质元素及同位素的影响

一般来说，随着与侵入体距离的减小，有机质 H、N、O 元素逐渐降低，有机质及煤中易生烃的壳质组成分逐渐减少、不易生烃的组分逐渐增加。

随着与侵入体距离的变小，有机质干酪根 H 同位素逐渐变重，认为是优先损失贫 D 的热解产物结果。但 Schimmelmann 等（2009）通过研究发现在侵入体附近的干酪根 H 同位素值不增反而降低。同样，有人认为围岩中有机质干酪根 C 同位素值则随着与接触面距离的减小逐渐变重，也有人认为逐渐变轻，这种干酪根 C 同位素值与距离的

关系比较混乱。对于有机质 $\delta^{15}N$ 随着与接触面距离的变化也有不同认识，一种认为随着距离的减小（即成熟度的增加）$\delta^{15}N$ 逐渐变重，也有人认为关系比较混乱。

与接触面距离越近，围岩中有机质成熟度越高，有机质生烃进程逐渐增加，因此干酪根 C、H、O 元素含量逐渐减少，对应的干酪根中残留的 C、H、N 同位素应该逐渐变重。然而总结前人数据，变化关系比较混乱，对此 Schimmelmann 等（2009）认为 H 同位素变重的原因跟地层水介质参与反应有关，并且认为不同的环境下地层水的参与将会导致 H 同位素不同的趋势。而 N 同位素的变化原因更为复杂，受控于热裂解、运移和再结合作用。Cooper 等（2007）则认为随着与接触面距离减小残留有机质碳同位素增大是由于热作用促使了较多含 ^{12}C 甲烷的生成并挥发，而随着与接触面距离减小残留有机质碳同位素减小的原因比较复杂，可能是由于富集了富含 ^{12}C 的有机化合物，这种有机化合物在高温阶段通过芳香化/缩聚作用与干酪根重新结合，形成了富 ^{12}C 的干酪根/有机质。

一般来说与接触面距离越小，可溶有机质含量越低，对应色谱分析中低分子化合物的含量也越低；碳氢同位素的变化与残留物、无机盐及挥发性气体同位素组成有关。

三、火山岩热作用对无机元素及同位素的影响

与接触面越近，碳酸盐含量逐渐增加，方解石含量也逐渐增加，碳酸盐的 $\delta^{13}C$ 逐渐降低，$\delta^{18}O_{vsmow}$ 则逐渐升高。随着距离的减少由热解有机质生成的 CO_2 和钙离子结合越多，形成的方解石也就越多，由于 CO_2 的 $\delta^{13}C$ 较低，所以形成后的碳酸盐 $\delta^{13}C$ 也就越低；而距离侵入体越远，由于生物甲烷菌的 CO_2 还原作用，使得残余 CO_2 的 $\delta^{13}C$ 变重，CO_2 与钙离子结合形成的碳酸盐 $\delta^{13}C$ 也就越重。因此，随着距侵入体的距离减小，碳酸盐矿物含量增加，$\delta^{13}C$ 则降低。由于有机质 $\delta^{18}O_{vsmow}$ 高于水介质的 $\delta^{18}O_{vsmow}$ 值，结晶后产物的 $\delta^{18}O_{vsmow}$ 就高。Finkelman 通过分析岩墙附近煤岩中 66 种无机元素发现，挥发性元素（F、Cl、Hg、Se 等）含量随着与接触面距离的减小并无减少的趋势，大部分元素和矿物含量则随着距离的减小而增加。

四、火山岩热作用范围

目前研究中对侵入体引起围岩的热蚀变强度认识不一，如 Dow（1977）通过对侵入体附近围岩镜质组反射率数据的分析认为火山侵入体引起围岩热蚀变的强度可以达到侵入体厚度的两倍。陈荣书和何生（1989）研究则认为热蚀变的强度可以达到侵入体厚度的 4 倍。Carslaw 和 Jaeger（1959）认为热蚀变的强度在侵入体厚度的 1~1.5 倍范围内比较合适。Kazarinov 和 Homenko（1981）、Kontorovich 等（1981）通过对西伯利亚地台岩床、岩墙的研究认为其引起热蚀变的强度在 30%~50% 岩床/岩墙的厚度范围内，很少能超过 1 倍岩床/岩墙厚度范围。Galushkin（1997）通过较多实例分析则认为侵入体热蚀变的强度在 50%~90% 岩床/岩墙的厚度范围内。Mastalerz 等（2009）则认为影响范围为侵入体厚度的 1.2 倍。

由于侵入岩的性质不同，其热作用影响存在差异也是可能的，比如岩浆初始温度、热传导率、热扩散率、热容、密度等岩石物理和热性质参数的不同必然会导致热影响范围的不同。再者，关于侵入体热模拟的模型有多种，考虑的参数不同，得到的热模拟结果有很大的差别。另外潜热、围岩水的汽化作用传热等都将影响热作用范围。

第二节　火山作用成烃效应模拟实验基础

火山岩是火山活动的直接产物。火山活动使火山物质经火山通道上涌至地表，在陆上或是水体中经冷凝固结而形成火山岩。火山活动为烃源岩的母质提供了热量和矿物质，改变了原始的沉积环境，表现为温度场、压力场和地球化学场的改变，而这种改变直接影响了烃源岩母质的沉积规律、成岩作用和地球化学特征。因此，国内外学者均认识到火山活动（火山岩）对烃源岩的形成、发育以及后来的生烃演化作用产生了重大影响。经前人学者研究发现，火山活动对烃源岩的影响作用主要体现在几个方面：①火山活动对同期沉积的烃源岩母质中有机质富集的影响作用；②火山活动对烃源岩生烃演化的热作用；③火山活动及火山物质对烃源岩生烃的加氢催化作用等。火成岩类型和火成岩与烃源岩共生组合的多样性，导致不同地区火成岩对烃源岩的影响作用程度大相径庭。

一、火山活动对同期沉积的烃源岩母质中有机质富集的影响作用

Verati（1999）等通过研究发现，在大洋底的火山口附近的生命群落和细菌不是通过光合作用生存，而是主要依靠火山活动带来的热量和矿物质生存。由此可见，火山活动可以形成一些水生生物生存的特殊环境，而水生生物的繁盛正是优质烃源岩形成的物质基础。

金强和翟庆龙（2003）在对渤海湾盆地东营凹陷火成岩区的 P_2O_5 与烃源岩中的有机碳的关系进行研究时发现，烃源岩的磷含量与有机碳含量具有良好的正相关关系，即有机碳的含量会随着磷含量的升高而升高。

张文正等（2009）在研究鄂尔多斯盆地火山活动对烃源岩发育的影响时发现，火山灰等火山物质降落到湖盆后，火山灰中的 Fe、P_2O_5、CaO 等进入湖盆水体之中，会发生水解作用，提高水体中营养的供给速度和底层水中的生物营养成分，促进藻类等底栖生物大量繁盛。

金强等（1998）研究发现，火山物质中的氮、磷和金属矿物质通过火山活动而进入到湖盆中，为水生生物提供了养料，有利于水生生物的生长繁殖。由此可见，陆相的火山活动也可促使湖盆中的水生生物繁盛，这正是我国陆相火山喷溢环境下富含有机质的优质烃源岩富集的重要原因之一。

二、火山活动及火山物质对烃源岩生烃的加氢、催化作用及模拟实验

关于火山物质对烃源岩的加氢及催化作用的研究已非常广泛。Berndt 等根据室内模拟实验，在300℃和500bar 条件下橄榄石与含二氧化碳的 NaCl 流体反应，发现二氧化碳降低，H_2、CH_4、C_2H_6和C_3H_8含量显著升高，表明橄榄石在蚀变过程中能够产生大量的氢气和烃类气体。金强等（2011）也认为橄榄石在蛇纹石化过程中产生的H_2（或者火山热液来的H_2）对烃源岩加氢及生成气态烃的数量非常可观。另外，金强等人通过模拟实验证实绿泥石有利于有机物的催化加氢，促使源岩低熟及早熟。高岭土、蒙脱石等黏土矿物是生油岩有机质的生烃演化和油气生成过程中的重要催化剂，这一点已无可争议。绿泥石与高岭土、蒙脱石等黏土矿物结构和性质相似。Mango 于1992年首次提出生油岩中的过渡金属在天然气形成过程中起了催化作用，并于1994年、1996年和1999年连续发表研究成果，他认为干酪根附近被活化的过渡金属是将石蜡转化为轻烃和天然气的催化剂，催化机理在于促使烯烃环烷化和碳碳键断裂，从而产生环烷烃和烷烃。过渡金属元素在有机质演化的各个阶段中均起催化作用。他还认为过渡金属的催化作用是烃类天然气形成的主要途径。放射性元素铀的存在可以改变实验产物中饱和烃气相色谱特征参数，说明铀的存在可以使烃源岩的演化程度发生变化，促使烃源岩的生烃门限降低，提前生成“低熟”烃类；同时在高温阶段阻止有机质过度成熟，使其保持在较低的成熟度水平，利于所生成烃的保存。铀应该为低熟油、气生成的促进因素之一。

国外自从20世纪60年代开始了烃源岩的生烃模拟实验。当时的模拟实验基本上只考虑温度对生烃过程的影响（Eisma and Jurg，1967；Henderson et al.，1968；Brooks and Smith，1969；Hunt，1979）。为了更全面考虑多种因素对烃源岩生烃过程的影响，之后进行的模拟实验考虑了不同有机质类型、温度、时间、压力、催化剂和水介质对产物特征的影响（Alomon and Johns，1975；Hunt，1979；Durand and Monin，1980；Braun et al.，1990；Berner et al.，1992；Orem et al.，1996；Cramer et al.，2001）。我国的生烃模拟实验研究是从20世纪80年代初期开始（卢家烂，1995），80年代末期，一些学者（张惠之等，1986）开展了对不同煤岩组分生烃的模拟实验研究。此后，广泛开展了对不同类型、不同成熟度的烃源岩有机质在不同温度、压力条件下以及有无催化剂的生烃模拟实验研究（汪本善等，1980；刘德汉等，1982；傅家谟等，1987；石卫等，1994；孟吉祥等，1994；姜峰等，1998；刘金钟等，1998；付少英等，2002；刘德汉等，2004；肖之华等，2007，2008）。

现今国内外常用的各种热模拟方法，按照实验体系的封闭程度，大致可以分为三类。①“开放体系”，主要包括 Rock-Eval 热解仪、Py-Gc 热解-气相色谱仪、Py-Gc-Ms 热解-气相色谱仪、热解失重仪等。热解生成的挥发物依靠其自身的压力或输入载气，不断从热反应区导出，进入计量或分析装置。②“封闭体系”，一般包括钢制容器封闭体系、玻璃管封闭体系和黄金管封闭体系。其中，钢制容器封闭体系和玻璃管封闭体

系只能依靠水蒸气压或反应生成的气体提供压力，而黄金管封闭体系可以通过高压泵利用水对釜体内部施加压力来控制实验压力。③“半开放体系”，这种体系在实验室内比较难以实现，目前国内中国石化无锡石油地质研究所实验中心研制出了一套自动化程度较高的半开放体系模拟实验系统，但实验效果不是很好；中国科学院广州地球化学研究所有机地球化学国家重点实验室20世纪80年代开发了一种压力机条件下的生排烃实验装置，可以对烃源岩或煤岩进行定量生排烃实验研究。

众所周知，地质条件下的烃源岩生烃过程是一个漫长而又非常复杂的地质过程，不管采用哪种实验方法都不可能重现地质条件下的那种低温、慢速的生烃过程。再加上模拟实验条件下，取样、容器腐蚀、各种物理化学参数等难以控制，这使得实验条件和自然条件存在巨大差异，导致某些实验数据与自然样品有一定的偏差。因此，模拟实验往往具有一定的局限性。然而，要了解生烃的全过程与烃源岩的变化，漫长的自然演化过程是无法重复的，只能通过室内热模拟实验来实现。大量实验证明，热模拟实验结果可以与烃源岩的天然演化结果相模拟（贾蓉芬等，1983，1987；张振才等，1987；梁狄刚等，1988；刘宝泉等，1990a，b）。

通过大量的各种模拟实验，我们不仅可以确定不同类型干酪根、各显微组分对烃类生成的贡献大小、生油门限的差异以及不同演化阶段生成物和残余物的特征，为各类源岩油气生成潜力的定量评价、总油气生成量的计算、资源预测提供了重要的参数和科学依据；并且，这些模拟实验还为成烃阶段的划分、认识成烃过程的演化特征、成烃机理、建立成烃模式提供了宝贵的数据和有益的信息，为指导油气勘探、探索油气成因机理做出了巨大的贡献。

第三节　我国火山岩油气成藏区域地质背景

一、火山作用与成藏关系的研究现状

近年来，我国火山岩油气藏勘探取得了重要进展，相继在准噶尔、松辽、辽河、三塘湖等盆地内发现了储量丰富的火山岩油气藏。火山岩是盆地早期充填的重要组成部分，体积约占整个盆地充填物的25%，但目前火山岩油气探明储量仅占全球油气总探明储量的1%左右，其勘探潜力巨大。随着研究的深入，火山岩油气成藏理论可能会成为继海相和陆相生油理论后，油气勘探领域的第三次认识飞跃。一个完整的油气系统需具备油气的生成、运移、聚集、保存等要素，而火山作用对它们均会产生一定的影响。

以往观点认为，火山作用对油气主要起破坏作用。油气藏形成之后的火山活动会破坏油气的保存，切穿油气藏的火山通道或伴生断裂破坏油气圈闭的完整性，导致油气泄漏。火山喷发形成的高温物质使烃类发生变质并对附近油气藏起破坏作用。然而如果火山活动早于油气运移，情况则完全不同：①大面积孔渗较好的火山岩可以形成良好的油气圈闭，成为油气的主要储集层；②火山活动伴随的断裂和切穿沉积岩的侵入体，形成油气运移的隔挡层，阻止油气侧向或垂向运移，形成侧向遮挡型油气藏；

③颗粒微小的火山灰遇水发生膨胀，形成孔渗条件较差的沉火山凝灰岩，成为良好的盖层，厚层的玄武岩层在泥岩封闭性较差地域也可以作为沉积储层的局部盖层。

二、我国火山岩油气藏形成的区域地质背景

同沉积岩油气藏一样，火山岩油气藏广泛分布于地球上5大洲20多个国家300余个盆地或区块内，正在成为全球油气资源勘探开发的重要新领域。从分布地域看，环太平洋地区是火山岩油气藏分布的主要地区，地层主要为太古界、石炭系、二叠系、白垩系和古近系5套地层。这与特定时代构造活动、盆地断陷裂谷形成和火山作用密切相关。环太平洋构造域形成时代较新，火山活动频繁，火山岩分布面积广，岛弧及弧后裂谷发育，火山岩与沉积盆地具有良好的配置关系，地域广，是全球火山岩油气藏最富集的区域。晚古生代形成的古亚洲洋构造域在中亚地区分布面积广，后期为中新生代陆相含油气覆盖，形成叠合盆地，保存相对完好，具备新生古储的良好成藏条件，环地中海位于特提斯洋的西端，构造活动与裂谷形成及火山活动具有一致性，具备火山岩油气成藏背景。

中国沉积盆地内发育石炭系—二叠系、侏罗系—白垩系和古近系3套火山岩，分布面积广，总面积达$215.7\times10^4km^2$，预测有利勘探面积为$36\times10^4km^2$。火山岩油气藏主要分布于东部松辽盆地、二连盆地、渤海湾盆地的中新生代火山岩系和准噶尔、三塘湖、塔里木、四川等盆地的古生代火山岩系内，显示出巨大勘探潜力，已成为我国寻找油气资源的重要新领域之一。

中国东部及邻区显生宙以来构造活动频繁，相继受到古亚洲洋构造域和环太平洋构造域的影响（赵越等，1994）。自中生代末期以来，东北地区形成了以松辽地堑为主体，联合下辽河裂谷、伊通-依兰裂谷、抚顺-密山裂谷以及邻近断陷盆地的大陆裂谷系，构成了亚洲东部一条大裂谷带（刘嘉麒，1989），沿着裂谷系分布众多中、新生代沉积盆地，如松辽、渤海湾等。受库拉-太平洋板块俯冲与大陆板块的相互作用，在近东西向的古亚洲洋构造域之上，NNE向的构造叠加形成了燕山期3个主要构造-岩浆带的复杂格局。陶奎元等（1999）认为该期火山-岩浆大爆发形成了7条火山岩带（东南沿海、郯庐、大兴安岭、广西钦州-防城、长江中下游、大别山北缘和燕辽），组成4大岩石省（南岭、东南沿海、下扬子-郯庐-大别山和燕辽-大兴安岭岩石省）（陶奎元等，1999），此外晚中生代发育两期A型花岗岩带，早起（135～100Ma）主要分布下扬子带、苏鲁带、山海关带和碾子带，晚期（100～70Ma）位于中国东部大陆边缘的闽浙带（王德滋等，1995）。强烈的岩浆活动与盆地的形成演化相伴生，在盆地内形成了巨厚的火山岩层。火山岩位于烃源岩之上、之中或之下，都能形成良好的生储盖组合（刘诗文，2001），尤其是紧邻生烃凹陷的火山岩，含油气性最佳。

中国西部古生代期间经历了强烈的增生型造山作用与复杂的块体拼合过程，形成了一系列晚古生代以来的叠合盆地（赵文智等，2003），如准噶尔、塔里木、三塘湖、四川等。准噶尔盆地内发育了不同时代、不同构造环境的火山岩，特别是石炭系—二叠系最为集中，早石炭世，火山岩主要分布于西准噶尔周缘，属岛弧型火山岩；晚石

炭世，随着洋壳的闭合，发生碰撞造山后的裂谷作用，广泛形成了晚石炭世陆内裂谷型火山岩（赵文智等，2009）。中、新生代又经历了复杂的陆内构造变形活动，火山岩受到强烈的后期改造作用，大大提高了火山岩储集物性。准噶尔和三塘湖盆地内石炭系—二叠系火山岩已经成为了新疆地区火山岩油气藏勘探的主要目的层。

火山岩主要形成于陆内裂谷和岛弧环境；火山岩以沿断裂的中心式、复合式喷发为主，主要形成层火山，爆发相和喷溢相较发育，火山岩体一般为中小型，成群成带大面积展布；有陆上和水下两种喷发环境，水下喷发-沉积组合最为有利。中国东部沉积盆地内火山岩以中酸性为主，西部以中基性为主。火山岩在火山作用、成岩作用、构造作用下，形成熔岩型储集层、火山碎屑岩型储集层、溶蚀型储集层形成熔岩型储集层、火山碎屑岩型储集层、溶蚀型储集层、裂缝型储集层等 4 类储集层，原始爆发相火山碎屑岩和喷溢相熔岩是最有利的储集相带；经后期风化淋滤作用，不同岩性均可形成溶蚀型好储集层。火山岩储集层形成主要受火山岩喷发时的岩性、岩相以及次生作用控制，受压实作用影响较小，因此储集层物性随埋藏深度变化小。中国东部火山岩油气藏以近缘组合为主，沿断裂高部位爆发相储集层发育，形成构造岩性油气藏；斜坡部位喷溢相大面积分布，经裂缝改造的储集层有利，主要形成岩性油气藏。中国中西部发育两种成藏组合，近源大型地层油气藏最有利，沿不整合面分布的风化淋滤型储集层亦可形成大型地层油气藏。中国沉积盆地内存在多种成因天然气，高 CO_2 气以无机幔源成因为主，主要分布在晚期活动的深大断裂带附近。

三、我国火山岩油气藏勘探特点

火山岩作为油气勘探的新领域，已引起勘探家和地质学家的广泛关注。自 1887 年在美国加利福尼亚州的圣华金盆地首次发现火山岩油气藏以来，全球 100 多个国家或地区发现了 160 多个火山岩油气藏。国外火山岩油气藏多为偶然发现或局部勘探，尚未作为主要领域进行全面勘探和深入研究，目前全球火山岩油气藏探明油气储量仅占总探明油气储量的 1% 左右。中国从古生界到新生界的沉积盆地内发育大面积的火山岩，具有良好油气地质条件，1957 年在准噶尔盆地西北缘首次发现火山岩油气藏，历经 50 多年勘探，在准噶尔和渤海湾等 13 个盆地陆续发现了一批火山岩油气田。2005 年以来，相继在松辽盆地、新疆北部等火山岩勘探中取得重大突破，新增探明天然气地质储量 $4730\times10^8\text{m}^3$、石油地质储量 $2.16\times10^8\text{t}$，目前中国已形成东、西部两大火山岩油气区。同时，在塔里木、四川等盆地新发现多口火山岩油气流井，展现出良好勘探局面。

与国外火山岩油气藏勘探现状相比，中国的火山岩油气藏勘探主要有以下 3 个特点：

（1）20 世纪 80 ~ 90 年代，中国相继在准噶尔、渤海湾、苏北等盆地发现了一些火山岩油气藏，如准噶尔盆地西北缘克拉玛依玄武岩油气藏、内蒙古二连盆地的阿北安山岩油气藏、渤海湾盆地黄骅坳陷风化店中生界安山岩油气藏和枣北沙三段玄武岩油气藏、济阳坳陷的商 741 辉绿岩油气藏等。

（2）不同时代、不同类型盆地各类火山岩均可形成火山岩油气藏。中国已发现的火山岩油气藏，东部主要发育在中、新生界，岩石类型以中酸性火山岩为主，西部主要发育在古生界，岩石类型以中基性岩为主，但所有类型火山岩都有可能形成油气藏。火山岩油气藏主要发育在大陆裂谷盆地环境，如渤海湾、松辽等盆地，但在前陆盆地、岛弧型海陆过渡相盆地中也普遍发育，如准噶尔盆地西北缘和陆东-三塘湖地区。在油气藏类型和规模上，东部以岩性型为主，可叠合连片分布，形成大面积分布的大型油气田，如松辽深层徐家围子的徐深气田；西部以地层型为主，可形成大型整装油气田，如准噶尔盆地克拉美丽大气田、西北缘大油田等。火山岩油气藏的分布均与沉积盆地有密切联系。

第四节　我国火山岩油气成藏基本石油地质条件

火山岩本身并不生烃，其仅能作为原地储集层捕捉油气成藏；因此，火山岩成藏基本石油地质条件就是与有效烃源岩搭配关系、生储盖组合关系。

一、火山岩油气藏源储配置

从火山岩储层与烃源岩的纵向、横向配置关系分析（图1-1），主要发育近源与远源两种类型。

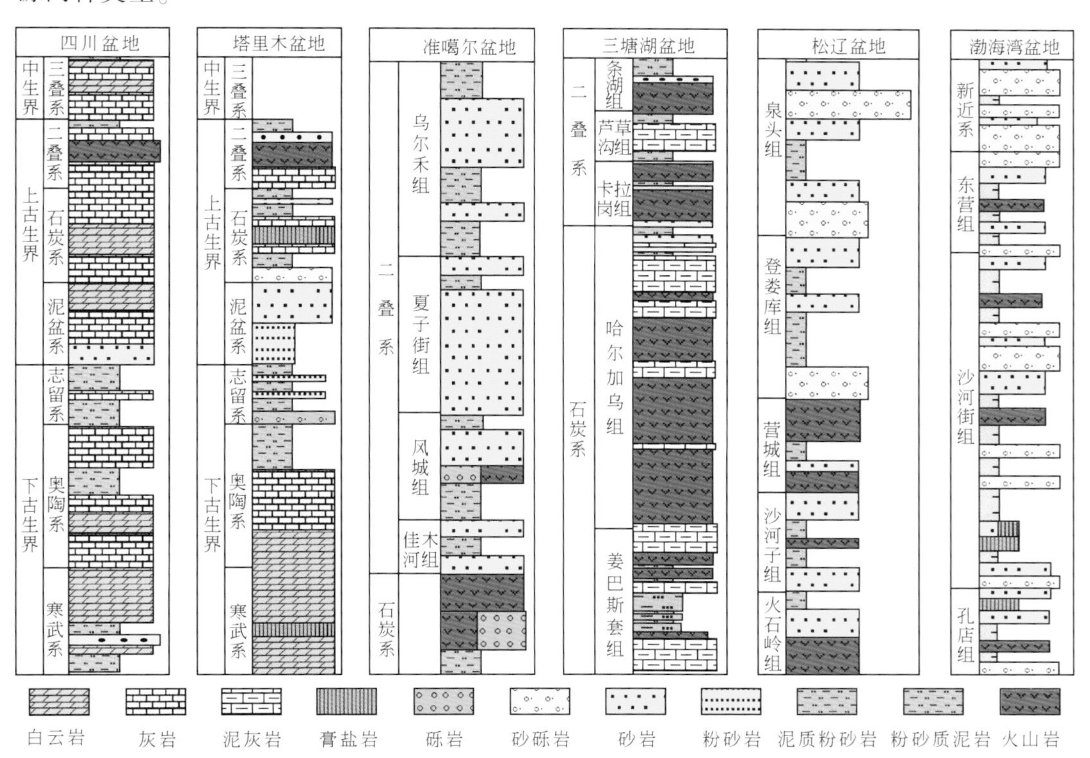

图1-1　中国主要含油气盆地火山岩生储盖组合纵向分布图

（一）近　源　型

气藏解剖发现大部分火山岩储层位于烃源岩之上、之下或之间，平面上火山岩位于生烃灶内部或附近，为近源型。松辽深层上侏罗统—下白垩统断陷层序中，火山岩位于烃源岩之上、下或之间；准噶尔盆地东部地区、三塘湖盆地石炭系—二叠系火山岩位于石炭系—二叠系烃源岩之上、下或之间；渤海石臼坨隆起的侏罗系玄武岩油藏，其玄武岩直接伏在古近系和新近系的生油岩系之下，南有渤中生油凹陷，北有秦南生油凹焰；辽河东部的热河台火山岩油藏，其火山岩在古近系生油岩中，南有驾掌寺生油凹陷，北有黄沙坨生油凹陷。

（二）远　源　型

火山岩位于烃源岩之上但其间隔了多套地层，平面上火山岩位于生烃灶之外，火山岩成藏需借助断裂或不整合面等输导体系沟通，此为远源型。准噶尔盆地西北缘冲断带上盘石炭系火山岩油气藏就是来自下盘、油气通过断裂和不整合面运移而来；塔里木盆地塔北地区海探1井于二叠系火山岩中获得低产油流，其油源来自于深部的寒武系—奥陶系，断裂沟通了油源和火山岩储层。一般情况，近源组合优于远源组合。

二、火山岩成藏组合类型

东部断陷以近源组合为主，火山岩与烃源岩互层或侧向接触，主要分布在生烃凹陷内或附近，因此在高部位形成爆发相为主的构造岩性油气藏，在斜坡部位形成喷溢相为主的岩性油气藏；中西部发育近源与远源两种成藏组合类型，大型不整合火山岩风化壳储层有利于形成地层油气藏。

（一）东部盆地火山岩成藏条件

我国东部地区属近源型成藏组合，如松辽盆地深层徐家围子断陷，火山岩储层与烃源岩分布基本重叠，是典型的近源成藏组合。

1. 地层发育特征

松辽盆地深层即泉二段以下地层，目的层埋深为3000～5000m。包括前中生界、中生界侏罗系中统和白垩系下统等地层，白垩系下统是目前的主要勘探目的层，自下而上为火石岭组、沙河子组、营城组、登娄库组、泉头组。

火石岭组下段为碎屑岩夹碳质泥岩或煤层，上段为安山岩夹碎屑岩。目前松辽北部未钻遇相当火石岭组的下部地层。沙河子组上段为砂泥岩，下段砂泥岩夹煤层。营城组分四段：营一段酸性火山岩为主，营二段灰黑色砂泥岩、绿灰和杂色砂砾岩，营三段中性火山岩为主，营四段灰黑、紫褐色砂泥岩、绿灰、灰白色砂砾岩。登娄库组主要为砂砾岩沉积，无火山岩。泉头组主要为灰白、紫灰色砂岩与暗紫红色、暗褐色泥岩互层。

2. 烃源岩条件

松辽深层主要发育以含煤岩系为主的烃源岩，包括沙河子组、营城组、登娄库组，其中沙河子组为主力烃源岩（表1-1），在主要断陷广泛分布。目前揭示沙河子组和营城组、火石岭组暗色泥岩最大厚度为384m、118m、110m。总体上以沙河子组暗色泥岩最为发育，钻遇探井多，分布广。

松辽北部深层烃源岩登娄库组、营城组、沙河子组、火石岭组分别为差油源岩、中等气源岩和差的油源岩、中等气源岩和中等油源岩、中–差的气源岩，均达到高成熟–过成熟阶段。

表1-1　松辽盆地深层烃源岩地球化学特征

地层	有机碳/%	氯仿沥青“A”/%	总/ppm①	S_1+S_2/(mg/g)
沙河子组	1.63～3.47	0.026～0.16%	220～1954	1.0～32.00
营城组	0.50～2.43	0.02～0.176	100～1056	2.0～31.90
登娄库组	0.49～0.97	0.01～0.06	100～152	0.24～0.76

3. 储层条件

松辽盆地深层泉头组二段、一段、登娄库组、营城组、沙河子组及火石岭组的砂岩储层由于地质历史长，埋藏深度大，一般都经历了强烈和复杂的成岩后生作用，所以储集层物性较差。相反火山岩经后期构造运动改造后，储集空间的连通性可以得到明显改善，而且其孔隙度随深度增加变化不明显，是深层天然气的有利储层。

松辽盆地深层火山岩储集层具多层位、多类型、岩性复杂特点，在火山岩研究相对深入的盆地北部，营城组划分的四段地层中，火山岩主要集中在营一、三段以及火石岭组的第一段中；盆地深层主要勘探目的层为营一、三段火山岩储层，这套储层在各断陷广泛分布。

4. 盖层条件

松辽深层断陷深层的区域性盖层主要有登楼库组二段和泉头组一、二段。登二段与泉一、二段分布稳定，泥岩沉积厚度大，形成了很好的区域封盖系统。登二段沉积时期盆地处于断陷向拗陷转化的过渡时期，主要为弱补偿条件下的扇三角洲–湖泊相沉积，沉积环境稳定，岩性细，泥岩发育，基本覆盖全区，是深层一套区域盖层。地层厚度一般100～200m，泥岩厚度50～100m，大部分区域的泥地比大于50%，最高可达

① $1\text{ppm}=10^{-6}$

到 90%，泥岩的泥质含量较高。泉一、二段泥岩单层厚度一般大于 10m，最大可达到 37m。该套地层在长岭断陷厚度约 150～260m，泥岩厚度 100～180m。

5. 储盖组合

徐家围子断陷四套烃源岩和四套储层间互，构成有利的生储盖组合条件（图 1-2）。徐家围子断陷深层勘探已证实作为主要储集层的登一段，营城组、沙河子组和火石岭组砂砾岩、火山岩储层，二者均具有较好的储集条件。营城组火山岩内部爆发相火山岩角砾岩、流纹岩与上覆凝灰岩等可构成下储上盖的储盖组合。

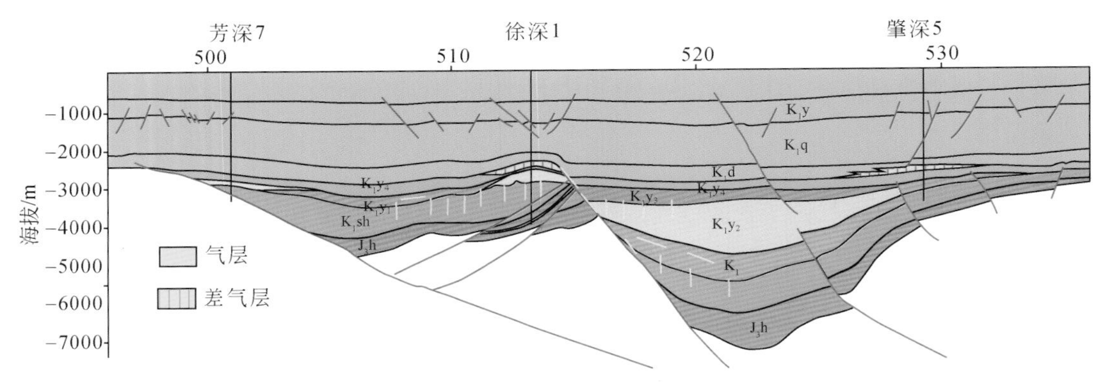

图 1-2 松辽北部深层徐家围子生储盖组合剖面图（据大庆油田）

（二）西部盆地火山岩成藏条件

西部含油气盆地火山岩主要分布在石炭系—二叠系中，时代较老，原型盆地改造强烈，成藏组合变化较大。如准噶尔盆地火山岩在层系上主要分布在石炭系—二叠系，从纵向上看应以近源型组合为主。但由于受后期构造活动影响，准噶尔盆地西北缘石炭系—二叠系地层遭受抬升风化剥蚀改造，冲断带本身地层生烃能力明显减弱，油气来源主要为冲断带下盘的石炭系—二叠系，因此在平面上生烃范围与火山岩储层的分布不一致，从而形成侧源型成藏组合。

1. 准噶尔盆地克拉美丽山前近源型组合

准噶尔盆地腹部石炭系—二叠系地层保存较完整，本身具有较好的生烃条件，因而主要形成近源型成藏组合（图 1-3）。石炭系烃源岩已成为准噶尔盆地腹部一套有效的烃源层，对石炭系—二叠系火山岩有效成藏起决定作用。

石炭系滴水泉组为暗灰色泥岩，碳质泥岩不规则互层夹薄煤层及煤线。中部为中基性火山熔岩、火山角砾岩及火山碎屑岩互层。有效烃源岩岩性为深灰色泥岩与碳质泥岩，烃源岩厚度 50～500m，地化指标综合评价属中等有机质丰度的烃源岩，处于高成熟阶段，陆东地区部分已达到过成熟阶段。陆东-五彩湾地区天然气组分中以甲烷为主，为偏干气。

准噶尔盆地已发现的火山岩储集层以陆梁隆起东段和五彩湾凹陷最为集中，且大都沿主断裂分布，说明古火山活动与断裂形成有密切的关系。火山岩特殊储层发育层位上属于盆地基底下石炭统包谷图组（C_1b）、上石炭统巴塔玛依内山组（C_2b）和下二叠统佳木河组（P_1j），有效储集层主要为火山喷发岩。陆梁隆起与准东地区多属于中酸性火山喷发岩、火山碎屑岩组合，以爆发和溢流相为主。通过对火山岩储层的综合描述及评价，发现火山喷发熔岩及火山碎屑岩为两种主要储集层。

因此，准噶尔盆地腹部组成以滴水泉组为主要生烃层、包谷图组（C_1b）、上石炭统巴塔玛依内山组（C_2b）和下二叠统佳木河组（P_1j）的下生上储型近源成藏组合。

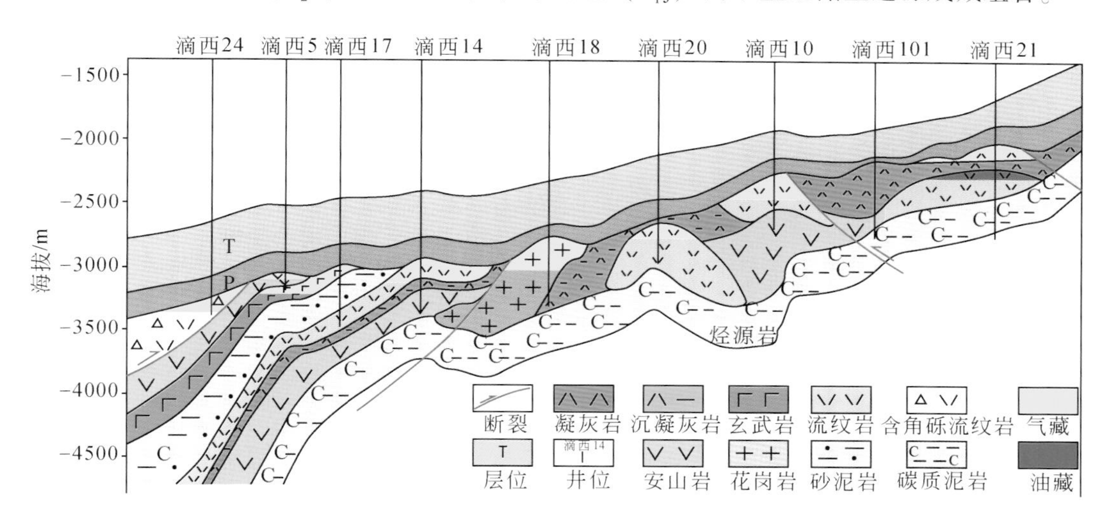

图 1-3　准噶尔盆地陆东地区石炭系火山岩储层与烃源岩配置关系图（据新疆油田）

2. 准噶尔盆地达尔布特山前侧源型组合

达尔布特山前隶属于准噶尔盆地西北缘处于碰撞带，石炭系烃源岩发育与分布不清，目前认为油气主要来自冲断带下盘玛湖凹陷二叠系烃源岩（图 1-4），烃源层主要为下二叠统佳木河组、风城组和中二叠统下乌尔禾组。

佳木河组为一套高–过成熟度阶段的烃源岩。风城组是主力烃源层，烃源岩厚度一般在 200～300m 之间，属海陆缘近海湖泊相沉积，处于成熟–高成熟阶段，是一套较好–好的烃源岩。下乌尔禾组在玛湖凹陷西斜坡艾参 1 井下乌尔禾组厚 1220m，其中暗色泥岩厚 178m，属浅湖相–半深水湖相沉积，处于成熟–高成熟阶段，是一套差–较好烃源岩。

西北缘冲断带石炭系—二叠系火山岩储层主要为大型地层风化壳型，储层物性与火山岩类型无关，各种岩性均可形成有效储层。西北缘断裂带上盘的火山喷发岩绝大部分是基性和中性玄武岩与安山岩组合（多属于下石炭统），以爆发相为主；而下盘多为中酸性火山喷发岩、火山碎屑岩组合，以爆发和溢流相为主。

西北缘地区区域性盖层主要有中二叠统下乌尔禾组、上三叠统白碱滩组，岩性均为湖泊相泥岩，分布稳定，厚度一般大于50m，还有一些局部性的盖层。因此西北缘断裂带石炭系—二叠系火山岩储层与围绕玛湖二叠系生烃凹陷形成远源型成藏组合。

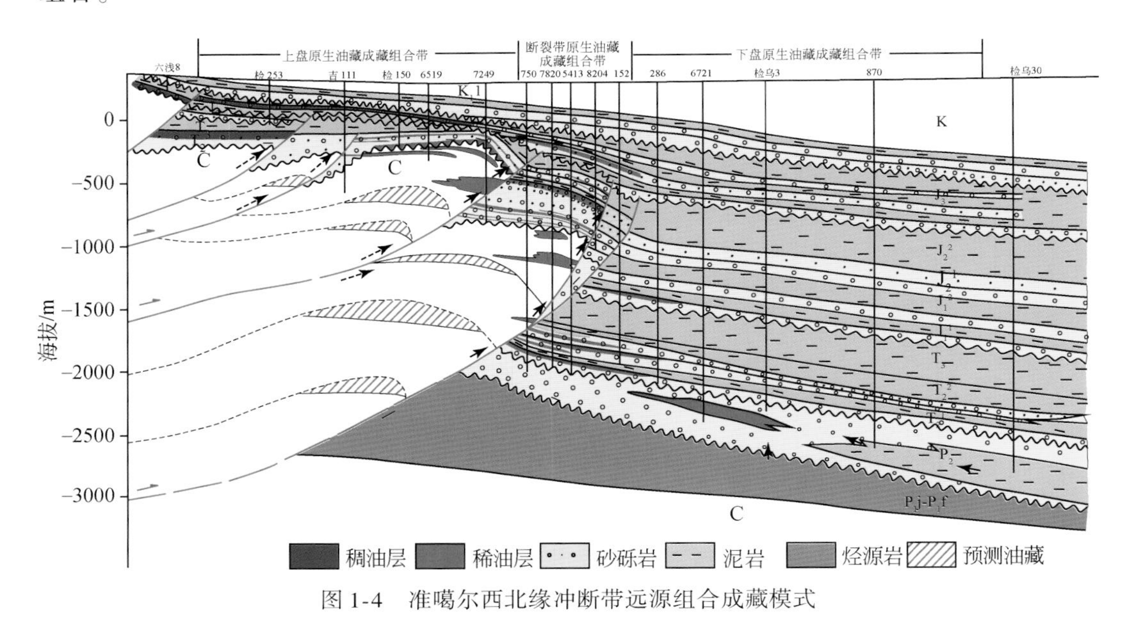

图 1-4　准噶尔西北缘冲断带远源组合成藏模式

3. 三塘湖盆地准噶尔西北缘侧源型组合

三塘湖盆地下组合包括下石炭统的姜巴斯套组、上石炭统的哈尔加乌组和卡拉岗组。主要发育了一套海陆交互相的火山岩夹碎屑岩的沉积。盆地石炭系分布广泛、厚度大，残余厚度一般为600～2000m。下石炭统烃源岩估计最大厚度可达500m，一般厚度150～300m。岩性主要包括黑色泥岩、油页岩，烃源岩热演化程度较高。

古生界火山岩与中生界角度不整合面全盆地分布，平面上石炭系各个层系火山岩风化壳改造储集层叠合连片分布。风化淋滤溶蚀带主要沿上二叠统剥蚀线发育并控制着优质储层的分布。近火山口相和过渡相是有利火山岩储集相带，火山岩改造型储集层的形成是成藏的关键，牛东区块卡拉岗组发育四期火山岩，火山休眠期在各旋回的顶部形成自碎火山角砾岩储层。风化-淋滤孔缝型、溶蚀孔隙型、孔隙-裂缝型是三种有效的孔隙类型。

三塘湖盆地石炭系火山岩储层属于近源成藏组合（图 1-5），下石炭统是可能潜在的烃源岩层系，烃源岩与火山岩储层紧密接触，三叠系是优质的区域盖层。该组合成藏范围广泛，钻井揭示汉水泉、条湖、马朗、淖毛湖凹陷均有下组合火山岩地层分布，展示三塘湖盆地下组合良好的勘探前景。

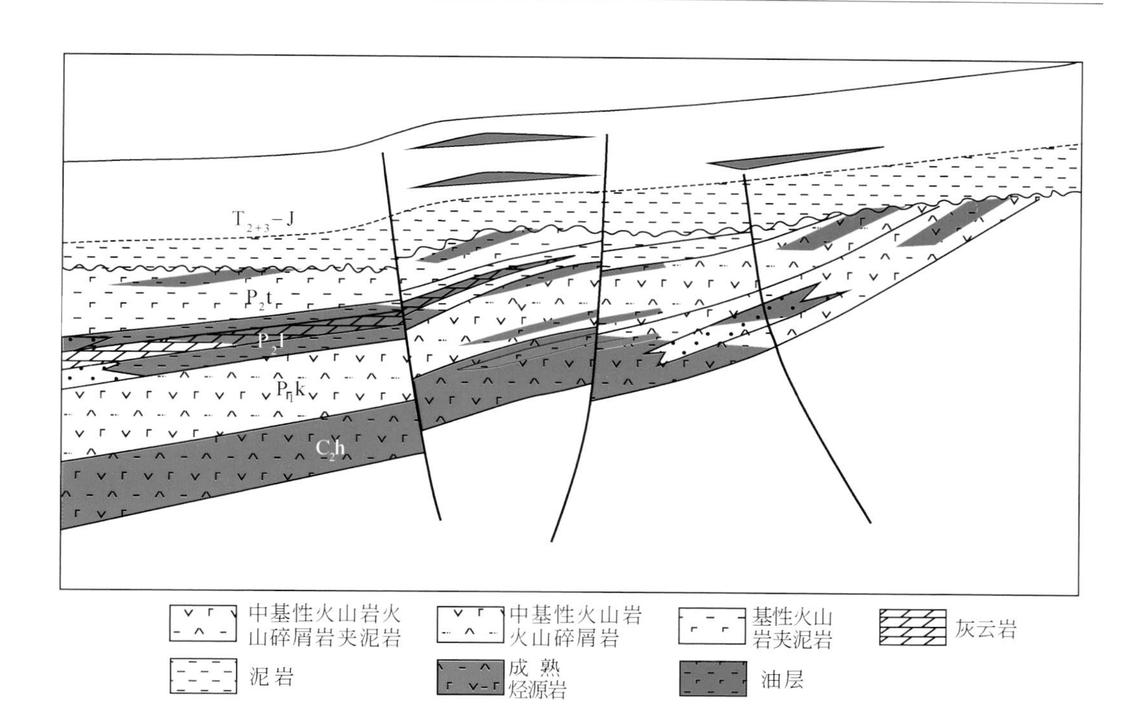

图 1-5　三塘湖盆地石炭系—二叠系成藏组合剖面图（据吐哈油田）

第二章 陆相火山水下喷发与油气成烃、成藏

近年来，火山岩油气已经成为国内外油气勘探的重要领域，火山作用与油气形成的关系也正在成为研究热点。前人在火山岩的岩性、岩相、储层及发育背景等方面做了大量的研究和探讨。火山岩喷发环境是火山岩油气藏发育的关键因素之一。Benoit Lafrance 等 2000 年对加拿大魁北克省阿比提比绿岩带的水下喷发复合式火山进行了剖析，描述了水下喷发基性、中性和酸性火山岩的产状及分布，模拟了 Normetal 火山复合体的演化过程。Parfitt 等（2002）对比分析了夏威夷基拉韦厄峰火山水下和陆上喷发形态和爆发类型。Embley 等（2006）直接观测了位于北马里亚纳联邦的罗塔岛西北部 60km 处水下火山喷发的过程，为地质学工作者提供了对水下喷发火山特征的更直观认识。Palinkaš 等（2008）对克罗地亚西北部水下玄武质熔岩复合体火山岩岩相进行了分析，建立了水下喷发及成藏过程模式。Seghedi（2011）对罗马尼亚 Sirinia 盆地二叠纪水下和陆上火山喷发形成火山岩进行了系统的研究，确定了 Sirinia 盆地内部水下和陆上喷发火山岩的分布范围，并对野外出露的岩石进行了详细的描述。此外，日本学者山岸宏光从 20 世纪 90 年代开始专门研究水下火山活动，整理了大量关于水下火山喷发的文章及图件，并编写了有关水下火山岩层序及水下火山岩用语解说等图书。随着国外学者对水下喷发火山观测和实验研究的不断深入，水下环境对火山岩油气藏发育的影响引起了国内的关注。以松辽盆地营城组火山岩为例，利用岩心、测井、地震和地球化学等资料，探讨陆相水下环境火山喷发的识别标志，确定松辽盆地徐家围子断陷陆相水下喷发火山岩的分布范围，并建立了陆相水下喷发作用及其对优质烃源岩形成的模式。

第一节 陆相火山水下喷发方式与识别标志

通过对徐家围子断陷营城组火山岩岩性、岩相、地震及测井特征的研究，结合国内外对水下喷发火山岩的研究成果，认为研究区水下喷发火山岩的典型标志为沉凝灰岩与泥岩粉砂互层、双层珍珠岩夹无斑或少斑流纹岩、膨润土层和氧化系数（Fe^{3+}/Fe^{2+}）等。另外，酸性的水下熔岩经重结晶作用后能形成显微花岗变晶或显微角岩结构的石英-长石集合体。水下熔岩球粒一般较小，通常为 0.1 ~ 1mm，放射状构造很不明显。水下火山岩浆喷发所带来的热驱动力和火山构造的发育是形成最活跃的热流循环系统的基本条件，也造成了火山岩自变质作用有力的环境，因此水下火山喷发形成的火山岩变质现象突出，水体较深的水下喷发火山岩还具有角砾自碎的结构。

一、陆相火山水下喷发识别标志

（一）沉凝灰岩与暗色泥岩互层

沉凝灰岩与暗色泥岩互层主要是火山碎屑降落在湖盆中缓慢沉积形成的，其广泛分布于水下喷发火山岩中。岩相为爆发相夹火山沉积相。XS1-4 井 3584～3655m 段（图2-1）GR 曲线形态为高振幅齿形，该井段有煤岩夹层，煤的导电性较好，放射性物质含量高，LLD 曲线在煤层出现峰值 240Ω·m，该井段振幅接近于一般沉积岩的特征，振动幅度大于其他火山岩。

（二）双层珍珠岩夹无斑或少斑流纹岩

珍珠岩是火山玻璃的一种，一般认为火山玻璃是酸性岩浆喷溢到骤冷的环境中或侵入到冷围岩中形成的，而珍珠岩除了上述条件外还需要大量的水分子加入（高恩忆，1986）。当酸性岩浆喷出地表后，在地表流动状态时的温度为 800℃以上，由于岩浆温度与地表温度相差悬殊，溢出岩浆的外部由于温度迅速下降产生塑状玻璃并形成较长的裂缝，随着温度进一步降低，垂直于长断裂的短裂缝出现，再经过水化作用，玻璃质的熔体被分割成圆形珍珠结构的集合体，形成珍珠岩。而岩浆内部由于不能及时降温，在相对缓慢的冷却条件下形成无斑或少斑流纹岩。在湖盆或地表水丰富的环境中形成的珍珠岩，由于其顶部和底部均有骤冷现象，一般形成上下两层，中部为无斑或稀斑流纹岩（图2-2）。如果不具备这种环境，则只能在岩流顶部形成一层珍珠岩矿层（张耀夫，1990）。

珍珠岩的岩相常见有爆发相热碎屑流亚相（XS21-1、W905、SS2-12、XS9），侵出相（SSG2、XS5）中带亚相、内带亚相。珍珠岩的测井形态显示为高伽马、低阻的特征，与相近流纹岩相比，珍珠岩 GR 略低于流纹岩，以 XS5 为例（图 2-1），3859～3886m 井段珍珠岩 GR 均值为 140API，3886～3908m 井段流纹岩 GR 均值为 173API。流纹岩 LLD 值一般高于 40Ω·m，而珍珠岩 LLD 值一般小于 40Ω·m，该特征在本研究中表现明显，XS2、W905、SS2-12、XS21-1、XS401、XS3 中珍珠岩 LLD 值均小于 40，个别井段有 LLD 高阻现象，一般是由于裂隙含气层或局部脱玻化重结晶作用引起的。

（三）膨润土层

膨润土层，主要为玻璃质火山物质空落于碱性湖盆中淬火水解沉积或酸性玻璃质熔岩脱玻水解形成的。水下形成的膨润土层主要为爆发相玻璃质火山碎屑或火山灰直接入湖形成的。从规模上看，水下形成的膨润土层范围最大，而喷溢相或侵出相酸性玻璃质熔岩蚀变而成的膨润土层范围主要集中于火山口附近，范围较小。从蚀变程度上看，水下形成的膨润土层纯度较高，原岩几乎完全蚀变为膨润土，而酸性玻璃质熔岩蚀变作用相对削弱，岩体内膨润土蚀变程度不均一，含有不同阶段的蚀变产物，甚至可见块状原岩。膨润土层需与其他水下喷发火山岩特征相结合才能成为鉴定水下喷发火山岩的依据。

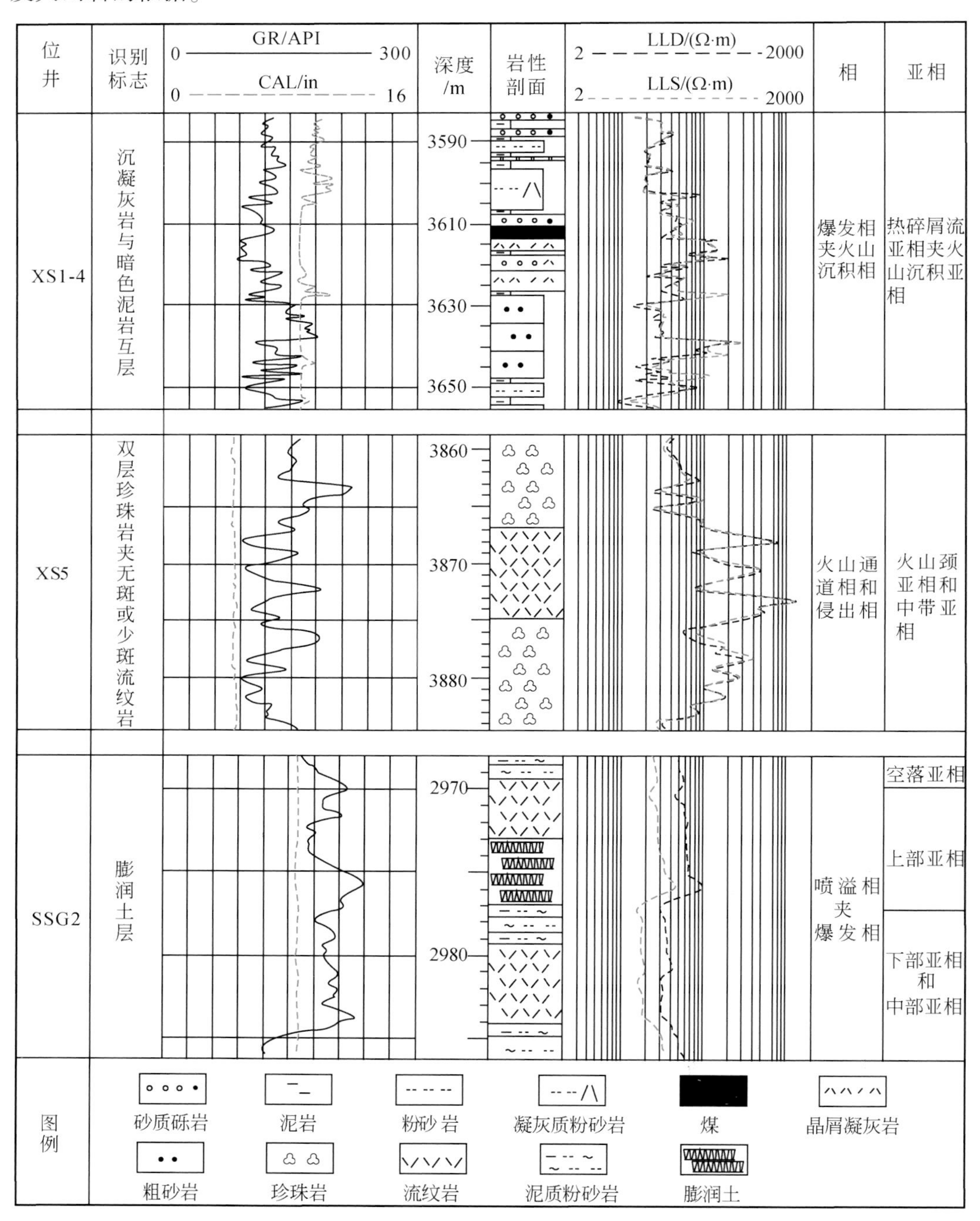

图 2-1　水下喷发火山岩识别标志综合柱状图

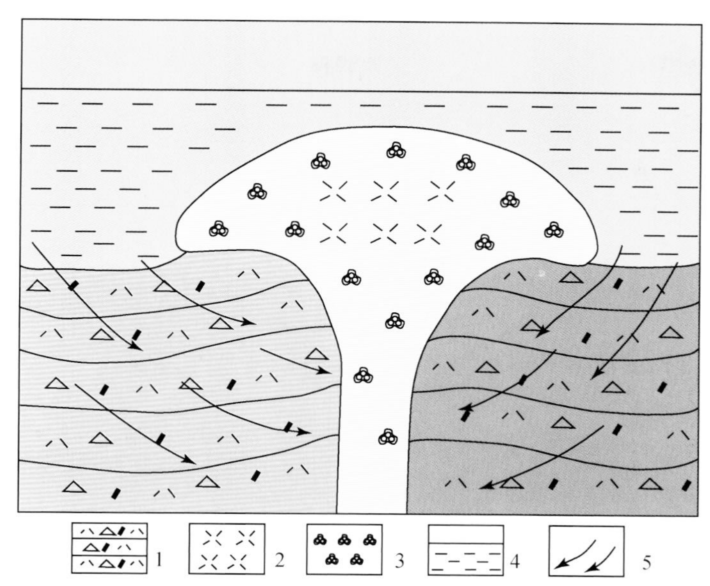

图 2-2　双层珍珠岩夹无斑或少斑流纹岩形成过程示意图（据高恩忆，1986，修改）

1. 酸性玻璃质角砾凝灰岩；2. 流纹岩；3. 珍珠岩；4. 地表水；5. 下渗地表水运动方向

SSG2 井 2972 ~ 2977m 段（图 2-1）膨润土层以上部亚相为主。GR 曲线呈中振幅齿形，LLD 曲线正幅度差明显。

（四）氧化系数（Fe^{3+}/Fe^{2+}）

氧化系数（Fe^{3+}/Fe^{2+}）是反映沉积环境氧化或还原特征的可靠化学指标之一。Fe^{3+}/Fe^{2+}值大于 1.5 为强氧化环境，1.0 ~ 1.5 为弱氧化环境，0.8 ~ 1.0 为弱还原环境，小于 0.8 为强还原环境（黄剑霞，1987）。

对研究区内水下喷发火山岩进行全岩分析，结果表明该区水下喷发火山岩氧化比（Fe_2O_3/FeO）均小于 0.8（图 2-3），升深更 2、升深 2-12 和部分徐深 5 井中水下喷发火山岩样品的氧化比低于 0.1，可以推测该区火山岩在成岩过程受到水下还原环境的影响。

松辽盆地徐家围子营城组陆相水下喷发火山岩岩石学特征及次生变化：首先通过岩石薄片，确定研究区营城组陆相水下喷发火山岩的岩石类型与特征。再利用 SEM+EDS，对松辽盆地徐家围子营城组陆相水下喷发火山岩所具有的矿物学特征做了细致的观察和分析。初步观察发现，样品表面显微形态特征都比较复杂，但经过详细对比和分类，在所有样品中仍可找出其相似及差异之处，如不同样品表面显微形态均有蚀变、结晶等现象，差异之处在于蚀变和结晶的程度不同，再通过能谱进一步分析。

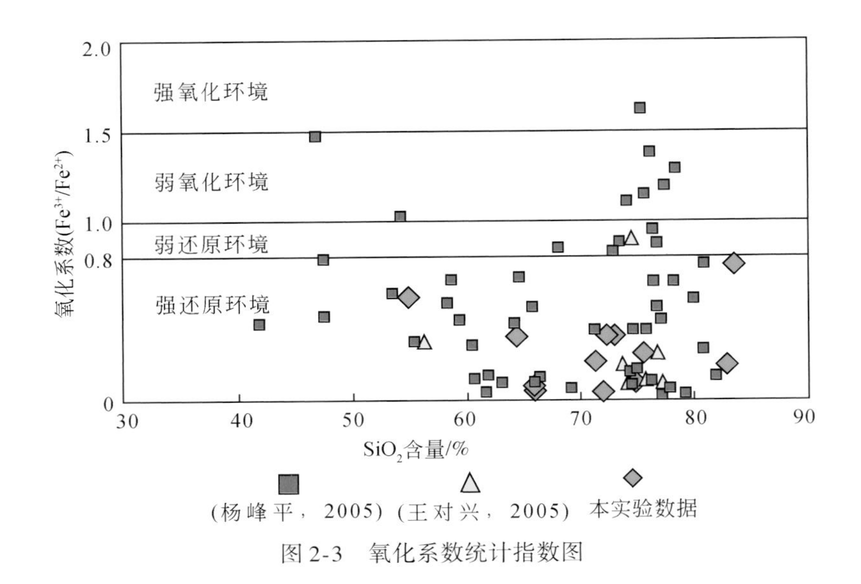

图 2-3　氧化系数统计指数图

二、陆相水下喷发火山岩的岩性特征

依据镜下火山岩的矿物成分、结构特征及火山碎屑粒级及其比例等特征，将松辽盆地徐家围子营城组陆相水下喷发火山岩分为两类 5 种。

火山熔岩类：流纹岩、球粒流纹岩、珍珠岩。

火山碎屑岩类：沉凝灰岩、流纹质熔结凝灰岩。

（一）与陆上喷发火山岩的差异

与陆上喷发火山熔岩的差异：枕状或似球状构造是陆相水下喷发熔岩宏观上的典型特征。根据岩心观察，认为陆相水下喷发火山岩颜色以浅绿-灰白色为主，在 XS5，SSG2 及 SS2-12 中表现明显，而陆上喷发火山岩常呈浅红-红褐色或紫灰色-黑色。在显微镜下，上述井中陆相水下喷发火山熔岩中斑晶较少，主要为细小的碱性长石、斜长石、石英及少量黑云母等；球粒大小一般介于 0.1 ~ 1mm 之间，陆上火山岩中的球粒结构较大，从 0.5mm 到几厘米不等，肉眼可见，除了放射状构造之外，还具同心带状构造，外形与球粒相仿。

与陆上喷发火山碎屑岩的差异：陆相水下喷发火山碎屑岩在 XS1-4 井中表现明显，韵律性较好，即不同粒度的火山碎屑物与泥岩互层产出。XS21-1 井中可见自碎角砾结构，为静水压力过大所致。XS21-1 井中还有熔结凝灰岩以及外形上有似凝灰熔岩存在，可见凝灰岩-沉凝灰岩和凝灰岩-沉积岩逐渐过渡的情况。此外，陆相水下喷发火山岩系的沉积夹层中常含有河湖相动植物化石。

与陆上喷发火山岩中次生变化的差异：由于受到热液及水体的双重作用，其成岩作用较为复杂。SS2-12 井中陆相水下喷发火山岩受有机酸溶蚀作用强烈，表现为一些不规则弯曲的溶孔和缝隙中沸石的充填。有机酸的溶蚀对水下喷发火山岩的储层具有改善作用。另外，XS21-1 井绿泥石化现象突出，SS2-12 局部井段碳酸盐化现象普遍，陆相水下喷发火山岩蚀变程度强于陆上环境喷发火山岩。

与陆上喷发火山岩储集空间及岩相的差异：水下喷发火山岩以炸裂缝、冷却收缩缝、枕间裂缝以及次生孔隙为主。而陆上喷发火山岩以原生孔隙、构造缝为主。在对整个松辽盆地各种火山岩相和亚相的统计中，喷溢相比例最高，占 49.7%。而陆相水下喷发火山岩岩相以爆发相为主，占 46%（图 2-4）。亚相中以火山沉积相中的凝灰岩夹煤沉积亚相最为典型。

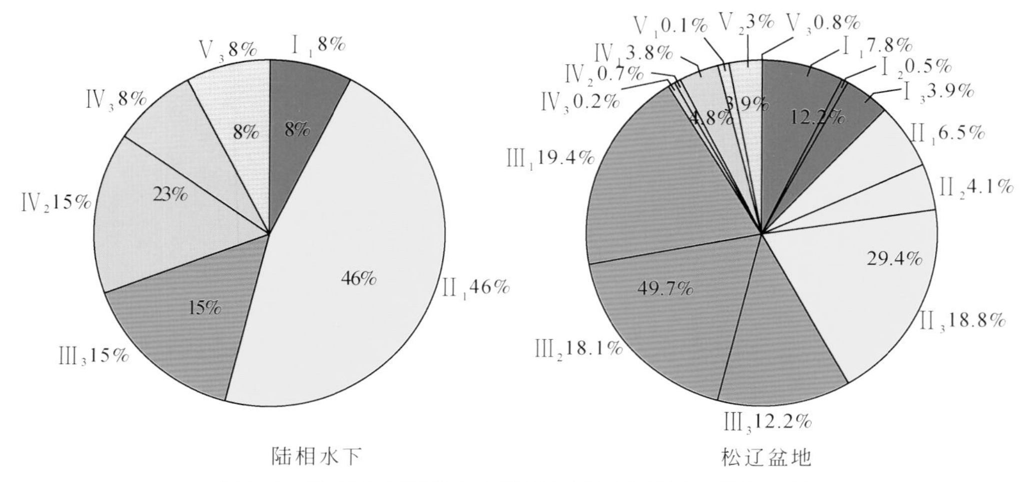

图 2-4　陆相水下喷发火山岩相与松辽盆地岩相特征比较

■火山通道相；■爆发相；■喷溢相；■侵出相；■火山沉积相；I_1.火山颈亚相；I_2.次火山岩亚相；I_3.隐爆角砾岩亚相；II_1.空落亚相；II_2.热基浪亚相；II_3.热碎屑流亚相；III_1.下部亚相；III_2.中部亚相；III_3.上部亚相；IV_1.内带亚相；IV_2中带亚相；IV_3.外带亚相；V_1.含外碎屑火山沉积亚相；V_2.再搬运火山碎屑沉积岩亚相；V_3.凝灰岩夹煤沉积亚相

（二）松辽盆地徐家围子营城组陆相水下喷发火山岩地球化学特征

通过对研究区内水下喷发火山岩进行全岩化学成分分析，建立 TAS 图解（图 2-5），可以看出松辽盆地徐家围子营城组陆相水下喷发火山岩岩性的岩石化学成分类型主要有 3 种，即流纹岩、粗面岩-粗面英安岩和粗面安山岩区，以流纹岩为主，分属于亚碱性和碱性两个系列。根据里特曼指数及 AFM 投图分析，可确定本区内水下喷发火山岩主要属于亚碱性中的钙碱性系列。研究区内的水下喷发火山岩具有富硅富碱性，SiO_2 含量一般在 65% 以上，碱（Na_2O+K_2O）含量为 5.4%～10.5%，铝过饱和，$Al_2O_3/(Na_2O+K_2O+CaO)$ 值一般大于 1.4。

结合前人已测得的数据进行共同分析（杨峰平，2005；章凤奇，2006，2007；王对兴，2006；单玄龙，2010），结果表明，徐家围子水下喷发火山岩与区内中酸性火山岩在成分上没有明显区别。但由于水下喷发火山岩受到水下还原环境的影响，氧化比（Fe_2O_3/FeO）一般小于0.8。

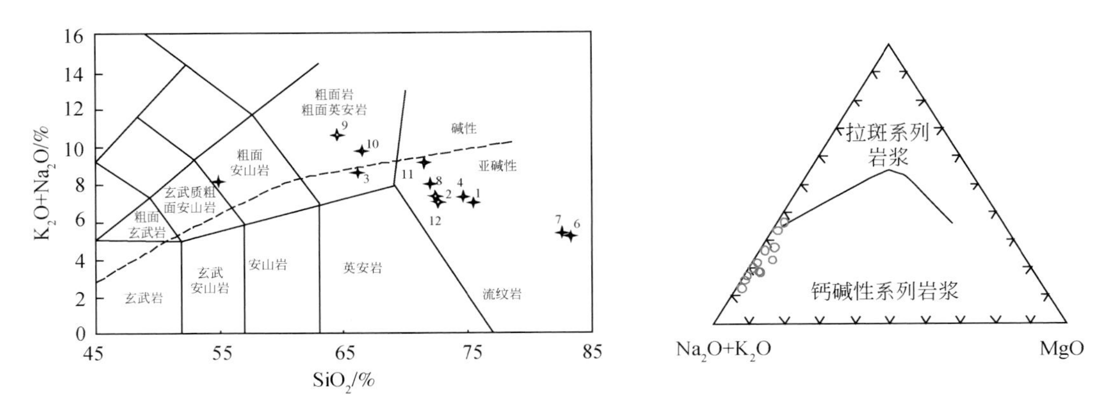

图2-5　松辽盆地徐家围子水下喷发火山岩TAS和AFM图解

三、松辽盆地徐家围子营城组陆相水下喷发火山岩的分布范围

通过对松辽盆地徐家围子岩心和薄片的观察，结合地震与测井资料和岩心样品地球化学的测试结果，认为徐家围子断陷营城组具有一定厚度的水下喷发火山岩。具有水下喷发火山岩特征的钻井集中分布在徐深1井区和徐深21井区东南部，而在汪家屯、升平和徐中地区的分布较为分散。具有水下喷发特征井段的厚度为6～52m，平均厚度26.2m。预测分布面积1331.36km^2。

徐深1-4、徐深2和徐深211等井中存在沉凝灰岩与黑色泥岩互层的特征；汪905、徐深5和升深更2等井中有双层珍珠岩夹无斑或少斑流纹岩的特征，升深更2井中珍珠岩脱玻化作用较强且含有膨润土层；研究区氧化系数（Fe^{3+}/Fe^{2+}）普遍低于0.8进一步证明徐家围子营城组火山活跃期，地表水体分布广泛。

第二节　火山水下喷发与油气生成

松辽盆地徐家围子断陷营城组烃源岩受到水下火山喷发的影响，其烃源岩的有机地球化学特征优于火山活动不强的梨树断陷，将两地区进行对比，证明水下火山活动对烃源岩中有机质富集的积极作用。

一、松辽盆地徐家围子断陷与梨树断陷营城组烃源岩特征对比

（一）营城组烃源岩的分布特征

对于徐家围子断陷的烃源岩来说，其分布范围营四段较营二段广，但在局部地区

其厚度不及营二段。梨树断陷的营城组烃源岩分布则较为集中，厚度从50m到近千米，从断陷边缘到中心为由薄到厚的分布特征。

（二）营城组烃源岩有机质丰度特征对比

徐家围子断陷的13块样品的有机碳平均值为2.06%，生烃潜力参数S_1+S_2平均值为0.18mg/g。梨树断陷的13块样品的有机碳平均值为0.38%，生烃潜力参数S_1+S_2平均值为0.50mg/g。徐家围子断陷样品的TOC含量大于梨树断陷，生烃潜力参数却小于梨树断陷，由于徐家围子断陷烃源岩样品的深度大于3400m，经历较高热演化阶段，丰富的有机碳含量和较高热演化程度说明徐家围子断陷深层烃源岩经历过大量生烃过程，因此剩余的生烃潜力较小。所以从整体来看，徐家围子断陷营城组的烃源岩有机质丰度特征优于梨树断陷。

（三）营城组烃源岩有机质类型对比

徐家围子断陷营城组烃源岩有机质类型为Ⅱ-Ⅲ型，以Ⅱ型为主，原始氢含量较高，应属高度饱和的多环碳骨架，中等长度直链烷烃和环烷烃较多，应该来源于水生浮游生物（以水生浮游植物为主）和微生物的混合有机质。梨树断陷营城组烃源岩有机质类型与徐家围子断陷的情况类似。

（四）营城组烃源岩有机质成熟度对比

徐家围子断陷13块样品的镜质组反射率平均值为2.41%，大于梨树断陷的1.9%，T_{max}平均值为538℃，高于梨树断陷的502℃，其成熟度高于梨树断陷这是毋庸置疑的。

徐家围子断陷由于火山活动比较频繁而且强烈，烃源岩形成之后，经常受后期的火山活动的影响。火山流体上涌，带来了大量的热量，提高了盆地的地温场，使烃源岩处于高的热演化环境中，促进了有机质的成熟，并向烃类转化。徐家围子断陷烃源岩样品的深度大于3400m，而梨树断陷烃源岩样品深度都小于2500m，因此，除了火山活动之外，地温、压力、火山活动引起的构造运动等原因，均促使徐家围子断陷营城组烃源岩的成熟度大于梨树断陷。

二、松辽盆地徐家围子断陷营城组陆相水下喷发火山岩的形成机制及对烃源岩的影响

关于火山活动对烃源岩的影响，前人已经做了大量的工作和实验，主要集中在火山岩中的某种单一因素，如某种金属元素或某种矿物对烃源岩生排烃的影响（翟庆龙，2003），而关于火山喷发和沉积环境对烃源岩的影响的研究甚少。陆相水下喷发火山岩按照喷发环境和沉积环境的不同可以分为陆上喷发水下保存和水下喷发水下保存两种。

高福红等人曾提出水下喷发水下火山岩对烃源岩的影响（高福红，2009），金强等建立了水下火山喷发环境生油岩沉积模型（金强等，1998），但都是单一考虑了火山机构本身位于水下的情况，即水下喷发水下保存的情况，而未考虑到陆上喷发水下保存火山岩对烃源岩的影响。

本书综合徐家围子营城组水下喷发火山岩的宏观和微观特征及前人对其他地区水下喷发火山岩的研究成果（张艳，2007），建立了徐家围子水下火山喷发模式。水下火山喷发火山岩的产生有两种机制：一种为陆上喷发水下保存，即火山喷发于陆上，喷出地表的火山碎屑和熔岩流进入到火山机构附近的水体中沉积（图 2-6a），火山碎屑等物质缓慢沉积，即可形成沉凝灰岩与泥岩互层的现象，而玻璃质火山物质在湖盆中水解便可形成膨润土层。另一种为水下喷发水下保存，即火山机构本身潜于水下，熔岩流和火山碎屑喷出地表后直接在水下沉积（图 2-6b），熔岩流进入水体后表面迅速淬火，形成珍珠岩，而熔岩流内部降温相对缓慢，形成无斑或少斑流纹岩。

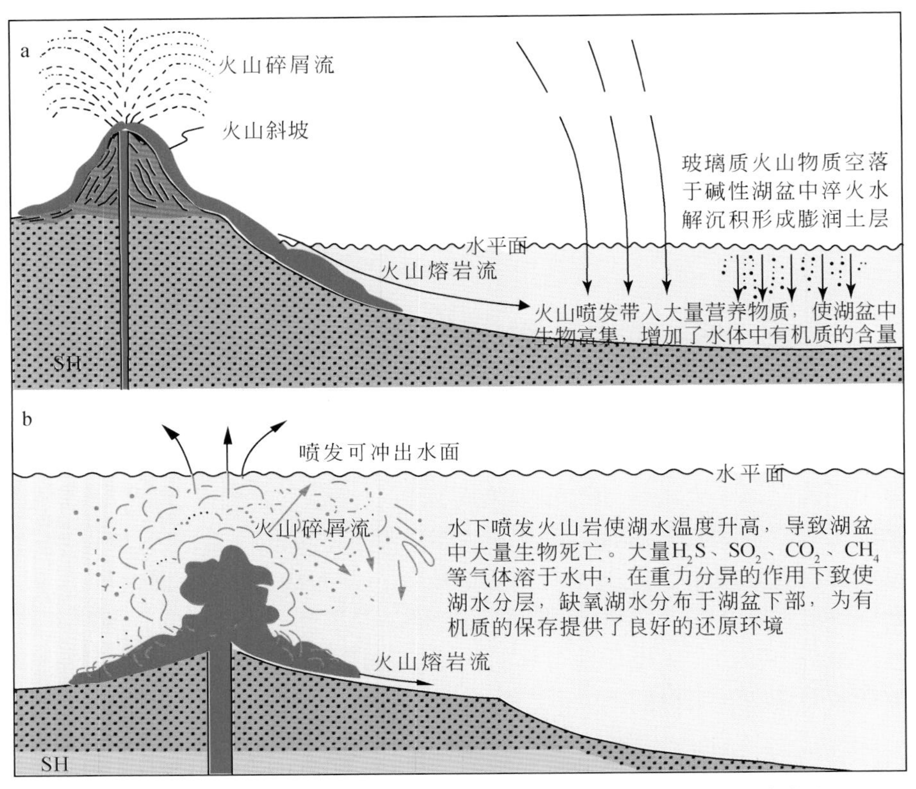

图 2-6 松辽盆地徐家围子营城组水下火山喷发及对烃源岩影响综合模式图

松辽盆地的主要河流和众多的溪流所携带的陆源有机质和各种营养物质，进入湖盆，大大增加了湖盆的营养程度，为湖盆中生物繁殖创造了良好的生成环境。水下喷发火山岩使湖水温度升高，导致湖盆中大量生物死亡，火山喷发过程中产生大量 H_2S、SO_2、CO_2、CH_4等气体，与湖中的 H_2O 和 O_2等发生反应，在重力分异的作用下致使湖水分层，缺氧湖水分布于湖盆下部，为有机质的保存提供了良好的还原环境。火山间歇期，由于火山喷发带入大量营养物质，湖盆中生物再次富集，增加了水体中有机质的含量。

按照陈建平（1997）对泥岩TOC的评价标准，小于0.5%为差烃源岩，0.5%～1.0%为中等烃源岩，1.0%～2.0%为好烃源岩，大于2.0%为优质烃源岩。徐家围子单井营城组烃源岩平均有机碳含量为2.23%～2.706%，均大于2.0%，属优质烃源岩类。证明徐家围子水下喷发火山作用更有利于优质烃源岩的形成。

第三章　火山作用热效应与成烃效应定量评价

火山活动为盆地提供了热源，这种异常热对烃源岩生烃或古油藏裂解有一定影响。地质上，火山活动与烃源岩存在三种情况：①火山活动早于烃源岩形成期；②火山活动晚于烃源岩大量生烃期；③火山活动早于烃源岩大量生烃。对于第一种情况，火山活动的热作用对于有机质生烃没有影响；第二种情况，火山活动主要促进古油藏的裂解；第三种情况，火山活动促进有机质生烃。此外，考虑到次生火成岩-侵入体的热作用远大于喷出岩-火山岩的热作用，本书主要对次生火成岩，即侵入体的热作用进行评价。

为了定量评价火山作用的生烃增量及定量描述对已有油藏的破坏过程，乃至为勘探决策提供依据，需要建立三个关键模型：火山岩热容模型、热传导模型、有机质成烃的化学动力学模型。

实际上，岩浆冷却热释放模型在盆地构造分析、岩石圈无机-有机相互作用方面已有大量研究（Hort，1991；German，1998；Annen，2002；Keating et al.，2002；Reverdatto，2004），热传导模型在热力学研究中前人已有较多积累（Carslaw and Jaeger，1959；Jaeger，1964；Wang et al.，1989；Hurter，1994；Galushkin，1997；Fjeldskaar，2008）。然而地质上火山侵入体与烃源岩之间的这种热传导动力学行为研究比较薄弱，缺乏系统研究。一方面原因是地质上火山岩油气藏勘探起步较沉积岩油气藏勘探晚，缺乏相关的认识和理论指导；另一方面地质上火山侵入体发育规模、类型不一，而且多期叠置，以往地震精度的限制使得对其特征刻画程度不够。随着油气勘探范围的扩大、勘探程度的提高、地球物理技术的发展，现在对火山侵入体对生烃的促进作用已有较多定性认识，对火山岩体的识别已经不再是制约火山侵入体对生烃热效应定量评价的瓶颈。

建立了热容模型和热传导模型，结合有机质成烃的化学动力学模型，即可展开火山作用的生烃热效应研究。但是，目前业已报道的有机质成气的化学动力学模型普遍有一个重要缺陷：由于过去标定模型所依赖的模拟实验温度多在600℃以下完成，而已有的研究表明，在600℃的实验条件下有机质并没有完全转化。从实验结果（无论是开放实验还是密闭实验）来看，在600℃左右时甲烷的生成过程（尤其是对煤岩有机质）还远远没有结束，因此模型能够描述的成熟度上限多在R^o为2%～3%。我国西部叠合盆地的碳酸盐岩现今的成熟度一般都高于2.0%，从其热模拟结果及实例剖析来看仍然具备生气潜力（陈建平，2007；帅燕华等，2008），并认为可以作为替补气源。同样煤岩在高-过成熟阶段仍具备生气潜力（陈永红等，2003），少数几篇文献（Gaschnitz，2001；Cramer，2001；卢双舫等，2006）报道的煤岩在高温（800℃左右）时仍然具有生甲烷能力。实验结果和地质实例均表明常规的借助于热模拟实验手段进行生烃评价低估了烃源岩的生烃潜力。因此，要描述 R^o 为5%左右甚至更高演化程度条件下的成气过程，需要利用更高温度的模拟实验来建立能够描述整个有机质成气过程的化学动力学方程。这是本项研究中着力探索、力求有所突破的关键环节。一旦获得了高温实验的产物产率曲线，就可以借助于化学动力学模型，标定其动力学参数，再根据不同规模、不同岩性火山侵入体热容及热传导模型结合大地热流背景值，建立热史，结合烃源岩地球化学、地质特征就可以进行火山作用的生烃定量动态评价。

本次研究通过地质–地球物理方法和实验与模拟手段，建立火山岩侵入体热容模型、热传导模型和有机质成烃的化学动力学模型，并根据火山岩体成分、围岩热导率等性质确定参数（也可根据围岩地化指标进行模型参数的标定），结合高温条件下不同类型干酪根高温热模拟实验，标定根据化学动力学原理建立的动力学模型参数，进一步建立不同火山岩体规模、类型及与源岩的不同时空匹配关系时的火山作用的生烃热效应定量模型及相关图版（如镜质组反射率增量、生烃的增量、油藏破坏量等），最后根据靶区烃源岩及火山岩体的实际参数结合热效应定量评价模型，动态定量评价火山作用的烃源岩生烃史、生烃量，为评价火山作用对烃源岩生烃量的增减和破坏提供技术手段，可建立一套火山岩发育区的源岩评价方法，更加合理地评价盆地内油气资源量，为勘探决策提供依据。同时不同规模、类型火山作用的生烃的热效应定量表征有助于正确认识火山作用在油气成藏中的贡献，有助于完善火山岩油气藏理论。

第一节　理论基础与模型建立

地下深处高温熔融物质沿构造脆弱带上升，侵入到地层中，形成侵入体/次火山岩。喷出到地表则形成喷出岩/火山岩。根据岩浆侵入的环境和侵入作用方式，可以分为深成侵入作用和浅成侵入作用。各种侵入作用所形成的岩体都具有一定的产状，所谓产状是指岩体的形状、大小、与围岩的接触关系，以及形成时期所处的地质构造环境。这种侵入体在沉积盆地中普遍存在，厚度一般为几米到几十米，上百米的少见，岩性有辉绿岩、安山岩、玄武岩。尽管岩浆侵入体厚度不是很大，但具有异常高温（可达1300℃），其带来的热源对沉积有机质成熟演化具有很大影响。岩浆的温度往往随岩浆的成分而变化，酸性岩浆的温度约为700～900℃，中性岩浆的温度约为900～1000℃，基性岩浆的温度约为1000～1300℃。

岩浆发生侵位后，形成的侵入体与围岩存在温度差，在温度差的作用下，热量由温度高的区域向温度低的区域传递。传热是在温度差的驱动下，通过分子相互碰撞、分子振动、电子的迁移传递热量的过程，可分为两种：

稳态传热：传热系统中无能量积累，其特点是传热速率在任何时刻均为常数，且系统中各点的温度仅与热源的位置有关，与时间无关；

非稳态传热：传热系统中各点的温度不仅与位置有关，而且随时间变化。

热传递的基本方式可分为三种：

（1）热传导：物体各部分之间不发生相对位移，仅借分子、原子和自由电子等微观粒子的热运动而引起的热量传递，它是固体中热传递的主要方式。

（2）热对流：靠气体或液体的流动来传热的方式，对流是液体和气体中热传递的主要方式。

（3）热辐射：高温物体直接向外发射热的现象，热辐射是远距离传热的主要方式，如太阳的热量就是以热辐射的形式经过宇宙空间传给地球。

火山岩与围岩间的热传递属于固体之间的热传递，应该以热传导为主，且已有的研究也表明火山岩与围岩（尤其是侵入岩与围岩之间）的热传递过程主要是热传导。喷出岩由于直接喷出地表，其热量迅速散失，仅对下伏地层产生轻微的接触变质作用。如三水盆地与火山熔岩接触的砂岩仅产生石英颗粒次生加大和镶边现象，一些与围岩接触的变质带仅几厘米到十几厘米宽。正是因为如此，喷出岩对相邻地层油气的生成和破坏作用较小。但它的产生必然引起区域性地温梯度的升高和构造活动，对区域油气的生成会产生影响。

一、热传导方程

设有一横截面积为 A 的均匀细杆，沿杆长方向有温差，其侧面绝热（图 3-1），考虑其热量传播的过程：

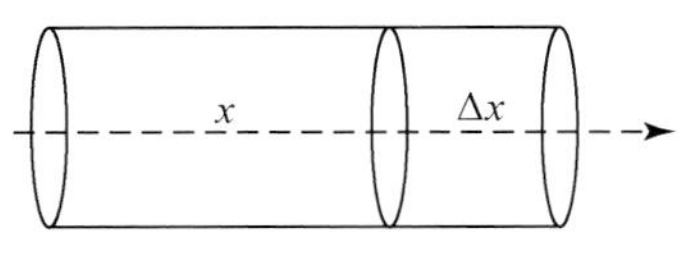

图 3-1　模型示意图

假设：①导热杆是均匀的，即杆上的密度视为相同；②侧面绝热，即热量只会沿着杆长方向传导，所以是一个一维问题。

如图所示，取 x 轴方向与杆重合，以 $u(x, t)$ 表示杆上 x 点处在 t 时刻的温度。从杆的内部划出一小段 Δx，考察这一小段，在时间间隔 Δt 内热量流动情况。ρ 为杆的密度，则在 Δt 时间内引起小段 Δx 温度升高，所需热量为

$$Q = c(\rho A \Delta x)[u(x, t = \Delta t) - u(x, t)]$$

故当 $\Delta t \to 0$ 时，$Q = c\rho A u_t \Delta x \Delta t$ 。

c 为材料的比热容，定义为单位质量的物体温度升高（或降低）1℃（或 1K）所吸收（或放出）的热量。在国际单位中，比热容的单位是 J/（kg・K），常用的单位还有 kJ/（kg・℃）。A 为截面积。可以看出传递的热量为温度差×质量×比热容，即方程式的左边为热容模型。

通过傅里叶定律可知，当物体内有温度差存在时，热量由温度高处向温度低处传递，单位时间流过单位面积的热量 q（热流强度）与温度的下降率成正比，即

$$q = -k\frac{\partial u}{\partial n}$$

其中，k 为热导率（与物体的材料有关）；$\frac{\partial u}{\partial n}$ 的方向是所通过曲面的外法线方向；负号

表示由高温向低温传递，故在 Δt 时间内沿 OX 轴正方向经过 x 处截面的热量为

$$Q_1(x) = -ku_x(x, t)A\Delta t$$

在 Δt 时间内由 $x+\Delta x$ 处的截面发生传递热量为

$$Q_2(x + \Delta x) = -ku_x(x + \Delta x, t)A\Delta t$$

设杆内有热源，其热源密度为 $F(x, t)$（单位时间内单位体积所放出的热量），则在 Δt 时间内，杆内热源在 Δx 段产生的热量为

$$Q_3 = F(x, t)(A\Delta x)\Delta t$$

根据能量守恒定律，可得

$$Q = Q_1 - Q_2 + Q_3$$

故有

$$c\rho Au_t\Delta x\Delta t = -ku_x(x, t)A\Delta t + ku_x(x + \Delta x, t)A\Delta t + FA\Delta x\Delta t$$

$$c\rho u_t = \frac{k[u_x(x + \Delta x, t) - u_x(x, t)]}{\Delta x} + F$$

令 $\Delta x \to 0$ 两边取极限

$$u_t = \frac{k}{c\rho}u_{xx} + \frac{F}{c\rho}$$

即

$$u_t = Du_{xx} + f(x, t)$$

其中，$D = \frac{k}{c\rho}$，$f = \frac{F}{c\rho}$。D 为热扩散系数，表征物质在加热或冷却时，各部分温度趋于一致的能力。在国际单位中，热扩散系数的单位是 m^2/s。

二、火山岩体-围岩热传导模型

首先根据热传导原理及能量守恒定律建立火山岩体-围岩热传导模型，并与目前报道的描述岩浆侵入体热传导模型进行对比分析（Wang（1989）模型、Hurter（1994）模型）。不同模型其参数不同，具有不同的使用范围，本书首先对这三个模型进行对比分析。所有模型均假设岩浆发生侵位的过程是瞬时的，热传递的方式是热传导，围岩和火山岩具有相同的热扩散率。

1. 模型建立

假定岩浆侵入具有恒定地温梯度的围岩中（图 3-2），其中侵入体顶面与盆地底的距离为 b_1，b_2 为侵入体底与盆地底的距离，b_1-b_2 为侵入体的厚度，地表温度 T_0，h 为盆地底埋深，a 为侵入体在 x 方向上长度的一半。

Lovering（1935）最早根据热流理论建立了描述岩浆侵入体散热过程的动力学方程，随后，Jaeger（1957，1964）、Carslaw 和 Jaeger（1959），Galushkin（1997）通过对 Lovering 的模型修订，考虑岩浆潜热释放，对岩浆侵入体散热过程进行了研究。Fjeldskaar 等（2008）认为对于规模较大的侵入体，如岩浆底侵作用产生的岩熔垫，需要考虑潜热的影响，而对于规模较小的侵入体潜热影响则较小，从而依据热传导方程

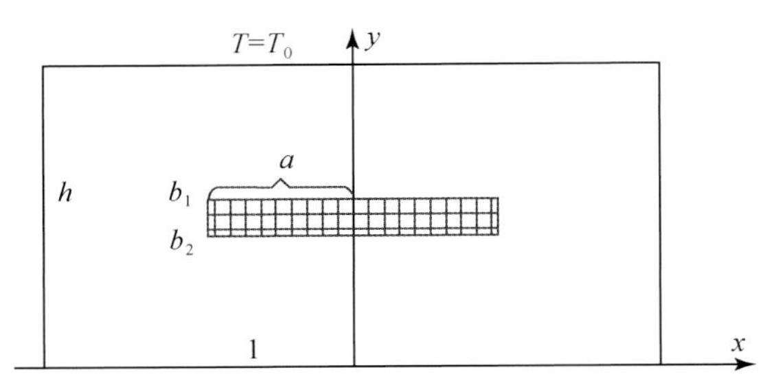

图 3-2　岩浆侵入体模型简图

建立了描述侵入体附近温度场演化特征的模型。由于侵入体和围岩的热力学性质及地质的复杂性，我们假设侵入体的侵入是瞬间的，散热的方式主要是热传导，侵入体和围岩的热扩散率相同。因此，可建立根据岩浆侵入体–围岩热传导过程中遵循热量守恒定律的热传导方程。即

$$\frac{\partial T}{\partial t} = \kappa \nabla^2 T \tag{3-1}$$

式中，$\kappa = k/(\rho \times C)$，为热扩散率（$m^2/s$）；$k$ 为热导率（W/（m·K））；ρ 为岩石密度（kg/m^3）；c 为比热容（J/（kg·K））。式（3-1）通过傅里叶变换可以得到二维乃至三维热传导方程，结合地温梯度可以得到发生侵位后热传导方程，即

$$\begin{aligned} T(x, y, t) = T_0 + DT(h-y) + 4\{\Delta T - DT \times [h - y + (b_1 - b_2)/2]\} \\ \times \left\{\left[\frac{a}{2l} + \sum_{m=1}^{\infty} \frac{1}{m\pi} \sin\left(\frac{m\pi a}{l}\right) \cos\left(\frac{m\pi x}{l}\right) \exp\left(-\frac{\pi^2 m^2 \kappa t}{l^2}\right)\right]\right. \\ \times \left[\sum_{n=1}^{\infty}\left(\frac{b_1 \cos(n\pi b_1/h)}{hn\pi} - \frac{b_2 \cos(n\pi b_2/h)}{hn\pi} + \frac{\sin(n\pi b_2/h)}{(n\pi)^2}\right.\right. \\ \left.\left.\left. - \frac{\sin(n\pi b_1/h)}{(n\pi)^2}\right) \sin(n\pi y/h) \exp\left(-\frac{\pi^2 n^2 \kappa t}{h^2}\right)\right]\right\} \end{aligned} \tag{3-2}$$

式中，x 和 y 分别为水平方向和垂直方向的观测点；h 和 l 为盆地规模尺度参数，分别为垂直方向和水平方向上的长度，取值参照文献（Fjeldskaar et al.，2008），h 取 67000m，l 取 50000m；ΔT 为侵入体的初始温度（℃）；DT 为地温梯度（℃/m）。

2. Wang 模型（1989）

Wang（1989）在以下假设的基础上建立了岩浆侵入体热传导模型。假设条件为①侵入体快速侵入；②在传热的过程中，热传导是占主要作用的，可以忽略热传递和热辐射；③侵入体与沉积岩层平行，延伸很长，相对延伸而言，侵入体的厚度很小，即以岩床为研究对象；④侵入体的热导率和围岩相同。模型公式为

$$\begin{aligned} T(z, t) = T_s + Q(t)\int_0^z \mathrm{d}z'/k(z') + [4\pi(t - t_1)]^{-\frac{1}{2}} \\ \times \int_{z_i(t)-L}^{z_1(t)} \mathrm{d}y k(y)^{-\frac{1}{2}} \left[T_1 - T_s - Q(t)\int_0^y \mathrm{d}z'/k(z')\right] \\ \times [\exp\{-(z-y)^2/[4k(y)(t-t_1)]\}] \end{aligned}$$

$$-\exp\{-(z+y)^2/[4k(y)(t-t_1)]\}] \tag{3-3}$$

式中，T_s 为地表温度；$Q(t)$ 为在时间 t 时的大地热流；$K(z')$ 为在深度 z' 时的热导率；k 为热扩散率，为常数；T_1 为侵入体的初始温度；t_1 为侵入的时间；L 为侵入体的厚度。所有参数单位均采用高斯单位制（CGS）。

3. Hurter 模型（1994）

Hurter 和 Pollack（1994）根据巴西南部巴拉那盆地的侵入岩数据，建立描述侵入体热传导过程的数学模型。同样假设侵入体为瞬时侵入，考虑地温梯度的影响，建立了一维模型对侵入体的热作用进行模拟。其公式为

$$\begin{aligned}T(a,b,z,t)=&\frac{1}{2}(T_i-T_0)\left\{\mathrm{erf}\left(\frac{z-a}{\beta}\right)-\mathrm{erf}\left(\frac{z-b}{\beta}\right)+\mathrm{erf}\left(\frac{z+a}{\beta}\right)-\mathrm{erf}\left(\frac{z+b}{\beta}\right)\right\}\\&-\frac{1}{2}DT\times z\left\{\mathrm{erf}\left(\frac{z-a}{\beta}\right)-\mathrm{erf}\left(\frac{z-b}{\beta}\right)-\mathrm{erf}\left(\frac{z+a}{\beta}\right)+\mathrm{erf}\left(\frac{z+b}{\beta}\right)\right\}\\&+\frac{\beta\times DT}{\sqrt{\pi}}\times\left\{\begin{array}{l}\exp\left(-\frac{(b-z)^2}{\beta^2}\right)-\exp\left(-\frac{(b+z)^2}{\beta^2}\right)\\-\exp\left(-\frac{(b+z)^2}{\beta^2}\right)-\exp\left(-\frac{(a-z)^2}{\beta^2}\right)+\exp\left(-\frac{(a+z)^2}{\beta^2}\right)\end{array}\right\}\end{aligned} \tag{3-4}$$

式中，erf 是误差函数；$\beta=(4\alpha t)^{1/2}$，α 为热扩散速率；$T(a,b,z,t)$ 是由单个侵入岩导致的温度变化量；z 为埋深；a 和 b 分别为侵入体顶底埋深；T_i 为侵入体初始温度；T_0 为地表温度；DT 为地温梯度。

4. 不同侵入体热传导模型应用效果对比

根据上述岩浆侵入体热传导模型和 Easy R^o% 模型，利用 VB 语言编写了描述岩浆侵入后围岩中温度场及有机质成熟度演化软件——TMMI（Thermal Modeling of Magmatic Intrusions），对比评价了不同岩浆侵入体热传导模型对不同规模、不同热力学性质侵入体热传导过程模拟结果的异同。

1）模型参数确定

地下深处高温熔融物质沿构造脆弱带上升，侵入到地层中，形成侵入体。这种侵入体在沉积盆地中普遍存在，厚度一般为几米到几十米，上百米的少见，岩性有辉绿岩、安山岩、玄武岩。尽管岩浆侵入体厚度不是很大，但是具有异常高温（可达1300℃），其带来的热源对沉积有机质成熟演化具有很大影响。岩浆的温度往往随岩浆的成分而变化，酸性岩浆的温度约为 700 ~ 900℃，中性岩浆的温度约为 900 ~ 1000℃，基性岩浆的温度约为 1000 ~ 1300℃。侵入岩一般为基性岩石，基性岩浆的初始温度为 1000 ~ 1300℃，模拟中选择的温度为 700℃、900℃、1100℃、1300℃。岩浆侵入体比热容取值 787.1J/(kg·K)，热导率为 2.5W/(m·K)，岩浆侵入体密度为 3010kg/m³，地表温度为 10℃，地温梯度为 30℃/km。

2）不同侵入体热传导模型模拟结果对比

图 3-3 和图 3-4 分别给出了不同条件下岩浆侵入体发生侵位后不同模型计算的围岩中温度变化曲线。可以看出本书建立的模型和 Wang 模型计算结果十分相近（图 3-3、图 3-4），而 Huter 模型计算的温度要低于本书模型和 Wang 模型计算值。从图 3-3 中看出侵入体温度衰减很快，在短短 100a 时间内，温度衰减到初始温度的 1/3 左右，说明这种高温的作用时间有限，侵入体温度一般在不到 1Ma 内就衰减到围岩温度。图 3-4 给出了 50m、100m 厚度侵入体时距离侵入体顶面 1 倍侵入体厚度处温度演化史，两处的温度均呈现先增加后降低趋势。尽管与侵入体的距离均为侵入体厚度的 1 倍，围岩达到的最大温度所需要的时间却不相同（图 3-4），达到的最高温度值也稍微不同，对于 50m 厚度的侵入体，达到最大温度所需要的时间约为 100a，对于 100m 厚度的侵入体，达到最大温度所需要的时间约为 500a。这一现象暗示不同厚度的侵入体对围岩温度和有机质成熟度影响的范围（与侵入体厚度的比值）不同。

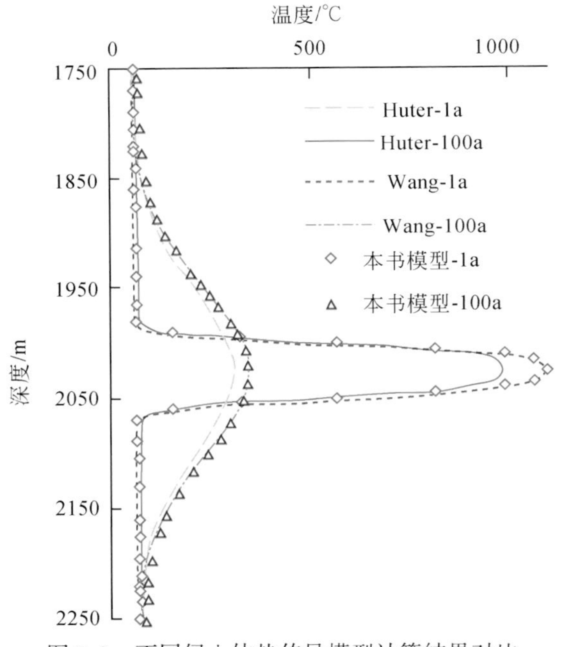

图 3-3　不同侵入体热传导模型计算结果对比

模拟参数：侵入体顶面埋深 2000m，厚度 50m，初始温度 1100℃

由于镜质组反射率 R^o 是温度和时间共同作用的结果，也是地质上常用的描述有机质成熟度的指标。本次研究结合 Easy R^o% 模型计算了不同侵入体热传导模型引起的围岩成熟度变化值，并与文献报道的侵入体附近围岩 R^o 数据进行对比（图 3-5）。由于本书模型和 Wang 模型计算温度相同，这里只给出了本书模型和 Huter 模型计算 R^o 结果。可以看出 Huter 模型模拟计算的 R^o 值在 $R^o>3.5\%$ 时与实测 R^o 拟合效果较好，$R^o<3.5\%$ 时模拟计算的 R^o 低于实测 R^o 值。而本书所建立的模型计算值与实测 R^o 值接近，效果要优于 Huter 模型。同时本书所建立的模型可以方便地计算二维乃至三维空间内温

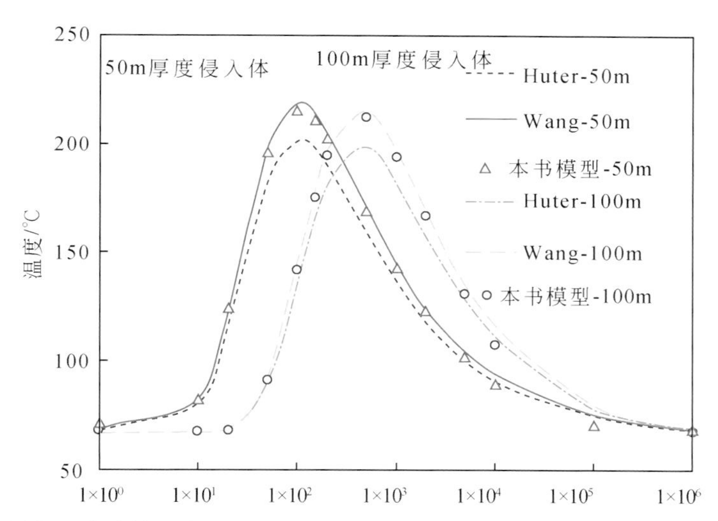

图 3-4　不同侵入体热传导模型计算的离侵入体顶面距离为 1 倍侵入体厚度处温度演化图

模拟参数：侵入体顶面埋深 2000m，初始温度 1100℃

度场及 R^o 值，因此下面只给出文本所建立模型计算的图版。

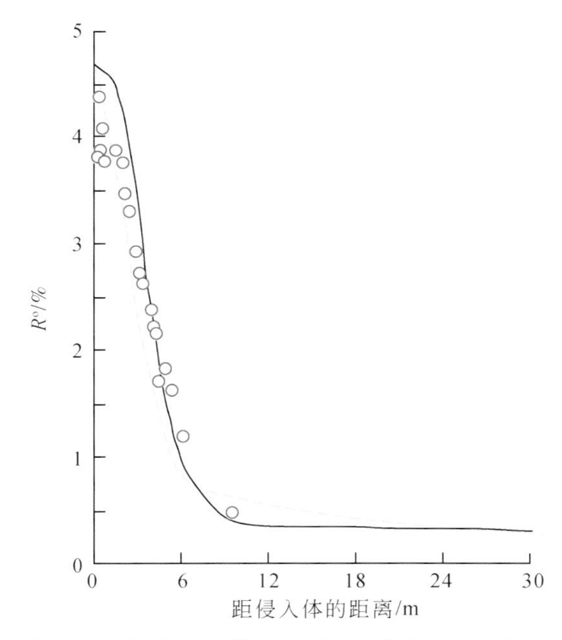

图 3-5　不同侵入体模型对实测 R^o 数据拟合对比图

圆圈代表实测 R^o 值；实线代表本书模型计算结果；虚线代表 Huter 模型计算结果；侵入体厚度 15m

5. 热传导模型对已知 R^o 的拟合

图 3-6 给出了模型计算的不同厚度侵入体附近 R^o 值与实测 R^o 值对比图，图中三角

空心点为实测 R^o 值，实测数据取自文献报道数据。模型中需要的地表温度和地温梯度数据根据文献资料确定，岩浆侵入体密度、围岩热力学性质参数见文献（Fjeldskarr et al.，2008）。由于岩浆侵入体初始温度难以获取，只能根据侵入体岩性估算初始温度范围，因此在模拟计算中通过反复调整侵入体初始温度来拟合实测 R^o，直到拟合最佳为止。通过这种不断调整计算，可以得到与实测数据拟合最佳时侵入体热传导模型参数。这样一旦确定了侵入体模型参数，就可以定量计算岩浆侵入体发生侵位后围岩中温度场及 R^o 演化史。从图 3-6 中可以看出，所建立的热传导模型可以很好地模拟不同厚度侵入体引起的围岩有机质成熟度变化情况。

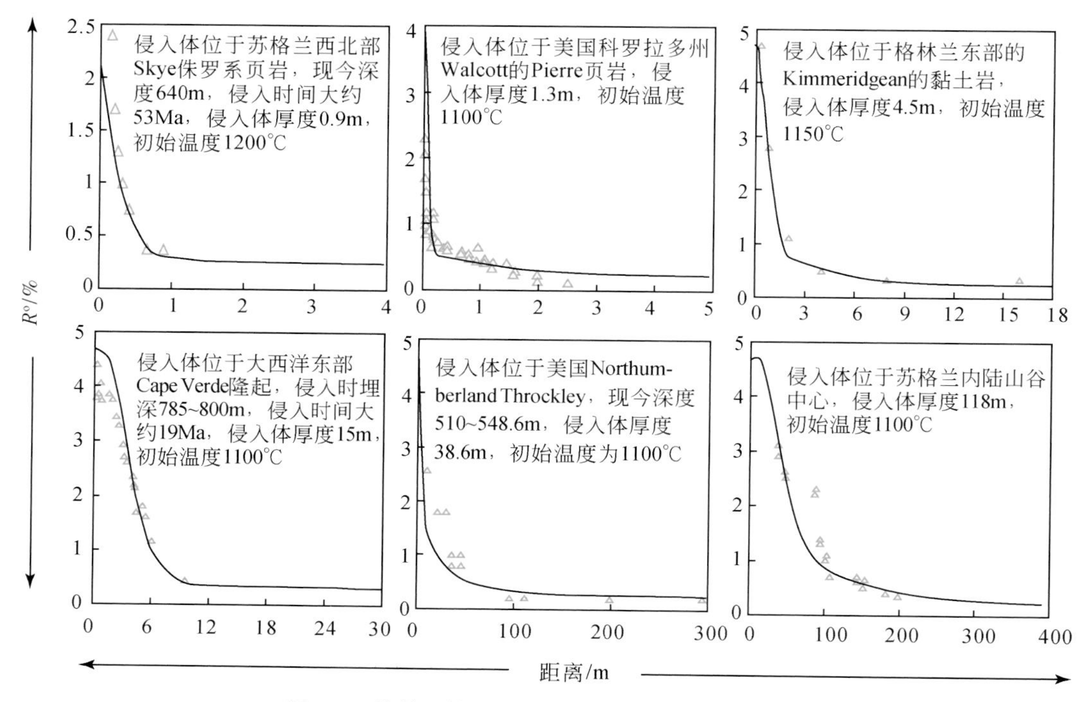

图 3-6　热传导模型模拟侵入体附近 R^o 变化结果

横坐标表示实测 R^o 点与侵入体的距离；实线部分为模型模拟的 R^o 结果，三角空心点为实测侵入体附近的 R^o 值

6. 岩浆侵入体在在水平方向上的传热模拟

前文已经指出，所建立的模型可以方便地计算侵入体对三维空间上的温度影响，为此，考察了不同侵入体水平方向上长度、不同初始温度时对水平方向上影响范围。图 3-7 给出了模拟结果。可以看出，不同长度的侵入体在水平方向上影响的范围相同，在 150m 左右（图 3-7a），初始温度对影响范围有一定的影响，但是影响范围不超过 150m（图 3-7b）。因此，侵入体在水平方向上的影响范围可以以 150m 作为最大的受影响界限。侵入体对围岩的影响主要是纵向上的影响。

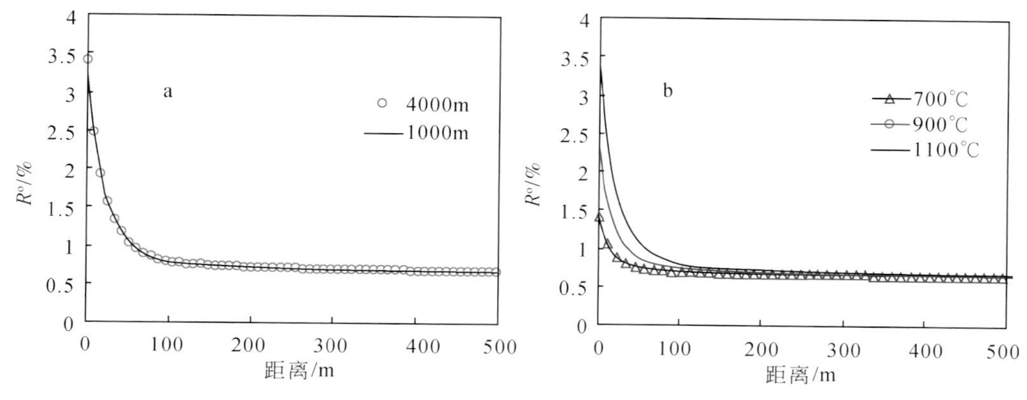

图 3-7　岩浆侵入体在水平方向上热影响范围

a. 不同长度侵入体；b. 具有不同初始温度侵入体

三、化学动力学模型

化学动力学是物理化学的一个重要分支学科，其所要探讨的主要内容是从动态角度由宏观到微观探索化学反应全过程的速率和机理，即研究化学反应过程的速率。同时探索化学反应过程中诸内因（结构、性质等）和外因（浓度、温度、催化剂、辐射等）对反应速率（包括方向变化）的影响以及探讨能够解释这种反应速率规律的可能机理。作为研究化学反应速度和反应机理的一门基础学科，化学动力学理论在油气资源评价中得到了广泛应用。与化学工业生产中所遇到的大规模快速化学反应过程相比，地球化学领域内研究的油气生成过程，实际上属于地质条件下低温、长时间的慢速反应过程。所以有机质成油、成气及油成气动力学的研究可以借鉴化学动力学研究中所涉及的基本概念、基本原理和研究方法。

目前业已报道的描述有机质成烃的化学动力学模型有：①总包反应；②串联反应（假定随着反应的进程，动力学参数将发生变化，实际操作中则假设反应进行到某一程度时动力学参数发生变化）；③平行反应；④连串反应等多种反应速率模型，并且每一种模型又可分为若干亚型。例如，平行反应又可以分为无限个平行反应和有限个平行反应，其中根据所采用平行反应方程中频率因子是否相同又分为具有一个相同频率因子（A）和一个活化能（E）分布的平行反应（SFF 模型）及具有不同频率因子和一个活化能分布的平行反应（MFF 模型）。本书首先对各个模型进行介绍。

1. 总包反应动力学模型

所谓的总包反应（Overall Reaction）实质上是用一个简单反应来描述一个可能比较复杂的反应过程。不难理解，由于沉积有机质组成的异常复杂性，其成烃过程也相应地比较复杂，如它可能由一系列的平行反应和连串反应所构成。但是标定这类复杂模型时的计算量相当大，而在这方面研究的早期，计算机还难以满足这类要求。因此，早期的研究大多采用总包反应模型，这相当于将干酪根的成烃过程视为一个简单的分

解反应过程，即

$$A \to B + R$$

式中，A 为干酪根；B 为油气等挥发性产物；R 为残炭等非挥发性产物。其反应速度微分方程式为

$$\frac{dC_A}{dt} = -kC_A^n \tag{3-5}$$

这里 C_A 为作为反应物的干酪根的即时浓度；$\frac{dC_A}{dt}$ 为反应速度；n 为反应级数；k 为反应速度常数，按阿伦尼乌斯方程，它可表示为

$$k = Ae^{-\frac{E}{RT}} \tag{3-6}$$

式中，A 为指前因子（量纲与反应级数有关，对一级反应为 min^{-1} 或 s^{-1}）；E 为反应的表观活化能（kJ/mol）；R 为摩尔气体常量（1.987×4.187J/mol）；T 为热力学温度（K）；当采用恒速升温实验（升温速率 D）来标定模型时，有

$$D = \frac{dT}{dt} \tag{3-7}$$

由式（3-5）到式（3-7）可得

$$\frac{dC_A}{dT} = -\frac{A}{D} \cdot \exp\left(-\frac{E}{RT}\right) \cdot C_A^n \tag{3-8}$$

这即为微分形式的反应速度方程。根据需要可将其化为积分形式：

$$\int_{C_A^0}^{C_A} \frac{dC_A}{C_A^n} = \int_{T_0}^{T} \frac{A}{D} \cdot \exp\left(-\frac{E}{RT}\right) dT \tag{3-9}$$

从实际观测数据出发，可用微分法或者积分法确定反应的级数 n、表观活化能 E 和指前因子，也可以采用优化算法来进行参数标定。

2. 串联反应动力学模型

在这一探索中较早提出的方案之一就是串联（Friedman Type）（一级）反应速率模型。这种模型假定随着反应的进程，动力学参数将发生变化，实际操作中则假设反应进行到某一程度时动力学参数发生变化。随着反应进程的增加，表观活化能逐渐增加，得到的指前因子随表观活化能增加而逐渐增加。在20世纪90年代初这种模型在国内外油气资源评价中得到了一定的应用，尤其是国内以钱家麟教授为代表的石油大学的一些化学家对模型进行完善、改进，先后在东濮凹陷、临清凹陷、苏北盆地等地区进行了动力学研究和生烃量计算。国外学者 Dieckmann 最近几年也重新强调了这一模型的应用。

串联反应模型将干酪根的热解过程视为一系列串联的具不同活化能（E）和指前因子（A）的反应，即热解达某一生烃率时，热解反应具有某特定的 E、A、反应级数 n。即

$$\left(\frac{dx}{dt}\right)_{T,\ x} = A(x) \cdot \exp\left[\frac{-E(x)}{RT}\right] \cdot (1-x)^n \tag{3-10}$$

式中，x 为反应进行至 t 时刻所生成的烃量，可用它占干酪根总可反应量的比率表示，

即它表示了干酪根的生烃率；T 为热力学温度；R 为摩尔气体常量；$A(x)$ 、$E(x)$ 为作为干酪根转化率（x）函数的指前因子和活化能，n 为反应级数。目前，国内的串联反应模型多取 $n=1$。动力学参数的求取可以通过对不同升温速率实验数据进行作图，采用线性回归的办法获得动力学参数。

3. 连串反应动力学模型

连串反应（Sequential Reaction）指的是要经过几个连续的基元反应才能得到最后产物，并且前一个基元反应的产物是最后一个反应的反应物。尽管目前采用连串反应描述有机质生烃过程的应用较少，但是从目前三类热模拟生烃实验（开放体系、无水密闭体系、有水密闭体系）结果来看，干酪根初次降解产物中以杂原子的大分子的化合物（NSOs）为主。Lewan（1985，1993）通过对加水热模拟实验产物质量及碳同位素变化研究发现干酪根在热力作用下首先降解为“滞留可溶沥青”，之后这种滞留可溶沥青在热力作用下进一步降解为烃类。Fitzgerald 和 Van Krevelen（1959）对煤岩及 Tissot（1969）和 Ishiwatari 等（1977）对干酪根的热解产物分析后也认为 NSOs 是干酪根初次降解产物，NSOs 的进一步裂解生成烃类。对此，Tissot 早在 1969 年就给出了干酪根热降解方案图（图 3-8）。

连串反应模型是描述 $A \rightarrow B \rightarrow C$ 的反应，其中 B 是中间产物。干酪根在热解过程中先形成热解沥青或 NSOs 和部分非烃类气体及残留物，之后中间产物 NSOs 再热解为烃类和部分非烃类气体及残留物。根据这一反应机理，可以建立干酪根热解的连串反应动力学模型。假设实验室升温速率为恒速升温，则

$$\frac{\mathrm{d}K}{\mathrm{d}t} = -k_1 K \tag{3-11}$$

$$\frac{\mathrm{d}B}{\mathrm{d}t} = k_1 f_1 K - k_2 B \tag{3-12}$$

$$\frac{\mathrm{d}O}{\mathrm{d}t} = f_3 k_1 K + k_2 f_2 B \tag{3-13}$$

式中，K 为干酪根重量分率；B 为 NSOs 重量分率；O 为油重量分率；k_1 为干酪根热解生成中间产物 NSOs 的速率常数；k_2 为 NSOs 生成油气的速率常数；f_1 为干酪根热解成中间产物的量占总干酪根的分率；f_2 为热解沥青分解成油气的量占沥青总分量的分率；f_3 表示干酪根热解成油气的量占总干酪根的分率；将恒速升温速率 $\beta = \frac{\mathrm{d}T}{\mathrm{d}t}$ 及阿伦尼乌斯方程代替速率常数，并进行积分整理可得

$$\frac{\mathrm{d}K}{\mathrm{d}t} = -\frac{A_1}{\beta}\mathrm{e}^{-E_1/RT}K \tag{3-14}$$

$$\frac{\mathrm{d}B}{\mathrm{d}t} = \frac{f_1 A_1}{\beta}C_1 - C_2 \tag{3-15}$$

$$\frac{\mathrm{d}O}{\mathrm{d}t} = \frac{f_3 A_1}{\beta}C_1 - f_2 C_2 \tag{3-16}$$

其中，$C_1 = \exp\left(-E_1/RT - \frac{A_1 RT^2}{E_1 + 2RT} \cdot \frac{1}{\beta} \cdot \mathrm{e}^{-E_1/RT}\right)$，$C_2 = \frac{A_2}{\beta}B\mathrm{e}^{-E_2/RT}$。

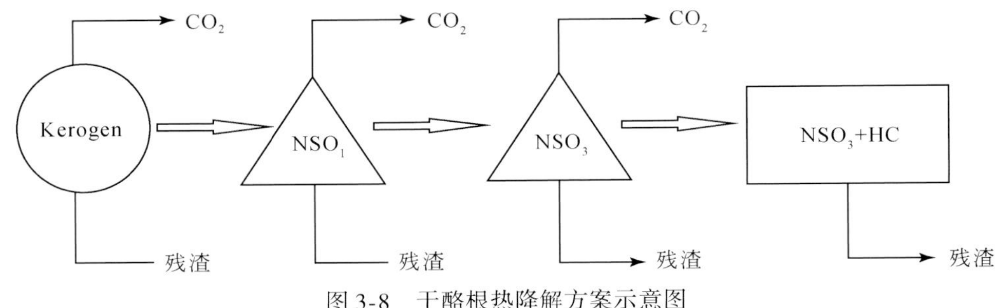

图 3-8　干酪根热降解方案示意图

干酪根生油、生气和油再裂解成气的过程可能用平行一级反应为主线，再与有限个连串一级反应相结合的模型描述合适：

干酪根→非烃类气体+烃类+NSOs+残留物

NSOs→非烃类气体+烃类+残留物

液态烃类→非烃类气体+气态烃类+残留物

干酪根降解生油气机理可能用连串平行反应描述更加合理，然而对上述动力学方案求取产物动力学参数，不仅需要进行干酪根热解中间各产物的收集、处理、提纯，还要考察中间产物的二次裂解，同时需要对各个产物及反应物进行绝对定量，通过物质平衡法求的中间产物及最终产物占干酪根的分率。如 Behar（1992）将干酪根降解成油气过程分为 9 种不同类型化合物的热分解反应。可以看出，要完成这样一个方案不仅需要进行大量的实验，同时需要对产物进行精密定量。因此，这一动力学方案目前仅在法国石油研究院实验室进行。

4. 平行反应动力学模型

干酪根是一种具有多种官能团和多种键型构成的复杂大分子，其来源、组成、结构、键型构成极其复杂。因此，总包反应和串联反应模型都难以近似反映其成烃动力学过程的实质。比较而言，平行反应（Parallel Reaction）模型（或连串平行反应）应该能够较为客观地反映干酪根成烃过程的动力学本质。尽管由于这一过程的极其复杂性，人们目前（或许永远）还不能将它分解成基元反应来考察其成烃历程，成烃机理及建立反映其实质的各基元反应的动力学方程式，但平行反应（加有限个连串反应）模型毕竟是目前所能做到的最为近似的选择。考虑到平行非一级反应模型标定起来的难度，更考虑到大多数热分解反应都是一级反应，而且早期研究积累的成果表明，沉积有机质的成烃过程可用一级反应来描述，因此，用平行反应来研究有机质的成烃过程时，均采用一级反应来描述。

对于平行一级反应，根据反应个数可以分为无限个平行反应和有限个平行反应，其中根据所采用平行反应方程中频率因子是否相同又分为具有一个相同频率因子（A）的平行反应和具有不同频率因子的平行反应。原则上讲，所设定的平行反应的数目越多，就越有可能接近有机质的真实成烃过程。但平行反应数目越多，模型标定起来的计算量越大。因为对每一平行反应过程都有三个待定参数（活化能 E_i 、指前因子 A_i 和

相应的可反应量 X_{i0})。对此，国外学者则假定平行反应的活化能服从某种函数形式的分布，而所有平行反应的指前因子相同（以 Burnham 为代表）或者与活化能有一定函数关系（以 Behar 等 IFP 研究人员为代表）或者所有平行反应的指前因子各不相同（以国内大庆石油学院卢双舫等地球化学研究者为代表）。根据活化能分布函数形式可分为服从离散（Discrete）分布、正态（Gaussian）分布、韦布（Weibull）分布、二项（Binomial）分布、伽马（Gamma）分布的动力学模型，其中前三种分布模型研究和应用居多，而这三种分布模型中离散分布模型在目前研究和应用得最多。

平行一级动力学模型可用如下方程式描述：

$$x = \int_0^{\infty} \exp[-\int_0^t k(T)\mathrm{d}t]D(E)\mathrm{d}E \quad (3\text{-}17)$$

式中，$D(E)$ 为活化能分布函数。对于正态分布函数，有

$$D(E) = (2\pi)^{-1/2}\sigma^{-1}\exp[-(E-E_0)^2/2\sigma^2] \quad (3\text{-}18)$$

对于韦布分布函数，有

$$D(E) = (\beta/\eta)[(E-\gamma)/\eta]^{\beta-1}\exp\{-[E-\gamma]/\eta]^{\beta}\} \quad (3\text{-}19)$$

对于离散分布，则假定活化能在一定范围内以一定的间隔分布，比如国内学者卢双舫常采用活化能在 160 ~ 340kJ/mol（或 140 ~ 320kJ/mol）范围内，以 10kJ/mol 为间隔的 19 个平行反应的离散分布。实际上不同活化能间隔时得到的动力学参数地质外推结果基本上没有区别。

第二节　实验装置与模拟试验

确定烃源岩生烃时间和生烃量是评价盆地油气资源潜力的主要内容之一，而生烃动力学方法是确定源岩生烃时间和生烃量的有效方法。这一方法需要结合盆地内埋藏史、热史、源岩质量及源岩的生烃动力学参数。一般来说，埋藏史-热史通过地层、岩性、热导率、地表温度、热流和其他成熟度参数来确定，源岩质量通过其发育分布、有机质丰度、类型等确定，而源岩的生烃动力学参数则需要通过热模拟实验来确定。获得了生烃动力学参数，通过结合埋藏史-热史就可以得到源岩生烃（油、气）转化率剖面，进一步结合源岩质量就可以方便地评价烃源岩生烃史及生烃量。可以看出热模拟生烃实验在这一过程中起关键作用。

同时作为认识成烃过程、成烃阶段、成烃机理及评价源岩生烃潜力、获取资源评价参数的重要手段，热模拟实验方法已在地球化学领域得到了相当广泛的应用。到目前为止，国内外已有许多学者用不同的实验设备（如高压釜、真空管、金管、Rock-Eval 热解仪及各种自制的加热设备），在不同的加热温度范围、时间和压力条件下，对各类烃源岩进行了许多热模拟生烃实验。这些实验从开放程度上可以分为密闭体系和开放体系，按实验过程中是否有水存在可分为加水热解和干法热解，按实验加热方式可分为恒温热解和恒速升温热解。其中进行恒速升温实验的设备主要有 Rock-Eval 热解仪、MSSV、金管。采用 Rock-Eval 热解仪进行的热模拟实验是开放体系的干法热解实验，采用 MSSV 和金管的热模拟实验是密闭体系（密闭体系）模拟实验。一般来说，

恒温实验更多地与密闭体系相联系，加水热解只能在密闭体系中进行。

从实验结果与地质实际的近似程度来看，越来越多的学者推崇这种密闭条件下的加水恒温热解实验，由于实验条件和地质条件的明显差别所导致的实验与地质条件下镜质组演化的不平行，使实验结果能否以镜质组反射率为桥梁应用到地质条件下还很值得怀疑。Saxby 和 Riley（1984）对澳大利亚新南威尔士州（New South Wales, Australia）三叠系褐煤进行了低速升温（100～400℃区间，1℃/周升温速率）长时间（6 年）开放体系热模拟实验，得到的烃类组分和 GC 特征与地质上油气组分、色谱特征近似，第一次成功地再现了连续沉积盆地油气生成历程。不难理解，慢速低温长时间的热模拟实验更加有利于反映地质上油气的生成过程，然而受时间和烃类检测量的约束，这种实验难以进行推广，高温快速热模拟实验比较流行。本次采用了开放（Rock-Eval、TG-MS）和密闭（金管）两种体系的热模拟装置进行生烃实验。

一、样　品

表 3-1 列出了所用样品基本地质地球化学资料，表 3-2 列出了油样的元素和碳、氢同位素组成信息，表 3-3 列出的为所采样品泥质与煤岩烃源岩元素组成。

表 3-1　样品的基本地质地球化学资料

样品	层位	岩性	R^o/%	TOC/%	T_{max}/°C	HI /(mg/gTOC)	OI /(mg/gTOC)	S_2 /(mg/g)	类型
松辽煤	Ksh	煤	0.50	73.39	427	217	3	159.28	II_2-III
杜 13 井	Ksh	泥岩	0.56	2	432	190	197	3.79	II_1

表 3-2　油样元素及碳、氢同位素组成信息

样品	碳同位素	氢同位素	元素百分含量/%				
	δ^{13}C/‰	D/‰	C	H	N	S	O
大庆轻质油	-29.04	-120.39	—	—	—	—	—

表 3-3　松辽盆地深层沙河子组暗色泥岩及煤样元素组成

样品	N/%	C/%	H/%	O/%
杜 13 井泥岩	0.30	1.50	1.03	4.60
沙河子组煤岩	0.51	69.95	5.24	12.46

二、实　验

（一）Rock-Eval、PY-GC 实验

采用 Rock-Eval-II 型热解仪，进样量 100mg，升温速率 25℃/min，进行 T_{max}、HI、

OI 等分析。开放体系有机质成烃实验采用 Rock-Eval-II 型热解仪，泥岩样品进样量 100mg，煤岩及干酪根进样量 30mg，在不同升温速率条件下（10℃/min、20℃/min、30℃/min、40℃/min、50℃/min）将样品从 200℃加热升温至 600℃，实时记录产物量，即可得成烃率-温度关系。然后在相同的加热温度范围和升温速率条件下，以 30℃的温度间隔收集热解产物并进行气相色谱分析（即 PY-GC 分析），从气相色谱图上定出各个温度段气体（C_1～C_5）和液体（C_{6+}）组分的相对含量，结合前一实验结果，即可将产烃（油+气）率-温度关系曲线转换为产油率-温度和产气率-温度关系两条曲线，以供标定有机质成油、成气的动力学参数之用。

（二）TG-MS 实验

样品在惰性气体保护下（氩气，流量 45mL/min），分别以 1℃/min、5℃/min、10℃/min 的升温速率从 30℃加热到 1000℃，样品重量 10mg 左右，仔细研磨。热重分析仪为法国 SETARAM 公司生产的 TGA92 型。采用瑞士 Balzers 仪器生产的 OmniStar™ 200 小型在线质谱仪（四级滤质质谱仪 QMS422）检测产物产率信息，质谱仪具体参数如下：检测检测荷质比范围 1～300amu，扫描速率 0.2～60s/aum（图 3-9）。为了保证质谱检测的精度，每个样品分析前 30℃时恒温 2 小时，同时进行 2 小时的吹扫过程，直到所有分析产物的基线平稳后再以设定的升温速率进行恒速升温热解。

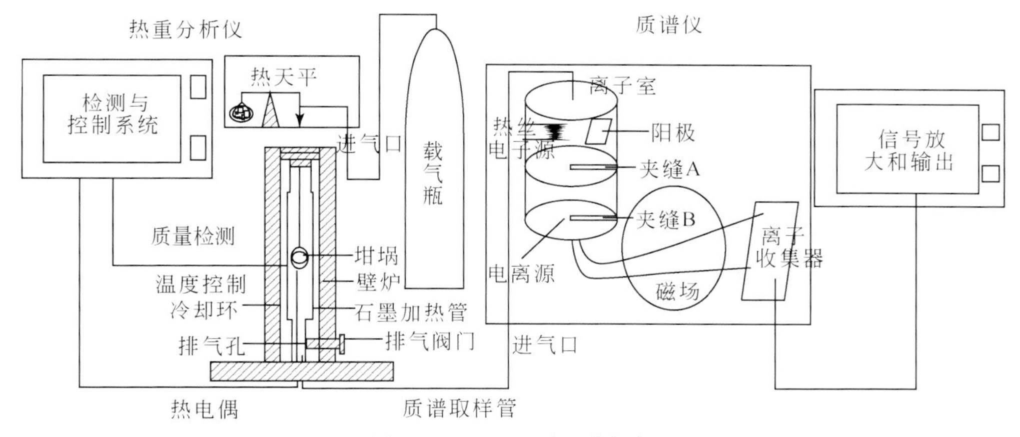

图 3-9　TG-MS 联用分析仪

（三）金管实验

金管实验是近年来国际上比较流行的密闭体系热模拟实验方法，它的突出优点是利用金管良好的可塑性对实验压力进行灵活设置和调控，而所施加的压力正是研究所需的流体压力。本书即用金管实验来研究地质条件下有机质和原油裂解成气的过程及其成气动力学行为。实验装置及过程如下：

实验用金管的壁厚为0.2mm，外径4mm，最大容积$1cm^3$；加样量范围为5～100mg油样/干酪根/煤。

将装样后的金管置于氩气箱中，置换出管中空气，用高频焊机进行焊封，见图3-10。将焊封好的金管放入以水为压力介质的高压釜中，系统可同时接入15个高压釜。每一个高压釜连接一个截止阀并最终连接于同一压力系统中。通过压力控制系统把体系压力控制在设定的压力点上，压力表的精度为0.5MPa。高压釜置于恒温水箱中，恒温水箱可以一定的升温速率恒速升温，控温仪精度为0.1℃。这样各个金管都处在相同的压力、温度条件下。压力、温度系统都受控于中心控制电脑。实验装置图见图3-11。

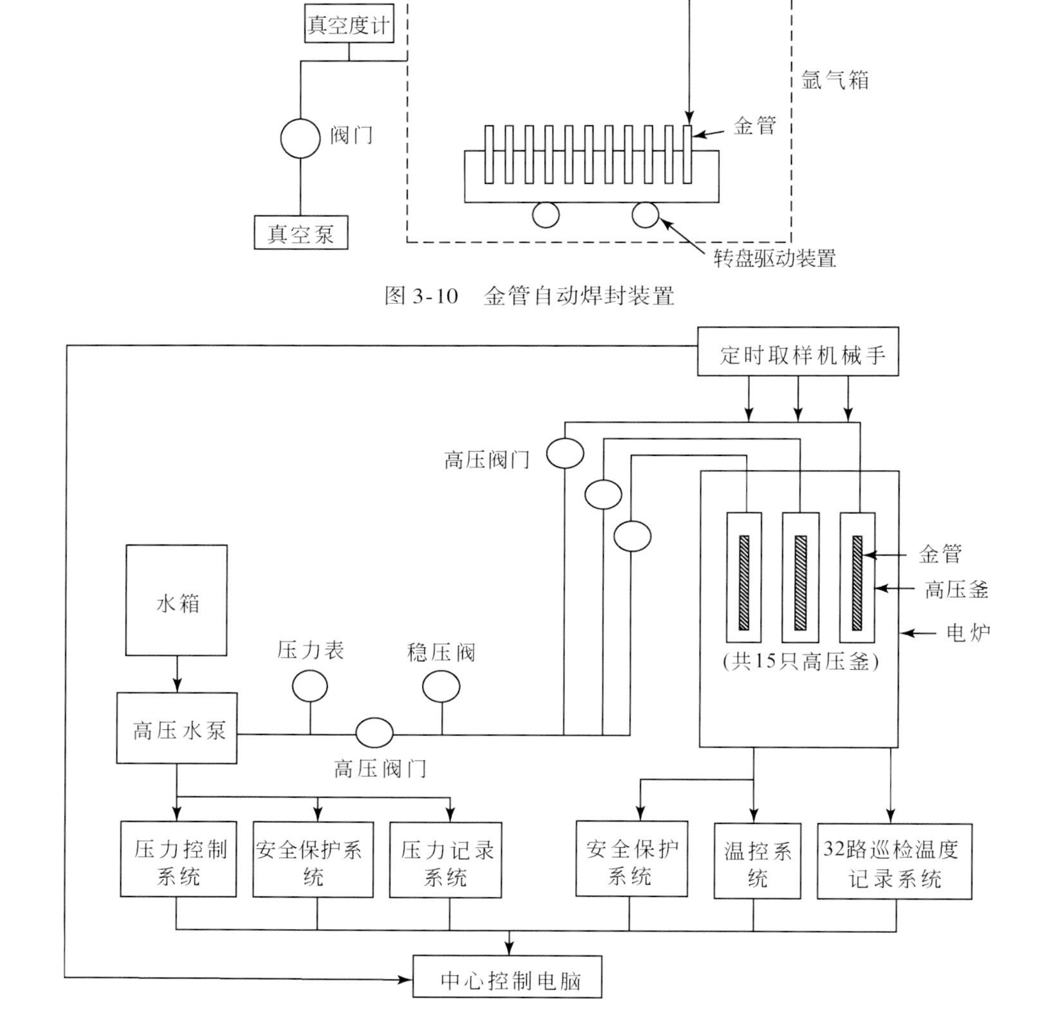

图3-10　金管自动焊封装置

图3-11　高温高压热解装置示意图

在压力60MPa、升温速率20℃/h条件下，将系统从200℃升温至600℃。在某一目标温度点时关闭某一个高压釜连接的截止阀，把该高压釜从恒温箱中取出，待冷却后取出金管。将金管置于特制的气体收集、定量系统中进行精确计量，并用HP6890气相色谱仪进行GC分析，用ISOCHROM II同位素分析进行碳同位素分析。金管用液氮冷冻后，迅速剪开放入溶剂内，超声震荡5分钟，轻烃完全没有损失，实现对残留油的定量。

由烃气体积和样品量可得各实验点单位重量样品的产气量。极限产气率一般根据实验数据进行外延法获得。本次研究将尝试探讨不同极限产气率对模型参数标定结果的影响以及地质外推的异同。各实验点产气率与极限产气率的比值即为各点的成气转化率，由此可得成气转化率-受热温度关系曲线，供标定油成气的化学动力学模型用。

三、结果分析

（一）Rock-Eval实验产物特征

在国内外Rock-Eval热解生烃实验中不区分油、气，常用来计算生烃动力学参数（Bulk kinetic parameters）（Schaefer，1990）。结合PY-GC实验装置可以进行油气分离，国外则采用在线的PY-GC实验，进行烃类各组分在线检测。开放体系Rock-Eval实验得到的为样品生烃强度信号值，信号值受诸多方面因素的影响，比如进样量、样品的均一性、受热温度、升温速率等。从目前实验结果来看，很难对同一样品不同升温速率或者不同样品之间的生烃特征（生烃量多少）分析，只能对各样品各升温速率本身信号强度进行归一化处理后的生烃转化率特征进行对比研究，由于缺少了绝对生烃量信息而显得意义不大。图3-12～图3-14给出了松辽盆地沙河子组煤岩Rock-Eval实验结果及数据处理后得到的成烃转化率与温度关系图。其中图3-14是标定有机质生烃化学动力学模型的关键数据。

从图3-12中可以看出，随着实验升温速率的增加，生烃强度信号逐渐增加。从图3-13中累积信号强度和时间的关系图中可以看出，快速升温速率实验获得的累积信号强度（累积生烃量）要小于慢速升温速率实验获得的累积信号强度。当然这一前提是所进行的不同升温速率实验具有相同进样量和组成/构成均一的样品。为了进一步比较不同升温速率时成烃特征，对各自升温速率实验数据进行归一化（图3-14）。可以看出达到相同转化率时，快速升温速率实验需要的温度要高于慢速升温速率实验。而在相同温度时，慢速升温速率实验获得的成烃转化率要高于快速升温速率实验获得的成烃转化率。这一现象正好符合时温互补原理——低温慢速（长时间）与高温快速（短时间）可以达到相同效果，也暗示着地质上不断埋深情况下（慢速升温）的有机质生烃过程可以在实验室用高温快速生烃实验反演。

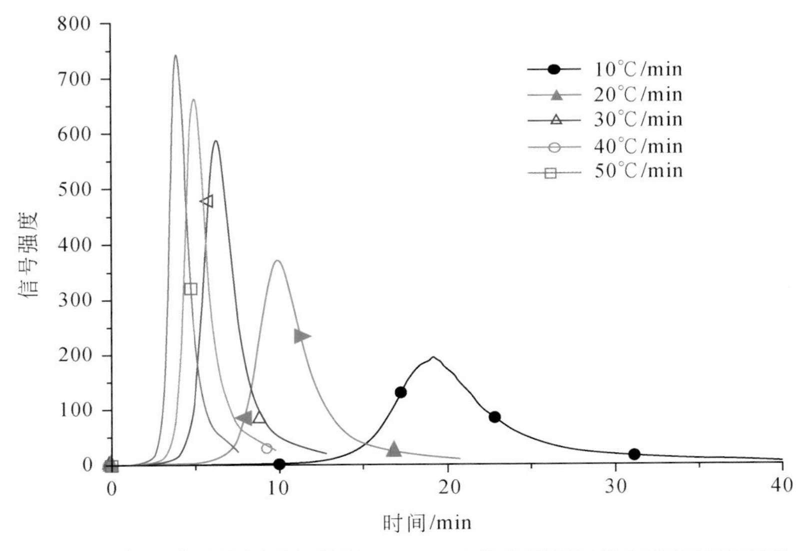

图 3-12　松辽盆地沙河子组煤岩 Rock-Eval 分析瞬时烃类产率信号强度图

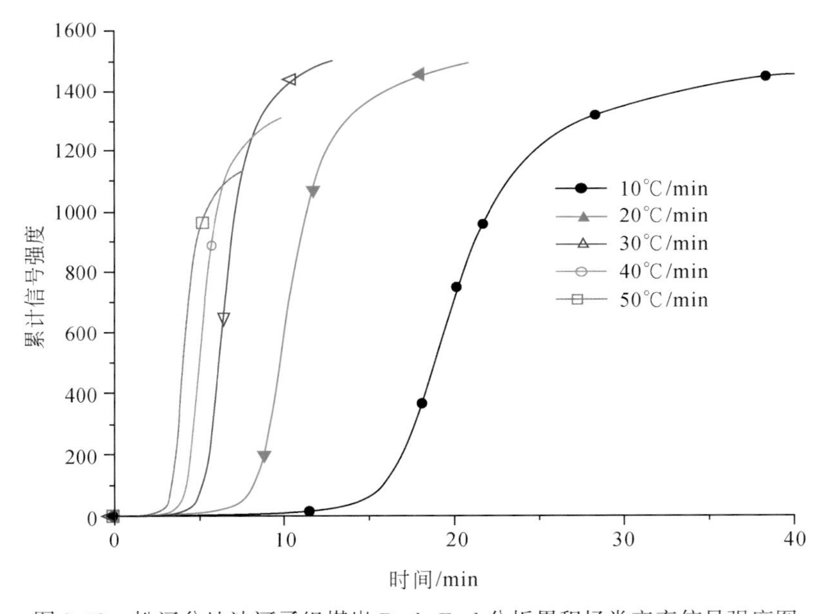

图 3-13　松辽盆地沙河子组煤岩 Rock-Eval 分析累积烃类产率信号强度图

（二）TG-MS 实验产物特征

对样品开展了两次 10℃/min 升温速率的 TG 实验，目的在于考察实验结果的再现性（图 3-15），可以看出实验的重复性很好。

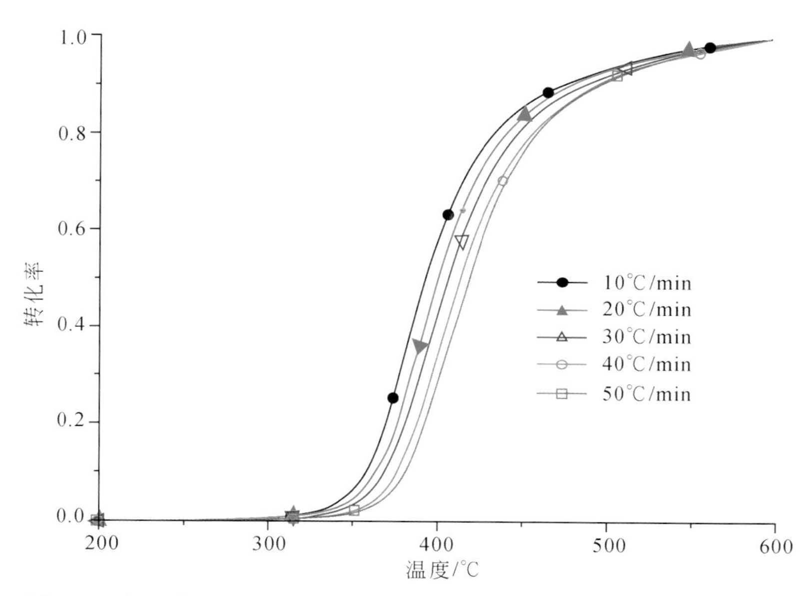

图 3-14　松辽盆地沙河子组煤岩 Rock-Eval 实验成烃转化率与温度关系图

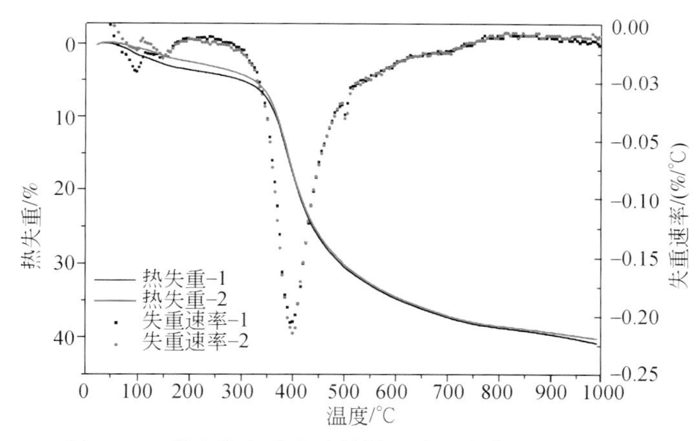

图 3-15　煤岩热失重实验结果（升温速率，10℃/min）

从样品的热失重、热失重速率曲线可以看出，煤岩热失重达 40% 左右。可将煤的热分解分为三个阶段，第一阶段是小于 200℃，损失水分及吸附的气体；第二阶段 200 ~ 500℃，主要是大分子键断裂阶段，主要产物是水、烃类、二氧化碳，这一阶段也是煤岩质量损失最快的阶段（T_{DTGmax} = 400℃）；第三阶段高于 500℃，主要是芳香结构的缩聚反应，产物主要是氢气、甲烷、一氧化碳（图 3-16、图 3-17）。

1. 芳香烃产物析出特征

根据挥发分的析出情况能够对热解过程中化学键的断裂和产物的生成提供更为全面的信息。由于质谱提供的为一个相对强度，因此，同一产物的瞬时析出量和析出总

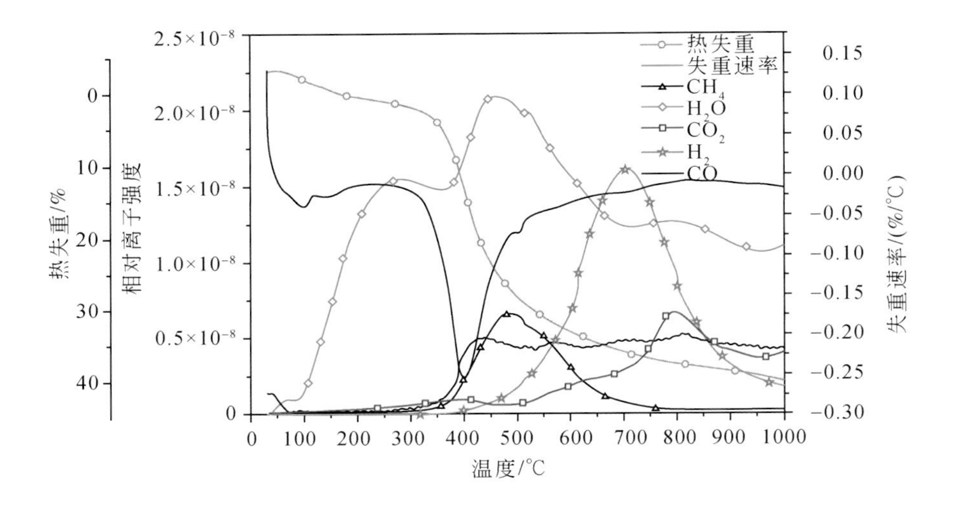

图 3-16　煤岩热失重、失重速率及部分产物析出强度图

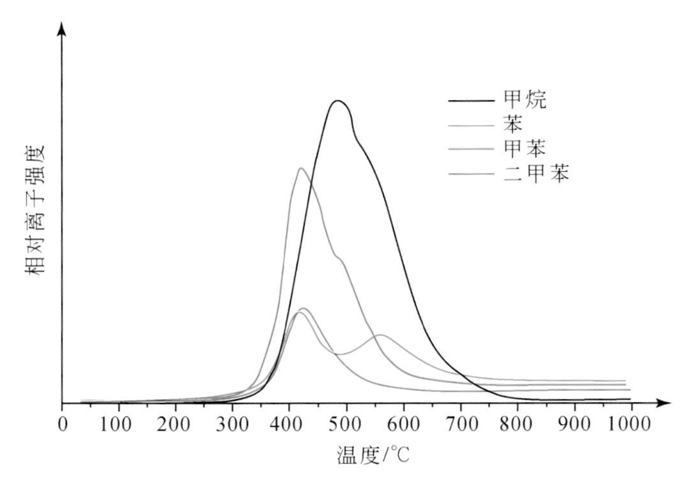

图 3-17　煤岩 TG-MS 芳香烃类产物析出特征（甲烷，$m/z=15$；苯，$m/z=78$；甲苯，$m/z=91$；二甲苯，$m/z=105$）

量的大小可以通过析出曲线的强度和积分面积进行比较，但不同产物之间的可比性不强。

煤热解过程中析出的芳香类产物量与 H_2O、CO、CO_2、H_2、CH_4 析出量相比较少。煤热解过程中芳香类的产物主要有苯、萘、茚及其派生物，是由煤大分子结构降解和裂解生成。图 3-17 给出了苯及其派生物析出强度与温度关系图，值得注意的一点是芳香类产物与脂肪族烃类产物（$m/z=26$、27、41、43、55）析出曲线具有相同的形状和峰温。如图 3-18 所示甲苯与 $C_2H_3^+$ 析出曲线，两者析出特征非常相似，表明甲苯与脂肪族类产物是同一类化学反应的结果，应是煤大分子中连接芳香结构的脂肪键断裂引起。另外苯析出曲线呈双峰特征，第一个峰析出温度约为 410℃，第二个峰析出温度约为

560℃（图3-17），是连接苯环不同类型键断裂形成的，其中较低温度析出峰是由脂肪族桥接芳香结构键的断裂引起，较高温析出峰为一些具有高热稳定性的键的断裂引起，可能是芳香醚键、芴类结构及与苯连接的杂环结构断裂引起。如果芳香类化合物通过酮、羰基桥键连接在煤基质上，则芳香类化合物生成较早，且伴随CO的生成，如果苯生成过程中包含芳香醚键断裂，则苯生成过程相对困难，且伴随苯酚产生。甲苯和二甲苯具有很相似的热解曲线，并且在460℃以前苯的第一峰与二甲苯析出曲线基本吻合，但苯析出的第二峰对应甲苯和二甲苯析出峰的下降段，与甲烷析出峰相近，原因是高温阶段甲苯、二甲苯脱去甲基生成苯和甲烷。

2. 脂肪族烃（$C_{1\text{-}4}$）析出特征

在10℃/min的升温速率条件下，脂肪族烃C_nH_m（$n \geq 2$）析出峰形较窄，峰温在420℃左右，其中$C_2H_2^+$析出峰温为438℃，$C_3H_5^+$和$C_3H_6^+$析出峰温为424℃，$C_4H_7^+$析出峰温为419℃，随着碳分子数增加析出峰温降低（图3-19）。轻质烃来源于直链烷烃官能团断裂、大分子结构侧链的断裂、氢化芳香结构、脂肪族链和一些含氧的聚亚甲基化合物分解。

甲烷是煤热解过程中最为重要的脂肪族烃类产物，甲烷的质谱碎片离子主要有m/z=15和m/z=16，其中m/z=16的碎片离子强度经常受H_2O、CO、CO_2等含氧化合物碎片离子影响。m/z=16的碎片离子强度析出曲线在高温800℃附近出现一高峰，其析出温度与CO_2析出高峰温度吻合，是受CO_2化合物碎片离子影响（图3-20）。故推荐以后选用m/z=15的离子析出曲线研究甲烷析出特征。

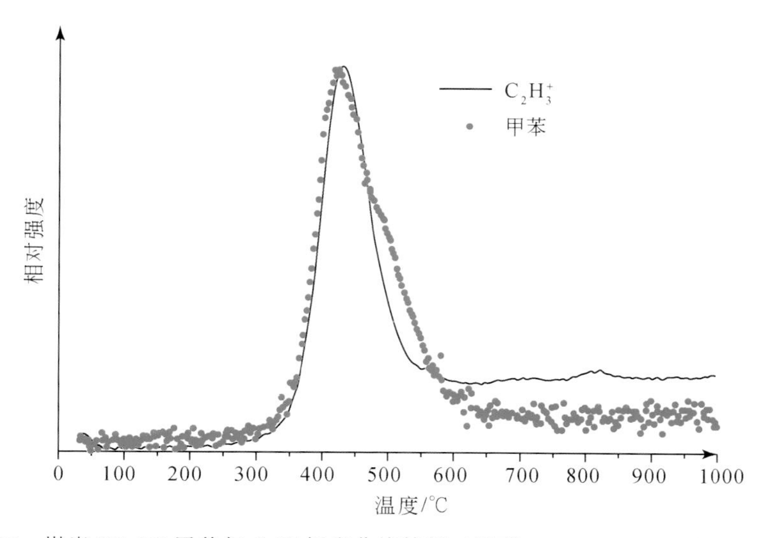

图3-18　煤岩TG-MS甲苯与$C_2H_3^+$析出曲线特征（甲苯，m/z=91；$C_2H_3^+$，m/z=27）

为了更好对比不同产物的析出特征，对产物析出曲线进行标准化处理。方法是每个温度点的离子强度与其最大值相比，将析出离子强度范围归一化到0～1（图3-21）。可以看出样品在10℃/min的升温速率条件下，300℃左右开始有甲烷（m/z=15）的生

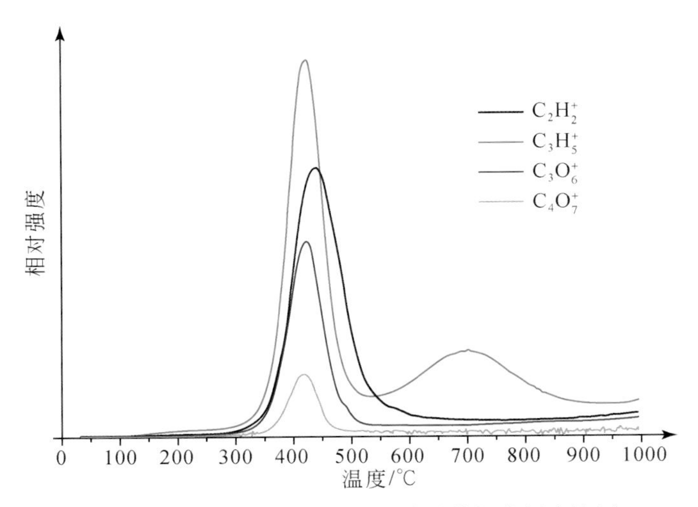

图 3-19　煤岩 TG-MS 实验中脂肪族烃类析出特征

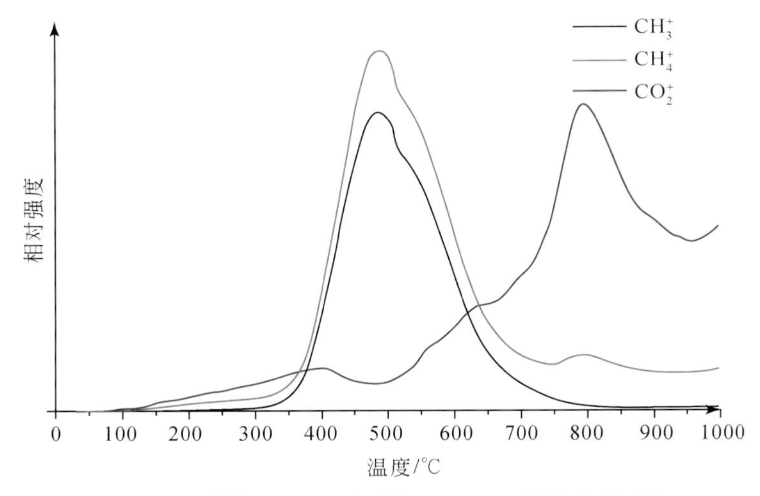

图 3-20　煤岩 TG-MS 实验中 CH_4、CO_2 析出特征对比

成，在480℃左右时达到最大生成速率，在600℃时仍有甲烷生成，在850℃左右生甲烷结束（图 3-21）。一般认为甲烷生成分为三阶段，第一阶段在 350～450℃，主要是芳基—烷基—醚键断裂而形成；第二阶段为 500～550℃，甲烷来自相对稳定化学键的裂解，如甲基官能团；最后阶段主要是芳香核缩聚过程中形成。析出甲烷的温度区间较宽，反映了生成甲烷的化学反应较多，来源也多。另外，$m/z=41$ 碎片离子析出曲线在 700℃出现一高峰。一般认为 $m/z=41$ 为 $C_3H_5^+$，$C_3H_5^+$为碳分子数>3 的脂肪族烃类碎片离子，而脂肪族烃类（甲烷除外）在高温时不应该存在。我们进一步对多个样品以及文献报道的图表进行详细对比发现所有实验数据和文献报道的数据中 $m/z=41$ 碎片离子在 700℃的高峰与 H_2最大析出峰有非常好的对应关系，推测两者之间有较好的成因联系。但是，是哪一种化合物引起的尚未明确。

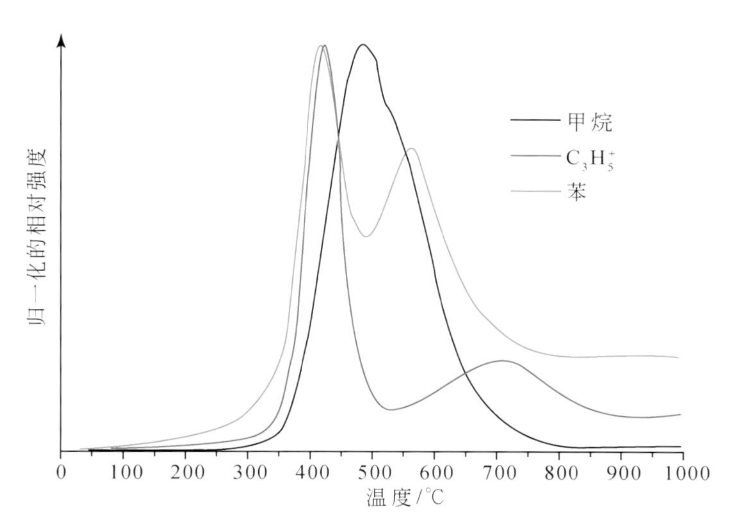

图3-21　煤岩TG-MS烃类气体产率特征（CH_4，$m/z=15$；苯，$m/z=78$；$C_3H_5^+$，$m/z=41$）

3. 非烃类产物析出特征

有机质热解过程中CO_2的来源从低温到高温依次为吸附CO_2、羧基官能团裂解、脂肪键、部分芳香弱键、含氧羧基官能团，醚、醌和稳定的含氧杂环断裂以及碳酸盐矿物分解，其中$CaCO_3$分解温度在700～800℃，含铁离子的碳酸盐分解温度在600℃。煤热解过程中CO_2表现为在低温阶段稳定上升，这一阶段主要是析出吸附的CO_2；在400℃出现一高峰，主要是芳香弱键、含氧羧基官能团断裂；在500℃之后，CO_2产率一直增加，最大峰温在800℃左右（图3-22），在650℃有一肩峰存在，表明样品中含有一定的醚、醌和稳定的含氧杂环化合物。同时从H_2O析出曲线可以看出，在800℃时也存在一高峰，与CO_2析出高峰温度吻合，推测是碳酸盐矿物分解产生CO_2和H_2O的结果。SO_2在700℃以后开始快速析出，主要是煤岩中矿物质硫（黄铁矿）的分解及产物间的二次反应（图3-22），前人研究也表明黄铁矿在惰性气氛下600℃之后快速分解。

有机质热降解过程中，H_2主要生成于高温阶段（图3-22），由芳香结构和氢化芳香结构的缩聚脱氢反应生成。一般认为热解过程中H_2的生成可分为两个阶段，第一阶段在400～600℃之间，可能是由于自由基之间缩聚生成；第二阶段在600～900℃之间，从600℃开始，H_2大量生成，该阶段H_2主要为热解后期缩聚反应产生（芳香层片间缩聚脱氢），即芳环数较小的化合物缩聚为芳环数更大的化合物，结果伴随着氢气释放。

水的析出分为三部分，即吸附水，层间水，—OH键断裂的热解水。本次研究显示，煤岩热解过程中H_2O的析出可分三段，低温阶段逸出的吸附水（小于100℃）；100～400℃的黏土矿物的层间水；高于400℃的主要为含氧官能团的断裂分解，即热解水。析出的热解水在480℃和800℃存在两个高峰，其中最大峰析出温度与甲烷的最大峰析出温度接近（480℃左右），表明甲烷的形成伴随着大量水的生成，800℃析出的水

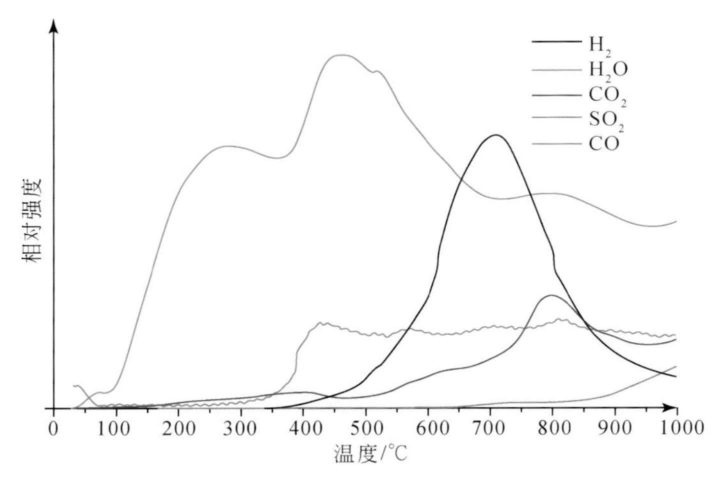

图 3-22 煤岩 TG-MS 非烃类产物析出特征（H_2，$m/z=2$；H_2O，$m/z=18$；CO，$m/z=28$；CO_2，$m/z=44$；SO_2，$m/z=64$）

主要为碳酸盐矿物分解过程中的热解水。可以看出，水的分布范围很宽，主要是因为不同化合物 C—OH 键中的 C—O 键的强弱不同，相对较弱键在较低温度断裂生成水，较强键则需要更高的温度才能断裂。

CO 在 350℃之后快速析出，在 420℃达到最大值，之后的高温阶段 CO 产率变化不大，CO 析出的最大峰对应温度与脂肪族烃类、甲苯、二甲苯及苯（析出的第一峰）析出峰温比较接近，表明 CO 可能形成于具有脂肪族-脂肪族醚结构或脂肪族-芳香族醚结构的分解。

（三）金管实验产物特征

密闭体系有多种装置可以进行生烃动力学研究，其中 MSSV 和封闭金管高压釜应用较多，可以用于存在二次裂解、尤其是成熟度较高天然气的研究。前面已经指出了金管实验的优越性，本次采用此装置对松辽盆地深层煤岩、泥岩、不同类型原油（轮南 57 井—海相、大庆轻质油及单分子化合物—nC_{18}）进行生烃模拟，表 3-4 给出了热解生烃模拟实验结果。

1. 有机质密闭体系裂解产物特征

图 3-23 给出了松辽盆地沙河子组泥岩和煤岩金管密闭体系下的热解产物产率特征。随着温度升高，总烃气质量产率逐渐增高，在高温阶段（约 500℃）泥岩总烃气质量产率出现下降趋势（图 3-23a）。其中 2℃/h 升温速率的产气率在高温阶段收集时出现漏气，但是在高温阶段的下降趋势是存在的，20℃/h 升温速率实验并未漏气。一个显著特点是煤岩总烃气产率在高温阶段并未出现平缓的趋势，而是一直增加（图 3-23b）。

表 3-4　样品金管实验结果一览表

升温速率/(℃/h)	松辽盆地沙河子组煤岩					杜 13 井沙河子组泥岩					大庆轻质油					轮南 57 井原油				
	温度/℃	C_1/(mL/g 样品)	C_{2-5}/(mL/g 样品)	H_2/(mL/g 样品)	CO_2/(mL/g 样品)	温度/℃	C_1/(mL/g 样品)	C_{2-5}/(mL/g 样品)	H_2/(mL/g 样品)	CO_2/(mL/g 样品)	温度/℃	C_1/(mL/g 样品)	C_{2-5}/(mL/g 样品)	H_2/(mL/g 样品)	CO_2/(mL/g 样品)	温度/℃	C_1/(mL/g 样品)	C_{2-5}/(mL/g 样品)	H_2/(mL/g 样品)	CO_2/(mL/g 样品)
20	338	0.47	0.10	0.00	6.05	338	0.01	0.01	0.00	1.36	359.4	0.13	0.07	0.04	0.08	360.3	0.28	0.53	0.25	0.13
	361.9	1.45	0.73	0.01	9.47	361.9	0.03	0.02	0.00	1.52	384	0.30	0.73	0.16	0.18	385.1	0.24	0.77	0.14	0.11
	385.4	3.26	2.07	0.03	12.73	385.5	0.03	0.02	0.00	1.60	408	0.93	3.32	0.41	0.33	409.9	1.13	3.68	0.29	0.10
	408.5	6.59	4.14	0.03	17.71	408.5	0.13	0.13	0.00	2.01	432.2	4.67	26.43	1.03	0.20	434.3	9.82	24.26	1.25	0.09
	432.7	14.40	7.63	0.07	21.59	432.7	0.33	0.35	0.01	2.38	457	39.31	167.23	2.00	0.35	450.6	23.49	58.56	1.06	0.11
	456.6	27.79	11.29	0.12	24.60	456.6	0.63	0.64	0.02	2.37	481	112.15	311.90	2.59	0.25	466.8	62.09	121.44	1.39	0.34
	480.2	46.40	12.13	0.18	26.77	480.2	1.20	0.90	0.04	2.72	506.4	261.20	305.92	4.35	0.44	483.5	101.05	192.34	2.15	0.20
	504.5	66.93	10.07	0.31	32.23	504.5	1.96	0.98	0.05	3.19	531.7	452.04	254.88	6.47	0.22	499	167.28	214.09	2.78	0.19
	528.4	88.61	5.94	0.39	32.68	528.4	2.91	0.95	0.09	3.71	553.8	571.53	181.32	6.77	0.58	515.4	226.69	214.45	3.39	0.21
	545	98.76	4.06	0.31	33.59	545	3.16	0.64	0.10	4.05	578.3	692.16	115.35	10.82	0.66	531.2	309.24	198.58	4.08	0.32
	577.1	115.08	0.97	0.58	37.00	577.1	3.60	0.43	0.12	4.36	602.6	768.15	73.48	15.96	0.83	544	374.02	171.07	4.70	0.29
	600.1	127.95	0.47	0.77	42.83	600.1	3.69	0.25	0.11	5.01						560	460.93	136.73	5.45	0.95
	624	138.07	0.38	0.84	51.67	624	4.22	0.15	0.11	6.18						576	529.50	106.35	6.76	0.80
																600	614.17	66.77	11.08	0.63
																624	644.37	41.66	12.99	0.41

续表

升温速率/(℃/h)	松辽盆地沙河子组煤岩					杜13井沙河子组泥岩					大庆轻质油					轮南57井原油				
	温度/℃	C_1/(mL/g样品)	C_{2-5}/(mL/g样品)	H_2/(mL/g样品)	CO_2/(mL/g样品)	温度/℃	C_1/(mL/g样品)	C_{2-5}/(mL/g样品)	H_2/(mL/g样品)	CO_2/(mL/g样品)	温度/℃	C_1/(mL/g样品)	C_{2-5}/(mL/g样品)	H_2/(mL/g样品)	CO_2/(mL/g样品)	温度/℃	C_1/(mL/g样品)	C_{2-5}/(mL/g样品)	H_2/(mL/g样品)	CO_2/(mL/g样品)
20	336.2	1.92	0.80	0.01	11.73	336.2	0.04	0.02	0.00	1.60	361.8	0.20	0.29	0.11	0.12	362.6	0.38	1.27	0.33	0.12
	360	4.85	2.94	0.03	16.17	360	0.06	0.04	0.01	2.22	386	0.58	2.22	0.24	0.21	386.9	1.98	6.60	0.26	0.14
	384	9.93	6.87	0.07	17.83	384	0.14	0.14	0.01	2.01	412	11.21	60.49	0.90	0.54	411.1	17.01	43.18	0.49	0.13
	407.9	19.16	10.61	0.11	22.40	408.4	0.46	0.45	0.01	2.45	434.4	57.61	254.31	1.23	0.17	435.4	75.12	139.51	0.99	0.29
	432.2	36.54	10.37	0.09	28.15	432.2	0.88	0.77	0.01	2.43	458.6	181.83	330.27	2.34	0.31	451.7	114.55	200.12	1.39	0.22
	456.3	62.37	8.88	0.15	31.35	456.3	1.52	0.86	0.02	2.66	482.8	329.18	295.84	3.26	0.41	466.8	199.33	210.44	1.99	0.37
	480.2	87.30	5.08	0.22	33.52	480.2	2.38	0.94	0.03	3.16	507.3	531.63	207.96	4.30	0.51	482.7	263.50	216.19	2.46	0.36
	504.1	106.24	1.91	0.29	35.87	504.1	3.25	0.86	0.04	3.65	531.8	672.82	122.21	7.31	0.50	498.6	357.44	194.45	3.08	0.44
	528.2	119.99	0.58	0.41	39.79	528.2	4.03	0.35	0.06	4.54	555.5	750.78	77.92	10.02	0.66	514.7	447.52	145.63	3.76	0.56
	552.2	135.40	0.34	0.55	45.56	552.2	3.80	0.04	0.06	5.39	579.4	780.92	47.48	11.23	0.78	530.8	532.32	101.72	4.55	0.63
	576.1	146.85	0.26	0.71	54.80	576.1	3.68	0.01	0.07	6.98	603.5	797.42	13.72	17.78	1.17	547	604.83	74.94	6.77	0.53
	600	160.12	0.20	0.90	70.89	600	2.63	0.00	0.08	9.17						563.3	639.32	51.97	8.63	0.75
	624	160.22	0.15	0.88	93.43	624	2.07	0.00	0.07	12.18						579.4	677.07	30.49	10.28	0.66
																603.2	691.12	7.84	11.40	0.62

为了方便讨论，将干酪根直接生甲烷气称为初次裂解气，而重烃气以及 C_{6+} 液态烃裂解成甲烷气称为二次裂解甲烷气。

重烃气的产率则是随着温度升高先升后降（图 3-23c、d）。由于采用的是密闭体系，随着温度的升高重烃气一方面由有机质热解为大分子液态烃、液态烃再裂解为相对较小分子重烃气（生成阶段），另一方面小分子重烃气裂解为更小分子产物——甲烷（裂解阶段）。对应的拐点意义则是重烃气的生成和裂解速率达到平衡，高于拐点温度，则以裂解为主。泥岩 2℃/h 升温速率时对应的拐点温度约为 460℃，20℃/h 升温速率时对应的拐点在 490℃（图 3-23c）；煤岩 2℃/h 升温速率时对应的拐点温度约为 410℃，20℃/h 升温速率时对应的拐点在 480℃（图 3-23d）。对于泥岩而言总烃气质量产率在高于重烃气产率拐点温度后仍然呈现一段增加的趋势，这增加的趋势说明这一阶段仍然有初次裂解甲烷气生成，否则总烃气质量产率下降开始的温度应该和重烃气产率拐点温度重合。如果高温阶段甲烷主要来自重烃气裂解，由于重烃气的裂解产生甲烷和热解沥青，那么总烃气（C_{1-5}）质量（总碳原子体积数）产率在高温阶段应该出现下降的趋势，如图 3-23a。对于煤岩而言，总烃气质量产率一直呈增长趋势，表明甲烷的主要来源仍然是初次裂解。也暗示出煤岩的生气期比较长，或许没有主生气期，是一个连续的生气过程。对泥岩和煤岩元素组成及热解气态烃产物碳、氢元素的计算表明，泥岩生成气态烃的碳原子转化率为 15.36%，氢原子转化率为 8.15%，而煤岩两者的转化率分别为 12.29%、54.61%。

煤岩在高温阶段甲烷产率或总烃气质量产率一直呈明显增加趋势的原因可能是由于在低温阶段热解的正构烷烃（n-alkyl）产物与沥青或者干酪根发生缩聚/再结合作用形成了具有较高热稳定性的产物，这一产物在高温阶段可以再次生成甲烷。这一缩聚现象可以用自由基聚合反应中的链终止反应解释。但是这种正构烷烃（n-alkyl）产物和沥青/干酪根的缩聚现象并不是所有有机质热降解过程中都会出现的，现在的研究认为主要是正构烷烃（n-alkyl）产物通过环化和芳香化作用与沥青和干酪根的缩聚。这种缩聚后的新生成的干酪根具有较高的热稳定性，一般在 250℃之后发生热降解，而且具有较强的生气能力。Erdmann（2006）以及 Dieckmann（2006）认为这种高演化阶段天然气是挪威北海深盆气的主要气源。

湿度随着温度的增加先增加后降低（图 3-23e、f），表明在低温阶段甲烷产率要低于重烃气产率，也暗示低温阶段重烃气主要是生成阶段。值得注意的一点是湿度的拐点对应温度与重烃气产率拐点对应温度并不相同，重烃气产率拐点温度要高于湿度拐点温度，说明重烃气达到最大产率前甲烷生成速率已经超过重烃气生成速率，表明干酪根直接生甲烷速率已经超过大分子液态分解成重烃气的产率。相同温度时泥岩气态烃的湿度要高于煤岩气态烃湿度，说明泥岩有机质在初次裂解热解过程中易于生甲烷的组分较少且热稳定性要高，而煤岩有机质在初次裂解过程中易于生甲烷的组分相对较多且稳定性较弱。

重烃气碳原子体积数随温度的升高也呈现先增加后降低的现象（图 3-24c、d），其拐点温度与重烃气产率的拐点温度一致。从重烃气碳原子体积数、总烃气碳原子体积数、甲烷碳原子体积数来看，甲烷碳原子体积数最大为 4.2，重烃气碳原子体积数最大

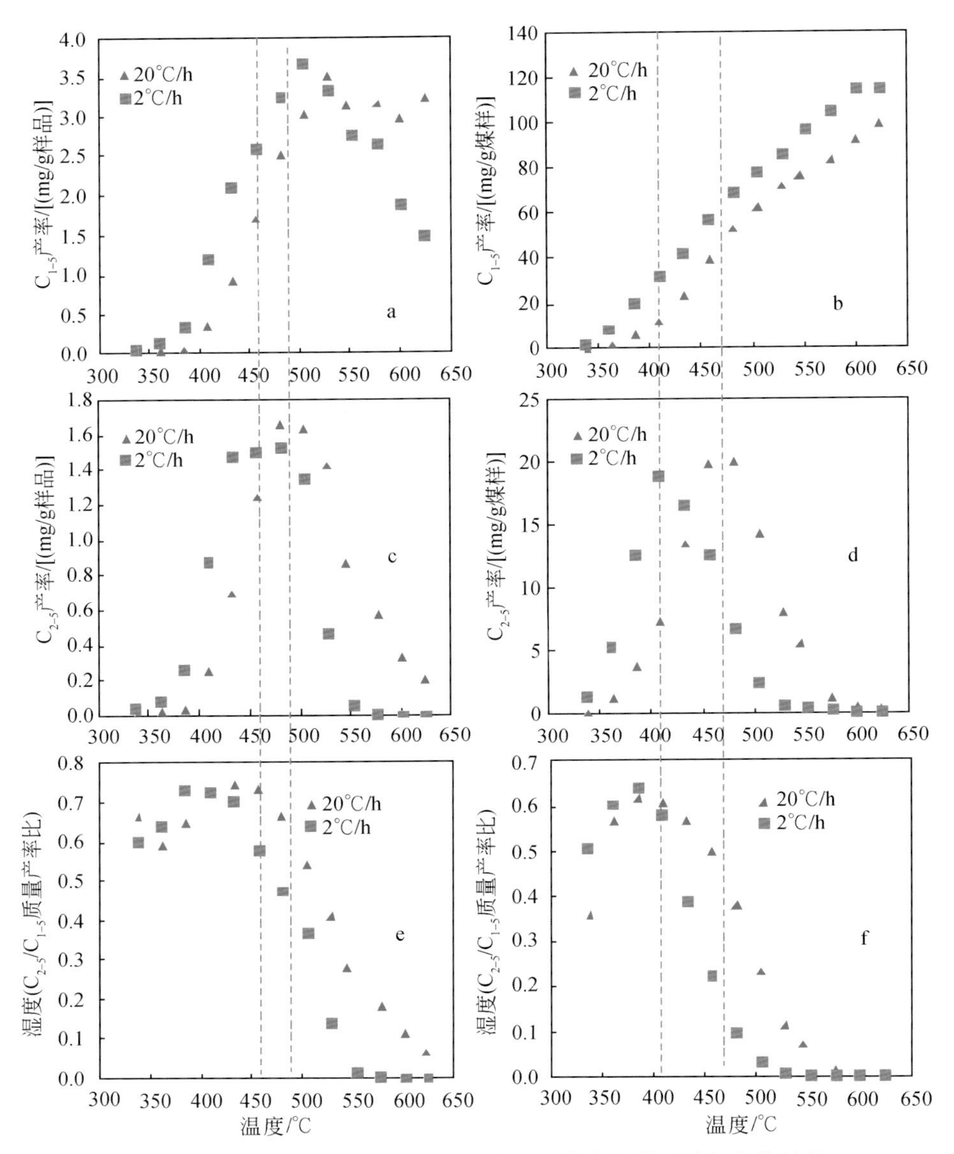

图 3-23　松辽盆地沙河子组泥岩和煤岩金管密闭体系热解产物特征

a. 泥岩总烃气质量产率；b. 煤岩总烃气质量产率；c. 泥岩重烃气质量产率；d. 煤岩重烃气质量产率；e. 泥岩热解过程中湿度变化；f. 煤岩热解过程中湿度变化

为 2.5，总烃气碳原子体积数最大约为 5.2（图 3-24a、c、e），可以近似认为重烃气裂解对甲烷的贡献为 2.5/5.2×100%＝48%。也就是说约有一半的甲烷来自重烃气的裂解。对于煤岩而言，对应重烃气裂解完全时甲烷碳原子体积数约 150（约 570℃），重烃气碳原子体积数最大则为 30，总烃气碳原子体积数约为 150（570℃）（图 3-24b、d、f)，重烃气裂解对甲烷的贡献为 30/150×100%＝20%。由于煤岩在高温阶段仍具有较强的生气能力，重烃气的裂解对甲烷的贡献将会低于 20%，这也表明煤岩以生气（甲烷）为主。可能与泥岩有机质类型相对较好，为 II_1 型，而煤岩为 II_2-III 型有机质（见表 3-1）有关。

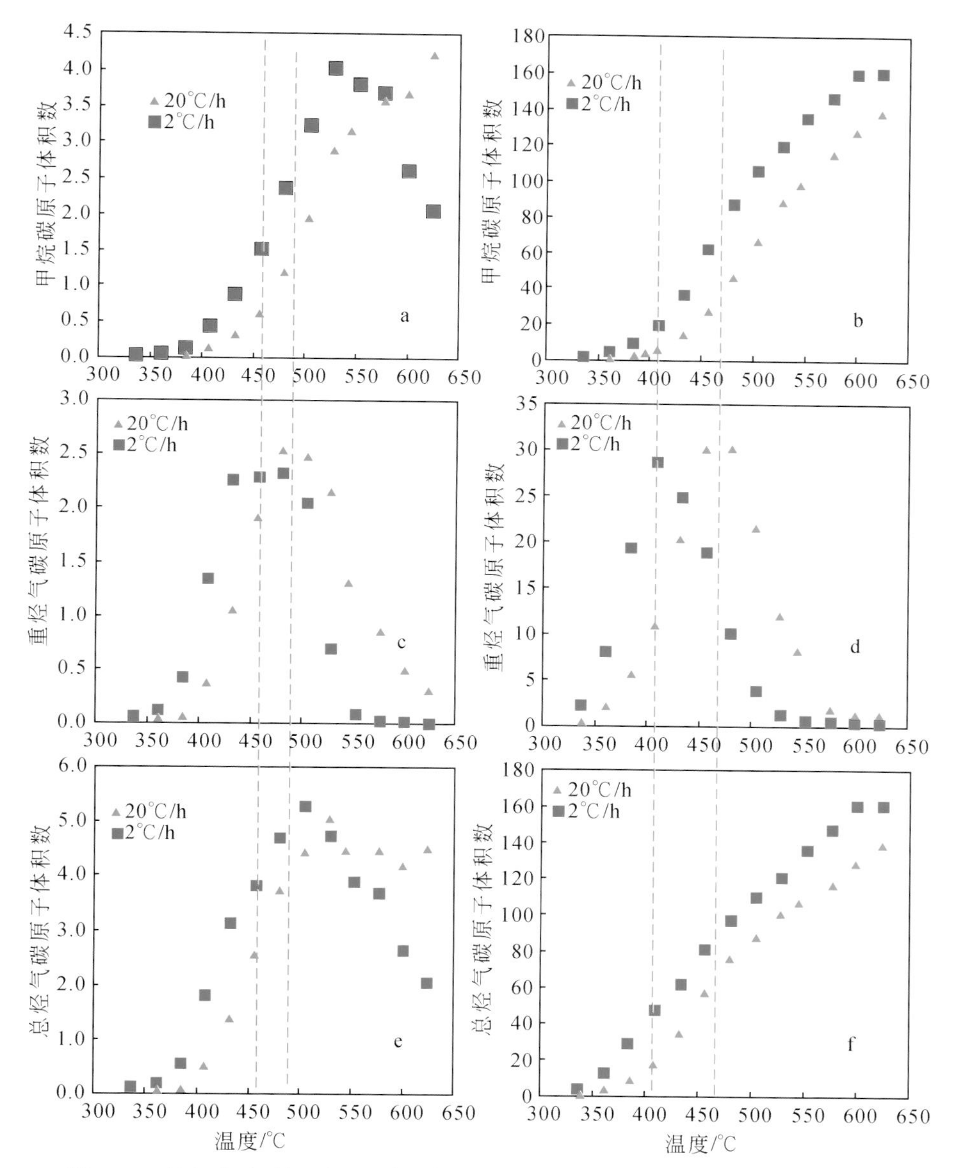

图 3-24 松辽盆地沙河子组泥岩和煤岩金管密闭体系热解气态烃碳原子体积数

a. 泥岩甲烷碳原子体积数；b. 煤岩甲烷碳原子体积数；c. 泥岩重烃气碳原子体积数；d. 煤岩重烃气碳原子体积数；e. 泥岩总烃气碳原子体积数；f. 煤岩总烃气碳原子体积数

随着温度增加，CO_2、H_2 体积产率逐渐增加，其中 CO_2 在约 480℃之后急剧增加，H_2 在约 420℃之后产率迅速增加，而且不同升温速率实验得到的 H_2 产率相差不大（图 3-25c、d），与不同升温速率时烃类气体产率曲线相差较大（图 3-24a）不同，说明生成 H_2 的过程中对时间效应不明显。同时 H_2 的最大产率约为重烃气产率的 1/10～1/15，

约为 CO_2 产率的 1/100（图 3-23c、d），这里作者认为 H_2 的生成主要与重烃气在裂解形成小分子气态烃过程中也同时发生缩聚反应形成热解沥青/残炭，在缩聚过程中会形成氢气有关，对于煤岩在高温阶段芳香结构大分子缩聚也会产生 H_2。由于氢气的产率并不小，尤其是在油裂解成气过程中，如果保存条件较好，则有可能形成有机成因的一定规模的氢气藏。另一显著特点是煤岩热解 CO_2 产率很大，CO_2 大量生成主要与碳酸盐矿物分解和脱羧反应有关。

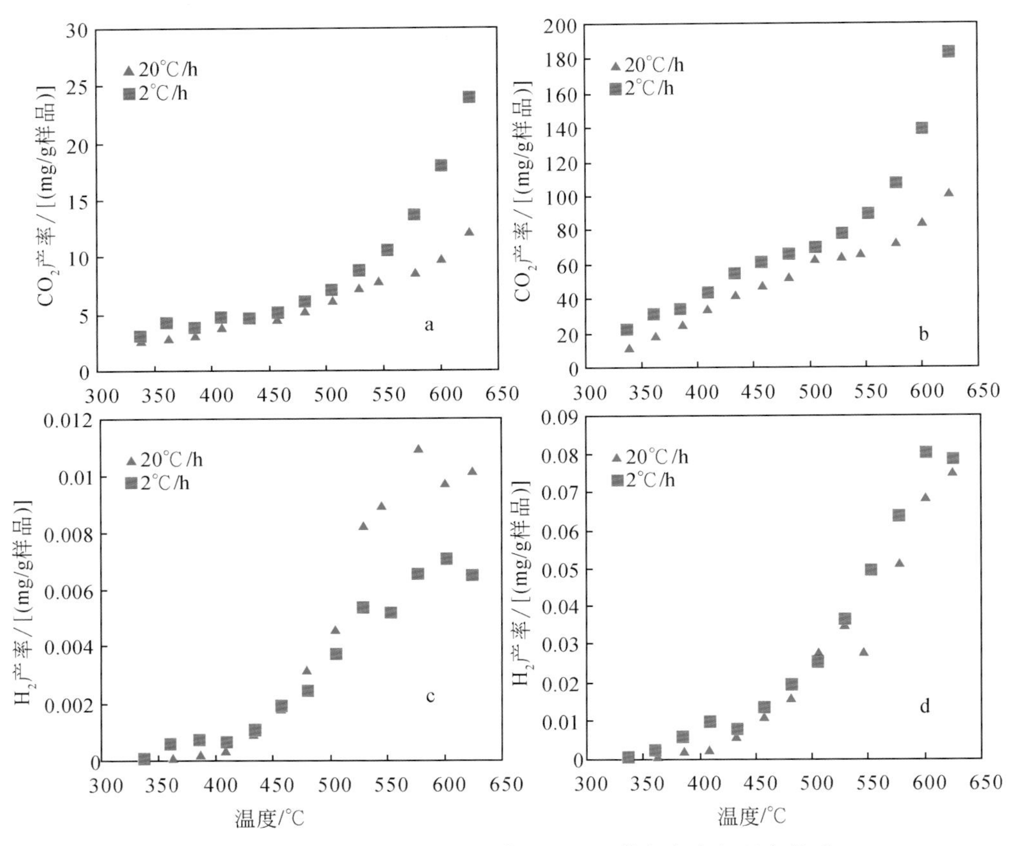

图 3-25　泥岩、煤岩热解过程中 CO_2、H_2 体积产率与温度关系

a. 泥岩 CO_2 产率；b. 煤岩 CO_2 产率；c. 泥岩 H_2 产率；d. 煤岩 H_2 产率

2. 原油密闭体系裂解产物特征

随着温度升高总烃气质量产率逐渐增加，在高温阶段则出现下降趋势（图 3-26a、b），重烃气则先增加后降低，与松辽盆地沙河子组煤岩金管实验结果一样，出现拐点（图 3-26c、d）。湿度在低温时快速上升，在重烃气产率达拐点前，湿度逐渐降低（约 450℃）（图 3-27e、f），说明在重烃气大量裂解前甲烷的生成速率超过了重烃气生成速率，也说明甲烷除了重烃气裂解来源外，也应该有更大分子裂解的贡献。

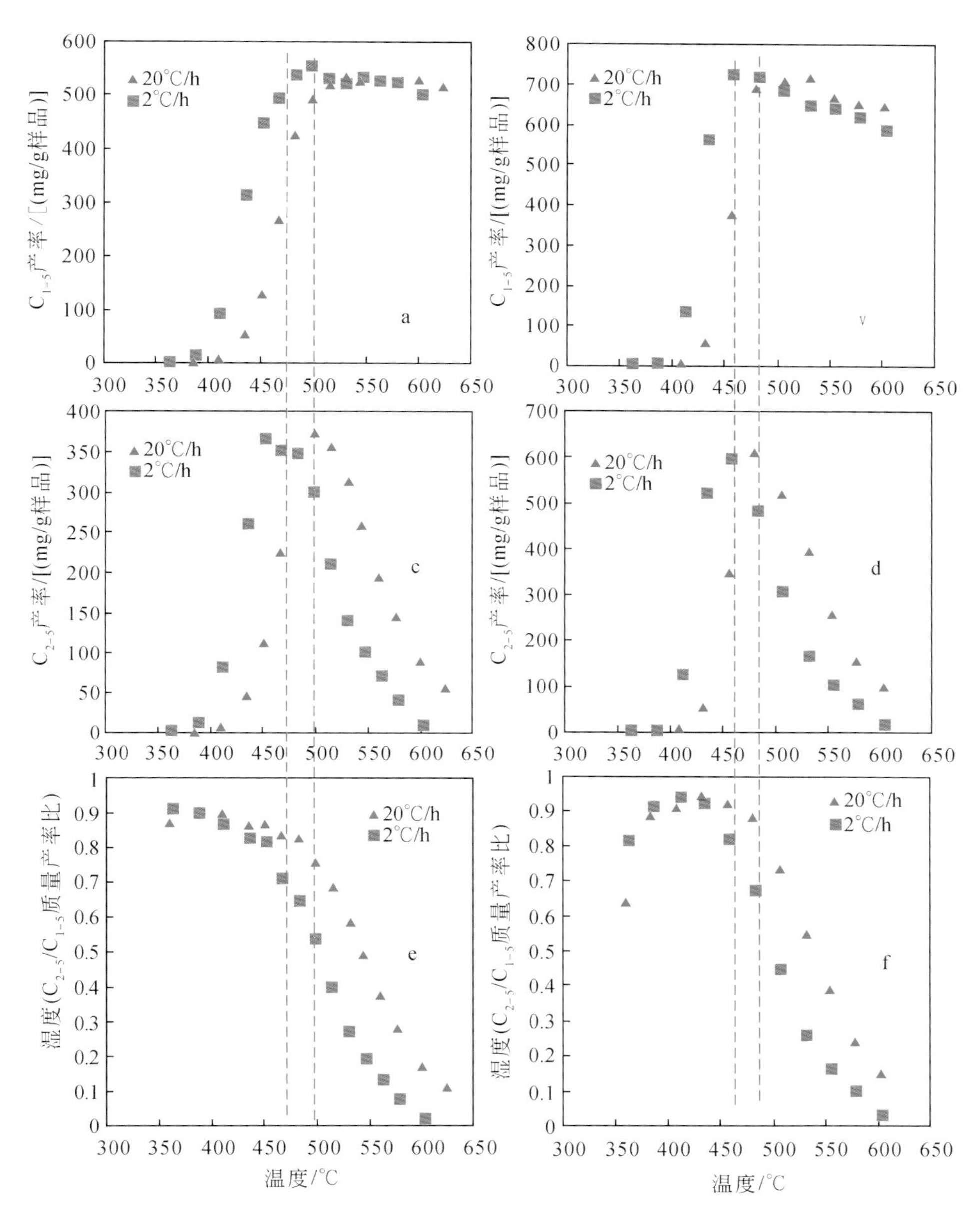

图 3-26 原油裂解过程中烃气质量产率变化特征

a. 轮南 57 井原油总烃气产率；b. 大庆轻质油总烃气产率；c. 轮南 57 井原油重烃气产率；d. 大庆轻质油原油重烃气产率；e. 轮南 57 井原油裂解过程中湿度变化规律；f. 大庆轻质油裂解过程中湿度变化特征

在高温阶段，总烃气质量产率的降低表明重烃气在裂解过程中除了生成小分子产物甲烷外，还有热解沥青的存在（应该是缩聚反应的产物）。对于轮南 57 井原油，重烃气质量产率拐点温度对应的总气态烃质量产率并不是最大值，最大值对应的温度要高于重烃气质量产率拐点温度。这一点与 Tian（2008）认识不同，Tian 认为重烃气质量产率拐点温度与气态烃质量产率最大时对应的温度相同。而本书认为，这两个温度可以不同，原因如下：重烃气质量产率拐点的意义是生成速率和裂解速率相同，也就是高于拐点温度，重烃气裂解速率快于生成速率，这并不意味着重烃气不再生成，也就是说高于这个拐点温度如果仍有更大分子的裂解，这时甲烷不仅有重烃气裂解的来源贡献，也存在更大分子裂解的贡献。因此，总烃气质量产率在高于拐点温度时仍然可以出现增加的趋势。反之，如果高于拐点温度时没有大分子的裂解，重烃气生成没有来源时，总烃气质量产率最大值时对应的温度应该和拐点温度重合（如图 3-26b、d）。因此，可以认为对于组成相对简单的液态烃，在裂解过程中，重烃气质量产率拐点温度与总烃气质量产率最大时对应的温度一致，而对于干酪根和组成相对复杂的液态烃，这两个温度并不相同，而是拐点温度要低于总烃气质量产率最大时对应的温度。另外通过对以往油样及单分子化合物热裂解的产物分析发现，重烃气质量产率拐点对应的温度约为 460 ~ 480℃和 490 ~ 510℃（对应的升温速率分别为 2℃/h，20℃/h）。

原油在热裂解过程中湿度要明显高于有机质（煤岩、泥岩）热降解过程中的湿度（图 3-26e、f，图 3-23e、f），表明原油热裂解的过程首先主要是重烃气的生成过程，生成的甲烷相对要少。甲烷主要是重烃气热裂解形成。而有机质热裂解过程中，甲烷除了重烃气的裂解来源外，还有直接有机质裂解的来源。

另外，可以通过甲烷、总烃气碳原子体积数在热裂解过程中的变化估算重烃气裂解甲烷对所有甲烷的贡献。以轮南 57 井海相原油为例，重烃气拐点温度对应的碳原子体积数为 580，而最终热解温度时甲烷碳原子体积数为 700，以及总烃气碳原子体积数最大值与最高温度对应的最终值相差不太大（100 左右）（图 3-27），这一点很好地证明拐点温度之后甲烷的主要来源应该是重烃气的裂解。可以粗略估算一下高于拐点温度后甲烷的重烃气来源贡献为 70%，但是在拐点温度前应该还有一部分重烃气的裂解来源，表明甲烷的主要贡献是重烃气的裂解。

原油裂解产物中 CO_2 和 H_2 均随着温度的增加出现增长的趋势（图 3-28），演化趋势与有机质热降解过程中 CO_2 和 H_2 变化规律相同。升温速率的变化对 H_2 产率影响不明显。H_2 体积产率要高于 CO_2 体积产率，这一点正好与有机质热降解过程中两者演化特征相反。这主要与原油和有机质中氢、氧元素含量有关，其中原油氢元素高于有机质中氢元素含量，而氧元素则相反。

（四）高演化阶段有机质生烃研究

目前，国内热模拟实验温度多在 600℃以下完成，而已有的研究表明，在 600℃的实验条件下有机质并没有转化完全。从实验结果（无论是开放实验还是密闭实验）来看，在 600℃左右时甲烷的生成过程（尤其是对煤岩有机质）还远远没有结束，因此所用的模型能够描述的成熟度上限多在 R^o 为 2% ~3%。我国西部叠合盆地的碳酸盐岩现今的成熟度一般都高于 2.0%，从其热模拟结果及实例剖析来看仍然具备生气潜力，并认为可以作为替补气源，同样煤岩在高-过成熟阶段仍具备生气潜力。从图 3-29 干酪根/煤 H/C 原子比与 R^o 关系来看，煤在较高成熟度时仍然具有生气潜力。

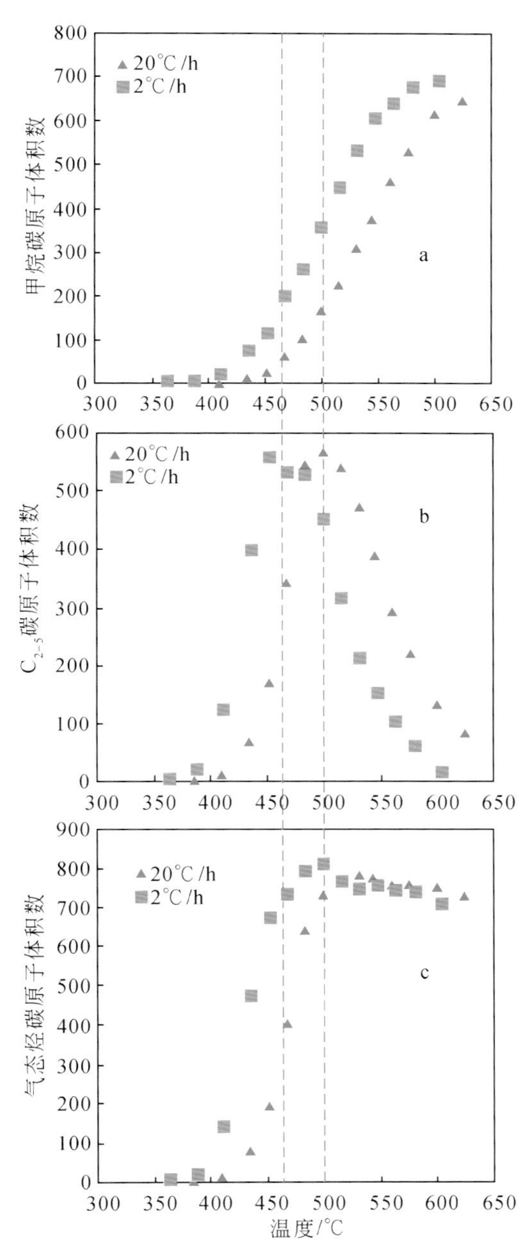

图 3-27　轮南 57 井原油裂解过程中烃气碳原子体积数变化特征

a. 甲烷碳原子体积数；b. 重烃气碳原子体积数；c. 总烃气碳原子体积数

图 3-30 中可以看出，在 10℃/min 的升温速率下，达到 600℃ 对应的 R^o 约为 2.58%，达到 1000℃时对应的 R^o 约为 6%；50℃/min 的升温速率下，达到 600℃ 对应的 R^o 约为 2%，达到 1000℃时对应的 R^o 约为 5.8%；1℃/min 升温速率下，达到 600℃对应的 R^o 约为 3.5%，达到 1000℃时对应的 R^o 约为 6.2%。因此，要实现高演化阶段有机质生烃特征的描述，可以采用提高实验的温度也可以通过降低升温速率长时间的

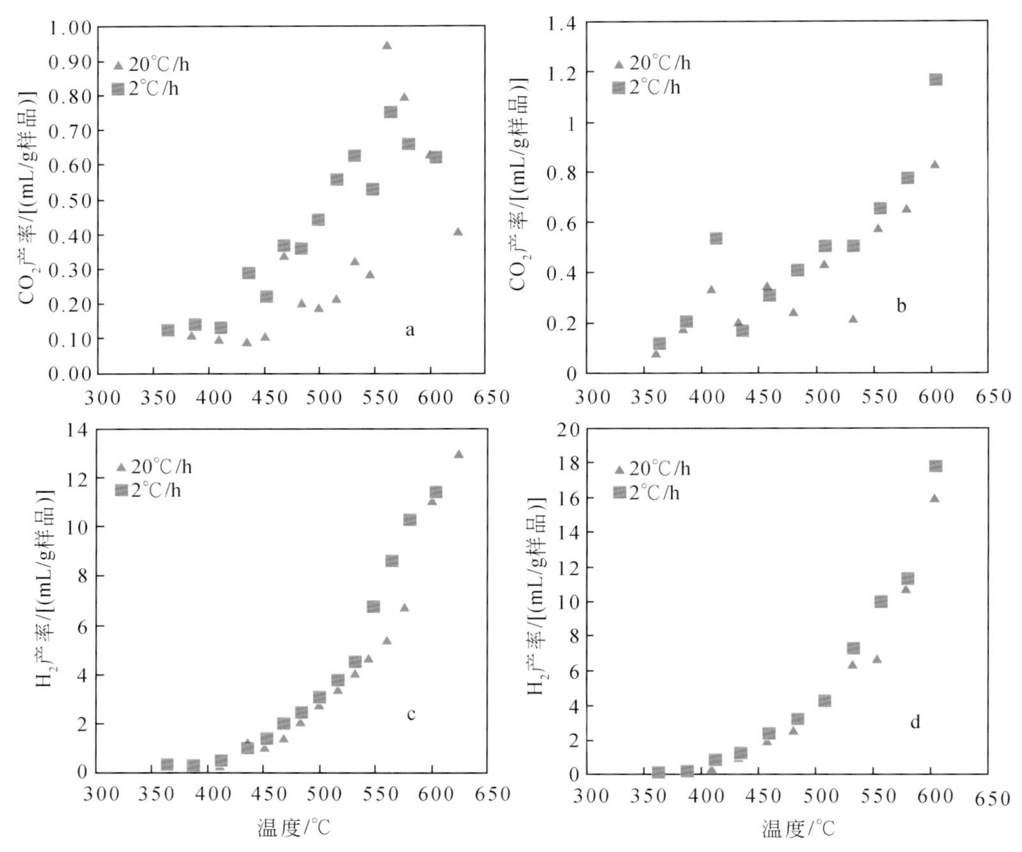

图 3-28 原油裂解过程中 CO_2 及 H_2 变化规律

a. 轮南 57 井原油裂解 CO_2 产率；b. 大庆轻质油裂解 CO_2 产率；

c. 轮南 57 井原油裂解 H_2 产率；d. 大庆轻质油 H_2 产率

办法进行。一般来说慢速升温长时间的热解多用密闭体系来描述，如金管实验、MSSV 实验（温度一般不超过650℃），开放体系恒速升温实验，在国内主要采用 Rock-Eval-II 型热解仪进行，温度不超过 600℃，升温速率最低常为 10℃/min，最高 50℃/min。近两年国内引进了 Rock-Eval-VI 型热解仪，最高温度可达 750℃，最低升温速率为 0.1℃/min。国外最近几年开放体系的热解仪器主要有 Rock-Eval-VI 型热解仪和 PY-GC 在线分析仪。可以说在生烃模拟实验中，国外学者采用的实验温度要高，升温速率要低。

高演化阶段有机质生烃研究一方面可以正确评价油气生成过程，尤其是生成期的评价，如果按照 TG-MS 实验数据结果进行评价，生成期将会延迟（与常规开放体系实验结果相比）。对于天然气来说，生成越晚对于成藏保存越有利。

从图 3-31 中煤岩 TG-MS 实验结果来看，生成甲烷的温度区间在 200～850℃，结合扩展的 Easy R^o% 模型，生甲烷转化率达到 10% 时对应的 R^o 为 0.7%，转化率 50% 时，R^o 为 1.3%，转化率 90% 时，R^o 为 3.2%。从图 1-29 中煤岩 Rock-Eval 开放体系热解

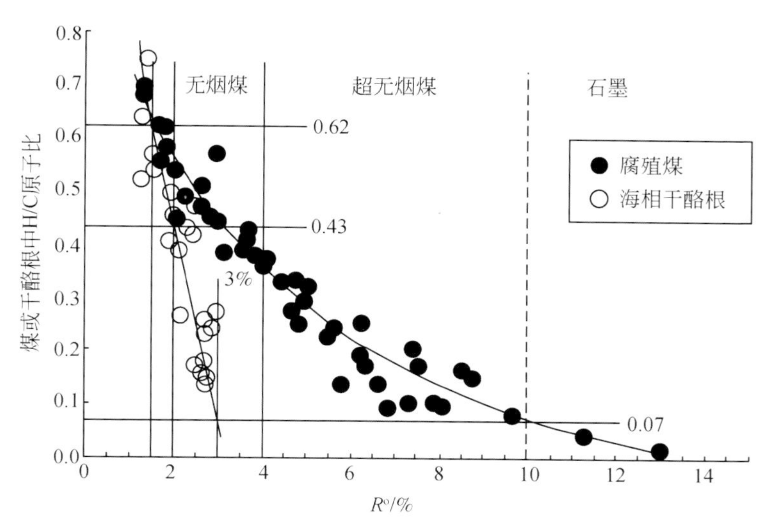

图 3-29　腐殖煤、海相源岩干酪根 H/C 原子比随成熟度的变化（据陈建平，2008）

结果来看，煤岩生油/气转化率达到 10% 时对应的 R^o 约为 0.47%，生油、气转化率达到转化率 50% 时，R^o 为 0.55%、0.6%，生油、气转化率达到转化率 90% 时，R^o 为 0.8%、1.0%。对于 Rock-Eval 热解，前面已经介绍，这种热解方法结合 PY-GC 分析只能获得成油、成气量的相对强度信号，而为了进行动力学参数标定，一般根据各自信号强度进行归一化。如果在实验终止温度生烃尚未结束，那么归一化中采用的累积信号强度并不能反映累积生烃总量的大小，这样将会使得归一化后的转化率偏高。对于金管实验，给出了 R^o 为 3.2% 时的生气量（图 3-30），两种升温速率条件时得到的产率基本相当，约为 110mL/g 样品，说明样品在相同的受热效应时生成的烃量相同。由于金管实验终止温度时产气率尚未终止，不能获取极限产率，也无法得知对应 R^o 为 3.2% 时的转化率，但是如果以终止温度产率 160mL/g 样品为最大值计算，则转化率为 68.75%，实际转化率应小于此值。

从两个开放体实验及分析结果来看（图 3-31、图 3-32），采用的升温速率相同，获得的结果差别很大，尽管 TG-MS 获得的是甲烷转化率，Rock-Eval 获得的是气态烃（$C_{1\text{-}5}$）转化率（一般来说成总气相对成甲烷要容易一些），但是差别不应该太大。尤其是 Rock-Eval 实验及分析结果中生烃转化率达到 50% 时，对应的 R^o 约为 0.6%，而在 1.0% 附近生烃就结束，这明显不符合地质情况。造成这一结论的原因除了 600℃ 时生烃尚未结束外（10℃/min），还可能与 Rock-Eval 实验数据的前处理有关。相比较而言 TG-MS 实验分析结果与地质情况比较接近。

Rock-Eval-II 热解仪分析有机质生烃动力学时存在一些问题，比如很难精确测定 25℃/min 以上的升温速率的温度，如在 50℃/min 时，程序设计速度是 0.89℃/s，程序温度与实际温度有一个滞后，这一滞后在实验终止温度时仍然存在。同样 TG-MS 分析仪在 10℃/min 升温速率时，但是存在于 200℃ 之前。另一个影响的因素是样品内部的温度并不能被坩埚下的热电偶精确测定，样品中的温度和坩埚下热电偶的温度相差很

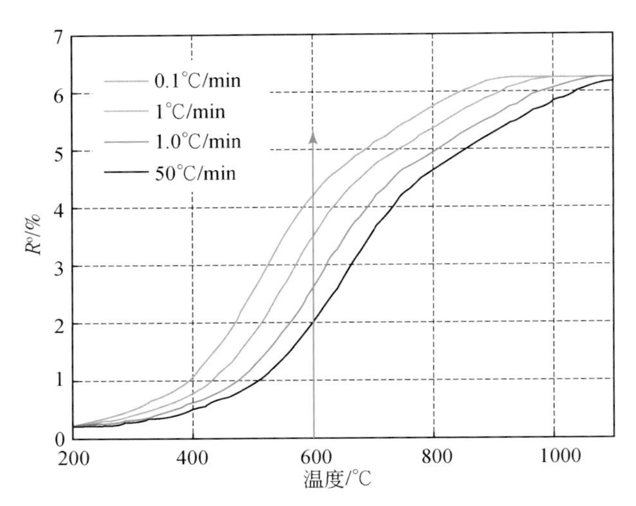

图 3-30 扩展的 Easy R^o% 模型计算的不同升温速率实验条件下温度与 R^o 关系

大，这点已经被 Espitalié（1986）和 Burnham 等（1987）证明。第三个关键因素是准确确定 FID 基线，一般来说，对于大多数样品这并不是问题，它们的挥发性组分（S_1 峰）和热解产物（S_2 峰）可以完全分离。但是对于 S_1 峰和 S_2 峰不能完全分开的情况 FID 基线处理就存在问题，当然 FID 基线的精确程度与实验人员有很大关系。

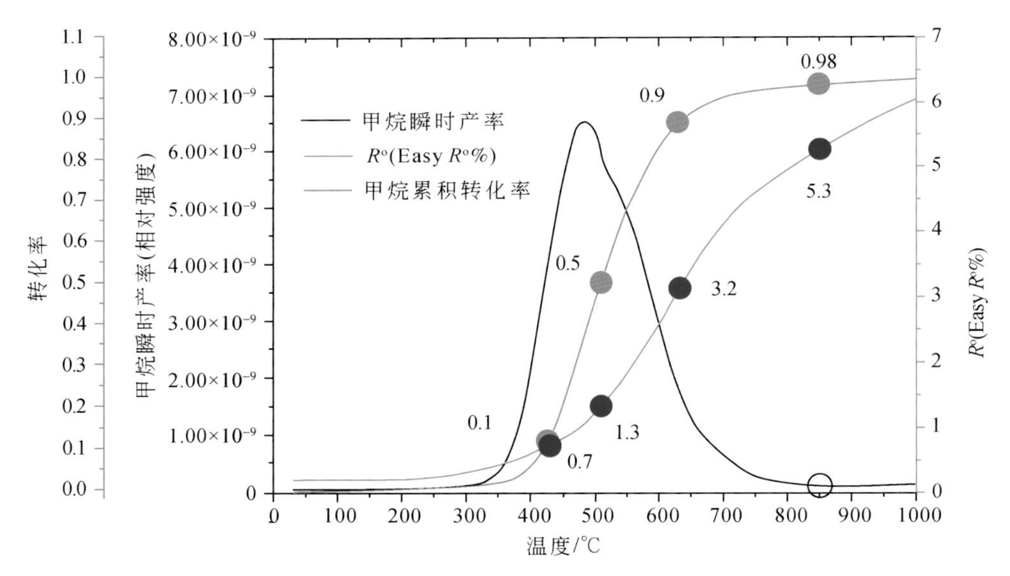

图 3-31 松辽盆地沙河子组煤岩 TG-MS 高温热模拟实验甲烷瞬时产率与 R^o 关系图

开放体系，温度范围 30～1000℃，10℃/min

还有一些其他因素制约 Rock-Eval 动力学参数的标定，其中一个普遍的问题就是最大生成量随着不同的升温速率变化而变化，例如，同一样品 50℃/min 升温速率比 5℃/min 升温速率下的结果高出大约 10%。类似地，Burnham（1990）用自制的反应器得出

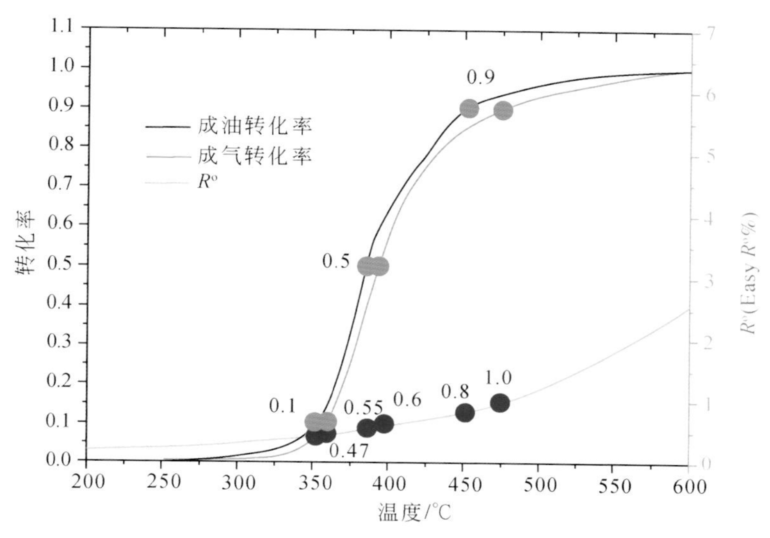

图 3-32　松辽盆地沙河子组煤岩 Rock-Eval 热模拟实验烃气转化率与 R^o 关系图

开放体系，温度范围 200～600℃，10℃/min

了升温速率越低生成的油越少的结论。其他直接影响标定 Rock-Eval 动力学参数的因素还包括不同类型的坩埚、样品量等都会影响真实温度测定的因素；矿物杂质的干扰、所用样品的类型（全岩、抽提岩石、抽提干酪根）、岩石物理性质，如：粒度、堆积密度、导热性及热容、成熟度和所用的动力学模型等都会影响动力学参数的确定。可以将这些因素归纳为三类：一类是实验仪器本身的影响；第二类是样品属性的影响；第三类是动力学模型的影响。当然上述因素中也存在于其他一些实验中，如样品属性、动力学模型等。

从金管密闭体系实验结果及分析来看（图 3-33），在 R^o 达到 4.5% 以上时，煤岩仍具有较强的生气能力，而开放体系（TG-MS）中甲烷在 R^o 约为 3.2 时就达到 90%。如果以 850℃ 作为 TG-MS 实验中煤岩生甲烷结束温度，则对应的 R^o 约为

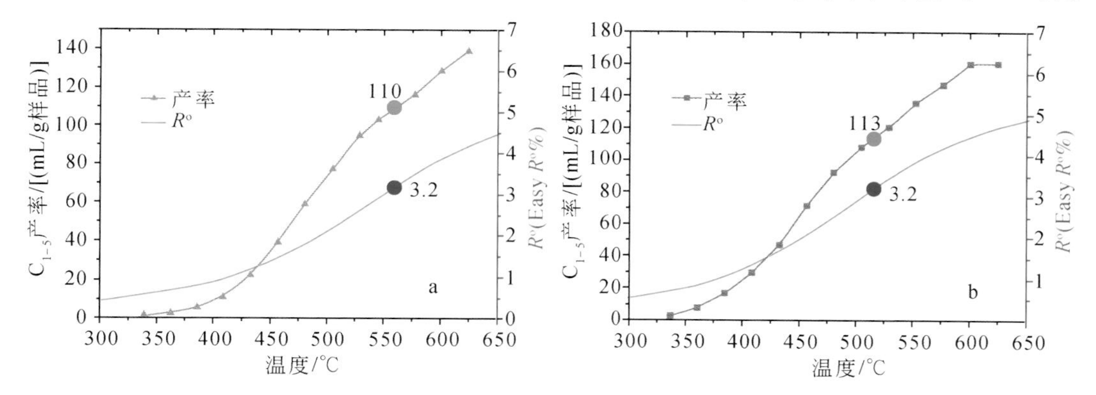

图 3-33　松辽盆地沙河子组煤岩金管热模拟实验甲烷瞬时产率与 R^o 关系图

密闭体系，a. 20℃/h；b. 2℃/h

5.3%。金管实验中高演化阶段煤岩仍具有较强的生气能力（甲烷），是与煤岩在低温阶段生成的正构烷烃（n-alkyl）产物通过环化和芳香化作用与干酪根/热解沥青再次结合生成新的稳定性较高的干酪根有关。由于金管实验的煤岩生气能力并未枯竭，其生气极限值无法得知，所以用实验得到的最大值来代替极限值，所得生气转化率相对高于真实的生气转化率。图3-34为塔里木盆地满加尔凹陷华英参1井侏罗系煤岩金管实验甲烷产率，可以看出在1℃/h的升温速率下，在高温煤岩生甲烷能力并未枯竭，一直呈现增长的趋势。密闭体系下煤岩生甲烷的极限产率到底为多少，是一个值得探索的科学问题。

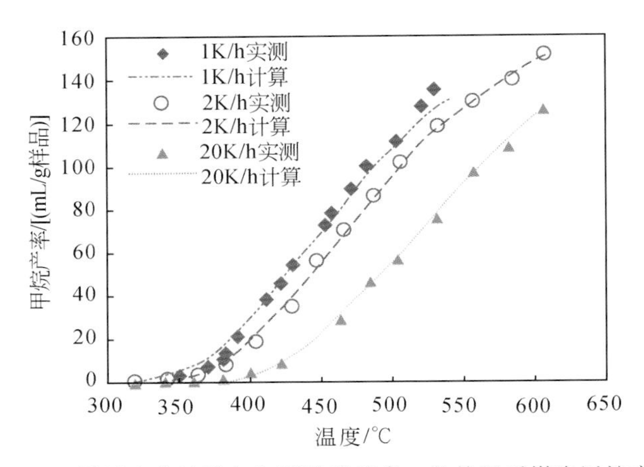

图3-34　塔里木盆地满加尔凹陷华英参1井侏罗系煤岩甲烷产率

TOC：66.67%；H/C：0.73；O/C：0.2；HI：238mg/g TOC；R^o：0.56%

四、小　　结

（1）本次实验研究一共开展了两类体系（开放体系、密闭体系）三种不同热模拟装置（Rock-Eval-II、TG-MS、金管）下的生烃热模拟，两种开放体系下生烃实验结果对比揭示，TG-MS实验的甲烷产物析出温度对应的R^o与地质条件下气态烃产物生成时的成熟度相吻合，而Rock-Eval-II实验烃气析出温度对应的R^o要远小于地质条件下气态烃产物生成时对应的成熟度。导致这一结果的原因除了Rock-Eval-II实验终止温度较低生烃尚未结束外，还与Rock-Eval-II实验仪器本身特点及数据的处理有关。

（2）对煤岩和页岩开展的TG-MS实验结果表明，煤岩的失重要高于页岩失重，煤岩的失重过程存在两个速率高峰，而页岩失重则存在三个失重高峰，页岩的前两个失重高峰与煤岩失重高峰成因相同，为低温的吸附气体、水分的损失和较高温度的有机质热降解损失，页岩的第三个失重高峰则为碳酸盐类的高温分解。与此同时开展了气态烃类及部分无机气体析出特征分析，揭示了各类气体产物的成因。

（3）通过对密闭体系下不同有机质、不同油样的产物产率分析发现高温阶段有机质热降解过程中总气态烃质量产率下降的温度与重烃气质量产率的拐点温度并不相同，表明高温阶段甲烷的来源仍然存在有机质的初次裂解贡献。同样对于原油的裂解实验结果也出现相同现象，表明高温阶段甲烷气的来源不完全是重烃气的裂解，但是对于组成相对简单的液态烃或纯化合物这两个温度应该比较近似。

（4）TG-MS 开放体系煤岩 10℃/min 升温速率条件下，生甲烷在 850℃时基本结束，对应的 R^o 约为 5.3%，基于此可以认为开放体系下煤岩生烃气在 R^o 为 5.3% 基本结束。密闭体系下煤岩气态烃质量产率并未出现拐点，且一直呈增长趋势，表明煤岩在高温阶段仍具有生甲烷能力，在 2℃/h 升温速率下到 650℃时（R^o 约为 4.9%）煤岩生气能力尚未结束。煤岩在高温阶段甲烷产率或总烃气质量产率一直呈明显增加趋势的原因可能是密闭体系下低温阶段热解的正构烷烃（n-alkyl）产物通过环化和芳香化作用与沥青或者干酪根发生缩聚/再结合作用形成了具有较高热稳定性的产物，这一产物在高温阶段可以再次生成甲烷。这一缩聚现象可以用自由基聚合反应中的链终止反应解释。但是这种正构烷烃（n-alkyl）产物和沥青/干酪根的缩聚现象并不是所有有机质热降解过程中都会出现，认为主要是正构烷烃（n-alkyl）产物通过环化和芳香化作用与沥青和干酪根的缩聚。这种缩聚后的新生成的干酪根具有较高的热稳定性，一般在 250℃之后发生热降解，而且具有较强的生气能力。

第三节 侵入岩的成烃效应与定量评价

一、岩浆侵入体散热过程的数值模拟

（一）岩浆侵入体散热特征及其对围岩的影响

为了考察不同规模侵入体，不同热力学性质以及多个岩浆侵入体散热过程及其对有机质成熟作用的影响，利用 VB 语言，根据本章第一节建立的岩浆侵入体热传导模型和 Easy R^o% 模型编写了描述岩浆侵入后围岩中温度场及有机质成熟度演化的软件（TMMI-Thermal Modeling of Magmatic Intrusions）。

为了更加深入了解岩浆侵入后围岩温度场演化规律，模拟计算了 50m 厚度的侵入体侵位后围岩温度场，并与 BMT 软件模拟计算结果进行对比。图 3-35 给出了 50m 厚度的侵入体侵入后围岩温度场在 10000a 内的演化特征图。模拟岩浆侵入体初始温度 1000℃，其他模拟参数见表 3-5。

表 3-5 岩浆侵入体模型参数

比热容/[J/(kg·K)]	导热率/[W/(m·K)]	地温梯度/(℃/m)	密度/(kg/m³)	地表温度/℃	侵入体长度/m
787.1	2.5	0.03	3010	10	5000

从图 3-35 中可以看出岩浆侵入后在短时间内温度达到最大值，随后急剧降低，其中 200a 以内温度衰减最快，而在岩浆发生侵位之后 10000a 时，围岩温度与正常沉积所产生的温度相差不大，与 Fjeldskaar 等（2008）认为的岩浆侵入体发生侵位后围岩温度快速升高，随后急剧衰减，一般不到 1Ma 围岩中温度场几乎与正常沉积所产生的温度

场相同的结论一致。

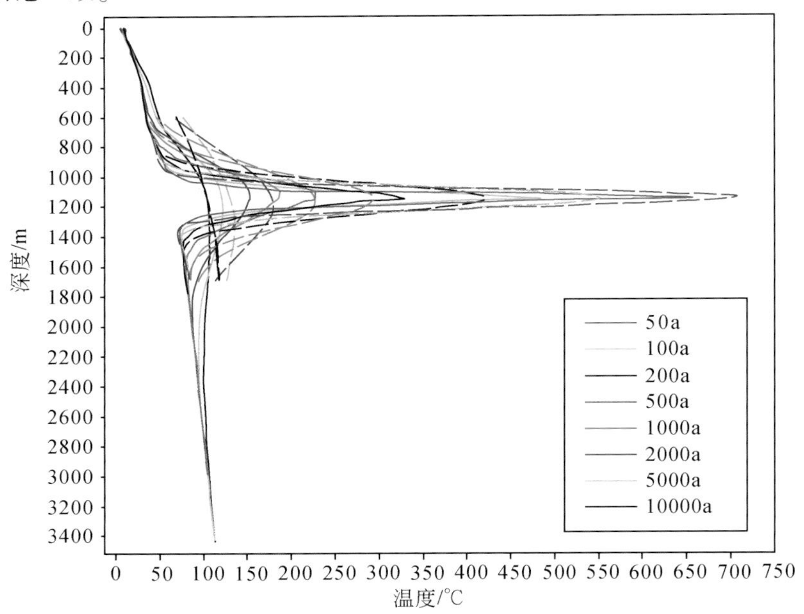

图 3-35　模拟 50m 厚度的侵入体侵入后围岩中温度演化图

图中实线部分为 BMT 软件模拟结果，虚线部分为本文建立的模型模拟结果

图 3-36 为模拟的 3000m 埋深侵入体以 1200℃ 的初始温度侵位后距离接触面不同距离时的温度演化图，其中 R 表示侵入体厚度。可以看出随着距离的增加，围岩受热影响程度越小，开始受热影响的时间也越长。在接触面的温度一开始就比较低，略高于侵入体初始温度的一半，同样前人研究也发现接触面的初始温度约为侵入体初始温度的一半。

图 3-37 和图 3-38 给出了利用模型模拟计算得到的镜质组反射率和实测值对比图。其中图 3-39 中辉绿岩侵入体厚度 38.6m，侵入体现今深度位于 510 ~ 548.6m，图 3-40 中辉绿岩侵入体厚度 118m，侵入体现今深度位于 410 ~ 528m，侵入体初始温度 1200℃，其他模型参数见表 3-5。

从图 3-37 和图 3-38 中可以看出随着与侵入体距离减小，围岩中有机质成熟度（R^o）快速增高，甚至超出 5%。图 3-39 为模拟的我国济阳凹陷某井 58.4m 辉绿岩侵入体对围岩有机质热成熟的影响，其中侵入体初始温度为 1050℃，热导率为 2.32 W/(m · K)，比热容为 787.1J/(kg · K)，岩石密度为 3010kg/m^3。可以看出，模型模拟计算值与实测数据拟合效果较好，表明可以用上述模型来描述岩浆侵入体围岩有机质成熟度演化历程。由于镜质组反射率 R^o 是温度和时间共同作用的结果，也是地质上常用的描述有机质成熟度的指标，下面主要讨论不同岩浆侵入体参数（初始温度、密度、热导率等）与围岩有机质镜质组反射率的关系。

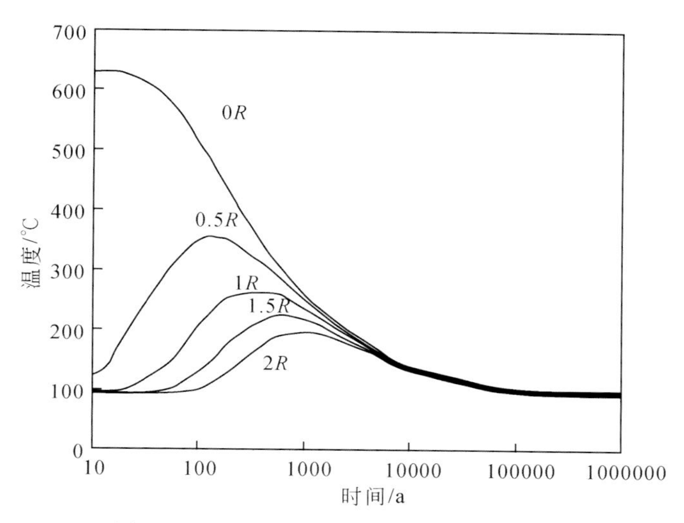

图 3-36　距离侵入体不同距离处温度演化图

厚度 100m，初始温度 1200℃

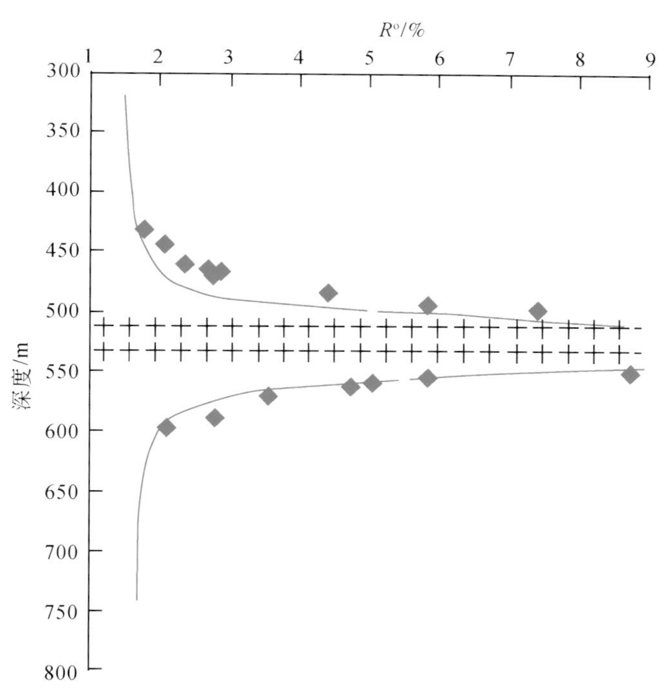

图 3-37　模拟 38.6m 侵入体镜质组反射率与实测数据对比图

图中红色实线为模拟计算 R^o，菱形红实心点为实测 R^o，红色虚线是根据模型计算值推测的 R^o 曲线

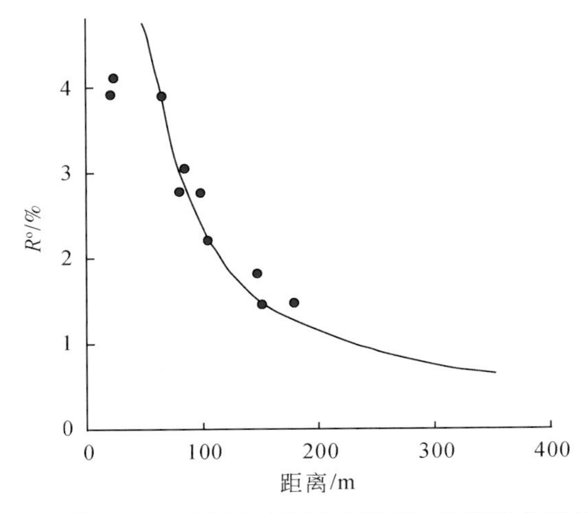

图 3-38　模拟 118m 侵入体镜质组反射率与实测数据对比图

图中实线为模拟计算 R^o 值，实心点为实测 R^o 值

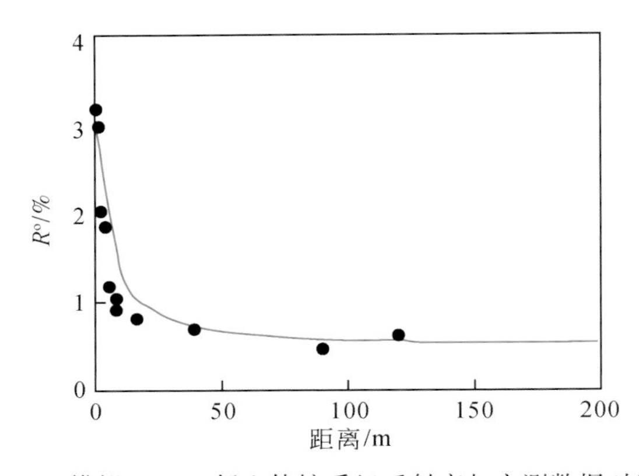

图 3-39　模拟 58.4m 侵入体镜质组反射率与实测数据对比图

图中实线为模拟计算 R^o 值，实心点为实测 R^o 值

（二）岩浆侵入体对围岩有机质热成熟度影响的范围

目前，对侵入体引起围岩的热蚀变强度认识不一，如 Dow（1977）通过对侵入体附近围岩镜质组反射率数据分析认为火山侵入体引起围岩热蚀变的强度可以达到侵入体厚度的两倍。陈荣书和何生（1989）研究则认为热蚀变的强度可以达到侵入体厚度的 4 倍。Carslaw 和 Jaeger（1959）认为热蚀变的强度在侵入体厚度的 1～1.5 倍范围内比较合适。Kazarinov 和 Homenko（1981），Kontorovich（1981）通过对西伯利亚地台岩床、岩墙的研究认为其引起热蚀变的强度在 30%～50% 岩床/岩墙的厚度范围内，很少能超过 1 倍岩床/岩墙厚度范围。Galushkin（1997）通过较多实例分析则认为侵入体热蚀变的强度在 50%～90% 岩床/岩墙的厚度范围内。本书中我们根据上述建立的岩浆侵

入体散热模型结合 Easy R^{o}% 模型，模拟了假定不同初始温度侵入体、不同厚度侵入体及多个侵入体情况时，引起围岩热成熟度变化特征。岩浆的温度往往随岩浆的成分而变化，酸性岩浆的温度约为 700～900℃，中性岩浆的温度约为900～1000℃，基性岩浆的温度约为 1000～1300℃。在模拟中选择的温度为 700℃、900℃、1100℃、1300℃。

图 3-40 给出了 118m 厚度的岩浆侵入体具有不同初始温度时所引起的围岩中有机质成熟度（R^{o}）演化图，其中横轴表示模拟深度点与接触面（侵入体和围岩）的距离。可以看出，初始温度对围岩有机质成熟度有一定影响，初始温度越高，对于相同的距离引起热演化的程度越高，对有机质成熟作用的影响范围也越大，反之，则越低/小。在距离超出 300m 范围外，岩浆侵入体对围岩有机质热演化几乎无影响，表明这种异常热源引起的热效应范围是有限的。为了进一步研究岩浆侵入体热效应范围，模拟并绘制了相同初始温度，不同厚度侵入体所引起的围岩有机质热成熟度（R^{o}）演化图（图 3-41）。

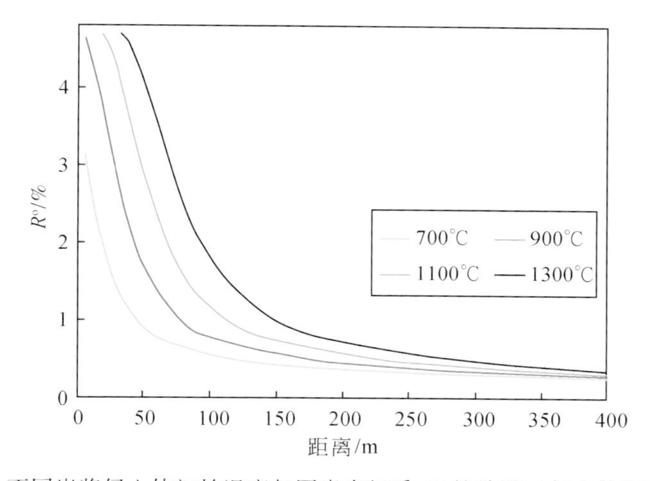

图 3-40　不同岩浆侵入体初始温度与围岩有机质 R^{o} 的关系（侵入体厚度 118m）

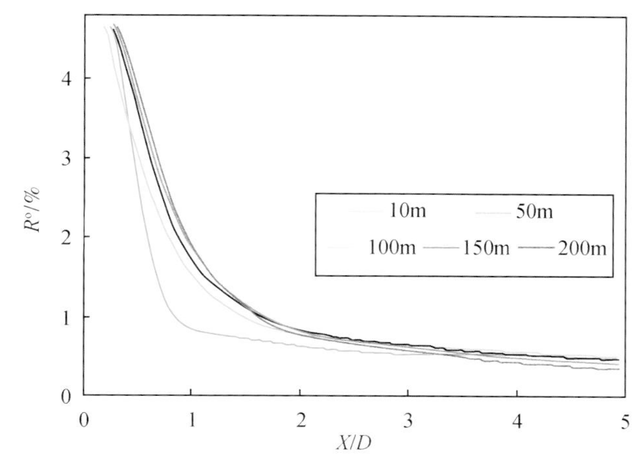

图 3-41　不同厚度岩浆侵入体对围岩有机质成熟度的影响

初始温度 1100℃，X 代表模拟计算深度点与接触面的距离；D 代表侵入体的厚度为了方便对比不同厚度侵入体热效应的范围，采用了模拟计算深度点与接触面（侵入体与围岩）的距离和侵入体厚度的比值。可以看出，不同厚度侵入体对围岩有机质热演化成熟度的影响范围基本相同，主要在两倍侵入体厚度范围以内。

岩浆侵入体密度不同、导热率不同也将影响岩浆侵入体热传导过程，进而影响围岩热成熟度参数，对此模拟了不同侵入体密度及不同热导率时岩浆侵入体对围岩有机质成熟度的热影响作用。模型计算参数：侵入体厚度 50m，初始温度 1100℃，地表温度 10℃，地温梯度 3℃/100m，侵入体埋深 2000m。可以看出，随着侵入体岩石密度的增加，模拟计算的 R^o 也逐渐增加，但是侵入体密度对有机质热成熟度的影响较小（图 3-42a）。随着侵入体热导率的增加，与侵入体不同距离处有机质热成熟度逐渐降低（图 3-42b），不同侵入体热导率对模拟的 R^o 有一定影响。

地质情况往往是复杂的，有可能是多期次、多层位侵入体侵入，本次研究假定某盆地发生岩浆侵入，侵入时间为 32Ma，一共有 4 个侵入体，其中厚度自下而上分布是 50m、100m、30m、50m，利用 BMT 软件模拟了岩浆侵入体对围岩有机质热成熟度的影响，其中侵入体初始温度 1000℃，其他模拟参数见表 3-5。图 3-43 给出了岩浆侵位发生后 50 万年以内的温度演化图，从图 3-43 中可以看出，岩浆侵入后短时间内温度达到最高，与侵入体个数相同呈现多峰形态，并衰减很快。在经历 1000a 之后，多峰形态消失，围岩中温度受附近多个侵入体的影响，具有叠加性，在岩浆发生侵位之后 50 万 a 时，围岩温度逐渐趋近正常沉积所产生的温度。图 3-44 给出了模拟的围岩中有机质热成熟度图，可以看出受多个侵入体热作用影响，围岩附近有机质成熟度（R^o）发生波动。因此，一旦确定了侵入体侵入时间、规模、个数、热力学参数，就可以利用建立的模型模拟侵入体引起的围岩中有机质热成熟演化历程。

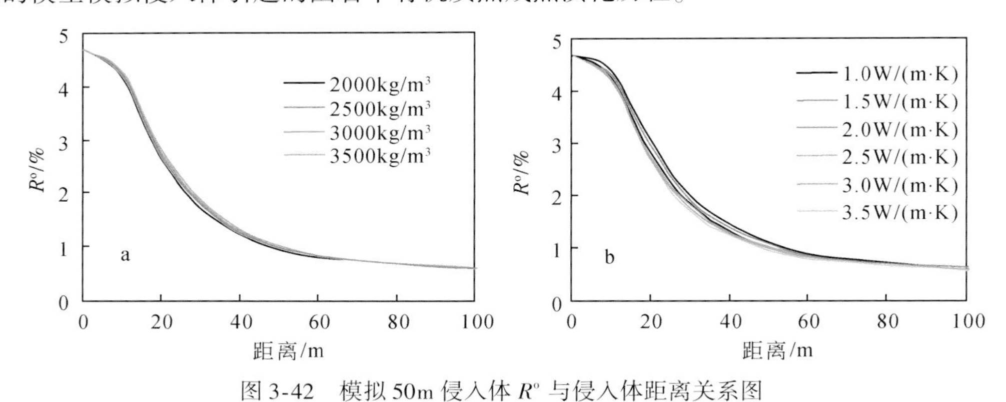

图 3-42　模拟 50m 侵入体 R^o 与侵入体距离关系图

a. 不同岩浆侵入体密度；b. 不同岩浆侵入体热导率；岩浆侵入初始温度 1100℃，侵入体厚度 50m

事实上，侵入体热蚀变的强度除了与侵入体的厚度、侵入体与围岩的温差有关外，还与侵入体的体积、侵入体的热容及围岩的导热率等性质有关，还可能与热对流有关。因此，仅依据几个甚至多个地质实例的剖析得出的热蚀变强度进行火山侵入体对生烃热效应评价存在一定的局限性。对不同地区应该用该区热成熟度指标标定侵入体散热模型参数（初始温度），然后进行外推。

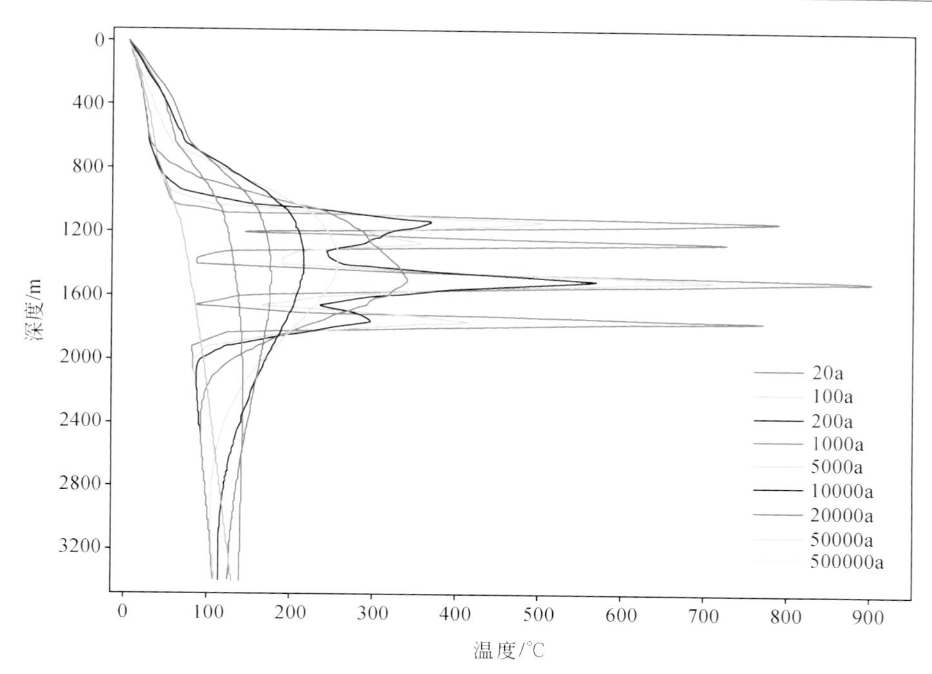

图 3-43　模拟四个侵入体侵入后温度演化图

模拟参数：初始温度 1000℃，侵入时间 32Ma，侵入体厚度从下而上分别是 50m、100m、30m、50m

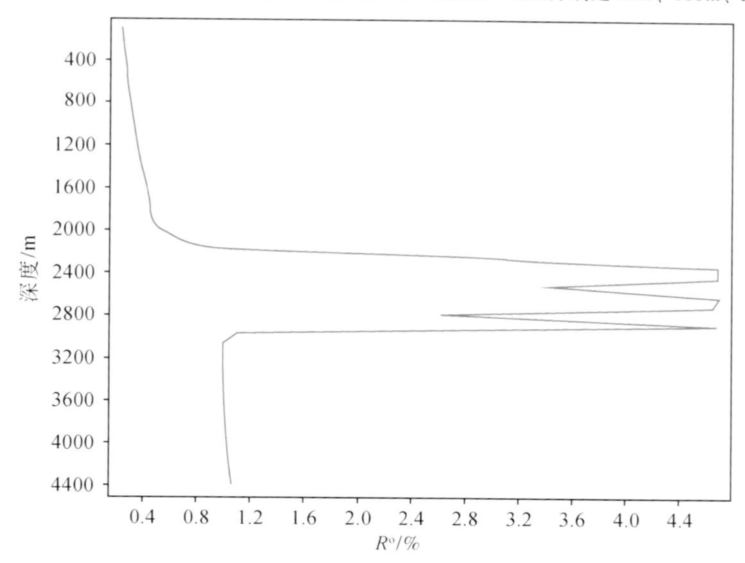

图 3-44　四个侵入体（初始温度 1000℃，侵入时间 32Ma，厚度从下而上分别是 50m、100m、30m、50m）对有机质镜质组反射率影响

二、侵入体与烃源岩不同匹配关系时的热效应

为了方便探讨，假定某地区为均匀沉积，沉积速率为 50m/Ma，古今地表温度为

15℃，地温梯度为4℃/100m。对不同侵位深度、时间、不同侵入体厚度、初始温度情况进行模拟。将不考虑侵入体热影响时有机质成熟度用 R^o 表示，考虑侵入体热影响后的有机质成熟度用 R^o-ins 表示，其中成熟度热效应用 Delt R^o（即 R^o-ins 与 R^o 差值）表示；对于有机质成烃转化率，上述情况分别用 TR、TR-ins 和 DeltTR 表示。

（一）同温、同期、同厚、不同埋深侵位时有机质成熟度及生烃热效应

图3-45为岩浆侵位不同深度时围岩有机质成熟度演化剖面，可以看出随着侵入深度的增加，不同距离处围岩 R^o-ins 依次增加（图3-45a），此时 R^o-ins 的值是侵入体热作用和正常沉积热史共同作用的结果。图3-45给出了不同侵入深度时热效应图版（Delt R^o），侵入深度越深、相同距离处的 Delt R^o 越大，且波及范围也越广（即 X/D 越大），说明在 Delt R^o 约大于3.0%之后，不同侵入深度 Delt R^o 热效应大小关系正好与 Delt R^o 小于3.0%时情况相反。针对这个问题，我们设计模拟了具有不同初始 R^o 的有机质在经历侵入体热作用后成熟度演化情况（图3-46）。可以看出，随着 R^o 值的增加，Delt R^o 呈现先增加后减小的演化趋势，拐点值在0.9%左右，也就是说当 R^o<0.9%时成熟度热效应随着 R^o 的增加而增加，而当 R^o>0.9%时成熟度热效应则随着 R^o 的增加而降低。

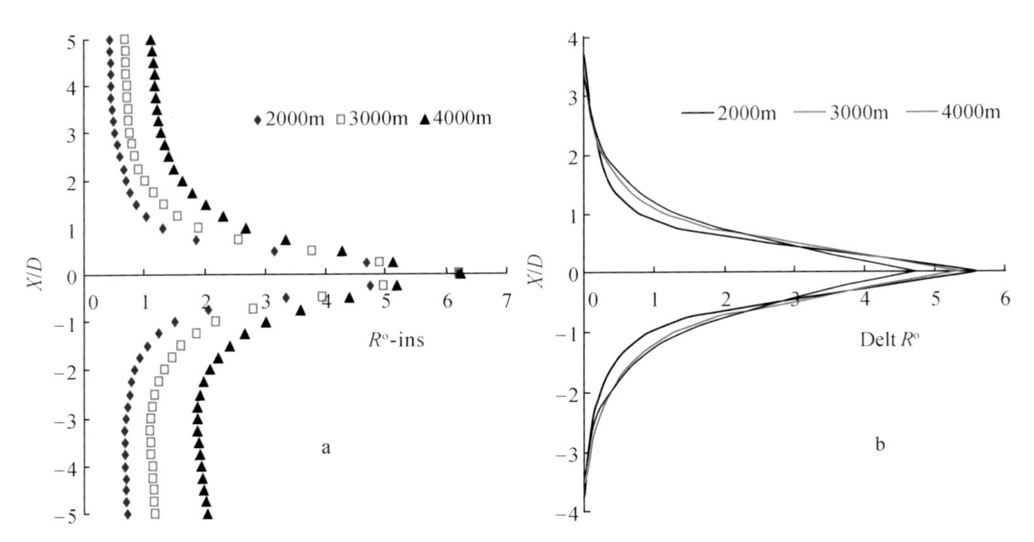

图3-45 不同侵入深度时围岩有机质成熟度 R^o 演化关系（a）及有机质成熟度热效应图版（b）

X/D 表示计算点到接触面距离与侵入体厚度的比值（20Ma侵入，侵入体厚度100m，初始温度1100℃）

产生这一现象的本质在于镜质组演化的非线性，对于具有不同 R^o 的镜质组，即使经历了相同的热演化历史，Delt R^o 也不相同。同时 R^o 反映了有机质生烃的进程，在生烃速率达到最大前，相同的热量对处于不同生烃阶段的有机质产生的生烃增量不同。在生烃速率最大值之前（对应图3-48 R^o 拐点），相同热量侵入体对于不同 R^o 的影响表现在 R^o 越大，热效应 Delt R^o 越大；而在生烃速率最大值之后（>0.9%），R^o 越大，热

效应 Delt R^o 越小。

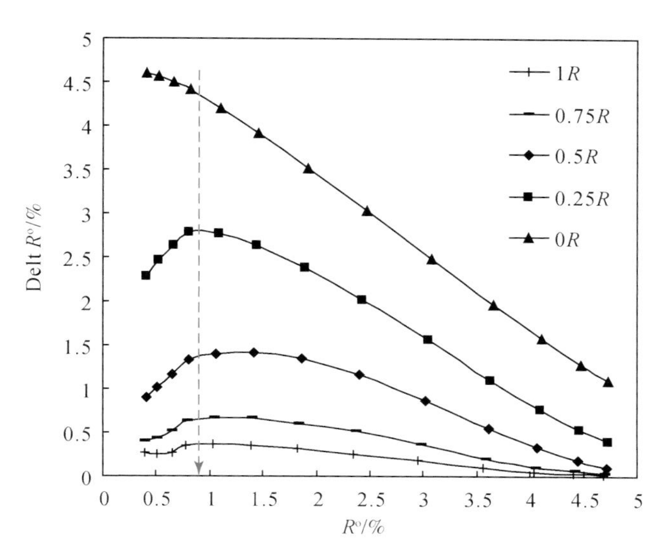

图 3-46　不同初始 R^o 值时侵入体对围岩有机质成熟度热效应图版（初始温度 900℃）

R 为观察点与接触点距离除以侵入体厚度，下同

侵入体热作用对围岩生烃的影响不仅涉及空间上的匹配关系，还涉及时间耦合，例如侵位时间在烃源岩大量生烃前后，其生烃热效应是不同的。图 3-49 为不同侵位深度时对不同范围内有机质生烃热效应，可以看出源岩在 2500m、3500m 埋深时生烃尚未开始（图 3-47 中 2500m-0R、3500m-0R 曲线），4500m 埋深时有少量生烃（图 3-47 中 4500m-0R 曲线）。对于生烃尚未大量开始（R^o<0.9%）的情况，R^o 值越大，成熟度热效应越大、对应的生烃热效应也应该越大，图 3-47（0.5R、1R 曲线关系）则证实这一点。另外，并不是所有成熟度热效应 Delt R^o 相同，生烃热效应 Delt TR 就相同，具体还要看 R^o 所处的范围，如对于相同的 Delt R^o，在生烃高峰期时 Delt TR 就大。

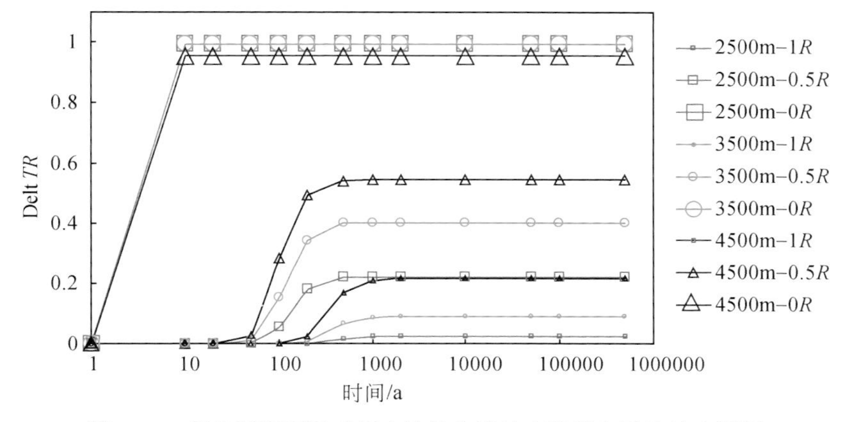

图 3-47　侵位深度不同时侵入体热作用的有机质生烃热效应图版

（二）同温、同厚、同深、不同期侵位时有机质热成熟度及生烃热效应

图3-48为侵入体不同时间侵位时围岩有机质成熟度演化剖面，可以看出随着侵位时间变晚，围岩 R^o 逐渐增大（图3-48a），此时 R^o 的值是侵入体热作用和正常沉积地层热共同作用的结果。图3-48b给出了不同侵位时间的热效应图版，侵位时间越晚、有机质热成熟度受影响越大，波及范围也越广。这一结论与不同深度侵位时侵入深度越深热效应越大，影响范围也越广的结论一致，其本质在于镜质组反射率演化的不可逆性。两种情况都具有较高的基础 R^o 值时，在侵入体热作用后具有较大的热效应，波及的范围也越广。

镜质组反射率值是镜质组所经历最高地温的反映，因此对于侵位时间较早的情况，侵位前有机质经历的热演化程度要低于侵位时间较晚的情况，而侵位后都经历了较高的温度，侵位之后地层正常埋深地温要远低于侵入体热作用引起的温度，也就是说在侵入体影响的范围内，后期的地层埋深基本上不会再对镜质组演化起作用。

因此，晚期侵位情况有机质经历的热作用要高于早期侵位的情况，故晚期侵位产生的热效应要大于早期侵位情况。

从图3-49可以推断，在不考虑侵入体热作用情况下，源岩在35Ma、30Ma、25Ma时成烃转化率变化不大且生烃尚未开始，否则考虑侵入体影响情况下，接触面（0*R*）位置处生烃热效应要小于1。因位置0*R*处不同时期侵位情况下生烃热效应相同，说明热作用足以使有机质生烃完全，热效应相同的原因在于都达到了成烃转化率的极限。除了与接触面近距离处，侵位越晚生烃热效应越大（图3-49）。这一点与成熟度热效应规律相同。

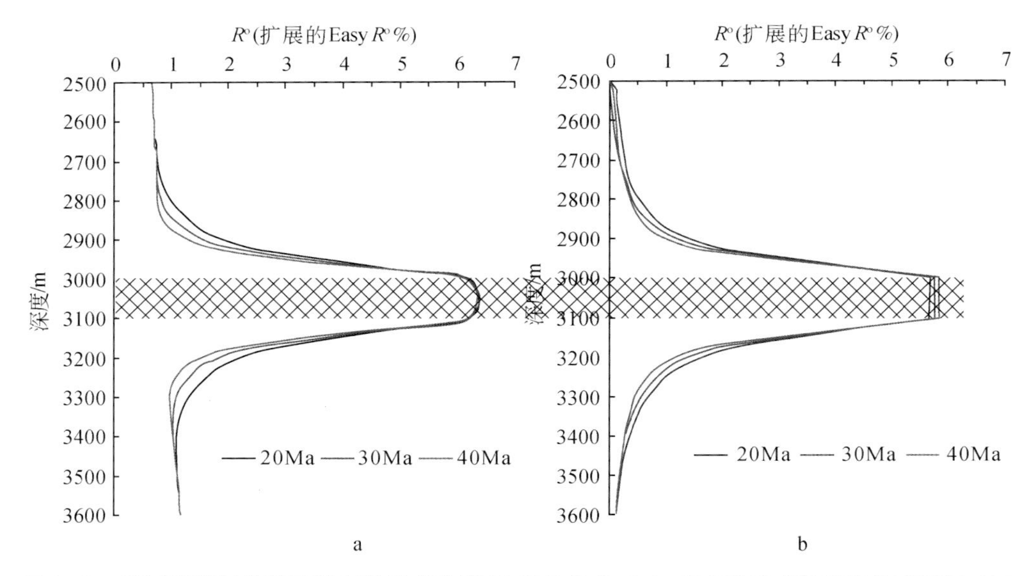

图3-48　不同时期侵位时围岩有机质成熟度 R^o 演化关系（a）及有机质成熟度热效应图版（b）

侵入深度3000m，侵入体厚度100m，初始温度1100℃

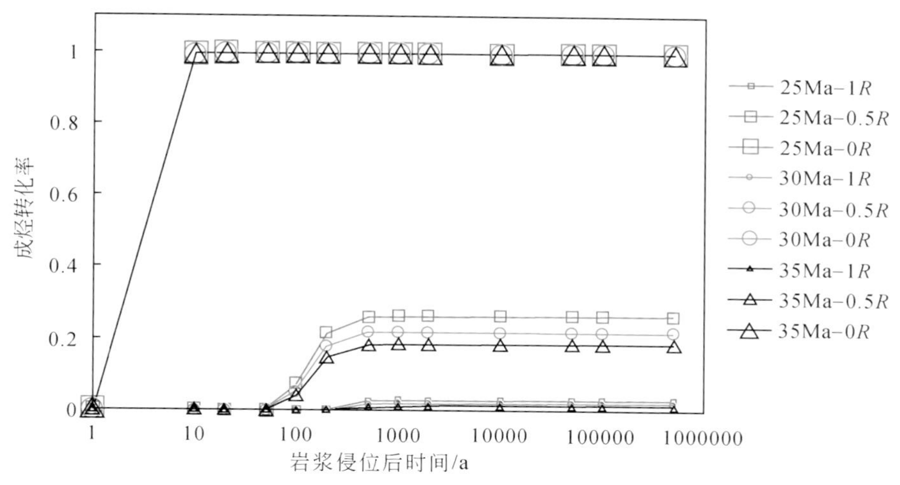

图 3-49 不同期侵位时对有机质成烃转化率的热效应

900℃，100m 厚度侵入体，2500m 侵入深度

（三）同时、同厚、同深、不同初始温度侵位时有机质热成熟度及生烃热效应

随着侵入体初始温度的升高，有机质成熟度热效应及生烃热效应逐渐增加（图 3-50），且影响的范围逐渐变大。初始温度越高，距离接触面越近，达到的生烃转化率越大，同时所需要的时间也越短（图 3-51）。

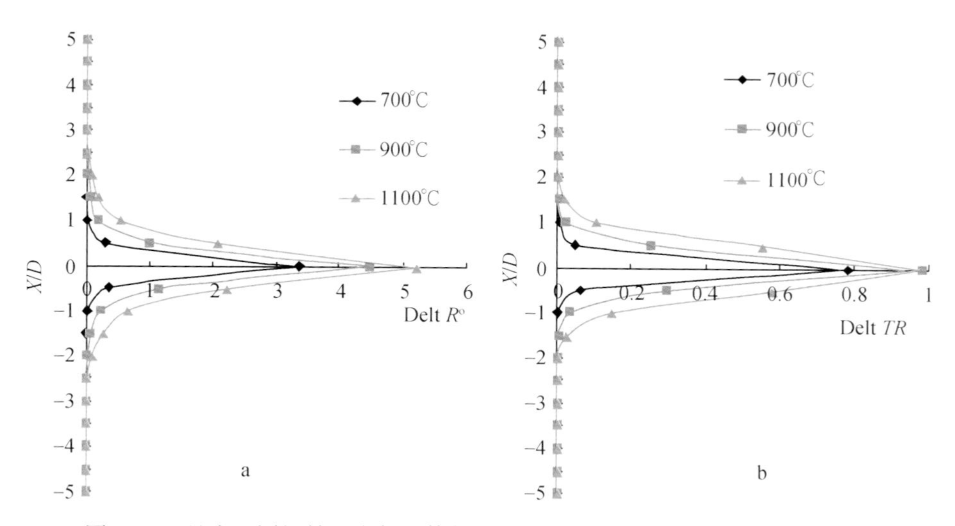

图 3-50 具有不同初始温度侵入体侵位时围岩有机质成熟度 R^o 热效应（a）及有机质成烃热效应剖面图版（b）

侵入深度 2500m，侵入体厚度 100m，侵入时间 25Ma

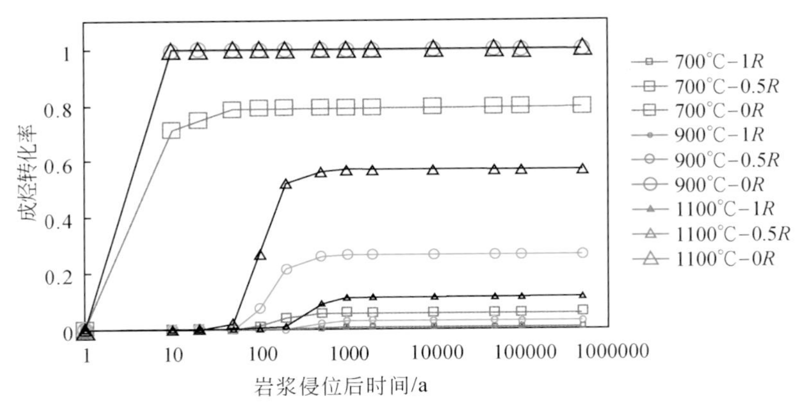

图 3-51　具有不同初始温度侵入体侵位时围岩有机质成烃史热效应图版

侵入深度 2500m，侵入体厚度 100m，侵入时间 25Ma

(四) 同温、同时、同深、不同厚度侵位时有机质热成熟度及生烃热效应

随着侵入体厚度的增加，有机质成熟度热效应及生烃热效应逐渐增加（图 3-52），所波及的范围（*X/D*）变化不太大，在 1～2 倍左右。侵入体厚度越大，在相同 *X/D* 处的成烃转化率影响越大（图 3-53），但是达到最大转化率时需要的时间却越长，这是由于厚度越大，在相同的 *X/D* 处，距离就越大，受到热影响最大时需要的热传导时间就越长的缘故。

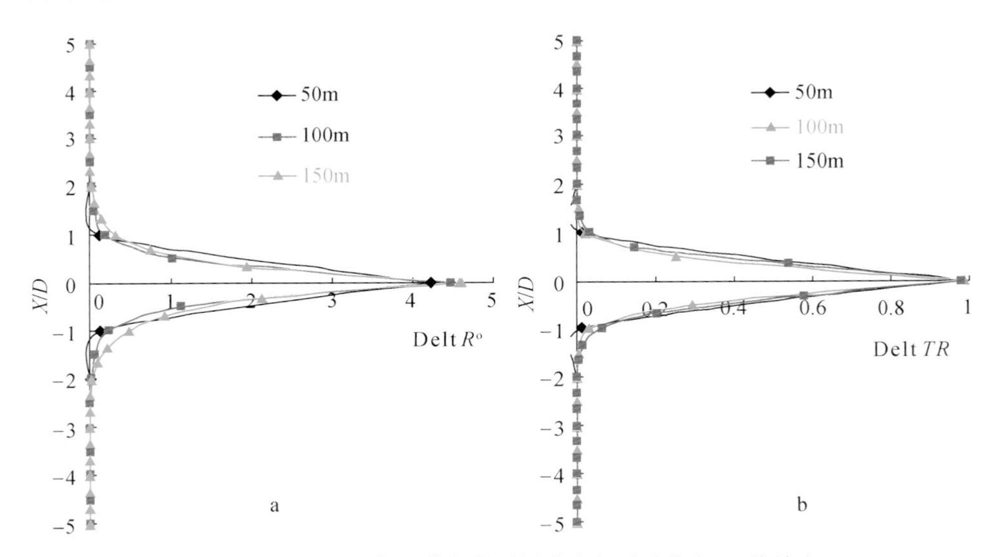

图 3-52　具有不同厚度侵入体侵位时围岩有机质成熟度 R^o 热效应（a）及有机质成烃热效应剖面图版（b）

侵入深度 2500m，侵入时间 25Ma，初始温度 900℃

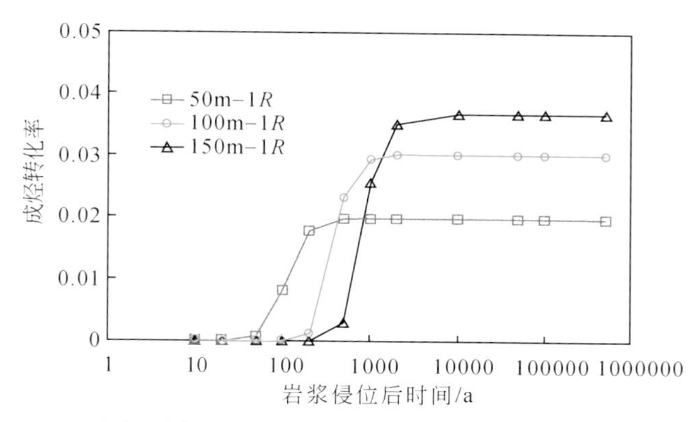

图 3-53　具有不同厚度侵入体侵位时围岩有机质成烃史热效应图版

侵入深度 2500m，侵入时间 25Ma，初始温度 900℃

（五）多套侵入体不同时期侵入与同期侵入对有机质热成熟度的影响

前文指出，侵入体很多情况下是多层、多期侵位的。由于镜质组发生率演化的不可逆以及反映其所经历的最大受热温度的特性，相同厚度、侵入位置及相同岩石物理性质的侵入体由于不同期或同期侵位，围岩有机质成熟度就可能产生不同的演化历程。对此，利用 TMMI 软件模拟了同期和不同期侵位这两种情况下侵入体对围岩有机质热演化的影响（图 3-54）。可以看出，同期侵位时对围岩有机质热成熟度影响要大于不同期侵位情况，并且波及的范围还有可能大于不同期侵位情况，至少是等同波及范围（主要看多套侵入体侵位深度与侵入体厚度的关系匹配情况）。

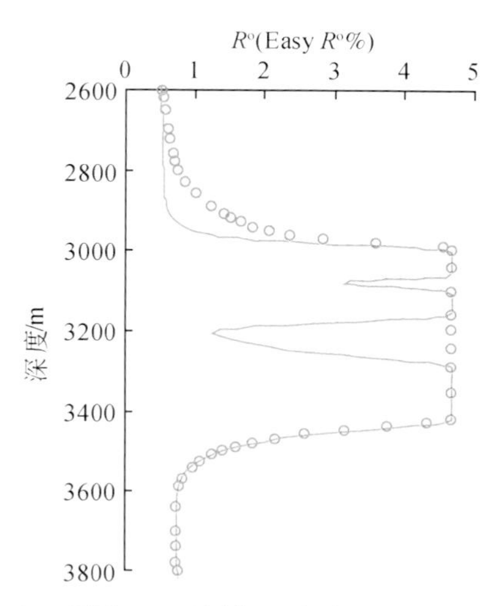

图 3-54　三套侵入体同期（空心圆点）/不同期（实线）侵位时对围岩有机质成熟度影响结果

侵入体位置自上而下依次为：3000m、3100m、3300m；侵入体厚度自上而下依次为：50m、50m、100m；侵入时间自上而下依次为：25Ma、30Ma、35Ma；同期侵入则假定为 30Ma

（六）岩浆侵入体热作用对原油裂解成气的影响

有机质在热力作用下生成液态烃，当液态烃排出后在适当圈闭聚集成藏并在热应力继续增加的条件下发生裂解，形成气态烃。原油裂解气已经成为我国西部盆地众多大中型气田的主要来源。前文已对油裂解气的特征进行了详细描述，这里不再赘述。主要考察侵入体存在与否时对油藏的热裂解作用。

油成气实验采用密闭体系金管实验，图 3-55 给出了部分实验结果图，从总气（C_{1-5}）体积产率和质量产率可以推出，在质量产率减少时，生成的体积产率占总体积的65%。在总气质量产率减少前主要是油裂解为重烃气的阶段，之后主要是重烃气的裂解阶段，并据此将原油裂解划分为两个阶段，即原油裂解为重烃气阶段和重烃气裂解阶段。

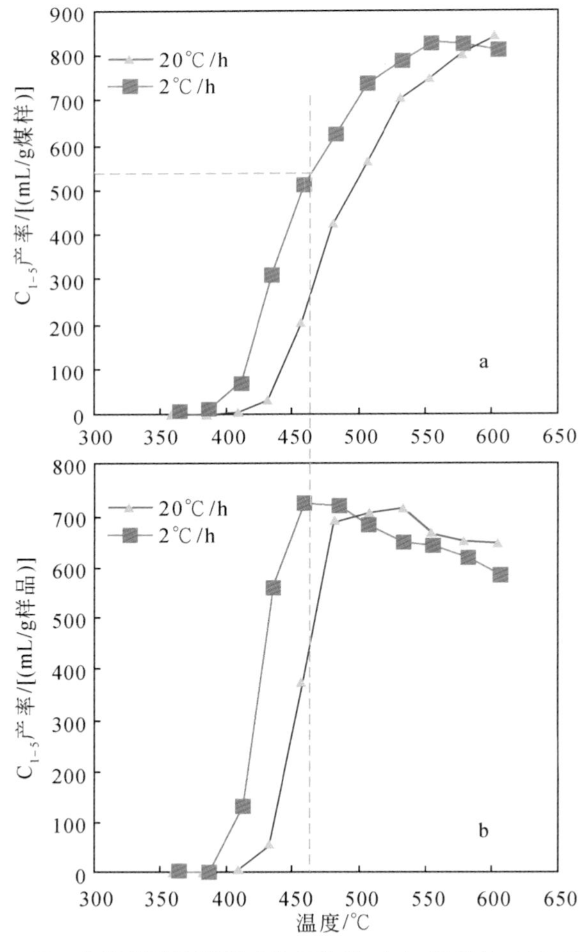

图 3-55　大庆轻质油裂解成总气体积（a）和质量（b）产率

将体积产率转换为成气转化率是进行动力学模型参数标定的重要前提，本次研究对体积转化率进行了动力学参数标定。关于动力学模型的标定方法见王民2010年的博士论文，实验结果和模型计算结果见图3-56a，可以看出模型计算值和理论值拟合较好，同时图3-56b给出了样品成气活化能分布图，主要分布在230～300kJ/mol，平均活化能246kJ/mol，活化能较高。

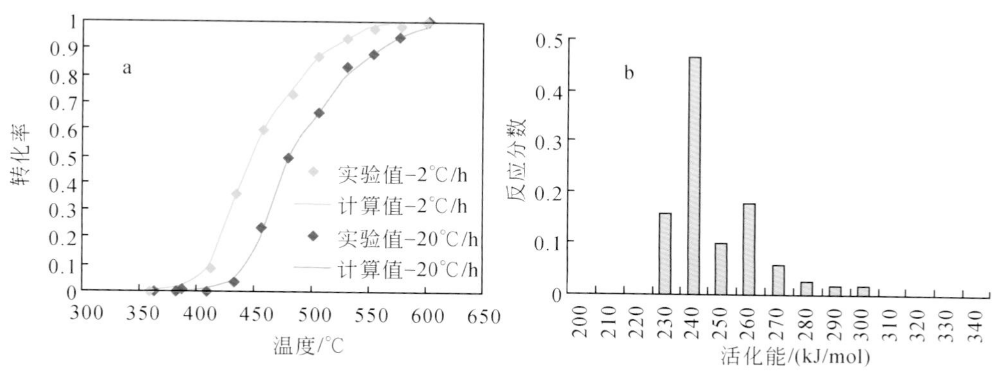

图3-56　大庆轻质油总气体积实验转化率与模型计算值（a）及动力学活化能分布图（b）

假定简单的地质情况下（升温速率2℃/Ma），轻质油动力学成气动力学参数可以方便外推得到成气转化率和温度以及 R^o（Easy R^o%模型计算）的关系（图3-57、图3-58）。可以看出，轻质油在150～160℃开始发生裂解，关于地质情况下原油发生裂解的温度前人有较多研究，一般认为原油在低于160℃的地质条件下可以稳定存在。本次研究表明，如果取转化率为0.05（即5%）作为裂解气的开始阈值，则对应的开始裂解 R^o 约为1.2%，温度为162℃。如果以0.65（65%）作为原油裂解生成重烃气结束点，则对应的 R^o 为2.05%，地质温度202℃，也就是说 R^o 在1.2%～2.05%之间主要是重烃气生成阶段，成熟度高于2.05%后则主要是重烃气的裂解阶段。原油在储层中发生热裂解，对于封闭体系时，最终重烃气裂解完全，以甲烷形式存在。然而原油裂解是一个体积骤然增大的过程，要想保持原有的封闭体系对保存条件要求十分苛刻，因此伴随体积增大过程中难免发生气体渗漏，渗漏后的气体向上运移至浅层，热演化历程发生改变，致使浅层重烃气裂解程度降低。在以往的天然气资源评价中往往忽略了这一点，使得评价的天然气资源潜力偏高。

与侵入体对有机质生烃热作用类似，原油在这种异常热影响下会发生裂解破坏，如塔里木盆地塔中18井区志留系砂岩中94m厚的侵入体致使砂岩中的原油变为黑色碳质沥青。对此模拟了侵入体热作用对油藏裂解的影响，图3-50给出了不同距离时对原油裂解的影响，可以看出离侵入体越近，原油裂解程度越高，在0.25倍厚度距离处原油全部裂解，在1倍距离处约有60%原油发生裂解，在2倍距离时受影响较小。且随着距离的增加，开始受热影响发生裂解的时间依次推后。在研究侵入体对油藏的热作用时不仅要考虑侵入体与油藏的位置匹配关系，更重要的一点是油藏的形成时期和侵位时期，如果侵位早于油藏形成期，则基本上不受影响。因此，具体实例应该具体分析。

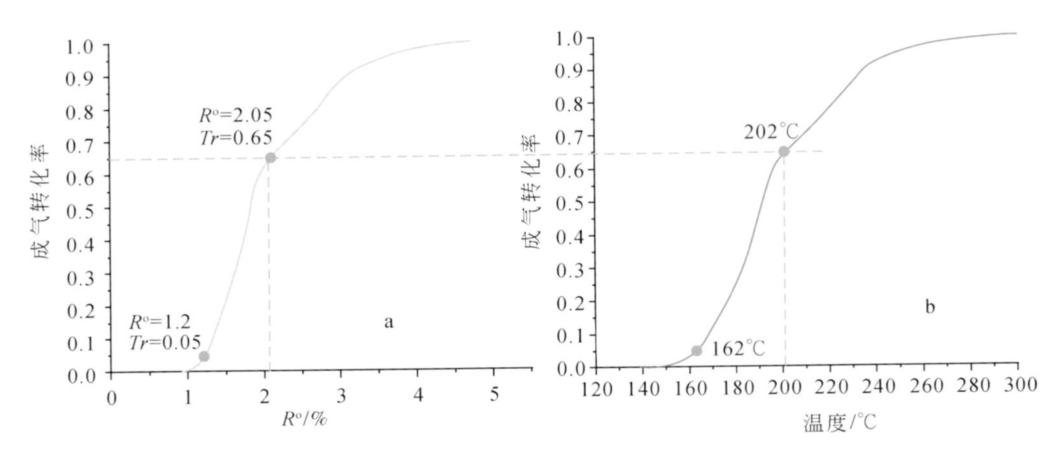

图 3-57 简单地质情况下轻质油裂解成总气体积转化率与 R^o（a）、地质温度（b）关系图（升温速率 2℃/Ma）

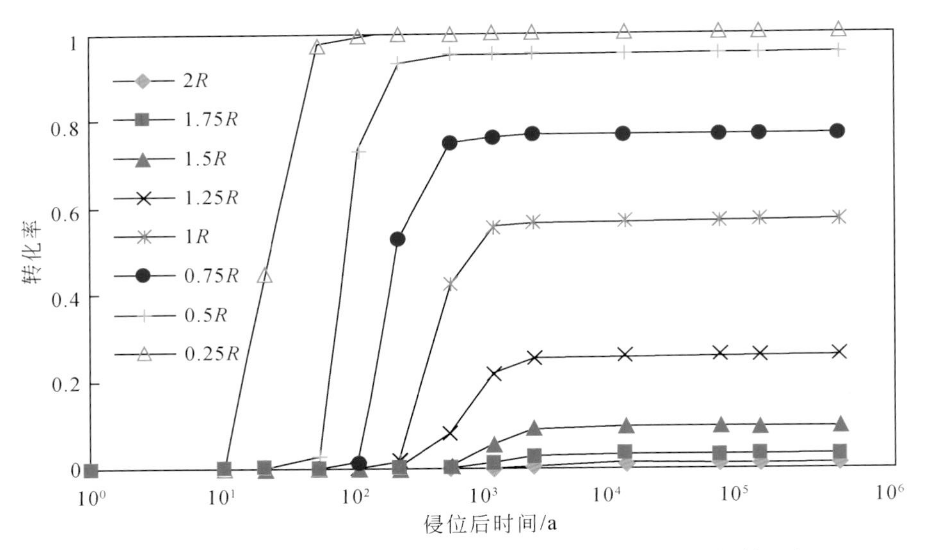

图 3-58 接触面不同距离处油成气转化率图（侵入体厚度 100m，初始温度 1100℃）

第四节 喷发岩的成烃热效应与定量评价

喷出岩热作用范围十分有限，如地质实例观察显示喷出岩对围岩有机质地球化学参数无明显影响（图 3-59）。由于岩浆喷出到地表或在水下喷发（陆上或水下喷发），其热量迅速以对流或辐射的形式散失到地表或水中。火山活动/喷出岩的形成主要引起区域性地温梯度的升高和构造活动，对区域油气生成会产生影响。图 3-60 是假定岩浆喷出地表或者水下，在水中或空气中的散热过程示意图。可以看出，在很短时间里（不足 300 天），其热量散失殆尽。而岩浆侵入到沉积岩中的冷却时间较长，可达 1 万年（王民等，2010）。

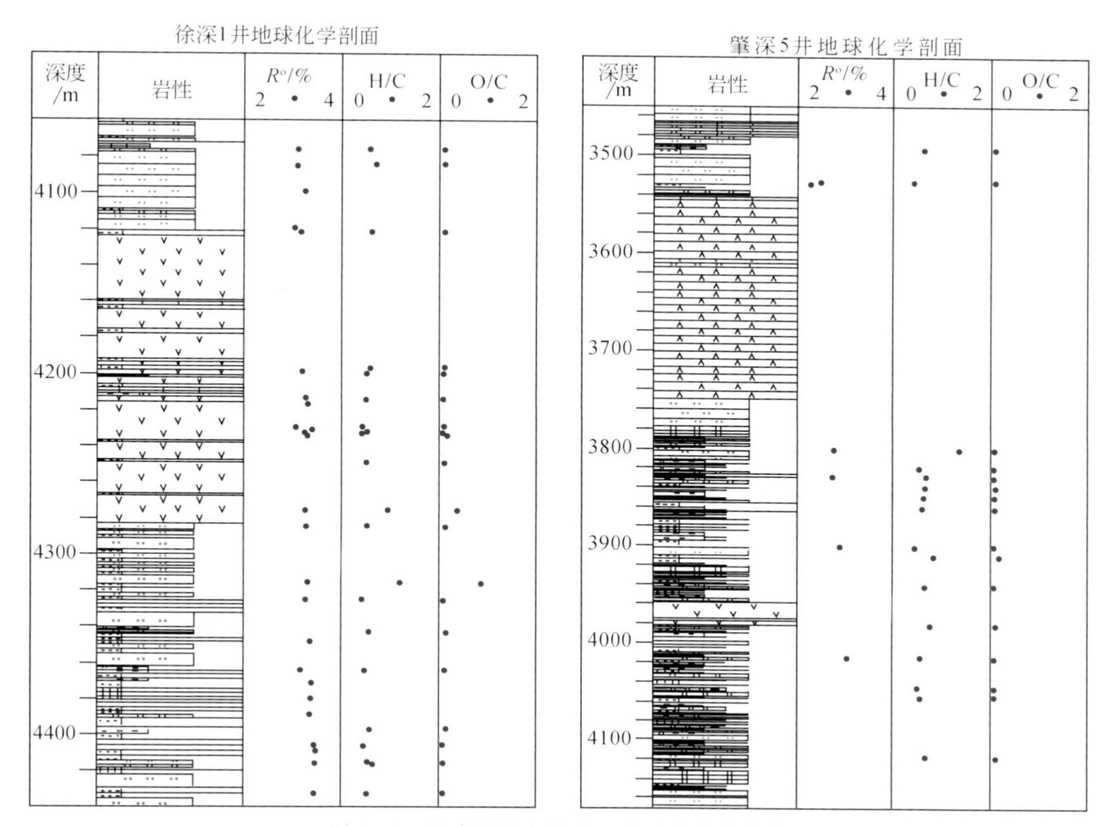

图 3-59 徐家围子断陷典型井地球化学剖面

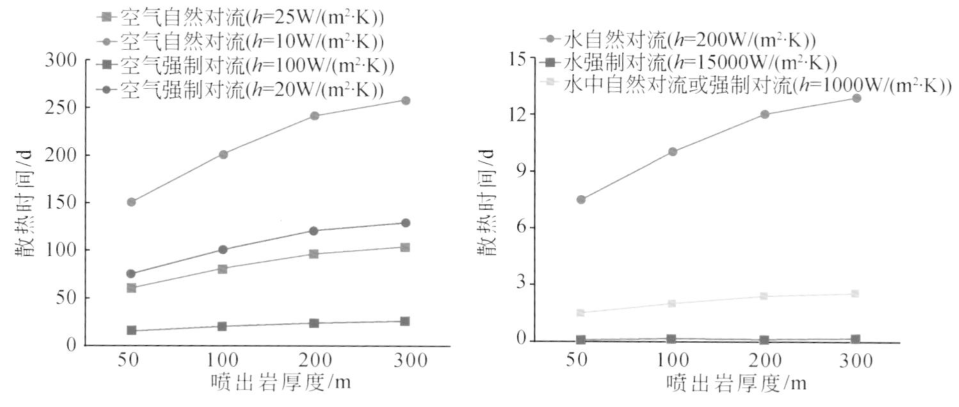

图 3-60 模拟喷出岩在水下和陆上散热过程

散热公式为 $Q = h \times A \times (t_w - t_\infty)$。式中 t_w、t_∞ 分别为固体表面和流体的温度，单位 K；A 为壁面面积，单位 m^2；Q 为面积 A 上的传热热量，单位 W；h 为表面对流传热系数，单位 $W/(m^2 \cdot K)$

第五节　小　　结

（1）模拟结果揭示岩浆侵入体的热作用可以加速有机质成熟，改变烃源岩生烃期。岩浆侵入体的热作用范围是有限的，但地质情况不同，影响范围广度也不同，对于相同厚度的侵入体，初始温度越高，作用范围越广，但是一般 $X/D<3$（X/D 代表离接触面的距离与侵入体厚度的比值）。对于不同厚度侵入体而言，大部分情况下，侵入体热作用影响范围 $X/D<2$。在侵入体热作用影响的范围内，侵入体越厚，据烃源岩越近，对生烃影响越大，反之则越小。

（2）侵入体与烃源岩不同时空匹配关系时火山热作用对有机质成熟度及生烃热效应研究表明，侵入体越厚、初始温度越高对有机质成熟度及生烃热效应影响越大。相同条件的侵入体对于具有不同初始 R^{o} 的有机质热成熟度和生烃的热效应并不相同，表现在 $R^{o}<0.9\%$（对应大量生烃前）时，热效应随着初始 R^{o} 的增加而逐渐增加，当初始 $R^{o}>0.9\%$（对应大量生烃后）之后，热效应随着初始 R^{o} 的增加而逐渐降低。因此，具有相同初始条件的侵入体可以导致不同的热影响范围。在烃源岩大量生烃前，侵入体侵入时间越晚对生烃的热效应也越大，反之，则小。

第四章　火山流体成烃效应定性评价

火山流体对烃源岩有着复杂、特殊的生排烃作用，其中包括加氢（或甲烷）作用、各种过渡金属元素的催化作用等。为了阐明火山流体对烃源岩有机质生烃演化的影响，初步评价火山流体的成烃效应，采用烃源岩干燥体系和火山流体体系生烃模拟实验的对比方法，利用色谱、质谱分析生成物二氧化碳、气态烃的组成、产率和碳同位素特征，以及液态烃的组成和产率，对火山流体与烃源岩相互作用机理做出初步探讨，并最终为火山岩油气勘探工作提供理论指导。

第一节　理论基础与模型建立

一、国内外研究现状

烃源岩生烃模拟实验是油气资源评价、油气源对比等方面研究中的重要手段，随着近年来技术的进步，生烃模拟实验方法得到了改进。目前，生烃模拟实验方法按照体系的封闭程度分为开放体系、半开放体系和封闭体系 3 种，不同的实验体系具有不同的优缺点，可根据不同的研究目的选择不同的模拟实验方法。温度是影响源岩生烃模拟实验的最主要因素，实验过程中实际反应温度测定准确与否主要由实验体系的结构决定。对不同类型源岩样品，开展同一体系、不同温度和不同压力条件下的系统生烃模拟实验，探讨温压条件对源岩生烃过程的影响具有重要的意义。

随着有机地球化学研究的深入发展，模拟实验越来越成为一种广泛应用的研究方法和手段。它主要是依据干酪根热降解成烃原理和时间-温度补偿定律，在大量地质现象观测的基础上，吸收有机地球化学领域的新理论和新方法，借助高温高压的新技术和新设备，对地壳中有机质所经历的物理和化学演化过程进行实验研究，探求有机质在不同的地质参数（温度、压力和催化剂等）条件下的化学组成变化、化学反应方向及烃类形成的各种物理化学条件。

国外从 20 世纪 60 年代开始了烃源岩的生烃模拟实验。当时的模拟实验基本上只考虑温度对生烃过程的影响（Eisma and Jurg，1967；Henderson et al.，1968；Brooks and Smith，1969；Hunt，1979）。为了更全面考虑多种因素对烃源岩生烃过程的影响，之后进行的模拟实验考虑了不同有机质类型、温度、时间、压力、催化剂和水介质对产物特征的影响（Alomon and Johns，1975；Vassayevich et al.，1976；Hunt，1979；Durand and Monin，1980；Braun et al.，1990；Berner et al.，1992；William et al.，1996；Cramer et al.，2001）。我国的生烃模拟实验研究是从 20 世纪 80 年代初期开始（卢家烂，1995），80 年代末期，一些学者（刘德汉等，1986；张惠之等，1986）开展了对不同煤岩组分生烃的模拟实验研究。此后，广泛开展了对不同类型、不同成熟度的烃源岩有机质在不同温度、压力条件下以及有无催化剂的生烃模拟实验研究（汪本善等，1980；刘德汉等，1982；傅家谟等，1987；石卫等，1994；孟吉祥等，1994；姜峰等，1998；刘金钟和唐永春，1998；付少英等，2002；刘德汉等，2004；肖之华等，2007，2008）。

纵观现今国内外常用的各种热模拟方法，按照实验体系的封闭程度，大致可以分为三类。①“开放体系”，主要包括 Rock-Eval 热解仪、Py-Gc 热解-气相色谱仪、Py-Gc-Ms 热解-气相色谱仪、热解失重仪等。热解生成的挥发物依靠其自身的压力或输入载气，不断从热反应区导出，进入计量或分析装置。②“封闭体系”，一般包括钢制容器封闭体系、玻璃管封闭体系和黄金管封闭体系。其中，钢制容器封闭体系和玻璃管封闭体系只能依靠水蒸气压或反应生成的气体提供压力，而黄金管封闭体系可以通过高压泵利用水对釜体内部施加压力来控制实验压力。③“半开放体系”，这种体系在实验室内比较难以实现，目前国内中国石化无锡石油地质研究所实验中心研制出了一套自动化程度较高的半开放体系模拟实验系统，但实验效果不是很好。中国科学院广州地球化学研究所有机地球化学国家重点实验室 80 年代开发了一种压力机条件下的生排烃实验装置，可以对烃源岩或煤岩进行定量生排烃实验研究。

众所周知，地质条件下的烃源岩生烃过程是一个漫长而又非常复杂的地质过程，不管采用哪种实验方法都不可能重现地质条件下的那种低温、慢速的生烃过程。再加上模拟实验条件下，取样、容器腐蚀、各种物理化学参数等难以控制，这使得实验条件和自然条件存在巨大差异，导致某些实验数据与自然样品有一定的偏差。因此，模拟实验往往具有一定的局限性。然而，要了解生烃的全过程与烃源岩的变化，漫长的自然演化过程是无法重复的，只能通过室内热模拟实验来实现。大量实验证明，热模拟实验结果可以与烃源岩的天然演化结果相模拟（贾蓉芬等，1983，1987；张振才等，1987；梁狄刚等，1988；刘宝泉等，1990a，b）。特别是近几十年来，各国实验工作者对新技术和新设备不断地改进和创新，使模拟实验过程和结果与自然界有机质的演化特征有了更进一步的接近。

通过大量的各种模拟实验，我们不仅可以确定不同类型干酪根、各显微组分对烃类生成的贡献大小、生油门限的差异以及不同演化阶段生成物和残余物的特征，为各类源岩油气生成潜力的定量评价、总油气生成量的计算、资源预测提供了重要的参数和科学依据；并且，这些模拟实验还为成烃阶段的划分、认识成烃过程的演化特征、成烃机理、建立成烃模式提供了宝贵的数据和有益的信息，为指导油气勘探、探索油气成因机理做出了巨大的贡献。

二、理论基础

（一）火山流体

火山流体是从岩浆中分离出来的具有一定的温度、压力和化学性质活泼的流体，成分以水为主，并含有挥发性组分和金属成矿元素，具有密度低、黏度小、流动性大等特征（翟庆龙，2003）。其中，挥发性组分主要为 CO_2、H_2、CH_4、CO 等（金强等，1998）；金属成矿元素则是都以较高浓度的 Ni、Co、Cu、Mn、Zn、Ti 和 V 等过渡金属为特征（Reuter and Perdue，1977）。

火山流体中含有大量的水和过渡金属元素。过渡金属元素（Fe、Cr、Co、Ni、Cu等）的3d电子层都处于未充满状态，对气体和有机质具有强烈的吸附作用，并可催化有机质中碳—碳键、碳—硫键、碳—氧键的断裂，从而达到使裂解反应加速，缩短反应时间，改变反应机理的催化目的（Mango，1992，1996；Mango et al.，1994；张敏等，1994）。而且，过渡金属元素对碳酸盐岩的分解具有催化作用（翟庆龙等，2003）。

从定义中可知，火山岩流体主要由两部分组成。

1. 挥发性组分

由于火山岩流体中挥发性组分的不确定性，所以只能选取几种含量较大、具有代表性的组分来表征火山岩流体中挥发性组分的情况。通过分析、总结前人在研究区内火山岩流体包裹体的资料和一些火山热液型矿床的流体包裹体资料，可以大致确定火山岩流体挥发性组分含量（表4-1）。

表4-1 松辽盆地火山岩流体中挥发性组分含量

组分名称	H_2O	CO_2	CH	其他（H_2、CO）
摩尔含量/%	94	4	1	1

2. 金属元素

根据定义和前人的实验研究，火山岩流体中对烃源岩生排烃影响最大的是过渡金属元素。所以，本书选取含量较大的过渡金属成矿元素作为流体的配比组分，其他的一些元素，如 Na、Ca 等不做考虑。另外，F. D. Mango 等认为，Ni 是过渡金属元素中催化能最强者，Ni 的质量分数为 1×10^{-6} 就能显示出很强的催化能力。所以，在确定火山岩流体中金属元素含量时，我们对质量分数小于 1×10^{-6} 的元素也不做考虑。

通过对研究区火山岩研究资料的总结，并参考部分地区火山岩中过渡金属元素含量相关资料，确定研究区内火山岩流体中过渡金属元素含量见表4-2。

表4-2 松辽盆地火山流体过渡金属元素含量

元素名称	Ni	Co	Cu	Zn	Mo	Ag
含量/%	35	45	45	101	11	6

在火山岩流体中，这些过渡金属成矿元素都以离子形式存在，且都是以络合物作为搬运的载体。张元厚等（2009）认为热液中有两种最重要的络合物作为金属搬运的载体：硫的络合物（HS^- 和 H_2S）和氯的络合物（Cl^-）。其他虽然也很重要，如 OH^-、NH_3、F^-、CN^-、SCN^-、SO_4^{2-}，但这些络合物在自然界中不很普遍。在高温（>350℃）情况下，氯的络合物相对硫的络合物更稳定（Pirajno，1992）。

按照上述的定义，火山流体的组成非常复杂，特别是挥发性组分和金属元素的种类及其含量，在现有的实验条件下很难准确地配置出地质条件下的火山流体。但由于其主要组分为水，所以为了更好地模拟地质条件下的火山流体情况，我们采用火山岩加水来模拟火山流体，这样做具有很强的可操作性。从前人对松辽盆地内火山岩所做的主元素和微量元素分析可以看出，流纹岩可提供火山流体中的金属元素（闫全人等，2002）；流纹岩中存在的流体包裹体可提供挥发性组分，前人所做的大量的关于盆地内深层火山岩的流体包裹体分析表明（冯子辉等，2003；王可勇等，2004），其组分与火山流体中所定义的组分具有相当的可对比性。

（二）封闭体系

封闭体系包括一般的钢质容器体系、玻璃管体系和黄金管体系。最大优点是可以模拟烃源岩的最大生气量。由于生成的液态组分无法排出体系之外，在高温条件下与重烃气体组分都会发生裂解，因此不适用于原油模拟实验研究。本实验采用石英管封闭体系，该体系是最早使用的一种封闭模拟体系。加热方式一般有两种：①把装有样品的石英管放在马弗炉中加热；②利用电阻丝对石英管中的样品进行加热。由于石英熔点较高，样品可以加热到非常高的温度（1000℃），因此能够达到热模拟过程中烃源岩达到最大生气量时的温度要求。但石英管易碎，操作较难。另外，石英管加热的模式实验结果不能反映压力对生烃作用的影响（米敬奎，2009）。

（三）温阶选取

温度是烃源岩有机质演化和油气生成的决定性因素，由阿仑尼乌斯公式可知，温度与反应的速度成指数关系，温度每升高10℃，反应的速度就增加2～4倍。当火山热液从岩浆中分离出来或经深大断裂上涌时，也带出了大量的热量。尽管岩浆热液的质量只有岩浆的5%～10%，基性岩浆可达6%，但是热液流动性强，能够进入烃源岩之中，对有机质作用强。就岩浆的温度而言，安山岩（中性岩）一般为900～1000℃，辉长岩（基性岩）为900～1150℃，闪长岩（中性岩）为770～850℃，花岗闪长岩为700～800℃，花岗岩（酸性岩）为700℃左右，玄武岩（基性岩）最高，可达1000～1250℃。对于岩浆冷凝热液来说，初始温度与其所对应的源岩一致。

水是火山流体中的主要组成部分，当它的温度未超过374℃，压力未超过22.05MPa时，是作为一种液体或气体状态存在，当温度超过374℃和压力大于22.05MPa时，则达到了一种气液混合状态，很难区分，称为超临界状态。在密封的玻璃管中，当温度没有超过374℃时，其压力为10～20MPa，水未达到超临界状态。水在未达到超临界状态时，具有较强的溶剂化能力，此时，水作用于即将形成气体的基团放出的溶剂化能可降低生成自由基所需的能量，从而使热解容易进行，降低反应所需的温度（Subramanlam et al.，1986；石卫等，1994；高岗，2000）。而且，水作为一种溶剂，使流体中的过渡金属元素充分在烃源岩中流动，增加了反应接触面，能更好地发挥出过渡金属元素的催化能力。

冷成彪等(2009)把岩浆–热液的演化过程大致划分为 3 个阶段：岩浆阶段(>800℃)、岩浆期后热液阶段（800～600℃）和热液阶段（<600℃）。所以，初步确定火山岩流体的温度应该小于600℃。卢焕章等在《流体包裹体》一书中指出，研究从岩浆到热液的演化过程的最好样品之一就是伟晶岩。所以，根据对可可托海三号伟晶岩中流体包裹体的研究得出，岩浆分异出热液的温度是在 500～600℃。所以，我们进一步确定火山岩流体的温度应小于 500℃。另外，通过对研究区的一些火山岩流体包裹体温度进行研究，得出其温度基本上都大于 100℃。综合上述，确定出我国东西部研究区火山岩流体的温度范围为 100～500℃。

三、模型建立

为研究火山流体对烃源岩的影响，建立干燥、加水和流体三个实验体系进行对比。水体系的实验与火山流体体系的实验的对比即反映出在实验中火山矿物对烃源岩生烃的影响。水体系的实验与干燥体系的实验的对比即反映出在实验中流体对烃源岩生烃的影响。综合上述，基本能够建立火山流体与烃源岩相互作用实验研究概念性模型(图 4-1)。

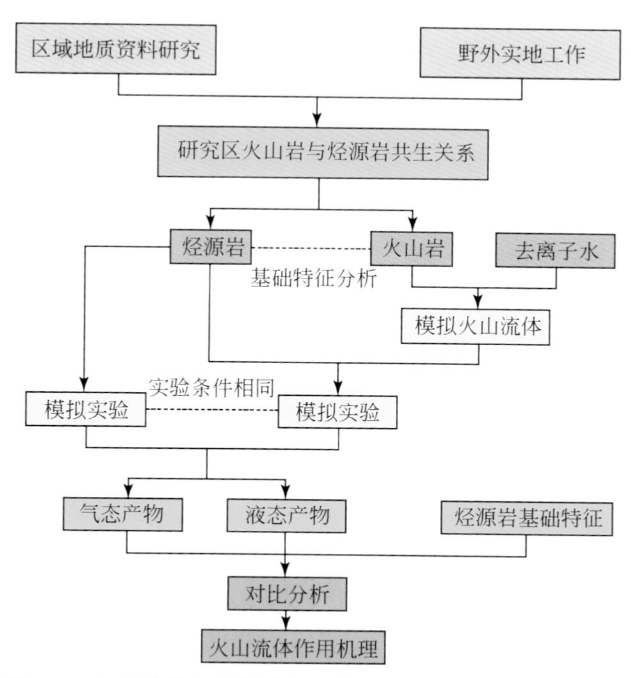

图 4-1　火山流体与烃源岩相互作用实验研究的概念性模型

第二节 实验装置与模拟试验

一、模型实验原理及其研究现状

随着油气地球化学研究的深入发展，烃源岩热模拟实验越来越成为一种广泛应用的研究方法和手段。它主要是依据干酪根热降解成烃原理和时间–温度补偿定律，在大量地质现象观测的基础上，吸收有机地球化学领域的新理论和新方法，借助高温高压的新技术和新设备，对地壳中有机质所经历的物理和化学演化过程进行实验研究，探求有机质在不同的地质参数（温度、压力和催化剂等）条件下的化学组成变化、化学反应方向及烃类形成的各种物理化学条件。

国外从20世纪60年代开始了烃源岩的生烃模拟实验。当时的模拟实验基本上只考虑温度对生烃过程的影响（Eisma and Jurg，1967；Henderson et al.，1968；Brooks and Smith，1969；Hunt，1979）。为了更全面地考虑多种因素对烃源岩生烃过程的影响，之后进行的模拟实验考虑了不同有机质类型、温度、时间、压力、催化剂和水介质对产物特征的影响（Alomon and Johns 1975；Vassayevich et al.，1976；Hunt，1979；Durand and Monin，1980；Braun et al.，1990；Berner et al.，1992，1996；William et al.，1996；Cramer et al.，2001）。我国的生烃模拟实验研究是从20世纪80年代初期开始（卢家烂，1995），80年代末期，一些学者（刘德汉等，1986；张惠之等，1986）开展了对不同煤岩组分生烃的模拟实验研究。此后，广泛开展了对不同类型、不同成熟度的烃源岩有机质在不同温度、压力条件下以及有无催化剂的生烃模拟实验研究（汪本善等，1980；刘德汉等，1982；傅家谟等，1987；石卫等，1994；姜峰等，1998；刘金钟和唐永春，1998；刘德汉等，2004；肖之华等，2007，2008）。

二、模型实验的目的和要求

目前，国内外关于火山流体与烃源岩相互作用的模拟实验研究较少，主要集中在火山岩中的某种单一因素对烃源岩生排烃的影响上（曹慧缇等，1991；Mango，1992；张国防等，1993；金强和翟庆龙，2003；翟庆龙，2003；Jin et al.，2004），而没有就火山流体对烃源岩的影响做过模拟实验研究。

本次实验为对比模拟实验，分三个体系进行：干燥体系，水体系和流体体系。主要是为了研究烃源岩在有火山流体的作用下和无火山流体的作用下生烃演化的情况，并从实验中得出火山流体对烃源岩生烃的影响（促进或抑制）。加入水体系实验，可以将流体对实验的影响排除，水体系的实验与火山流体体系的实验的对比即反映出在实验中火山矿物对烃源岩生烃的影响。水体系的实验与干燥体系的实验的对比即反映出在实验中流体对烃源岩生烃的影响。

三、模型实验方法与装置选取

国内外常用的各种模拟实验方法按照实验体系的封闭程度，大致可以分为以下三类。①“开放体系”，主要包括 Rock-Eval 热解仪、Py-Gc 热解–气相色谱仪、Py-Gc-Ms 热解–气相色谱仪、热解失重仪等。热解生成的挥发物依靠其自身的压力或输入载气，不断从热反应区导出，进入计量或分析装置。②“封闭体系”，一般包括钢制容器封闭体系、玻璃管封闭体系和黄金管封闭体系。其中，钢制容器封闭体系和玻璃管封闭体系只能依靠水蒸气压或反应生成的气体提供压力，而黄金管封闭体系可以通过高压泵利用水对釜体内部施加压力来控制实验压力。③“半开放体系”，这种体系在实验室内比较难以实现，目前国内中国石化无锡石油地质研究所实验中心研制出了一套自动化程度较高的半开放体系模拟实验系统，但实验效果不是很好。中国科学院广州地球化学研究所有机地球化学国家重点实验室 80 年代开发一种压力机条件下的生排烃实验装置，可以对烃源岩或煤岩进行定量生排烃实验研究。

本次实验由于有火山流体的参与，在现有实验条件下，采用“封闭系统”的模拟方法可以更好地模拟自然地质条件下火山流体与烃源岩之间的作用。根据本次实验的实际情况，对干燥体系下的实验采用玻璃管封闭体系，配套的实验装置包括马弗炉、数字温控仪和玻璃管（图 4-2），流体体系下的实验样品中由于要加入一定量的去离子水，在加热过程中会给容器带来较大的压力，为了在实验过程中尽量避免爆管现象发生，故采用高压釜和石英管双封闭体系，即将装有样品后真空封闭的石英管放入高压釜中，高压釜中加一定量水来平衡石英管内外的压力，从而提高实验成功率，配套的实验装置有加热炉和数字温控仪（图 4-3）。

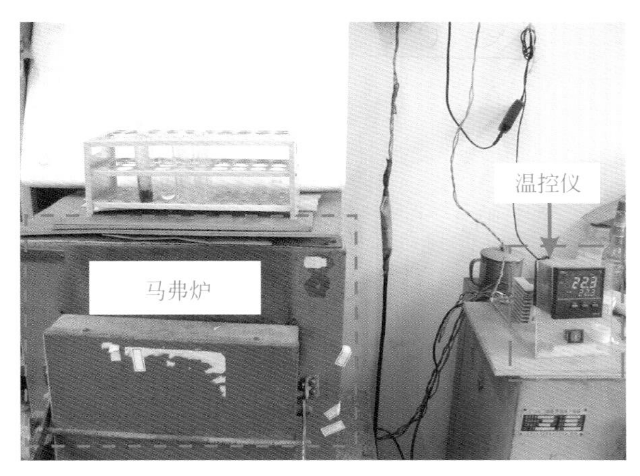

图 4-2　干燥体系模拟加热装置图

图 4-3　流体体系模拟加热装置图

四、模型实验步骤

（一）实验前期准备部分

1. 实验样品的选取与处理

在生烃动力学热解实验中，全岩和其干酪根具有相似的动力学参数，采用烃源岩应该比干酪根更符合实际，但是干酪根样品可以测得更为详细的实验数据，因此可以根据样品的情况，选择合理且易行的实验条件。为了尽可能地贴近实际情况，本次实验中采用烃源岩原岩作为试验样品。

西部盆地将采用三塘湖盆地条湖凹陷条16井采出的岩心标本晶屑沉凝灰岩（上石炭统哈尔加乌组 C_2h，深度不详）、准噶尔盆地滴水泉泥灰岩（上石炭统巴塔玛依内山组 C_2b，深度3606m）、准噶尔盆地火烧山石炭系剖面含粉砂泥岩和吐哈盆地吐鲁番石炭系剖面含粉砂泥岩作为烃源岩样品。西部盆地火山岩样品采用三塘湖盆地马33井的杏仁状玄武岩或安山质玄武岩（上石炭统哈尔加乌组 C_2h，深度2503m左右）。

东部盆地将采用松辽盆地的样品，北部3块：其中煤样一块，梅里斯断陷杜13井泥岩样一块（下白垩统沙河子组 K_1sh，深度1518m），徐家围子断陷泥岩样1块（下白垩统营城组 K_1yc，深度3444.53m）；南部1块：梨树断陷泥岩样1块（下白垩统沙河子组 K_1sh，深度2106.5m）。火山岩样品为徐深5井白色流纹岩一块（下白垩统营城组一段 K_1yc_1，深度3859.84m）。

选取好的样品应进行净化、干燥处理，首先除去样品表面已被污染及掺杂在其中的杂质，放入真空冷冻干燥仪中干燥48h。然后将样品研磨成80目，用铝箔纸包好，置于干燥罐中。研磨不同的样品过程中，均对研钵、筛子等先用水冲洗，再用无水乙醇去水，最后用二氯甲烷清洗，上述过程反复3～5次，确保磨样过程中每个样品之间不会污染。

2. 样品基础地化数据测试分析

1）烃源岩样品热解分析

烃源岩样采用的分析仪器是法国石油研究院最新专利研制的新一代Rock-Eval 6型岩石热解仪。实验得到每个样品的基础特征见表4-3和表4-4。

2）烃源岩样品 R^o 测定

（1）测定前实验物品准备。玻璃板（无划痕）4块，抛光软贴1块（贴在一块玻璃板上），火山岩样品1000目磨粉，1200目磨粉，1500目磨粉，抛光粉。

（2）样品准备。将待测样品用切割机切成小块，大约2cm×2cm×1cm（可视情况而定），找出层理的垂直面，用切割机切平。

表 4-3　东部盆地烃源岩样品基础特征表

编号	深度/m	层位	TOC/%	T_{max}/℃	S_1+S_2/(mg/g)	HI/(mg 烃/gTOC)
DQYC-1	<500	K_1yc	65. 75	430	101. 09	151
D13-1	1518	K_1sh	1. 3	436	2. 91	222
XS1-4-04	3444. 52	K_1yc	2. 69	546	0. 45	16
SN56-B25	2106. 5	K_1sh	3. 53	456	6. 36	168

表 4-4　西部盆地模拟样品基础特征表

编号	深度/m	层位	TOC/%	T_{max}/℃	S_1+S_2/(mg/g)	HI/(mg 烃/gTOC)
T16-02	不详	C_2h	5. 87	440	30. 69	510
DX8-01	3606	C_2b	5. 55	447	12. 7	201
HSS-05	露头		6. 68	444	38. 06	562
TLF-12	露头		4. 01	438	2. 12	52

（3）制作光片。将磨粉撒在玻璃板上，滴入少量水。每种磨粉分别用不同的玻璃板，两种磨粉之间不可混杂。样品先经 1000 目粗磨，然后用 1200 目中磨，最后用 1500 目细磨。磨过后保证光片上无划痕。将抛光粉撒在抛光软贴上，滴入少量水，进行抛光。抛光后，进行检查，确认无划痕后，将光片洗净，待测；若光片有划痕，则重新磨。

（4）R^o 测定。R^o 的测定在有机岩相实验室，仪器为 FLUO-3 型 Leica 体视显微镜。在测试之前要了解样品 R^o 的大致范围，然后用相应的标样（钇铝石榴石）进行校准。测试时，找 50 个镜质组，每个点测两次，如果相差范围在 0. 01 内，则数据可信。

实验共选择 8 块样品进行分析（表 4-5），根据资料判断，此次的 R^o 实验数据可能偏小，可能是仪器与标样的问题。但是样品之间的差异还是反映了它们成熟度的差距。

表 4-5　烃源岩样品镜质组反射率

样品名称	范围	均值
DQYC-01	0. 402 ~0. 498	0. 45
XS1-4-04	0. 759 ~0. 876	0. 815
D13-01	0. 415 ~0. 558	0. 477
SN56-B25	0. 759 ~0. 904	0. 812
T16-02	0. 562 ~0. 678	0. 595
HSS-05	0. 472 ~0. 613	0. 55
DX8-01	0. 459 ~0. 651	0. 533
TLF-12	0. 719 ~0. 899	0. 814

3）火山岩样品全岩分析

火山流体是从岩浆中分离出来的具有一定的温度、压力和化学性质活泼的流体，成分以水为主，并含有挥发性组分和金属成矿元素，具有密度低、黏度小、流动性大等特征（翟庆龙，2003）。其中，挥发性组分主要为 CO_2、H_2、CH_4、CO 等（金强等，1998）；金属成矿元素则都以较高浓度的 Ni、Co、Cu、Mn、Zn、Ti 和 V 等过渡金属为特征（Reuter and Perdue，1977）。本次模拟实验中用火山岩样碎屑加去离子水来模拟火山岩流体。挥发性组分由于实验条件有限未予考虑。

（二）热模拟实验部分

1. 实验参数的确定

1）加热时间

因为大多数模拟实验的时间为 72h，所以我们也选定为 72h，这样可以和其他研究者的实验对比。实践证明，时间太短往往达不到化学平衡，而太长也没有必要，72h 比较合适。不过，在水体系和流体体系的情况下，由于样品在流体的环境下，在超过生烃高峰（380℃）的时候，已达到平衡，故在水体系和流体体系的情况下，400℃和 450℃两个温度点可以缩短时间到 24h。

2）温阶

参照火山流体的温度范围（<600℃）和前人所做的有机质生烃模拟实验温度情况（刘全有，2001；贺建桥，2004），将实验温度设定为 300℃、350℃、400℃和 450℃四个温阶来进行。

2. 实验设计流程与具体步骤

本次实验为对比模拟实验，分为两个体系——干燥体系和流体体系分别进行（图 4-4）。

1）称重装样

将事先转备好的烃源岩样品经电子天平精确称重后装入清洗干净后干燥的玻璃管，为防止加热模拟过程中，由于产生的气体量较大形成的压力过大而导致实验失败，不同温阶采用不同的样品量。流体体系下的实验还要加入火山岩样品和去离子水，火山岩样品和烃源岩样品按 1∶1 配比混合，加水量同样为石英管剩余容积（玻璃管容积除去固体样品体积）的 1/5，流体体系下容器中因为水的存在，在加热过程中会承受更大的压力，故干燥体系下的装样容器使用普通玻璃管，流体体系下使用耐压能力更好的石英管。

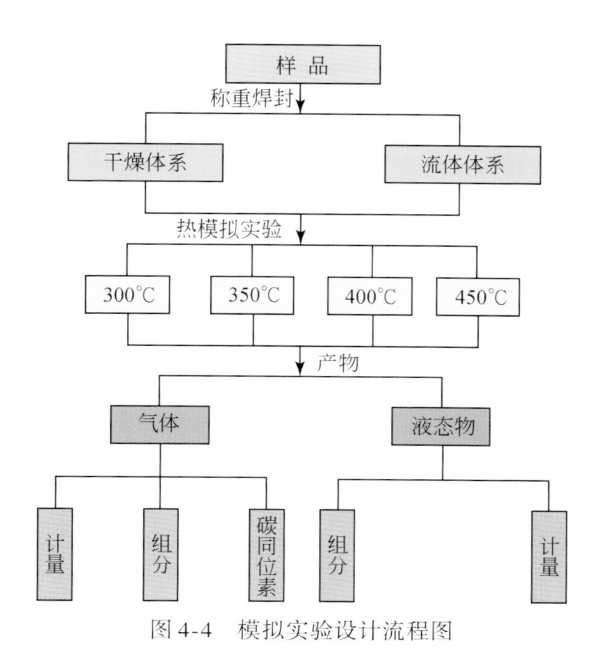

图 4-4 模拟实验设计流程图

2）冷冻、真空封焊

将一定量样品装入玻璃（石英）管后，在焊封前均要将管子抽成真空，然后用煤气和氧火焰焊封。需要注意的是，流体体系由于加入了去离子水，为了防止在抽真空过程中流体的流失，应先放入冰箱中冷冻，待加入的流体固结成冰后方能焊封。

3）加热模拟

模拟实验装置由马弗炉、加热炉、高压釜和温控仪组成。两个体系下的模拟实验根据实际情况，分别采用不同的模拟实验装置。

干燥体系实验装置主要用到的装置是马弗炉和数字温控仪。玻璃管封焊后放入马弗炉，温控仪按照程序升温，将温度点调制需要的温度，设定其升温时间，等升温到指定的温度点后保持不变，误差范围为±0.5℃。按照实验设计，300℃、350℃温阶下的实验加热时间为72h，400℃、450℃温阶下的实验加热时间为24h，加热完毕后取出玻璃管，室温冷却后待用。

流体体系下所需要的装置为加热炉、高压釜和数字温控仪。温控仪与干燥体系使用的温控仪是相同的，石英管封焊后放入高压釜，这时在高压釜内添加适量的水，可以平衡加热时石英管内水和火山流体所产生的压力，以减少实验过程中极易出现的炸管现象。然后密封高压釜，放入与温控仪连接的加热炉中，温控仪按照程序升温，将温度点调制需要的温度，设定其升温时间，等升温到指定的温度点后保持不变，误差范围为±0.5℃。按照实验设计，300℃、350℃温阶下的实验加热时间为72h，400℃、450℃温阶下的实验加热时间为24h，加热完毕后取出高压釜，室温冷却后打开高压釜，取出石英管待用。

（三）模拟实验产物测试分析

1. 模拟实验气体产物组分分析

1）分析仪器

气体成分分析使用美国 HP6890/wasson-ECE 气体全组分测试仪，本仪器为生烃动力学配套设备，用于测定模拟实验中产生的气体组分，可一次进样完成气体产物中有机气体和无机气体分析（在线分析）。该仪器直接与真空系统连接，气体通过自动进样系统进入仪器进行成分分析，采用外标定法定量。色谱升温程序为：起始温度 50℃，恒温 2min，以 15℃/min 的速率升至 190℃（图 4-5）。

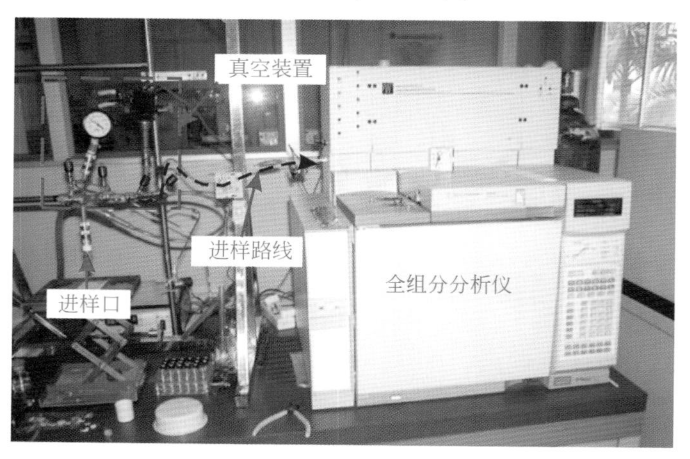

图 4-5　气体组分分析仪器

2）模拟实验产气结果

在本次模拟实验中，气态烃指模拟过程中各演化阶段直接由烃源岩中热解出的 C_5 以下的气态烃类。

气体产物中 CO_2 主要来自脱羧基、羰基、甲氧基等含氧基团，如：R-COOH→RH+ CO_2，而 CO 主要来自羰基的热解。

氢气是指模拟过程中，各演化阶段热解出来的氢气。由于天然气中基本不含游离的氢，而在模拟实验中氢气是主要的产物之一，可能来自于长链烷烃的裂解、环烷烃的芳构化和芳香烃的缩聚反应（石卫等，1992）。而在高温下，氢气的产生主要是由于已生成烃的热解碳化反应，温度越高，碳化反应越剧烈，产生的氢气也就越多（刘宝泉等，1990a，b）。

2. 模拟实验气体产物稳定碳同位素特征

稳定同位素在地球化学领域中的应用十分广泛，主要包括碳同位素、氢同位素和一些稀有气体同位素研究。在这些同位素研究中，碳同位素特征在地球化学中占有重要的地位，通过对模拟气体的碳同位素的研究可划分天然气成因类型（Schoell，1988；戴金星等，1992；Jenden et al.，1993；徐永昌等，1995；王先彬等，1997）确定天然气的成熟度和进行气源对比。有机质模拟气体的碳同位素组成变化，可以反推自然界天然气形成特征。因天然气中的碳同位素组成主要反映母质类型及其演化程度（傅家谟等，1992；徐永昌等，1994），因此，在天然气研究中，碳同位素组成的研究一直是极其关注的研究对象。

对模拟实验所产出的气体做碳同位素分析，采用的仪器是英国 GV Instruments Isoprime 公司生产的气相色谱-稳定同位素比值质谱仪。该仪器主要用于石油、天然气、环境污染有机物、近现代沉积有机质的碳同位素分析，可对气体烃类和可溶有机质进行碳同位素比值分析。性能指针：有机碳为 20mg，精度为±0.3‰（图 4-6）。

3. 模拟实验液态产物测试分析

烃源岩的热解固体产物中有机溶剂萃取的液态产物可以为烃源岩的有机地球化学研究提供大量信息。在本次试验中主要针对固体残留物中萃取出的液态产物的量以及各族组成的变化特征做一些测定分析。

1）分析仪器

为了查明萃取出的液态产物地球化学特征，本次模拟实验中，选择性地对液态产物进行了色谱（GC）分析和色谱/质谱（GC-MS）分析。

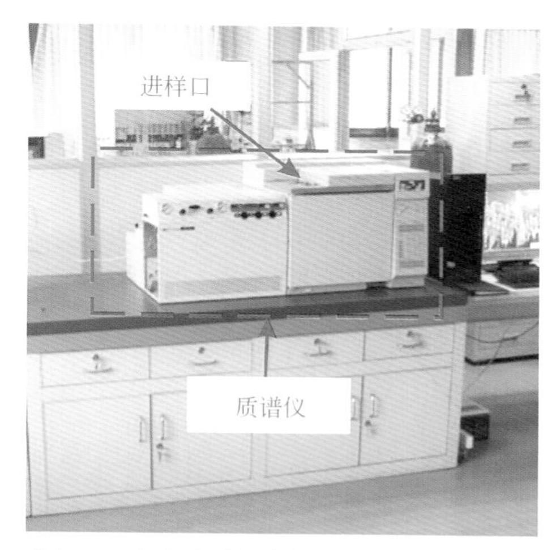

图 4-6　气相色谱-稳定同位素比值质谱仪

液态烃 GC 为 Finnigan 色谱仪，分析条件为：检测器为 FID，氮气做载气，流量为 1.0mL/min，色谱柱为 DB-1 柱（30m×0.32mm×0.25μm）。升温程序为起始温度 70℃，恒温 2min，再以 4℃/min 的速率直接升温至 295℃，恒温 20min。

GC-MS 为 ThermoFisher 生产的 DSQ Ⅱ 色谱质谱分析仪，仪器条件为：离子源温度 250℃，EI 源（70ev），传输线温度 280℃。GC-MS 分析条件为：采用 DB-5（30m×0.25mm×0.25μm）色谱柱，饱和烃升温程序采用 70℃恒温 2min，以 4℃/min 速率升温至 295℃并恒温 25min；芳烃升温程序为 70℃恒温 2min，以 6℃/min 速率升温至 140℃，再以 3℃/min 速率升温至 290℃并恒温 25min（图 4-7）。

2）液态产物的萃取分离

本次模拟实验中，由于使用的烃源岩样品量不是很大，所以对固体产物中液态有机产物采取超声快速萃取法（图 4-8）。

（1）将玻璃管中的固体产物转移到 50mL 的离心瓶中，加入约 20mL 有机抽提溶剂（二氯甲烷）。

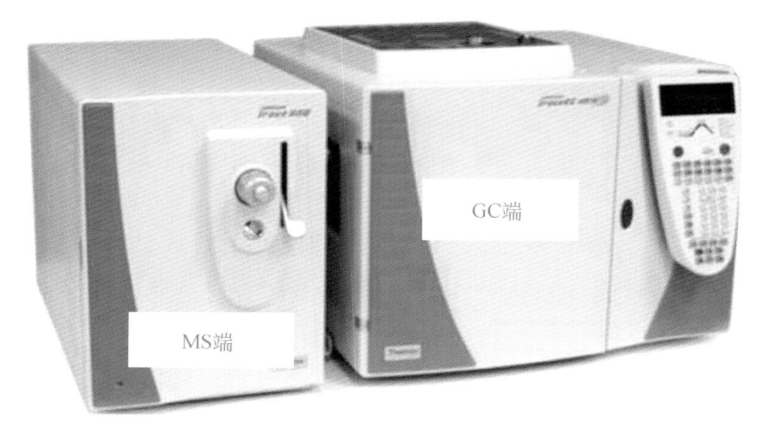

图 4-7　GCMS 示意图

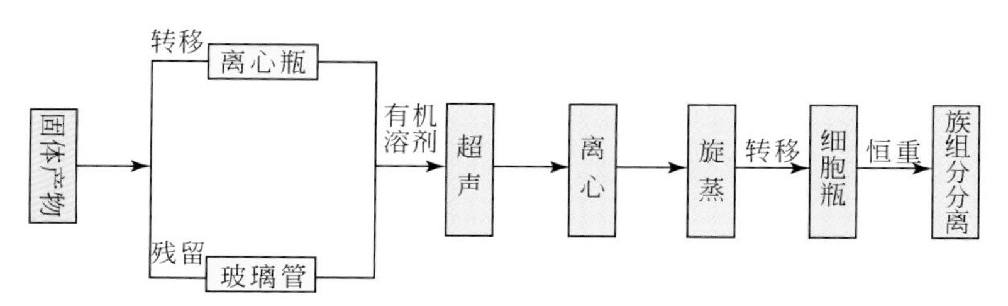

图 4-8　液态产物萃取、分离流程图

（2）在已倒出固体产物的玻璃管（石英管）中加入有机抽提溶剂进行清洗，反复 3～5 次，清洗液倒入离心瓶中，最后，再在玻璃管中加入约 5mL 左右的有机抽提溶剂。

（3）将离心瓶和玻璃管放入超声仪器中，超声时间设为 5min。

（4）将超声好的玻璃管中的液体倒入离心瓶中，然后将离心瓶放入离心机，采用 4000 转/min，离心 15min。

（5）离心后，将上层清液转移到鸡心瓶中。

（6）将上述 1～5 步重复，直到离心后的上层清液为无色。

（7）用旋转蒸发仪将鸡心瓶中的有机抽提溶剂蒸干。

（8）用二氯甲烷将旋蒸后鸡心瓶中的抽提物转移到 4mL 细胞瓶中，待二氯甲烷挥发后，恒重。

3）*液态产物柱层析分离*

原理：柱层析分离是利用吸附原理，即利用硅胶和三氧化二铝对混合物中各种成分吸附能力的差异，而使混合物中各成分得以分离的色谱方法。

操作步骤：

（1）样品和装置准备。吸附剂采用硅胶和三氧化二铝，硅胶为 80～100 目，三氧化二铝为 200 目，硅胶使用前在烘箱中 150℃活化 4h，三氧化二铝在马弗炉中 450℃活化 4h。层析柱，铁架台，脱脂棉，滴管等。

（2）装柱。装柱前柱底要垫一层脱脂棉以防吸附剂外漏。将硅胶通过漏斗装入柱内，中间不应间断，形成一细流慢慢加入管内。也可用橡皮槌轻轻敲打硅胶柱使硅胶装填连续均匀、紧密。柱装好后，打开下端活塞，然后倒入洗脱剂（正己烷）洗脱以排尽柱内空气，并保持一定液面。

（3）上样。将欲分离的样品溶于少量装柱时用的正己烷，制成体积小、浓度高的样品溶液，加入层析柱中硅胶面上。如样品不溶于装柱时用的洗脱剂，则将样品溶于易挥发的溶剂中，并加入适量硅胶（不超过柱中硅胶全量的 1/10）与其拌匀，除尽溶剂，将拌有样品的硅胶均匀加到柱顶（始终保持洗脱剂有一定的液面），再覆盖一层硅胶即可。

上样时注意沿着柱内壁慢慢加入，始终保持硅胶上端表面平整；上样量为硅胶的 1/60～1/30。

（4）洗脱。先打开柱下端活塞，保持洗脱剂流速 1～2 滴/s。上端不断添加洗脱剂（可用分液漏斗控制添加速度与下端流出速度相近）。饱和烃、芳烃和非烃分别用正己烷、甲苯和乙醇洗出，冲洗量为装柱体积的 3～5 倍。

（5）收集处理。用鸡心瓶收集洗脱液，每份收集量大概与所用冲洗剂的量相当。这样每份样品按照饱和烃、芳烃和非烃的顺序被分离到三个鸡心瓶中，用旋转蒸发仪将鸡心瓶中的有机抽提溶剂蒸干，用二氯甲烷将旋蒸后鸡心瓶中的抽提物转移到 4mL 细胞瓶中，待二氯甲烷挥发后恒重，饱和烃和芳烃再经正己烷溶解后即可送入 GC-MS 检测。

第三节　火山流体的成烃效应与定性评价

一、模型实验气体产物特征

（一）气态产物的产气率

将模拟实验所得的结果，经过换算整理后，见表 4-6 和表 4-7。从表 4-6 中可以看出对九台碳质泥岩所做的平行模拟实验，相同温阶的气体产率值大致相同，表明本次模拟实验所采用的方法是可行的，所得到的实验数据具有可比性。

（二）气态产物组分组成

气态产物组分可以分为烃类和非烃两大部分，烃类主要包括 C_1～C_5 的烷烃类，非烃主要为 CO_2、H_2、CO 等。本次实验模拟气体组分见表 4-8 和表 4-9。从九台（JT）平行样模拟实验气体组分特征对比实验结果，表明此次模拟实验可信、可靠。

（三）气态产物特征分析

1. 不同样品相同体系产气特征

1）产气率特征

从表 4-6 和图 4-9 中可以看出本次模拟实验的 4 个不同样品在两种体系下其产气率的变化规律。

表 4-6　干燥体系气体产率　（单位：mL/gTOC）

温度/℃	N101	N103	CS2	JT
300	69.33	142.34	181.00	190.14
				193.51
350	187.67	304.74	225.00	228.30
				231.71
400	249.33	511.92	373.33	308.33
				314.05
450	286.00	902.92	506.00	290.13
				288.81

表 4-7　流体体系气体产率　（单位：mL/gTOC）

温度/℃	N101	N103
300	189.33	553.28
350	192.67	——
400	223.33	591.24
450	281.33	639.65

注：由于时间和设备原因，四个系列样品中只完成了一部分。

表 4-8　干燥体系产气组分特征　（单位:%）

样品	温度/℃	CO_2	H_2	CO	C_1	C_2	乙烯	C_3	丙烯	iC_4	nC_4	iC_5	nC_5
JT	300	99.68	0.22	0.03	0.06	0.01							
		99.72	0.21	0.02	0.04	0.01							
	350	99.24	0.54	0.02	0.18	0.02							
		99.21	0.56	0.02	0.19	0.02							
	400	93.37	4.24	0.14	2.14	0.11		0.01					
		93.40	4.26	0.14	2.07	0.11		0.01					
	450	78.09	13.29	0.68	7.47	0.45		0.01					
		77.38	13.64	0.65	7.83	0.49		0.01					
N101	300	89.66	9.54		0.49	0.09	0.05	0.04	0.08	0.03	0.01		
	350	88.81	8.07		2.23	0.49	0.04	0.21	0.04	0.08	0.03	0.01	
	400	75.82	13.89	0.11	8.87	1.03	0.01	0.23	0.01	0.03	0.01		
	450	63.78	19.91	0.45	14.99	0.83		0.03					

续表

样品	温度/℃	CO_2	H_2	CO	C_1	C_2	$C_2=$	C_3	$C_3=$	iC_4	nC_4	iC_5	nC_5
N103	300	93.13	4.83	0.10	0.91	0.26	0.10	0.16	0.23	0.14	0.13	0.02	
	350	92.47	5.42	0.09	1.28	0.32	0.04	0.16	0.08	0.07	0.05	0.01	
	400	82.21	12.33	0.87	3.93	0.48		0.14		0.02			
	450	76.99	14.76	1.43	6.20	0.53		0.08					
CS2	300	56.44	25.10	2.23	4.97	2.73	3.64	1.12	1.66	0.85	1.04	0.20	0.03
	350	38.99	32.28	0.93	11.20	5.25	3.13	2.42	1.95	1.49	1.74	0.50	0.11
	400	26.93	38.74	0.30	22.80	5.90	0.51	2.62	0.57	0.94	0.60	0.07	0.02
	450	24.43	36.93	0.44	29.96	6.19	0.23	1.38	0.16	0.20	0.07	0.02	

表 4-9　流体体系产气组分特征　（单位:%）

样品	温度/℃	CO_2	H_2	CO	C_1	C_2	$C_2=$	C_3	$C_3=$	iC_4	nC_4	iC_5	nC_5
N101	300	96.63	2.84		0.37	0.03	0.01	0.02	0.05	0.01	0.04		
	350	95.04	4.44		0.37	0.03	0.01	0.01	0.05	0.01	0.04		
	400	91.41	7.18	0.30	0.80	0.09	0.02	0.04	0.07	0.03	0.04		
	450	80.26	17.66	1.16	0.69	0.11	0.03	0.04	0.03	0.01	0.02		
N103	300	99.30	0.56		0.11	0.01			0.01				
	350												
	400	94.50	4.66	0.75	0.07	0.02							
	450	88.51	8.87	0.62	1.31	0.26	0.07	0.12	0.11	0.02	0.10	0.01	0.01

（1）干燥体系：在此体系中，N101、N103 和 CS2 烃源岩样产气率都是随着模拟温度的升高而增大，特别是 N103 在 400～450℃，其产气率的变化最为明显，由 400℃时的 511.92mL/gTOC 猛增到 902.92mL/gTOC，而 N101 和 CS2 增幅相对较平缓。JT 泥炭在 300～400℃的温度区间内，产气率也具有随着温度的升高而增大的特征，但 400～450℃的温度区间，产气率则是随着温度的升高而降低，表明 JT 泥炭样的气体的生成高峰应该低于 450℃。

（2）流体体系：在此体系中，N101 和 N103 烃源岩样模拟气体的产率都是随着温度的升高而增大，但整体而言，增幅平缓。

2）气体组分特征

（1）干燥体系。结合表 4-8 和图 4-10，得出 4 个模拟样品在干燥体系下的气体组分具有如下的变化趋势：

①CH_4：具有不断增高的规律，特别是在 350～450℃的高温阶段，增幅更大。说明在高温阶段，容易进行热解反应，发生断链、侧链脱落、桥链破裂以及官能团分子间重新组合等过程，从而生成小分子的 CH_4 及其同系物。

②CO_2：在整个气态产物中占有相当大的比例，除了 CS2 在 350～450℃范围内，

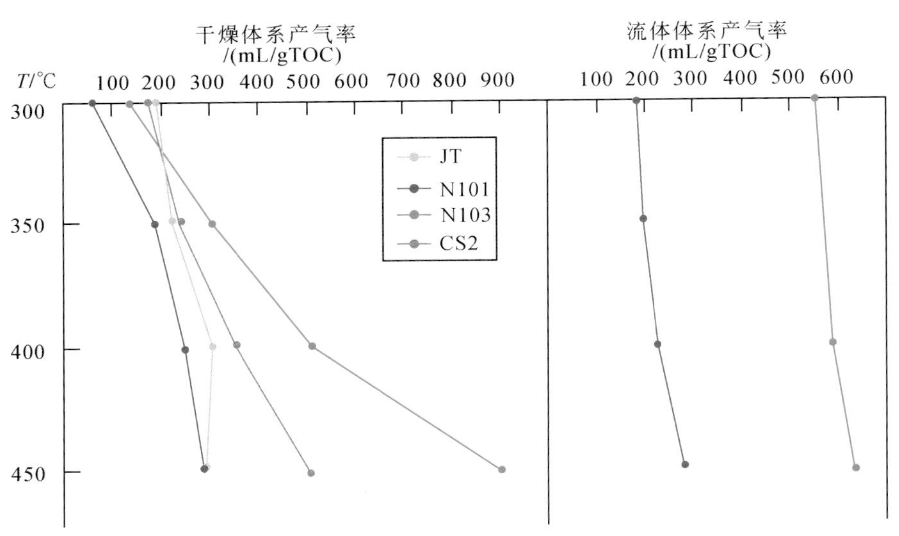

图 4-9　干燥体系和流体体系总产气率随温度变化图

含量未超过 50% 外，其余样品在模拟温度范围内，均在 50% 以上，并且随着模拟温度增高而有规律地减少，在 300～350℃范围内，减小幅度不是很明显。然而，就 CO_2的产量来说，在整个模拟过程中，随着总产气量的增加，基本处于增加状态，只是占气体总体积的比例在缩小。

③H_2：总体上是随着温度的升高而增大，但在 300～350℃范围内，变化幅度较小，超过 350℃后，增幅最为明显，表明 H_2在高温阶段产量较大。

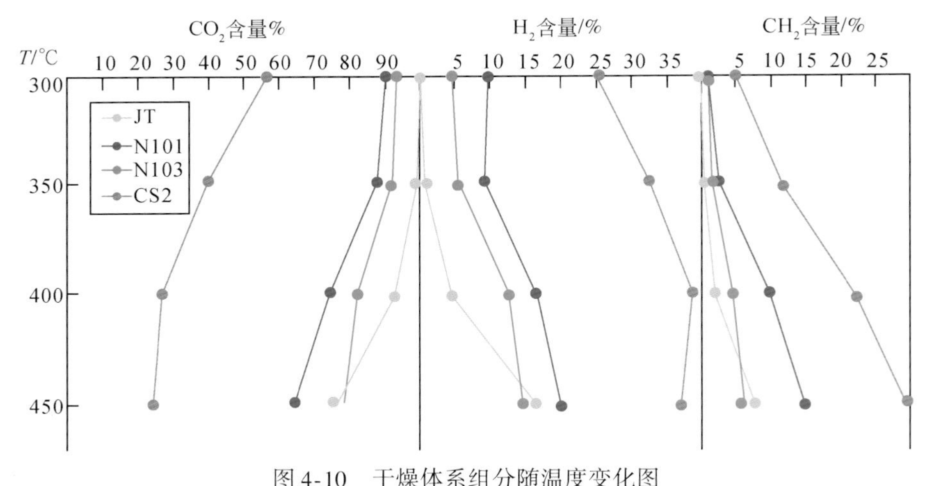

图 4-10　干燥体系组分随温度变化图

（2）流体体系。由表 4-9 和图 4-11 可以得出：

①N101 和 N103 烃源岩产生的烃类含量极少，整体上呈现一种平缓的增长趋势。

②CO_2和 H_2的变化规律和干燥体系相同。

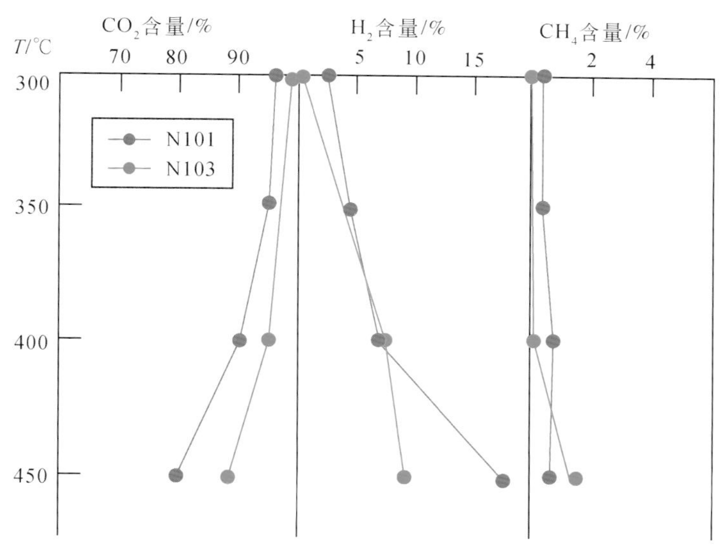

图 4-11　流体体系组分随温度变化图

2. 不同样品相同体系产气特征

本节主要就 N101、N103 烃源岩样在两种不同体系下其生气特征做探讨。从图 4-12 和图 4-13 我们可以得出上述两个烃源岩在无火山流体参与和存在火山流体条件下的产气率特征：

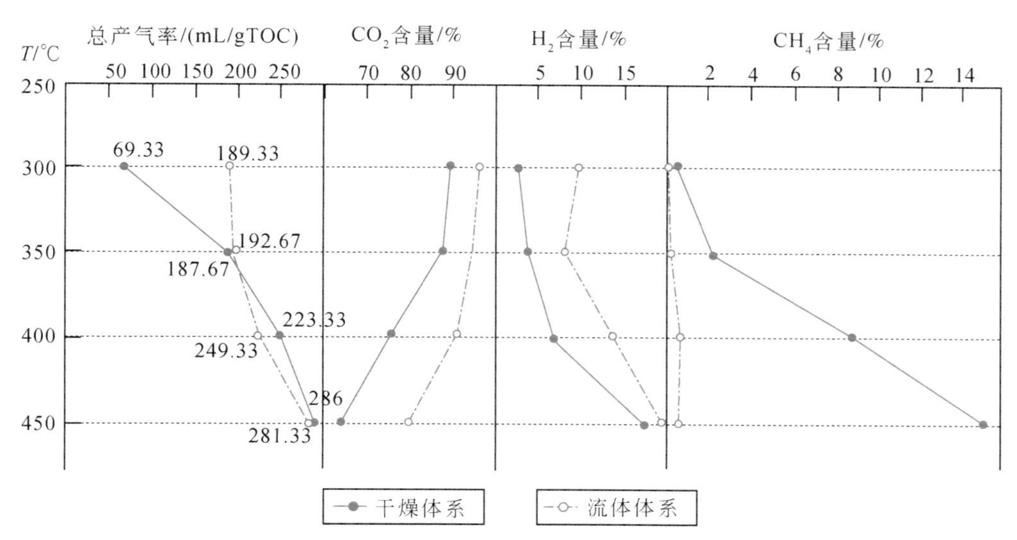

图 4-12　N101 在干燥体系和流体体系下模拟气体随温度变化图

1）产气率变化特征

（1）N101 烃源岩从图 4.12 中可以看出，N101 样在干燥体系和流体体系下的产气

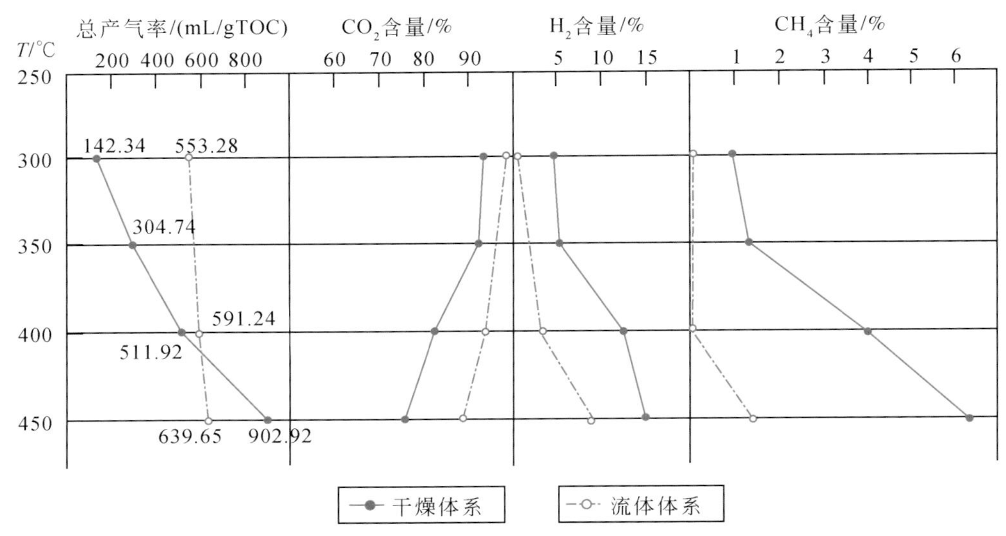

图 4-13　N103 在干燥体系和流体体系下模拟气体随温度变化图

率特征变化主要分为两个温度区间。

①300～350℃。在此温度区间内，干燥体系的产气率低于流体体系的产气率，特别是在 300℃这个温度点上，干燥体系的产气率为 69.33mL/gTOC，流体体系的产气率则可达到 189.33mL/gTOC，在同等条件下，产气率增加了 120mL/gTOC。在 350℃这个温度点上，流体体系的产气率为 192.67mL/gTOC，干燥体系的产气率为 187.67mL/gTOC，相差 5mL/gTOC。说明随着温度的升高，产气率的增加幅度越来越小。

②350～450℃。在这个温度区间内，干燥体系的产气率高于流体体系的产气率，说明从 350℃后，随着温度的增加，流体体系的产气率低于干燥体系产气率。

（2）N103 烃源岩从图 4-13 中可以看出，N103 样的产气率变化特征也具有温度区间性规律。

①300～400℃。在此温度区间内，干燥体系的产气率低于流体体系的产气率，特别是在 300℃这个温度点上，干燥体系的产气率为 142.34mL/gTOC，流体体系的产气率则可达到 553.28mL/gTOC，在同等条件下，产气率增加了 410.94mL/gTOC。在 400℃这个温度点上，流体体系的产气率为 591.24mL/gTOC，干燥体系的产气率为 511.92mL/gTOC，相差 79.32mL/gTOC。说明随着温度的升高，产气率的增加幅度越来越小。

②400～450℃。在这个温度区间内，干燥体系的产气率高于流体体系的产气率，说明从 400℃开始，随着温度的增加，流体体系的产气率低于干燥体系产气率。

2）组分变化特征

从图 4-12 和图 4-13 中可发现，虽然样品不同，但气体的组分变化特征都具有以下相同的规律：

（1）CO_2：两种体系的 CO_2 都具有随着模拟温度升高其产率不断降低的特征，在

300～350℃含量的降低幅度较小，350～450℃含量的降低幅度较大。流体体系 CO_2 的百分含量在模拟温度范围内，都大于干燥体系 CO_2 的百分含量，特别是在 350～450℃的温度范围内，火山流体对烃源岩生成 CO_2 的影响作用最大。

（2）H_2：两种体系下，H_2 都是随着温度的升高而不断增大，流体体系下 H_2 的百分含量低于干燥体系。N101 在火山流体的作用下，300～400℃时与干燥体系产气量相比，变化较大，在 400～450℃时，两者的差别最小，而 N103 差别最大的温度点是 400℃。

（3）CH_4：在两种体系下，CH_4 产率也具有随模拟温度的升高而增大的趋势。流体体系下 CH_4 的百分含量低于干燥体系，温度越高，与干燥体系的产气量差别更大。N101 流体体系 CH_4 的含量与干燥体系相比，差别最为明显，流体体系下基本没有甲烷的产生（<1%）。N103 流体体系下 CH_4 在 300～400℃增长平缓，400～450℃增长较快的特点。因此，根据两种体系下产气率特征和组分特征的对比分析，我们可以得出，N101 和 N103 两个模拟样品在火山流体的作用下，与干燥体系相比，产气率的变化特征都具有温度区间性，组分的变化特征在模拟温度范围内整体上具有相似的变化规律。可能是由于样品本身特征的不同，导致了变化的温度区间范围不一致。在某些温度区间和特定样品条件下，火山流体的作用是明显的。

（四）模拟实验气体地球化学特征

主要讨论气体的烷酸比特征和干燥系数特征。

1. 烷酸比特征

烷酸比是气体中（C_1～C_5）烷烃类气体总和与氧化碳（$CO+CO_2$）的含量比：烷酸比 = $\sum_{i=1}^{5} C_i$ /（$CO+CO_2$）。主要反映烃源岩中杂原子物质的丰度及其在演化过程中成气的相对变化。两种体系下的模拟产气烷酸比见表 4-10 和表 4-11。干燥体系：4 个样品的烷酸比总体上都是随着温度的升高而变大。CS2 的烷酸比在 400℃和 450℃出现了大于 1.00 的情况，反映了在高温阶段以形成烷烃气体为主，同时也说明了高温碳链的裂解成烃特征。流体体系：烷酸比基本上都是零值，只有在高温阶段才稍微有所增大，说明火山流体对（C_1～C_5）烷烃类气体产生有抑制作用。

表 4-10　干燥体系模拟产气烷酸比

样品	温度/℃	$\sum_{i=1}^{5} C_i$	（$CO+CO_2$）	烷酸比
JT	300	0.07	99.71	0
	350	0.21	99.23	0
	400	2.19	93.54	0
	450	8.33	78.03	0.11

续表

样品	温度/℃	$\sum_{i=1}^{5} C_i$	$(CO+CO_2)$	烷酸比
N101	300	0.80	89.66	0
	350	3.12	88.81	0.04
	400	10.18	75.93	0.13
	450	15.86	64.23	0.25
N103	300	1.94	93.23	0.02
	350	2.32	92.56	0.03
	400	4.59	83.08	0.06
	450	6.82	78.42	0.09
CS2	300	16.23	58.67	0.28
	350	27.80	39.92	0.71
	400	34.03	27.23	1.25
	450	38.20	24.87	1.54

表 4-11　流体体系模拟产气烷酸比

样品	温度/℃	$\sum_{i=1}^{5} C_i$	$(CO+CO_2)$	烷酸比
N101	300	0.53	96.63	0
	350	0.52	95.04	0
	400	1.11	91.71	0.01
	450	0.92	81.42	0.01
N103	300	0.14	99.30	0
	350	0.09	95.25	0
	400			
	450	2.00	89.13	0.02

2. 干燥系数特征

干燥系数是模拟气体中 CH_4 与 $\sum_{i=1}^{5} C_i$ 含量的比值：干燥系数 $= CH_4 / \sum_{i=1}^{5} C_i$ 。具体数值见表 4-12 和表 4-13。从表中可以发现，4 个样品在两种体系下，除了 CS2 在干燥体系下生成 CH_4能力较强外，其余样品不论是在哪种体系下，CH_4的含量都很小，特别是流体体系。但总体而言，两种体系下的干燥系数都是随着模拟温度的升高而增大。说明 CH_4是最终的烃类产物。另外，干燥体系中 JT、N101、N103 的干燥系数整体较大（0.80 以上，个别点除外），说明这三个样品应该属于高成熟样品，CS2 的干燥系数整体偏小，说明其成熟度较低，与原始样品 Rock-Eval 的分析特征相一致。

表 4-12　干燥体系模拟气体干燥系数

样品	温度/℃	CH_4/%	$\sum_{i=1}^{5} C_i$/%	干燥系数
JT	300	0. 06	0. 07	0. 86
	350	0. 19	0. 21	0. 90
	400	2. 07	2. 19	0. 95
	450	7. 83	8. 33	0. 94
N101	300	0. 49	0. 80	0. 61
	350	2. 23	3. 12	0. 71
	400	8. 87	10. 18	0. 87
	450	14. 99	15. 86	0. 95
N103	300	0. 92	1. 94	0. 47
	350	1. 28	2. 32	0. 55
	400	3. 93	4. 59	0. 86
	450	6. 20	6. 82	0. 91
CS2	300	4. 97	16. 23	0. 31
	350	11. 20	27. 80	0. 40
	400	22. 80	34. 03	0. 67
	450	29. 96	38. 20	0. 78

表 4-13　流体体系模拟气体干燥系数

样品	温度/℃	CH_4/%	$\sum_{i=1}^{5} C_i$/%	干燥系数
N101	300	0. 37	0. 53	0. 70
	350	0. 37	0. 52	0. 71
	400	0. 8	1. 11	0. 72
	450	0. 69	0. 92	0. 75
N103	300	0. 11	0. 14	0. 79
	350	0. 07	0. 09	0. 78
	400			
	450	1. 31	2. 00	0. 66

二、模型实验气体产物稳定同位素特征

（一）稳定碳同位素测试结果

模拟气体的碳同位素分析包括烃类系列碳同位素和 CO_2 碳同位素分析。由于模拟气体的组分丰度变化较大，在分析过程中，一些气体的含量不能达到仪器分析的上限值，其结果不是很准确，所以，在分析过程中，一些模拟气体的碳同位素值没有给出。为了资料的可靠性，每个样品测两次，若两次的结果其误差范围在±0. 3‰内，取平均

值即可，若相差超过±0.3‰，则再次进样，直到达到允许的误差范围。干燥体系和流体体系碳同位素分析结果见表4-14和表4-15。

表4-14　干燥体系模拟气体碳同位素

样品	温度/℃	$\delta^{13}C_{CO_2}$/‰	$\delta^{13}C_1$/‰	$\delta^{13}C_2$/‰	$\delta^{13}C_3$/‰
JT	300	-25.77			
	350	-25.60			
	400	-22.98	-32.06		
	450	-22.53	-27.96		
N101	300	3.94	-40.12	-32.44	
	350	3.73	-43.06	-31.18	
	400	2.88	-31.71	-24.89	
	450	0.98	-39.13	-20.96	
N103	300	-4.77	-39.01	-30.50	
	350	-4.88	-37.94	-29.24	
	400	-5.14	-35.28	-26.32	
	450	-5.89	-28.84	-23.93	
CS2	300	-21.04	-44.42	-34.46	-38.64
	350	-21.91	-44.90	-32.84	-36.95
	400	-21.69	-45.31	-34.11	-31.39
	450	-20.78	-40.45	-32.39	-21.66

表4-15　流体体系模拟气体碳同位素

样品	温度/℃	$\delta^{13}C_{CO_2}$/‰	样品	温度/℃	$\delta^{13}C_{CO_2}$/‰
N101	300	0.59	N103	300	-5.37
	350	0.52		350	
	400	0.36		400	-5.80
	450	-0.55		450	-6.36

（二）稳定碳同位素特征分析

1. CO_2碳同位素特征

从表4-14和表4-15中可以看出，两种体系下CO_2的碳同位素变化具有以下规律：

（1）干燥体系下4个烃源岩产生的CO_2碳同位素分布区间为：JT $\delta^{13}C_{CO_2}$为-25.77‰～-22.53‰；N101 $\delta^{13}C_{CO_2}$为0.98‰～3.94‰；N103 $\delta^{13}C_{CO_2}$为-5.98‰～-4.77‰；CS2 $\delta^{13}C_{CO_2}$为-20.78‰～-21.91‰。流体体系下两个烃源岩样产生的CO_2同位素分布区间为：N101 $\delta^{13}C_{CO_2}$为-0.55‰～0.59‰；N103 $\delta^{13}C_{CO_2}$为-6.36‰～-5.37‰。

根据 CO_2成因划分标准（宋岩等，2005），可以初步判断出 JT 和 CS2 样品产生的 CO_2多来源于有机质的演化，N101 和 N103 样品产生的 CO_2多为无机来源。

在自然条件下，无机成因的 CO_2主要为碳酸盐岩变质和幔源-岩浆成因，但在实验条件下，不可能出现幔源-岩浆成因的 CO_2，所以说明 N101 和 N103 样品中含有一定量的碳酸盐岩。

（2）在两种体系下，N101 和 N103 烃源岩样 CO_2碳同位素具有随着模拟温度的升高而不断变轻的趋势（图 4-14、图 4-15）。说明原始样品是有机质和碳酸盐岩的混合物。随着反应的进行，有机成因 CO_2和无机成因 CO_2互相混合，根据碳同位素的分馏机制，导致了这种变化规律的出现。

（3）N101 和 N103 样在两种不同模拟体系下，相同温阶的 CO_2的碳同位素流体体系较干燥体系轻（图 4-16）。

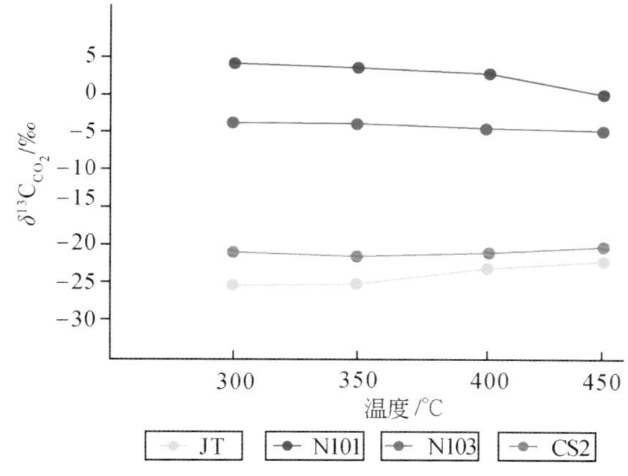

图 4-14 干燥体系 CO_2碳同位素随温度变化图

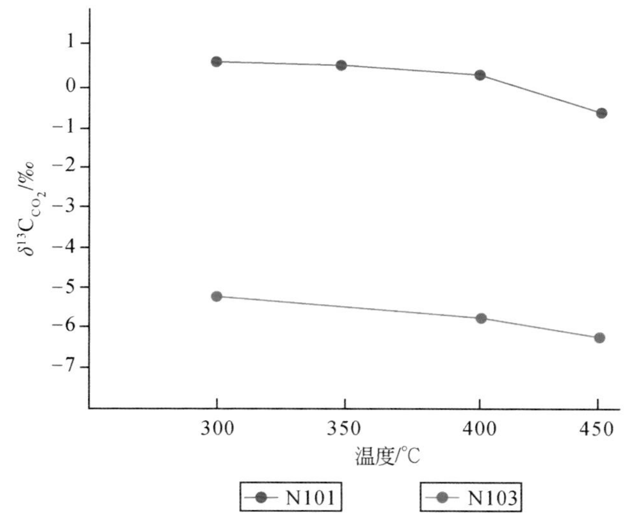

图 4-15 流体体系 CO_2碳同位素随温度变化图

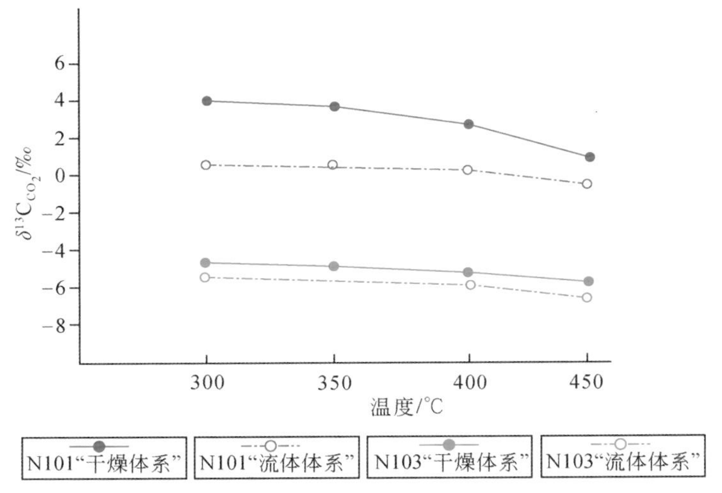

图 4-16　干燥体系和流体体系中 CO_2 碳同位素随温度变化图

2. 气态烃碳同位素特征

在模拟实验中，流体体系时烃类气体产率较小，达不到仪器分析的准确值，我们只能得出干燥体系下烷烃的生成规律：

（1）CS2 样中烷烃的碳同位素值具有在 300～350℃时 $\delta^{13}C_1<\delta^{13}C_2>\delta^{13}C_3$，350～450℃时 $\delta^{13}C_1<\delta^{13}C_2<\delta^{13}C_3$ 的特点。说明是一种混合成因气。

（2）CH_4。从表 4-14 得出，JT 样 $\delta^{13}C_1$ 分布范围是-27.96‰～-32.06‰；N101 样 $\delta^{13}C_1$ 分布范围是-43.06‰～-31.71‰；N103 样 $\delta^{13}C_1$ 分布范围是-39.01‰～-28.84‰；CS2 样 $\delta^{13}C_1$ 分布范围是-45.31‰～-40.45‰。从图 4-17 中看出，JT 和 N103 样的甲烷碳同位素随着温度的升高具有变重的趋势，而 N101 样则是重—轻—重—轻的趋势，CS2 样在低温阶段（<400℃）表现为重—轻，到 450℃又变重。

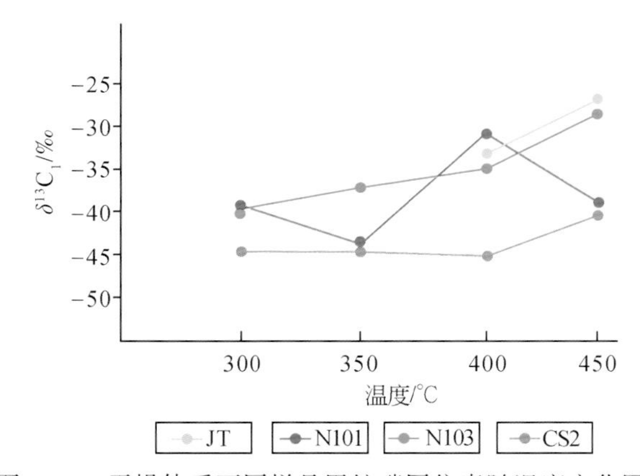

图 4-17　干燥体系不同样品甲烷碳同位素随温度变化图

（3）C_2H_6。四个样品的乙烷碳同位素分布都具有随着温度增高，逐渐变重的趋势，只有 CS2 样在 400℃时变轻（图 4-18）。

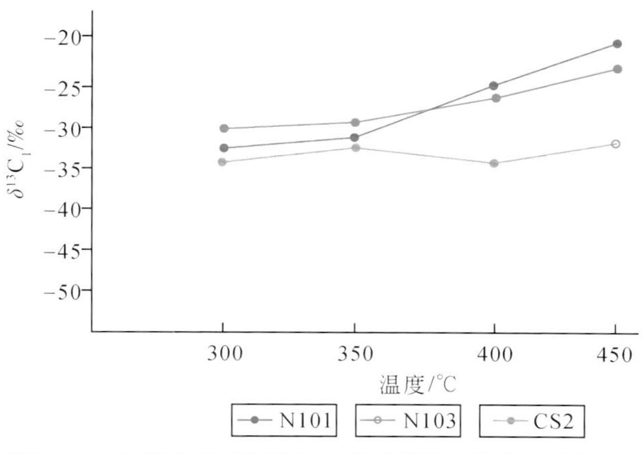

图 4-18　干燥体系不同样品乙烷碳同位素随温度变化图

（4）C_3H_8。在四个样品中，只有 CS2 样测出了较为准确的丙烷碳同位素，具有随着温度的升高不断变重的特征。总之，烷烃类气体碳同位素基本上都具有随着演化温度的升高，其同位素值不断变重的趋势。

三、模型实验液态产物特征

（一）液态产物产率特征

经过模拟实验，可直接将萃取后的产物作为烃源岩生成的液态产物。在对液态产物特征进行分析的过程中，由于产物总量较低，在进行族组分分离时，只选取了具有代表性的几个温度点产物进行族组分分离。因此，本节主要分析其产率特征（表 4-16、表 4-17）。

表 4-16　干燥体系液态物产率　（单位：mg/g）

温度/℃	JT	N101	N103	CS2
300	1.22	0.50	0.85	1.64
350	2.48	0.39	0.78	1.43
400	3.13	0.77	1.33	
450	1.72	1.37	3.29	3.03

表 4-17　流体体系液态物产率　（单位：mg/g）

温度/℃	N101	N103
300	1.42	1.74
350	2.38	
400	1.72	2.61
450	1.98	3.75

（二）不同样品相同体系液态产物特征

从表 4-16 和图 4-19 中可看出，本次模拟实验的 4 个不同样品在两种体系下其液态物产率的变化规律。

1. 干燥体系

在干燥体系中，N101、N103 和 CS2 烃源岩样在 300～350℃区间内，液态物产率是逐渐变小的，在 350～450℃区间内，则是随着温度的升高逐渐增大的。整体上呈现一个不规则“<”的变化趋势。JT 烃源岩样恰好相反，在 400℃之前是随着温度的增大而增大，400℃之后减小，整体上呈现出一个不规则的“>”的变化趋势。

2. 流体体系

（1）N101 烃源岩样的液态物最大生成温度是 350℃，这个温度点之前是增大趋势，这个温度之后，先有缓慢的减小，到达 400℃后，又缓慢增大。

（2）N103 烃源岩样具有随着模拟温度的升高，液态物产率逐渐增大的特征。

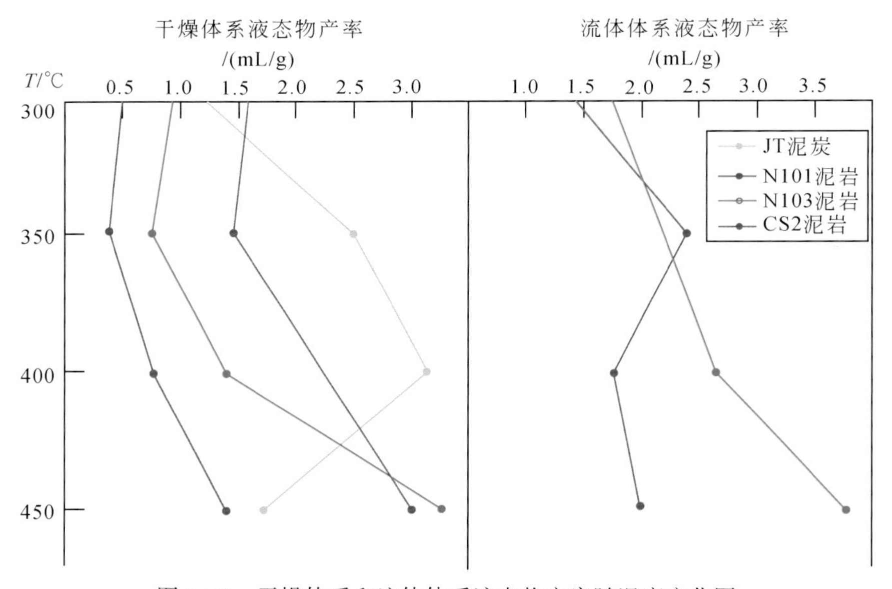

图 4-19 干燥体系和流体体系液态物产率随温度变化图

（三）相同样品不同体系液态产物特征

（1）N101 和 N103 烃源岩样在模拟温度范围内，流体体系的液态物产率都是大于干燥体系的。说明火山流体对液态物产率是有影响的。

（2）添加火山流体后，N101 液态物产率在 350℃时较干燥体系的提升幅度是最明显的，提升率达到1.99mg/g。

（四）液态产物气相色谱/质谱图特征

本次模拟实验中，为了更深层次地了解火山流体对液态产物的影响作用，我们对N101和N103模拟产生的液态产物进行了GC和GC-MS分析。

1. N101烃源岩

将N101在干燥体系和流体体系产出的液态物未经过柱色谱分离族组分而直接进色谱，所得色谱图见图4-20和图4-21。从图中可看出：

N101G系列中液态烃色谱呈现相似的分布特征，都基本看不到等间距的正构烷烃序列，而主要是支链、异构烷烃及烯烃以簇状形态存在。随着温度升高，液态烃中高碳数烃类的含量有所增加。

N101L系列中液态烃色谱的分布特征也十分相似，同样不存在明显的等间距正构烷烃序列。

对比发现，加入火山流体与否对烃源岩产生的液态烃组成影响不大（图4-22）。

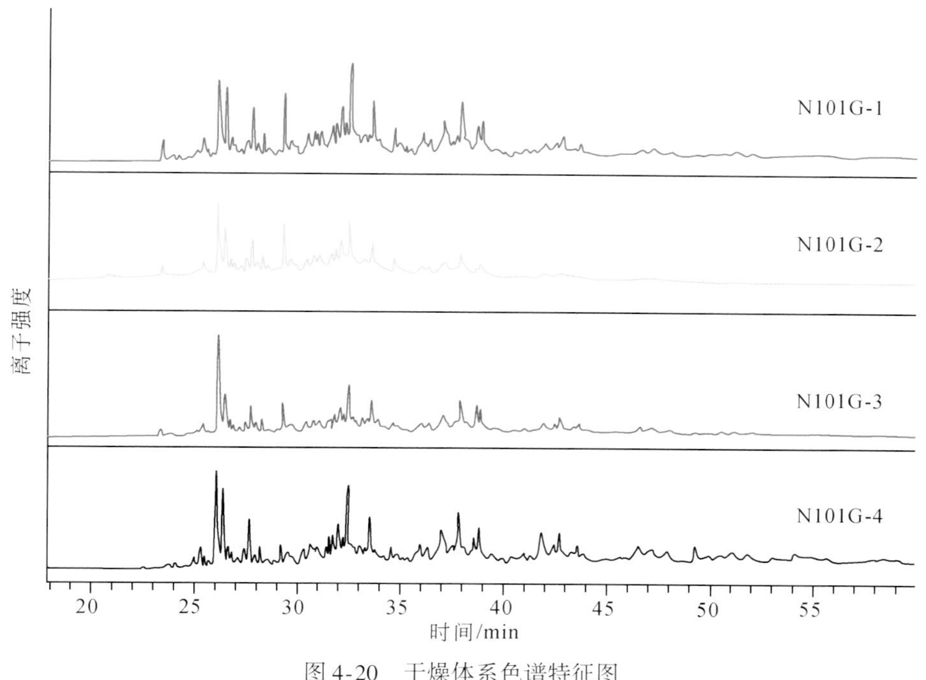

图4-20　干燥体系色谱特征图

2. N103烃源岩

N103在干燥体系和流体体系中于300℃、350℃和400℃时产出的液态物色谱特征图。另外，我们把450℃产出的液态产物进行了族组成分离，对分离出的饱和烃和芳烃

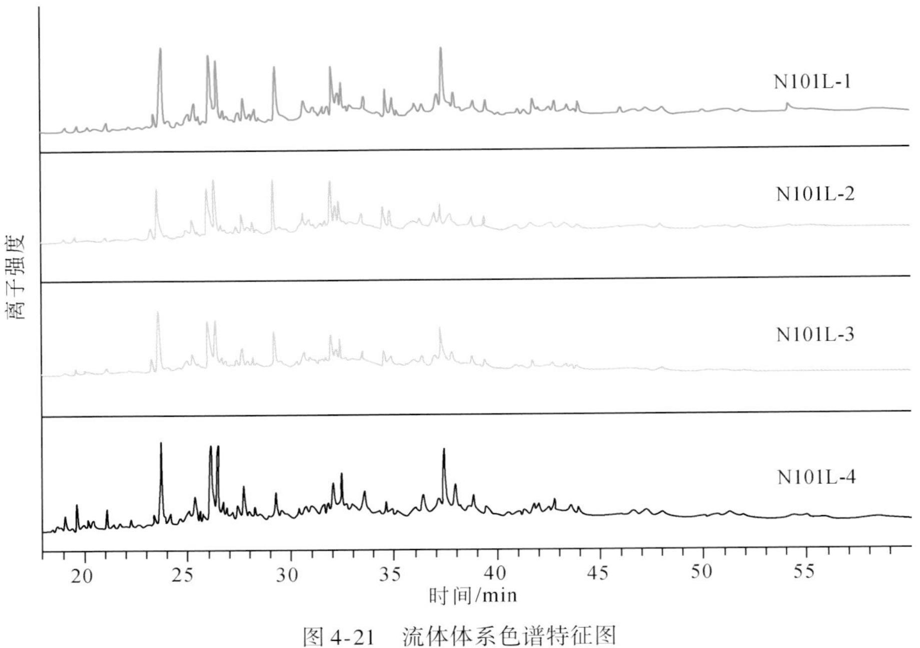

图 4-21　流体体系色谱特征图

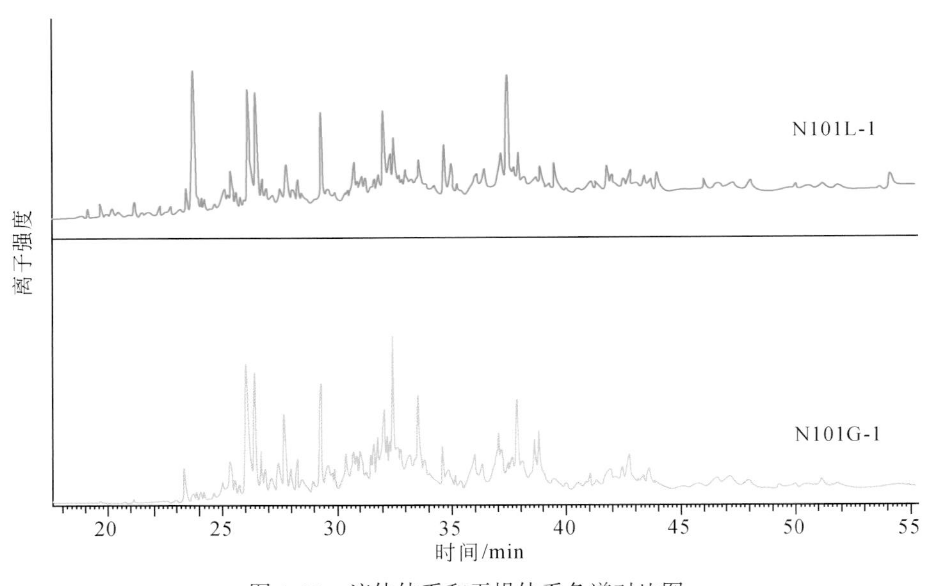

图 4-22　流体体系和干燥体系色谱对比图

进行更加精确的质谱分析。

从图 4-23、图 4-24 和图 4-25 我们发现 N103G 与 N103L 系列与 N101 具有相同的特征。

质谱图可以得到较色谱图更可信的化合物组成信息。对比干燥体系和流体体系下生成的液态烃的饱和烃 GC-MS 谱图发现（图 4-26），加入流体与否对烃源岩液态烃的组成影响不大。可以看出两个体系下生成的液态烃的饱和烃中，都是明显的以等间距峰分布为主体的簇状分布。通过质谱棒图确认其等间距分布峰并不是正构烷烃，而是支链烷烃。同时，加入流体的样品液态烃中饱和烃组分里存在较多的单体硫。

干燥体系和流体体系下生成的液态烃的芳烃 GC-MS 谱图存在较大差异（图 4-27）。未加入流体的样品中菲的含量异常高，相比之下加入流体的样品中烷基萘、烷基菲系列化合物的含量有所增加。

火山流体中含有大量的水和过渡金属元素。过渡金属元素（Fe、Cr、Co、Ni、Cu 等）的 3d 电子层都处于未充满状态，对气体和有机质具有强烈的吸附作用，并可催化有机质中碳—碳键、碳—硫键、碳—氧键的断裂，从而达到使裂解反应加速，缩短反应时间，改变反应机理的催化目的（Mango，1992，1994，1996；张敏等，1996）。而且，过渡金属元素对碳酸盐岩的分解具有催化作用（翟庆龙等，2003）

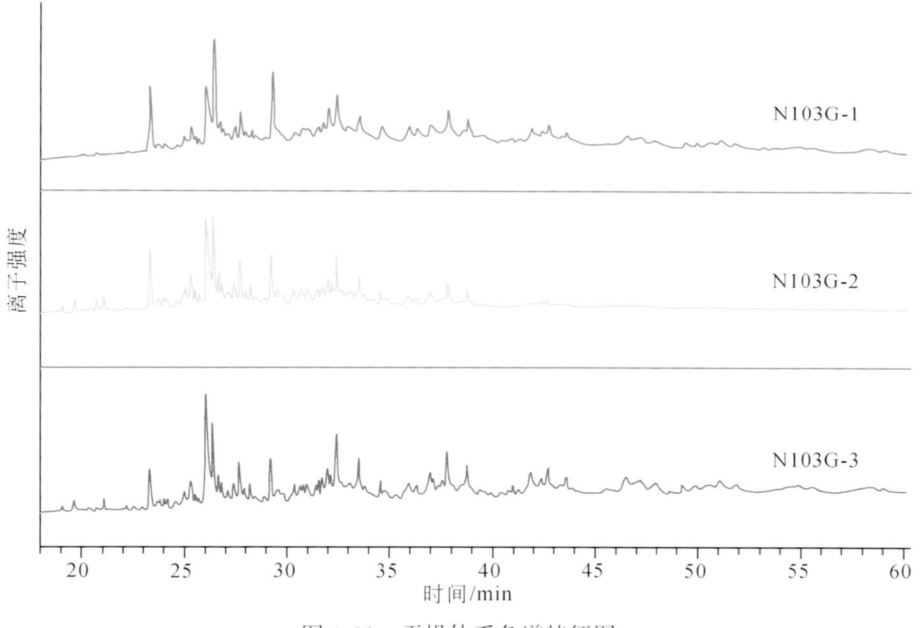

图 4-23　干燥体系色谱特征图

通过对 N101 和 N103 烃源岩样在有无火山流体参与作用下的模拟研究发现气体产率在 350 ~ 450℃ 存在一个临界温度点，当温度小于这个临界温度点时，产气率增大，当温度大于这个临界温度点时，产气率下降。造成这种现象的主要原因可能是火山流体中水的影响作用，因为水的临界温度点刚好在这个区间范围内，火山流体在其组分水未达到临界状态之前，水和过渡金属元素共同作用，提高烃源岩产气率，特别是在低温阶段，这种促进作用更加强烈，当温度超过水的临界温度点后，由于水的物理化学性质发生了很大的变化，火山流体对烃源岩的产气率促进作用减弱，但由于金属元素的存在，还有不同程度的缓慢增大趋势。

从对 N101 和 N103 烃源岩进行干燥体系的模拟实验结果中可知，这两个样品生成

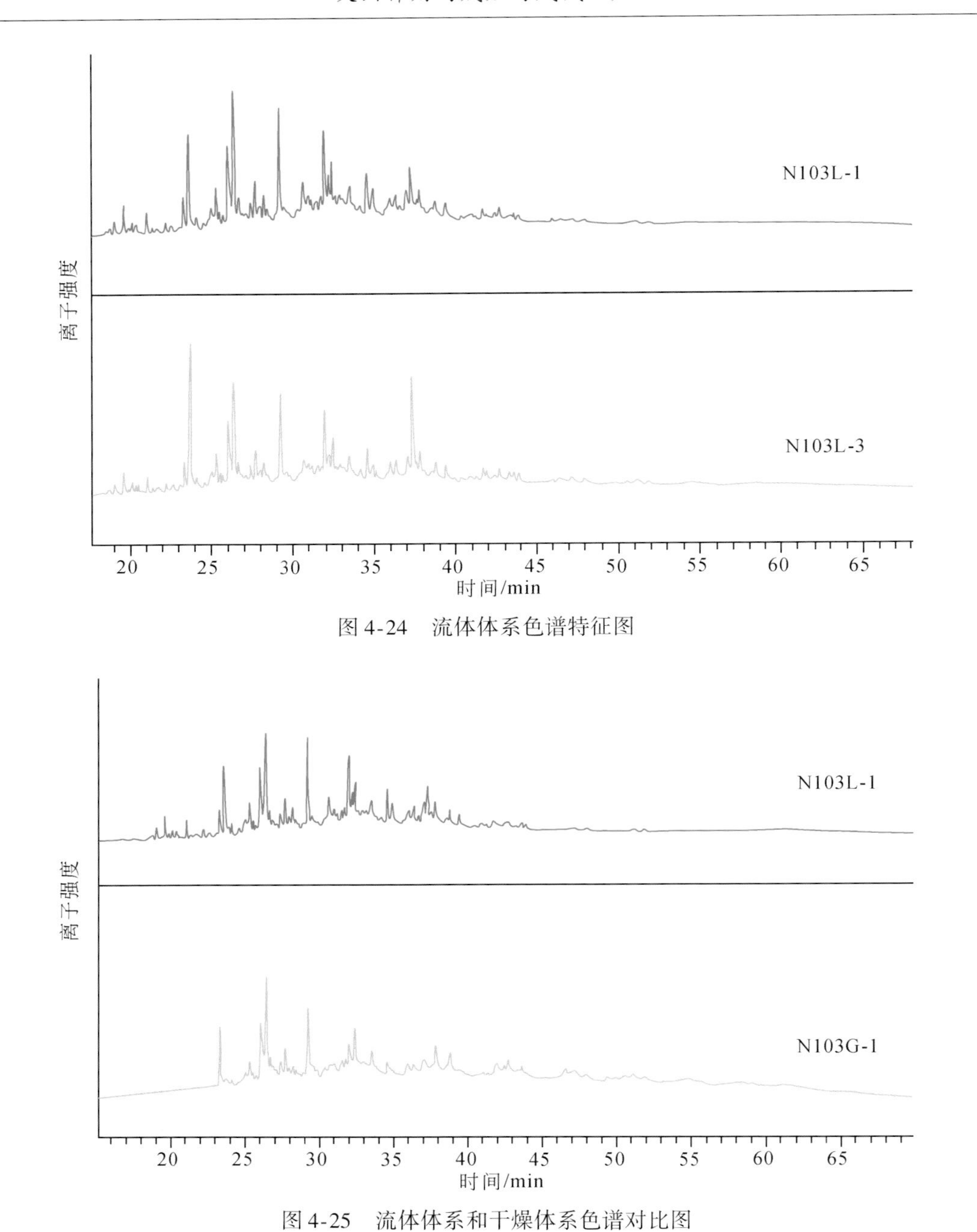

图 4-24 流体体系色谱特征图

图 4-25 流体体系和干燥体系色谱对比图

的 CO_2 具有无机成因的特征，表明原样中含有一定量的碳酸盐岩，因为碳酸盐岩产生的 CO_2 气体碳同位素比有机质热解生成的 CO_2 气体碳同位素重很多，所以，导致了热解气中 CO_2 同位素整体偏高。N101 和 N103 样在火山流体的作用下，CO_2 的含量比无火山流体时大，碳同位素特征与干燥体系相比降低了很多，其原因主要是由于在火山流体的作用下，加快了有机质中含氧基团的降解和烃源岩中碳酸盐岩的分解，使得 CO_2 的含量增大。流体体系下碳同位素特征与干燥体系相比降低了很多，有可能是由于火山流体

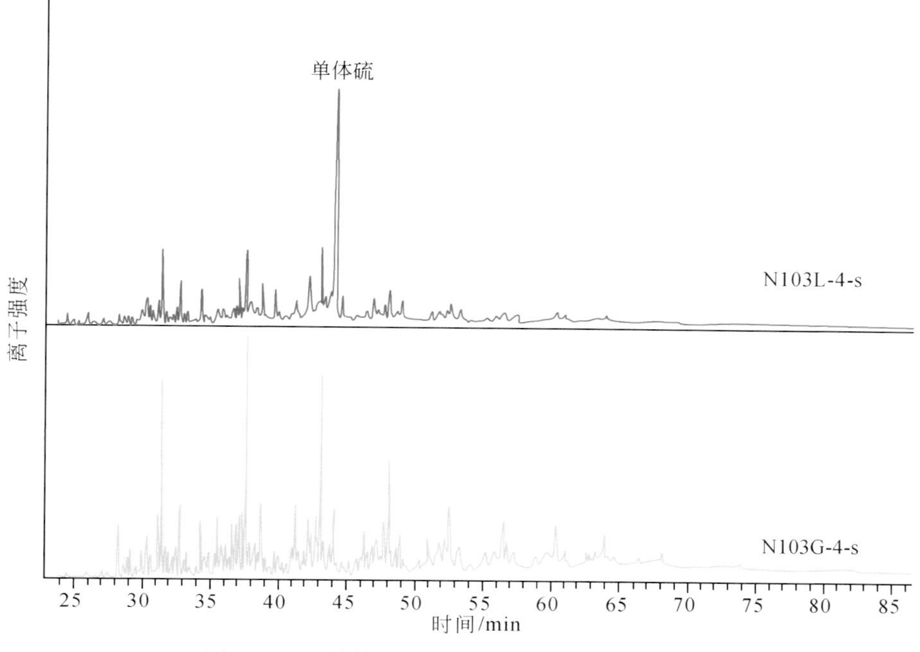

图 4-26　流体体系与干燥体系饱和烃质谱特征图

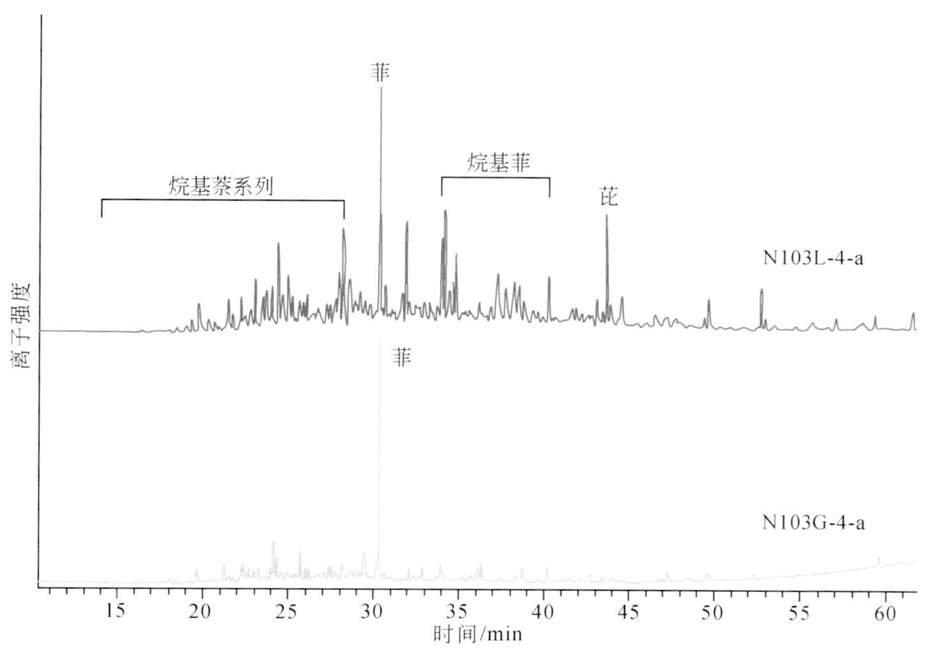

图 4-27　流体体系与干燥体系芳烃谱特征图

对含氧基团的作用能力比对碳酸盐岩的大。

在模拟实验中，我们还发现，火山流体的存在，使得 H_2 的含量比干燥体系时的含量有所降低，这与前人在含水热解模拟实验与无水热解模拟实验取得的认识是一致的

（石卫等，1992）。

在对烃类产出的影响上，主要表现为火山流体抑制低碳数的气态烷烃类物质的生成，促进一些高碳数的液态烃类的形成（图4-12、图4-13、图4-19）。可能是由于火山流体中水所产生的压力，不利于轻烃组分的形成。

第四节　火山流体运动演化数值模拟研究

火山流体的流动性主要取决它的成分、温度和压力等因素，一般来说，火山流体中 SiO_2 和 Al_2O_3 含量越高，黏度越高，而火山流体中的挥发性物质却可以降低火山流体的黏度。火山流体的黏度和围岩孔渗特征决定了火山流体的分布范围，火山流体的热传导性决定了火山流体的影响范围。

一、火山流体的渗流

理想的流体渗流遵循达西定律：

$$V = -K\frac{\partial \varphi}{\partial x} \tag{4-1}$$

式中，V 为火山流体流速；K 为渗透系数；φ 为渗流水头；x 为渗流距离。

火山流体的数值模拟研究不仅在理论上用于探讨火山流体的渗流、规律及机理等问题，也可用于火山流体的动态预测。

根据动能守恒定律：

$$V = -\frac{K}{\eta}(\nabla p - r\nabla D) \tag{4-2}$$

p 为压力；r 为火山流体的重度；D 为由某一基准面起的深度（向下为正）；K 为渗透率；η 为火山流体黏度。

由式（4-1）和式（4-2）整理可得

$$\frac{\partial \varphi}{\partial x} = \frac{\nabla p - r\nabla D}{\eta} \tag{4-3}$$

火山流体的主要成分是水，因此将流体动力学的计算方法应用于火山流体，引入流体势圈定火山流体的影响范围：

$$\Psi = \frac{p}{\rho} - gD \tag{4-4}$$

可见，火山流体的动力主要取决于火山流体成分、压力、地层高程等诸多因素。根据以上模型即可得到火山流体的流动方向和集散规律。

$$r = g\rho \tag{4-5}$$

其中 ρ 为密度，整理得

$$\nabla p - r\nabla D = \rho\nabla\Psi \tag{4-6}$$

代入式（4-3）中得

$$\varphi = \frac{\rho \nabla \Psi}{\eta} x, \quad x = \frac{\eta \varphi}{\rho \nabla \Psi} \tag{4-7}$$

为火山流体的渗流方程。

根据上述关系式，可以得到火山流体规模与渗流距离之间的关系如图 4-28 所示。单一火山喷发携带的火山流体单一方向最远渗流距离为 30m。

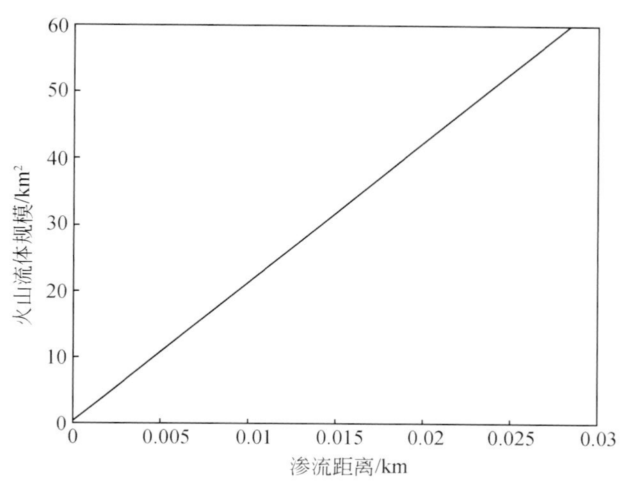

图 4-28　火山流体规模与渗流距离关系图

对于火山流体影响范围的确定可以根据拉普拉斯算子进行计算：

$$\nabla^2 \Psi = \frac{\partial^2 \Psi}{\partial x^2} + \frac{\partial^2 \Psi}{\partial y^2} \tag{4-8}$$

拉普拉斯算子即对于矢量场函数，该函数为该矢量场散度的梯度减去该矢量场旋度的旋度的一个矢量。

（一）火山流体的黏度

根据火山流体成分计算不同性质火山流体在不同温度下的黏度，采用 Shaw（1972）提出的 Arrhenius 方程变形公式：

$$\ln\eta = S(10^4/T) - 1.5S \quad \& \quad \eta = e^{S(10^4/T) - 1.5S} \tag{4-9}$$

其中，η 为黏度（10^{-1}Pa·s）；T 为绝对温度（K）；S 为 Arrhenius 斜率，它与火山流体的成分有关，即

$$S = \sum X_i(S_i^0 X_{SiO_2})/(1 - X_{SiO_2}) \tag{4-10}$$

式中，X_i 为某氧化物物质的量；S_i^0 为某氧化物的 Arrhenius 截距（H_2O=2.0，Al_2O_3=6.7，K_2O&Na_2O&LiO=2.8，CaO&TiO_2=4.5，MgO&FeO=3.4）。

根据式（4-10）进行计算：$S_{酸}$=0.23/（1−0.123）=0.262；$S_{基}$=0.182/（1−0.093）=0.2。

将 S 带入式（4-9），则不同温度两种火山流体的黏度如表 4-18 所示。

表 4-18 不同火山流体在不同温度下的黏度

温度/℃	黏度/(10^{-1}Pa·s)	
	酸性火山流体	基性火山流体
300	65.597	24.556
350	45.432	18.539
400	33.230	14.594
450	25.380	11.875

两种火山流体的黏度均随温度的升高而降低，酸性火山流体的黏度高于基性火山流体，说明基性火山流体的流动性更强。

(二) 火山流体密度

温度为 T 时，火山流体的摩尔体积 $V_m(T)$ 按以下式子进行计算：

$$V_m(T) = V_0(1 + 3\alpha\Delta T) \tag{4-11}$$

V_0 为标况下初始摩尔体积；α 为热膨胀系数，温度变化不大时，可按常数计算，本书采用的热膨胀系数为 87.48×10^{-5}（马昌前，1987）。

火山流体的主要成分是水，高温高压条件下的火山流体密度，可以利用 Bottinga 等（1972）提出的计算公式：

$$\rho = \sum_i X_i M_i / V_m(T) \tag{4-12}$$

式中，X_i 为主要氧化物 i 的摩尔分数；M_i 为主要氧化物 i 的摩尔质量；$V_m(T)$ 为温度 T 时火山流体的摩尔体积。

则不同温度两种火山流体的密度如表 4-19 所示。

表 4-19 不同火山流体在不同温度下的密度

温度/℃	密度/(g/cm^3)	
	酸性火山流体	基性火山流体
300	1.738	1.765
350	1.616	1.642
400	1.510	1.533
450	1.420	1.439

火山流体的密度随温度的升高而降低，相同温度下基性火山流体的密度略高于酸性火山流体。

二、徐家围子火山流体流势及聚集范围

火山流体多伴随火山活动而形成，其分布范围必定以火山机构为中心，预测火山流体的分布范围必先了解火山机构的活动中心，即火山口附近。确定区域火山口位置的方法主要有三种：一是通过大比例尺地质图结合实际地质调查圈定；二是通过遥感图片的环形构造圈定；三是通过地震数据体解译圈定。地震数据体解译圈定的方法能够圈定地下隐藏的火山通道，更为精确。

本文结合钻井岩心、测井及地震资料等资料，对比156口井，确认78口井含有火山通道相。如图4-29所示，沙河子组地层被岩浆上升通道扰动，地震剖面上表现为断续不规则的反射，振幅中等，波形较乱，该地震相可解释为沙河子组半深湖、深湖相地层受火山活动提供的岩浆剧烈上涌之后变形造成的不连续。

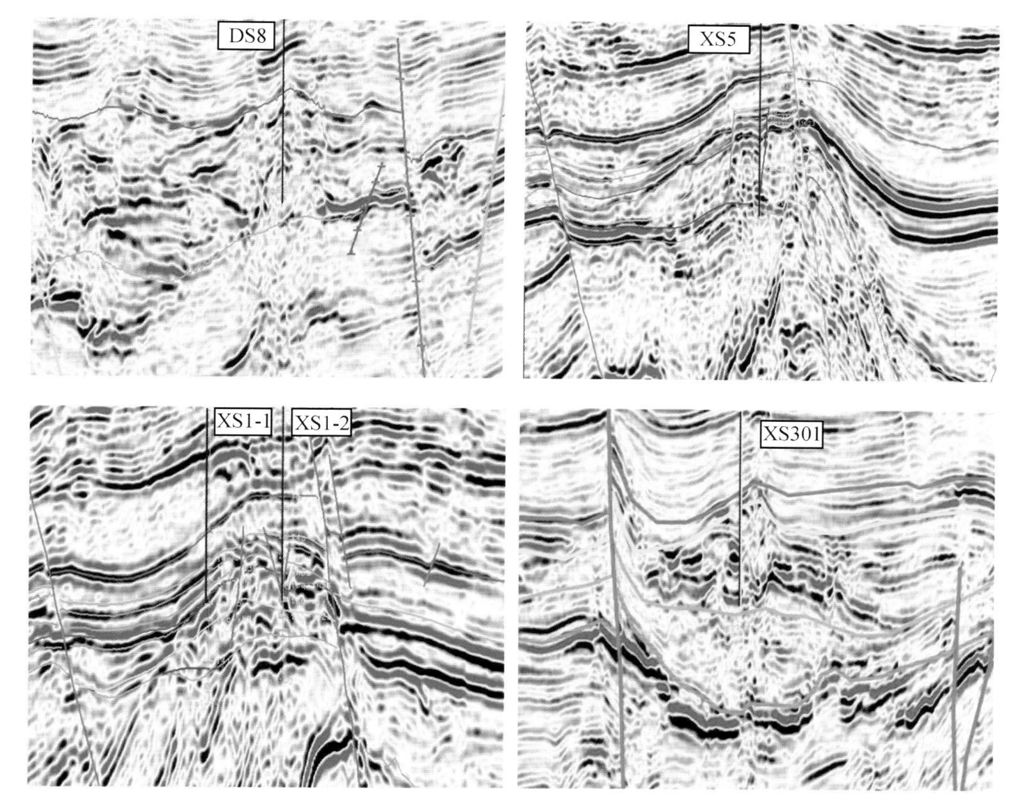

图4-29　典型火山通道过井地震剖面

本书对含有火山通道相的井位的地层深度，地层压力和流体压力等信息进行统计，计算火山流体的流体势。再利用火山流体的流体势计算结果进行流体势等值线绘图，并用箭头标定火山流体的势梯度，箭头方向为势梯度递减方向。利用拉普拉斯算子进行计算，圈定火山流体的影响范围（图4-30、图4-31）。

当计算值为正数时，该区域为发散区，计算值为负数时，该区域为聚集区。徐家围子营城组火山流体的影响范围为386.22km^2。

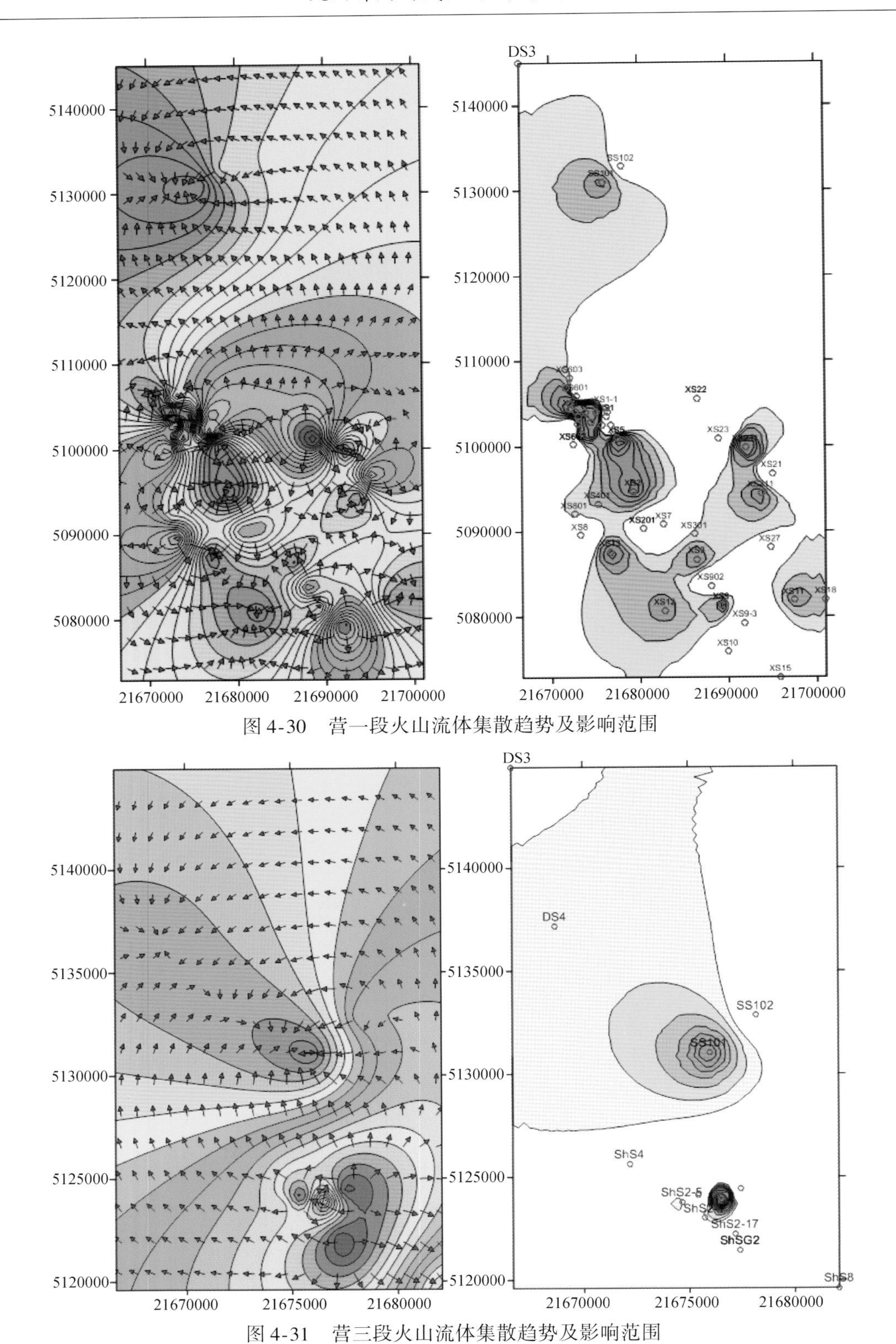

图 4-30　营一段火山流体集散趋势及影响范围

图 4-31　营三段火山流体集散趋势及影响范围

第五章 火山作用对油气成藏建设与改造作用

以往观点认为，火山作用对油气藏主要起破坏作用，如切穿油气藏的火山通道或伴生断裂破坏油气圈闭的完整性，导致油气泄漏；喷发形成的高温物质使烃类发生变质并对附近油气藏起破坏作用。但随着火山岩油气勘探的发现，逐渐认识到火山岩对油气成藏具有双重作用，即建设和改造作用。

第一节 火山作用对油气成藏建设性作用

一、火山作用对优质烃源岩的形成及生烃有促进作用

（一）火山喷发作用促进了优质烃源岩的形成（优源）

火山喷发过程携带大量高热气体、气溶胶、火山灰和熔岩流，不仅会对波及的沉积盆地烃源岩的热演化与生烃作用产生影响，而且会在短时间内对当区气候与自然环境产生显著影响。如降落到陆地的火山物质可以改变地表土壤的结构和化学组成，影响植被生长；落到海洋和湖泊，会不同程度地影响古生态环境及生物的生长。若是喷发时间长，幅度大，可以造成大规模的生物死亡。

火山喷发气体与气溶胶中的CO_2和少量的含氮化合物等经大气降水作用进入湖泊水体中，有可能成为生物养分的供给途径之一。同时，火山灰等火山浮尘降落到湖盆周边露头区后，由于其不稳定的特点，较易发生水解作用，使得 Fe、P_2O_5、CaO 等一些生命营养物质进入湖盆水体之中，从而提高水体的营养供给速度，促进生物勃发和初级生产力的提高。同时，火山物质在沉入水底后也会发生进一步的水解作用，提高底层水中的生物营养成分，促进底栖生物（藻类）的勃发。另外，火山物质进入水体后对物理化学环境所产生的影响也不可小视，大量火山灰进入水体后，一方面会使得水体的透光性变差，影响水生生物的生长；另一方面，火山物质在沉降过程中有可能吸附一些生物和有机质共同沉积，形成富有机质的沉凝灰岩。

火山灰的降落沉积可在短时间内大面积地覆盖原先的沉积物，从而在一定程度上对有机质起到保护作用。

（二）火山流体增烃效应（增烃）

火山热液物质含有大量的 Ni、Co、Cu、Mn 等金属元素，可以促进烃量的增加。金强（2001）的模拟实验表明，有机质热降解过程中，如果加入富含这些金属元素的矿物时，有机质的生烃量和氢气都会显著提高（表5-1）；此外火山气体，火山作用过程中常伴有CO_2、

H_2和CH_4等气体，这些气体除可以作为火山岩气藏的气源外，还能提高有机质转化率，如CO_2可以促使湖盆水体沉淀出碳酸盐矿物，H_2可以促进生油岩有机质产生更多的烃类。

表 5-1　有机质生烃模拟实验一览表

矿物类型	产物类型	产物生成量/（cm^3/g）				
		300℃	350℃	400℃	450℃	500℃
无火山矿物加入	氢气	0.41	8.74	67.52	76.34	87.58
	烃类	3.10	6.54	58.37	138.49	168.45
加入火山成因沸石	氢气	0.66	9.13	68.46	79.10	90.47
	烃类	9.83	30.21	103.67	177.41	201.95
加入橄榄石	氢气	79.82	217.66	430.55	144.78	75.46
	烃类	41.08	45.31	148.59	268.97	309.66
同时加入沸石、橄榄石	氢气	86.50	506.44	760.33	648.97	298.67
	烃类	57.62	90.21	166.98	346.46	416.58

（三）火山作用提高了有机质成烃转化率（促烃）

地下深处熔浆所携带的热量在上涌过程中会对围岩起到烘烤作用。火山岩除使下伏岩层产生明显烘烤作用外，同时又可延缓下伏地层的散热作用，导致火山岩分布区的地温梯度明显高于其邻近地区。陈振岩在《辽河拗陷火山岩与油气关系》一文中，指出辽河盆地平均地温梯度为3.5℃/100m，而火山岩分布区在2200～3200m深度段的地温梯度达4.25℃/100m。可见岩浆造成的热异常明显，这样的热异常区有利于生油岩有机质的热演化、成熟和向烃类的转化。众多的研究表明，受火山岩侵入体结晶潜热释放（即岩浆冷却热释放）的影响，围岩中有机质镜质组反射率急剧上升（可达5%以上），远远高于沉积盆地正常热演化所能达到的成熟度，表明火山岩侵入体结晶潜热释放可以加速围岩有机质成熟。在侵入体附近，随着与接触面（侵入体与围岩的接触部位）距离的变小，围岩中有机碳含量快速降低、干酪根的H/C值迅速下降、围岩中残留烃含量逐渐增加及芳香度逐渐变高等现象都表明火山侵入体可以促进烃类的生成（Jaeger，1957；Dow，1977；Simoneit et al.，1978；Raymond，1988；George，1992；孙永革等，1995；Barker et al.，1998；Gurba et al.，2001；Fjeldskaar et al.，2008；Rodriguez，2009）。Stagpool和Funnell（2001）认为火山侵入体的温度、厚度、平面展布控制了盆地中直接叠合在火山岩侵入体之上的烃源岩生排烃史。Araujo（2000）报道了通过物质平衡法所得到的巴西Parana盆地火山侵入体热作用的烃源岩排烃强度可达500×10^3～$3500\times10^3 m^3 HC/km^2$，表明火山侵入体可以促进烃源岩大量生烃。

侵入体热作用对有机质生烃的作用随侵入体与源岩的时空匹配关系不同而不同。可以根据侵入体侵位时间和源岩生烃期（不考虑侵入体热作用影响情况）关系分3种情况：

（1）岩浆侵入体的侵位发生在烃源岩生烃之前。这种情况下侵入体的热作用使得在其影响范围内的烃源岩快速生烃，改变了生烃期。

（2）岩浆侵入体的侵位发生在烃源岩生烃结束后。这种情况侵入体的热作用对高过成熟有机质生烃影响不大。

（3）岩浆侵入体的侵位发生在烃源岩生烃期。这种情况侵入体的热作用使得在其影响范围内烃源岩生烃期提前。

岩浆侵入体的存在将会改变有利生烃区，使得原来没有可能生烃的地区变为生烃有利区，使得生烃中心发生偏移。因此对于岩浆侵入体发育地区，应该考虑其热作用对生烃的影响，考虑生烃期和其他地质要素的匹配关系，使得目标评价更加合理。岩浆侵入体的热作用除了对生烃有促进作用外对已形成油藏具有破坏作用，在实际研究中也应该加以注意。

二、火山作用与圈闭

火山作用对油气圈闭形成的影响可分为两类（表5-2）：①火山岩或侵入岩直接作为储集层，形成构造或岩性圈闭。一般而言次生孔隙是火山岩储集空间的主要类型；②火成岩与沉积岩相互配置，形成侧向遮挡型、披盖背斜型和局部盖层型等圈闭。由于火山喷发-喷溢速度远大于正常沉积物的沉积速度，在喷发中心附近，由于是边喷发边沉积，容易形成水下火山锥，逐渐成为水下低隆起，因而在它周围再沉积的层序，常可形成超覆尖灭圈闭或岩性尖灭圈闭。如果在火山锥附近，同心状和放射状断裂发育，还可形成多种断层遮挡圈闭。熔融的熔浆向上运移过程中，又可刺穿早期围岩，形成熔浆刺穿接触圈闭，同时熔浆向上运移过程会导致上覆地层上拱，形成侵入上拱构造圈闭。在火山锥的顶部，由于水体较浅，水动力能量较强，可使碎屑沉积物相对富集，故火山锥顶部往往形成滩砂，该岩体厚度往往较大，可形成物性较好的有利储层发育区。

表5-2　火山作用与圈闭、油气藏类型关系-览表

火山作用	形成圈闭类型	油气藏类型	实例
喷发	基岩古潜山型	火山岩基岩	准噶尔盆地-石西石炭系火山岩油藏
	构造型	背斜构造	松辽盆地-徐家围子断陷白垩系营城组火山岩气藏
	岩性型	岩性	准噶尔盆地-车47井区佳木河组火山岩气藏
	地层不整合型	地层不整合	准噶尔盆地-克拉美丽石炭系火山岩气藏
	断块型	断块	渤海湾盆地-孔店构造带枣35井区沙三段玄武岩油藏
	断层遮挡型	断层遮挡地层型	渤海湾盆地-西部拗陷欧利坨子沙三段玄武岩油藏
侵入	基岩古潜山型	火山岩基岩	渤海湾盆地-西部拗陷油燕沟荣76井区侏罗系火山岩油藏
	火山岩披覆构造型	披覆背斜	渤海湾盆地-西部拗陷兴隆台潜山顶部沙河街组砂岩油藏
	地层不整合型	地层不整合	渤海湾盆地-西部拗陷大平房大13-20井区沙三段砂岩油藏
	火山岩裂缝型	火山岩裂缝	渤海湾盆地-西部拗陷大平房热24井区沙三段火山岩油藏
	火山岩侧向遮挡型	侧向遮挡	渤海湾盆地-黄骅拗陷千米桥沙三段火山岩侧向遮挡砂岩气藏

三、火山作用与油气运移

油气一般是依靠断层或不整合面作垂向/侧向运移的。岩浆侵入到沉积地层时，热液、气液物质在一定程度上改变了沉积岩原有的性质，使围岩产生大量裂缝；侵入体的冷却收缩与交代作用和后期岩浆热液活动使其产生了大量裂缝和孔洞；长期暴露地表的火山熔岩形成孔渗较好的风化壳。这些都可以成为后期油气运移的良好通道。

侵入体侵入沉积岩时，温度、压力降低，一定程度上破坏了围岩的压力系统，导致围岩压力高于侵入体，在巨大的压力差作用下，烃源岩内的烃便可向外排出，从而完成油气的一次运移，之后油气沿着断裂或火山通道运移至储层内。火山活动带来的 CH_4 和 H_2 等气体，可导致油气密度和黏度下降，促进油气的排出和运移，CO_2 流体可以溶解适量的低碳烷烃，成为运移载体。火山活动的高温、高压作用可使地下水失去氢而达到超临界状态，从而更易溶解烃类物质，当流体运移至远离火山区或火山作用结束时，烃便从流体内分离出来形成油气藏。

四、火山作用与储层

由于火山岩的骨架较其他岩石坚硬，抗压实能力强，加之火山岩成岩作用多以冷凝固结方式为主，孔隙度受压实埋深影响较小，使得火山岩的孔隙更容易保存下来。当埋深大于一定深度时，火山岩的储集能力往往会大于沉积岩而成为主要储层。火山岩作为油气储集层已被众多勘探证实。赵海玲等认为火山岩储层具有分布范围广、地质时代长的特征，这和火山岩油气储层不具岩石类型的专属性有关。

火山岩储层类型多样，岩性上主要有玄武岩、凝灰岩和火山角砾岩。储层形成作用包括 3 种：火山作用、成岩作用、构造作用，依据其成因特征可以划分为熔岩型储集层、火山碎屑岩型储集层、溶蚀型储集层、裂缝型储集层 4 类。按照储集空间形态特征可分为孔隙和裂缝两种类型，按照成因可分为原生和次生两大类。前者形成于火山岩固化成岩阶段，后者形成于成岩之后。原生类型中根据孔隙空间的形态又可以进一步划分为原生的孔隙和原生的裂缝。原生孔隙有原生气孔、残余气孔、粒间孔和基质中的微孔。原生裂缝包括收缩裂缝和炸裂缝。次生类型包括次生溶孔、基质溶蚀孔、重结晶晶间孔、岩屑粒内溶孔、晶屑内溶孔；次生裂缝主要是后期成因的裂缝（表 5-3）。

表 5-3 火山岩储集空间类型及成因分类方案

成因	类型	储集空间	形成机制	分布特征
原生储集空间	原生孔隙	气孔	挥发分逃逸	岩层顶底、圆形或椭圆形
		杏仁孔	矿物充填后的残余孔隙	岩体的顶部、不规则状
		粒（砾）间孔	碎屑颗粒粒间经成岩压实后残余孔隙	火山碎屑岩中多见
		晶间孔及晶内孔	矿物结晶作用	岩层中部、孔隙较少
	原生裂缝	收缩裂缝	冷凝收缩作用	岩体边缘、呈高-低角度
		炸裂缝	自碎或隐蔽爆破	岩体中、下部、呈高角度

续表

成因	类型	储集空间	形成机制	分布特征
次生储集空间	次生孔隙	砾间溶孔	淋滤、溶解作用	角砾岩间、呈不规则状
		晶间溶孔	溶解作用和矿物转变作用	斑晶间
		晶内溶孔	溶解作用和矿物转变作用	自生矿物晶内
		脱玻化孔	玻璃质经脱玻化后形成	绿泥石、沸石矿物内
	次生裂缝	构造裂缝	构造应力作用	近断层处、呈低角度
		溶蚀裂缝	溶解作用	分布广泛、形态不规则
		风化裂缝	风化作用	岩层表面

五、火山作用与油气的保存

以往观点认为，火山作用对油气主要起破坏作用。油气藏形成之后的火山活动会破坏油气的保存，切穿油气藏的火山通道或伴生断裂破坏油气圈闭的完整性，导致油气泄漏。火山喷发形成的高温物质使烃类发生变质并对附近油气藏起破坏作用。然而如果火山活动早于油气运移，情况则完全不同。颗粒微小的火山灰遇水发生膨胀，形成孔渗条件较差的沉火山凝灰岩，成为良好的盖层。厚层的玄武岩层在泥岩封闭性较差地域也可以作为沉积储层的局部盖层。原生火山岩一般都很致密，致密的火山岩对油气运移可起遮挡作用，也可作为油气藏形成的良好盖层。如张占文、陈永成在《辽河盆地东部凹陷天然气盖层评价》一文中所论及的，他们通过研究未蚀变玄武岩、蚀变玄武岩和泥岩的封盖性能，认为蚀变玄武岩同未蚀变玄武岩相比封盖性能明显变差，但与邻近大致相同深度的泥岩盖层相比，仍具有较好的封盖性能。

第二节　实例分析

一、火山作用促进优质烃源岩的形成——以松辽盆地徐家围子断陷和梨树断陷对比为例

火山活动不仅会影响沉积盆地中烃源岩的热演化作用与生烃演化作用，也会影响相关地区的自然环境与气候变化。火山活动喷发的物质降落到陆地，可以改变地表土壤的结构和成分，进而直接影响了植被生长。陆地喷发或水下喷发所产生的火山物质降落到海洋和湖泊等水体中，会不同程度地影响水生生物的生长环境。火山活动所带来的热量、气液流体以及矿物质，为湖盆中的水生生物提供了所需的养料，从而使水生生物群落在火山喷溢环境中发育繁盛，为烃源岩聚集有机质提供了良好的物质基础。

（一）徐家围子断陷与梨树断陷深层烃源岩地质、地球化学对比

1. 营城组烃源岩的分布特征对比

徐家围子断陷营城组暗色泥岩分布不均匀，主要分布在徐家围子断陷的北部，暗

色泥岩厚度超过100m的地区主要在徐深1井东部和西部、卫深3井以东及汪深1井附近（图5-1）。梨树断陷的营城组烃源岩分布则较为集中，厚度从50m到近千米，从断陷边缘到中心为由薄到厚的分布特征（图5-2）。

图5-1 徐家围子断陷营城组暗色泥岩等厚图

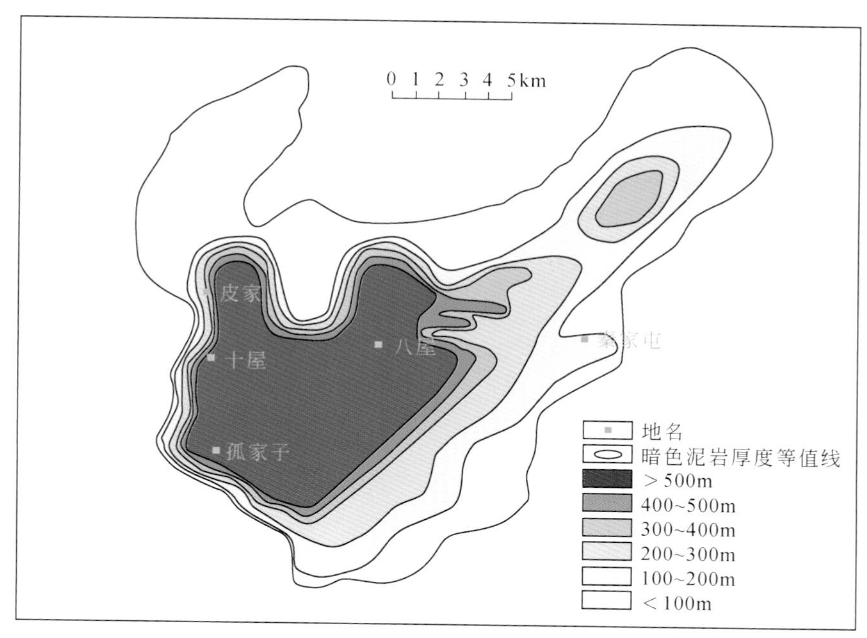

图 5-2　梨树断陷营城组暗色泥岩厚度等值线图

2. 营城组烃源岩有机质丰度特征对比

徐家围子断陷的 13 块样品的有机碳平均值为 2.06%，生烃潜力参数 S_1+S_2 平均值为 0.18mg/g（表 5-4）。梨树断陷的 13 块样品的有机碳平均值为 0.38%，生烃潜力参数 S_1+S_2 平均值为 0.50mg/g（表 5-5）。可见徐家围子断陷样品的 TOC 含量大于梨树断陷，生烃潜力参数却小于梨树断陷。其原因在于徐家围子断陷烃源岩样品的深度大于 3400m，埋藏较深，经历了较高的热演化阶段，丰富的有机碳含量和较高热演化程度说明徐家围子断陷深层烃源岩经历过大量生烃过程，因此剩余的生烃潜力较小。所以从整体来看，徐家围子断陷营城组的烃源岩有机质丰度特征优于梨树断陷。

表 5-4　徐家围子断陷营城组烃源岩有机质丰度特征

井号	深度	层位	岩性	TOC /%	S_1 /（mg/g）	S_2 /（mg/g）	S_1+S_2 /（mg/g）
徐深 1-2	3464	K_1yc	泥岩	1.258	0	0.06	0.06
徐深 1-2	3473.05	K_1yc	泥岩	2.8	0	0.17	0.17
徐深 1-4	3431.25	K_1yc	泥岩	1.819	0.069	0.199	0.268
徐深 1-4	3423.73	K_1yc	泥岩	1.656	0.063	0.221	0.284
徐深 1-4	3439.8	K_1yc	泥岩	1.817	0.064	0.191	0.255
徐深 1-4	3445.82	K_1yc	泥岩	2.326	0.074	0.238	0.312
徐深 1-4	3618.52	K_1yc	泥岩	4.055	0.064	0.489	0.553
徐深 22	3912.21	K_1yc	黑色泥岩	3.623	0.03	0.1	0.13
徐深 22	3913.46	K_1yc	黑色泥岩	2.37	0.02	0.05	0.07
徐深 22	3907.41	K_1yc	黑色泥岩	3.283	0.03	0.07	0.1
徐深 21-1	3782.05	K_1yc	黑色泥岩	0.717	0	0.02	0.02
徐深 21-1	3821.73	K_1yc	黑色泥岩	0.711	0	0.02	0.02
徐深 21-1	3839.57	K_1yc	黑色泥岩	0.372	0	0.05	0.05

表 5-5 梨树断陷营城组烃源岩有机质丰度特征

样品编号	深度	层位	岩性	TOC /%	S_1 /（mg/g）	S_2 /（mg/g）	S_1+S_2 /（mg/g）
SW1-B13	1526.75	K_1yc	黑色泥岩	0.25	0.13	0.58	0.71
SW1-B18	1545.93	K_1yc	黑色泥岩	0.07	0.12	0.45	0.57
SW2-B17	1906.88	K_1yc	黑色泥岩	0.36	0.1	0.46	0.56
SW2-B19	2037.45	K_1yc	黑色泥岩	0.18	0.11	0.58	0.69
SW2-B22	2041.64	K_1yc	黑色泥岩	0.39	0.12	0.62	0.74
SW3-B14	2012.96	K_1yc	黑色泥岩	0.55	0.1	0.49	0.59
SW3-B17	2014.51	K_1yc	黑色泥岩	0.07	0.02	0.03	0.05
SW3-B27	2198.61	K_1yc	黑色泥岩	0.55	0.11	0.47	0.58
SW3-B30	2202.49	K_1yc	黑色泥岩	0.5	0.11	0.55	0.66
SW3-B33	2377.06	K_1yc	黑色泥岩	0.26	0.12	0.59	0.71
SW3-B37	2447.15	K_1yc	黑色泥岩	1.62	0.06	0.36	0.42
SW103-B5	1730.14	K_1yc	黑色泥岩	0.06	0.11	0.53	0.64
SW108-B10	1529.91	K_1yc	黑色泥岩	0.39	0.01	0.05	0.06

3. 营城组烃源岩有机质类型对比

徐家围子断陷营城组烃源岩有机质类型为Ⅱ-Ⅲ型，以Ⅱ型为主（表5-6），原始氢含量较高，应属高度饱和的多环碳骨架，中等长度直链烷烃和环烷烃较多，应该来源于水生浮游生物（以水生浮游植物为主）和微生物的混合有机质。梨树断陷营城组烃源岩有机质类型与徐家围子断陷的情况类似（图5-3）。

表 5-6 徐家围子断陷营城组烃源岩有机质类型

井号	深度/m	层位	类型
徐深 1-2	3464.00	K_1yc	$Ⅱ_1$
徐深 1-2	3473.05	K_1yc	$Ⅱ_1$
徐深 1-4	3431.25	K_1yc	$Ⅱ_1$
徐深 1-4	3423.73	K_1yc	$Ⅱ_2$
徐深 1-4	3439.80	K_1yc	$Ⅱ_1$
徐深 1-4	3445.82	K_1yc	$Ⅱ_1$
徐深 1-4	3618.52	K_1yc	$Ⅱ_1$
徐深 22	3912.21	K_1yc	Ⅰ
徐深 22	3913.46	K_1yc	Ⅰ
徐深 22	3907.41	K_1yc	$Ⅱ_1$
徐深 21-1	3782.05	K_1yc	Ⅲ
徐深 21-1	3821.73	K_1yc	Ⅲ
徐深 21-1	3839.57	K_1yc	Ⅲ

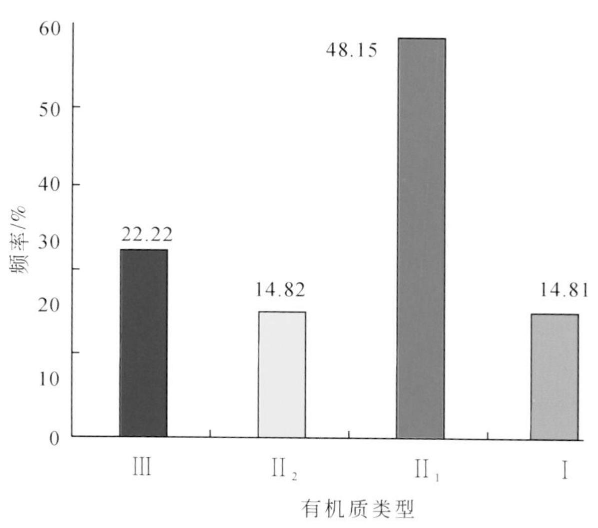

图 5-3　梨树断陷营城组烃源岩有机质类型分布

4. 营城组烃源岩有机质成熟度对比

徐家围子断陷 13 块样品的镜质组反射率平均值为 2.41%，大于梨树断陷的 1.9%，T_{max} 平均值为 538℃，高于梨树断陷的 502℃，其成熟度高于梨树断陷是毋庸置疑的（表 5-7、表 5-8、表 5-9）。

表 5-7　徐家围子断陷营城组烃源岩 R^o 和 T_{max} 值

井号	深度/m	层位	R^o	T_{max}
徐深 1-2	3464	K_1yc	2.26	545
徐深 1-2	3473.05	K_1yc	2.27	545
徐深 1-4	3431.25	K_1yc	2.26	542
徐深 1-4	3423.73	K_1yc	2.26	540
徐深 1-4	3439.8	K_1yc	2.28	542
徐深 1-4	3445.82	K_1yc	2.26	542
徐深 1-4	3618.52	K_1yc	2.3	542
徐深 22	3912.21	K_1yc	2.62	541
徐深 22	3913.46	K_1yc	2.62	541
徐深 22	3907.41	K_1yc	2.6	541
徐深 21-1	3782.05	K_1yc	2.51	539
徐深 21-1	3821.73	K_1yc	2.57	540
徐深 21-1	3839.57	K_1yc	2.58	498

表 5-8　梨树断陷营城组烃源岩 R^o 值

样品号	深度/m	层位	R^o 实测范围	镜质组检测数量	R^o 平均值
SW1-B13	1526.75	K_1yc	1.060 ~ 1.268	50	1.129
SW3-B27	2198.61	K_1yc	1.011 ~ 1.393	52	1.136
SW3-B33	2377.06	K_1yc	1.072 ~ 1.428	50	1.282
SW3-B37	2447.15	K_1yc	1.144 ~ 1.523	56	1.325

表 5-9　梨树断陷营城组烃源岩 T_{max} 值

样品号	深度/m	层位	T_{max}
SW2-B22	2041.64	K_1yc	518
SW1-B18	1545.93	K_1yc	493
SW2-B17	1906.88	K_1yc	536
SW2-B19	2037.45	K_1yc	522
SW2-B22	2041.64	K_1yc	534
SW3-B14	2012.96	K_1yc	516
SW3-B17	2014.51	K_1yc	497
SW3-B27	2198.61	K_1yc	534
SW3-B30	2202.49	K_1yc	537
SW3-B33	2377.06	K_1yc	525
SW3-B37	2447.15	K_1yc	484
SW103-B5	1730.14	K_1yc	519
SW108-B10	1529.91	K_1yc	455

徐家围子断陷由于火山活动比较频繁而且强烈，烃源岩形成之后，经常受后期的火山活动的影响。火山流体上涌，带来了大量的热量，提高了盆地的地温场，使烃源岩处于高的热演化环境中，促进了有机质的成熟，并向烃类转化。徐家围子断陷烃源岩样品的深度大于3400m，而梨树断陷烃源岩样品深度都小于2500m，因此，除了火山活动之外，地温、压力、火山活动引起的构造运动等原因，均促使了徐家围子断陷营城组烃源岩的成熟度大于梨树断陷。

（二）火山活动对烃源岩中有机质的富集作用探讨

火山活动喷出热液进入海洋之后，形成一个0 ~ 350℃的陡变温度梯度带；酸性、还原性的火山热液中含有大量的 H_2、CH_4、CO_2、H_2S、NH_3 等气体和 Fe、Cu、Ca、Zn、Pb 等金属元素和离子，它们与低温的氧化环境的海洋水体反应形成急剧变化的化学梯度带。周围生活的各种类型的嗜热和超嗜热微生物在这样的温度和化学变化梯度带中，获得了丰富的能量和营养物质，从而发育繁盛。这些生物死亡、沉积后就会形成的优质烃源岩。

陆相湖盆中的火山活动环境与海洋中火山环境相似。当湖盆中的火山活动时，岩浆和热液明显提高了火山口周围水体的温度，并带来了大量的氮、磷和矿物质等水生生物所需的丰富的养料，改变水生生物的生存环境。水生生物对环境改变的反应比较灵敏，导致新的生物群落的形成并大量生长繁殖。

刘泽容等（1988）在研究渤海湾盆地惠民凹陷火成岩时发现，在火成岩发育的沙河街组之中，生物灰岩的厚度较大，远高于非火成岩区，说明火成岩发育区生物的繁盛要好于非火成岩区。由此可见陆相湖相盆地火山活动的确有利于促进水生生物的生长。金强（2003）在研究渤海湾盆地东营凹陷的火山热液的成果表明，湖盆中水生生物的繁衍在某种程度上取决于水中磷含量的多少，在靠近玄武岩的烃源岩中确实发现磷（P_2O_5）含量比较高，远离玄武岩则磷含量降低，而且烃源岩的磷含量与有机碳含量具有良好的正相关关系（图5-4），即有机碳的含量会随着磷含量的升高而升高，说明火山或热液作用增加了湖盆中磷的含量，促进了水生生物的繁盛和有机质堆积。张文正等（2009）在研究鄂尔多斯盆地火山活动对烃源岩发育的影响时发现，火山灰等火山物质降落到湖盆后，火山灰中的Fe、P_2O_5、CaO等进入湖盆水体之中，会发生水解作用，提高底层水中的生物营养成分，促进藻类等底栖生物大量繁盛。

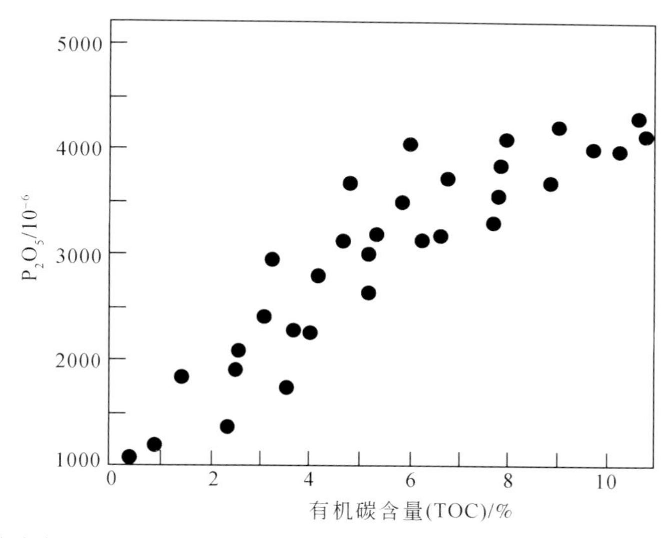

图5-4 东营凹陷滨南地区玄武岩之上40m厚度内烃源岩TOC与P_2O_5之间的关系（金强，2003）

（三）徐家围子断陷营城组一段陆相水下喷发火山活动对烃源岩形成环境的影响

松辽盆地的主要河流和众多的溪流所携带的陆源有机质和各种营养物质，进入湖盆，大大增加了湖盆的营养程度，首先为湖盆中水生生物的发育繁盛创造了良好的生存环境。而当湖盆中的火山发生喷溢活动时，水下喷发的岩浆使湖水温度升高，导致湖盆中原有的大量生物死亡，生物的尸体沉积在湖盆底部，形成后来的烃源岩的一部分。而火山活动带来大量的氮、磷和矿物质等水生生物所需的养料和能量，同时也改变了水生生物的生存环境，如湖水的水质、含氧量、含盐度和酸碱度等。由于水生生物对环境改变的反应比较灵敏，因此新的生物群落形成并大量生长繁殖。火山热液活动对湖盆环境的影响是一个长期的过程，因此水下火山喷溢活动促进了水生生物的繁盛和富有机质泥岩的堆积，为形成优质烃源岩提供了物质基础，且演化程度也较高。

火山喷发活动向湖盆中提供了大量的气液物质，包括 H_2S、SO_2、CO_2、CH_4和 H_2 等气体以及含金属元素的矿物质。H_2S、SO_2、CO_2、CH_4等气体与湖中的 H_2O 和 O_2等发生反应，在大量消耗氧的同时，使水体盐度增高。因此便导致了火山作用之后的水体的密度比火山作用之前的水体变大，在重力分异的作用下致使湖水分层，缺氧湖水分布于湖盆下部，使湖水处于还原环境，为有机质的保存和转化提供了有利条件。而喷出的 CH_4在运移过程中，如果遇到适当的储存条件，便会储存下来，形成天然气。火山间歇期，火山喷发带入大量营养物质，使湖盆中生物再次富集，增加了水体总有机质的含量。而含金属元素的矿物质是生物所需的养料，也可以促使湖盆中的水生生物大量繁衍。

徐家围子断陷营城组一段时期火山旋回多、期次多，这说明这一时期的火山活动很频繁；而火山岩的分布范围广、厚度大、岩性复杂，这又说明徐家围子断陷营城组一段时期的火山活动很强烈。徐家围子断陷营城组一段时期火山活动频繁而强烈，导致了徐家围子断陷营城组烃源岩有机质丰度高，有机质类型好以及有机质成熟度高等优越因素。

梨树断陷营城组火成岩主要分布于断陷的东部及北部，岩性基本以火山碎屑岩及火山碎屑沉积岩两大类为主。其中火山碎屑岩以凝灰岩为主，而火山碎屑沉积岩则以沉凝灰岩为主。这说明了梨树断陷在营城组时期是有火山活动的，不过火山作用不强烈，表明是远离火山口的。因此，梨树断陷的营城组烃源岩基本不受火山活动的影响。徐家围子断陷营城组烃源岩受同期火山活动影响较大，致使其在有机质丰度、有机质类型和有机质成熟度等方面都优于梨树断陷的营城组烃源岩，这说明烃源岩在形成期受到同期火山活动的影响十分强烈。

徐家围子断陷营城组一段发育的火山岩分布范围广，厚度大，岩性复杂，旋回期次多，说明徐家围子断陷营城组一段的火山活动十分强烈。梨树断陷营城组火山岩很不发育，分布范围小，厚度薄，岩性单一，说明梨树断陷营城组的火山活动十分微弱。徐家围子断陷营城组烃源岩的各项特征优于梨树断陷营城组烃源岩。通过对徐家围子断陷营一段水下喷发火山活动对烃源岩形成环境的影响和水下喷发的火山活动特征的研究发现，水下的火山喷溢活动给湖盆中带来大量的氮、磷和矿物质等水生生物所需的养料和能量，为形成优质烃源岩提供了物质基础；而火山喷发在改变了湖盆的温度场和压力场的同时，向湖盆中提供了大量的气液物质，其中的 H_2S、SO_2、CO_2、CH_4等气体与湖中的 H_2O 和 O_2等发生反应，使水体盐度增高，在重力分异的作用下致使湖水分层，缺氧湖水分布于湖盆下部，形成了还原环境，为有机质的保存和转化提供了有利条件。因此可以判断徐家围子断陷的营一段火山活动促进了营城组烃源岩中有机质富集作用。

二、火山作用对有机质生烃的促进作用——英台断陷

英台断陷位于松辽盆地南部长岭断陷的北部，断陷内发育营城组—火石岭组地层，地层厚度400~3800m，为西断东超的箕状断陷。该区勘探始于50年代，截至目前，已完成二维数字地震2800km，测网密度0.5km×0.5km ~ 1km×2km；三维地震614.26km²。深层指泉头组二段及其以下地层，主要为上侏罗统—下白垩统断陷构造层和下白垩统拗陷构造层。据地震资料及钻井揭示，英台断陷自下而上发育前震旦系、石炭系—二叠系、上侏罗统火石岭组、下白垩统沙河子组、营城组和登娄库组及泉头组一段、二段地层。

（一）深层烃源岩基本地质、地球化学特征

沙河子组暗色泥岩累计最大厚度可达500m，而龙深1井处暗色泥岩累计厚度约为400m，营城组（二段）暗色泥岩累计最大厚度可达650m，而龙深1井处暗色泥岩累计厚度约为200m。由此可见，沙河子组和营城组（二段）的源岩较发育。烃源岩主要地化参数分布范围及均值见表5-10。

表5-10　各层位地化特征一览表

层位	有机碳TOC /%	生烃潜力 S_1+S_2 /（mg/g）	氯仿沥青“A” /%	氢指数IH /（mgHC/gC）	镜质组反射率 R^o/%
营城组	0.95（6） 0.63~1.99	2.2（6） 0.8~3.7	0.19（6） 0.12~0.28	101（6） 57~143	1.65（9） 1.21~1.97
沙河子组	0.94（25） 0.36~2.43	2.18（25） 0.63~8.56	0.35（6） 0.09~0.73	88（25） 38~185	1.9（13） 1.3~2.18

注：$\frac{\text{均值（样品数）}}{\text{最小值~最大值}}$。

从研究区各层段有机质的H/C-O/C关系图（图5-5）上可以看到，包括营城组、沙河子组在内，各层位的有机质类型基本为II_1和II_2，类型较好，生烃潜力较高。而且由图也可以看出，营城组和沙河子组两个主要的源岩层位，已经处于高成熟的演化阶段。

镜质组反射率被认为是确定有机质成熟度最权威的指标。一般认为R^o=0.5%~0.7%对应着生油门限，R^o从0.5%~0.7%~1.3%对应着主要生油区。

深层源岩的R^o基本上>1.3%，处于高成熟的演化阶段，部分沙河子组样品>2%，处于过成熟演化阶段。

（二）对围岩中有机质的成熟及生烃的促进作用

随着与接触面距离的减小，围岩中有机质成熟度逐渐升高（图5-6a），由原来的

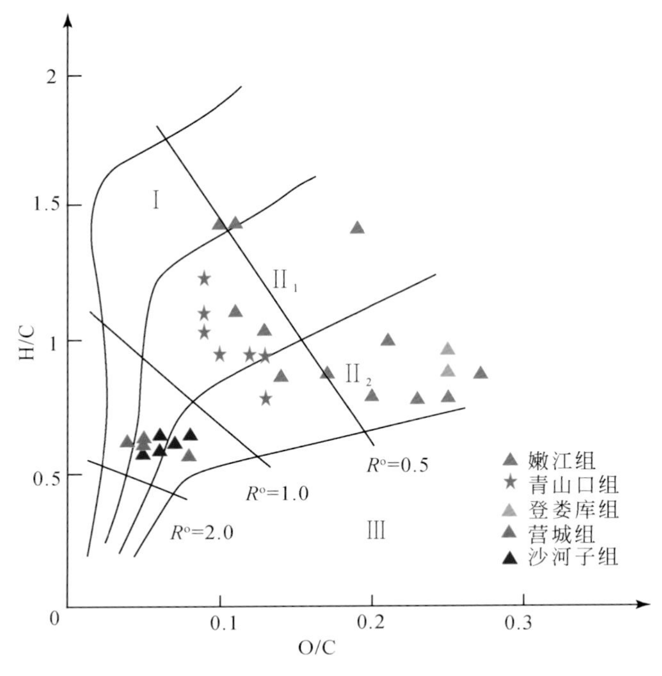

图 5-5　各层段有机质的 H/C-O/C 关系图

1.6 变化到 2.1 左右。岩石热解参数 T_{max} 则显示离侵入体越近，值越大（图 5-6b），在侵入体 d 和 e 之间，T_{max} 值变化呈现“V”字形，存在一个低谷，表示此处受到的影响较小。

围岩中有机值元素分析显示，离接触面越近，H/C 和 O/C 值越低（图 5-6c、d），说明侵入体的存在促进了有机质成熟、生烃。随着与侵入体距离的减小围岩中 TOC 逐渐降低（图 5-6e），而在侵入体 d 和 e 之间 TOC 先增大后降低的趋势则是两套侵入体共同作用的结果。同样，围岩氢指数（HI）也出现规律性变化，具体表现在与接触面距离越近氢指数越低，在两套侵入体之间则与 TOC 变化规律相似（图 5-6f）。

随着与接触面距离的减小，围岩中可溶有机质（氯仿沥青“A”）含量先增加后降低。增加是因为在岩浆热作用下生成的液态烃残留在围岩中，之后的降低则是由于距离越近，受热强度就越大，液态烃发生裂解，导致可溶有机质含量降低（图 5-6g）。同样，热解烃 S_2 也出现类似的变化规律（图 5-6h）。

另外，对围岩中黏土矿物进行研究还发现，绿泥石含量具有随着与接触面距离减小而减小的趋势（图 5-6i）。令人疑惑的是，围岩可溶有机质中饱和烃含量随着与接触面距离减小而减小。而一般来说，随着受热程度的增加液态烃中饱和烃含量应该逐渐增加。

客观发生的现象表明，岩浆侵入体的存在确实促进了围岩有机质的成熟、生烃。

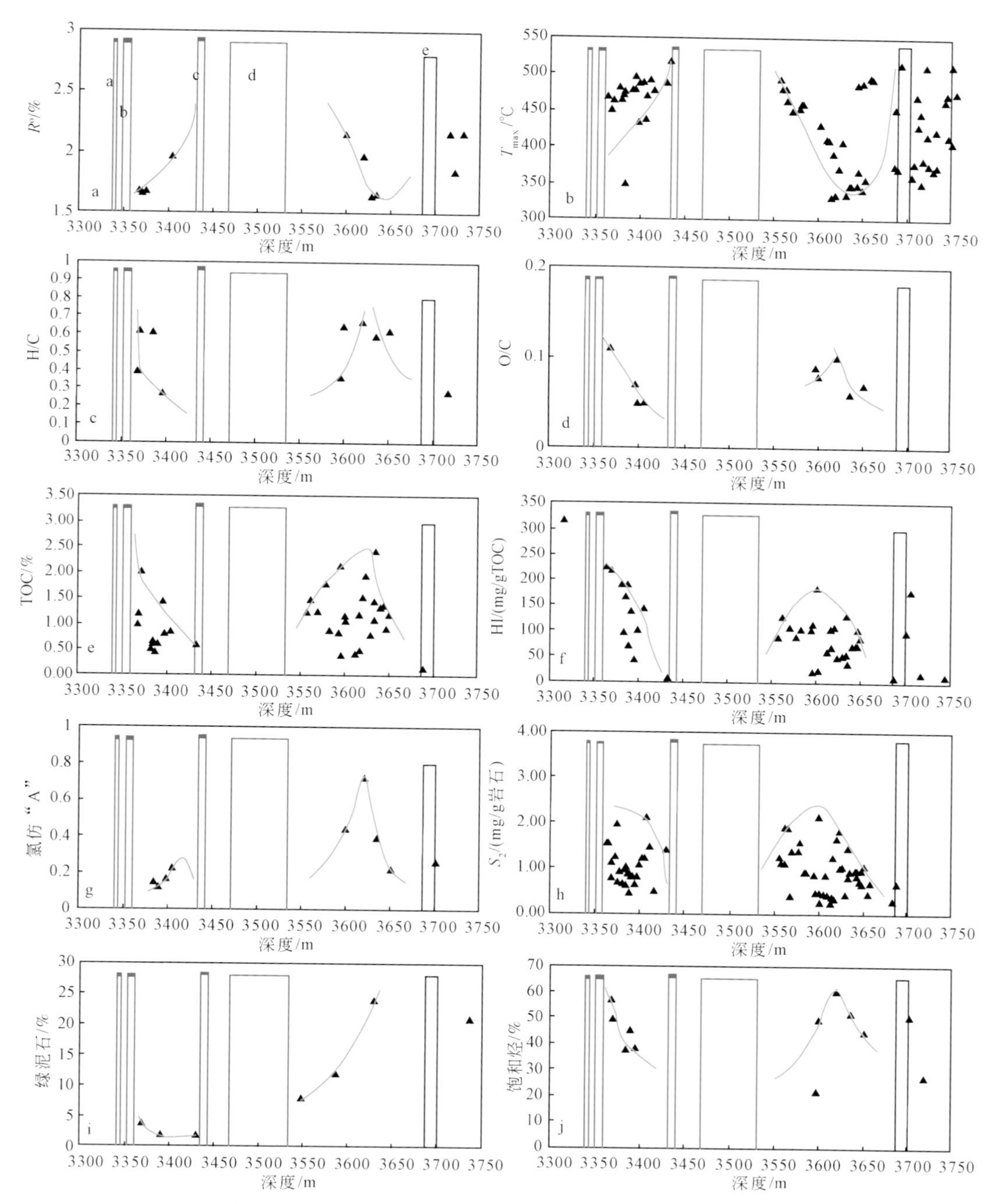

图5-6　围岩有机-无机物、成熟度指标变化与侵入体关系

a. 围岩镜质组反射率；b. 围岩热解 T_{max}；c. 围岩H/C值；d. 围岩O/C值；e. 围岩有机碳含量；f. 围岩氢指数；g. 围岩氯仿沥青"A"；h. 围岩热解参数 S_2；i. 围岩黏土矿物绿泥石含量；j. 围岩抽提物饱和烃含量

（三）对有机质生烃史的影响

前人研究表明，松辽盆地南部断陷经历三次较大规模火山活动。分别是晚侏罗世（145～164Ma）中-基性火山岩，白垩纪早期（130～145Ma）盆地断拗转换期酸性火山岩以及营城组火山喷发期。研究区岩浆侵入层位有沙河子组、营城组，结合火山活动期及侵入层位及天然气产出情况，推断侵入期约为125Ma。图5-7给出了龙深1井埋藏史图，研究区存在两次较大剥蚀，分别为营城组末期（剥蚀量约630m）和青山口组末期（剥蚀量130m）。

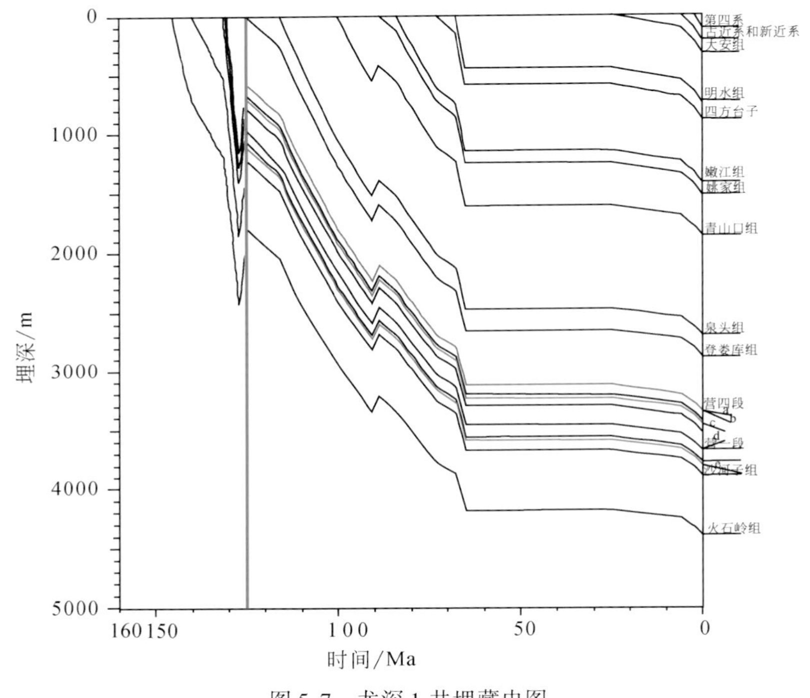

图5-7　龙深1井埋藏史图

依据实测 R^o 数据结合侵入体热传导模型对英台断陷热史进行恢复，其中模拟计算值和实测 R^o 值对比图见图5-8，可以看出拟合效果比较好，可以用来进行应用。

由于在英台断陷无法取到低成熟度、高丰度的深层烃源岩样品，此次选取了松辽盆地北部的杜13井沙河子组的暗色泥岩样品进行热模拟实验。有机质成油、成气及油裂解成气结果见图5-9。

图5-9给出了龙深1井暗色泥岩成气、油成气及净油转化率剖面，可以看出龙深1井区深层原油基本上全部裂解，以气态烃形式存在。同时在侵入体影响范围内，成气转化率迅速增长，受影响范围在3300～3750m左右，总厚度可达约450m，也就说在这范围内的源岩将受到侵入体热作用而快速成熟。为了进一步明晰侵入体对生烃的热作用，分别对不同埋深处源岩进行了生气史研究（图5-10），3360m、3400m、3720m处

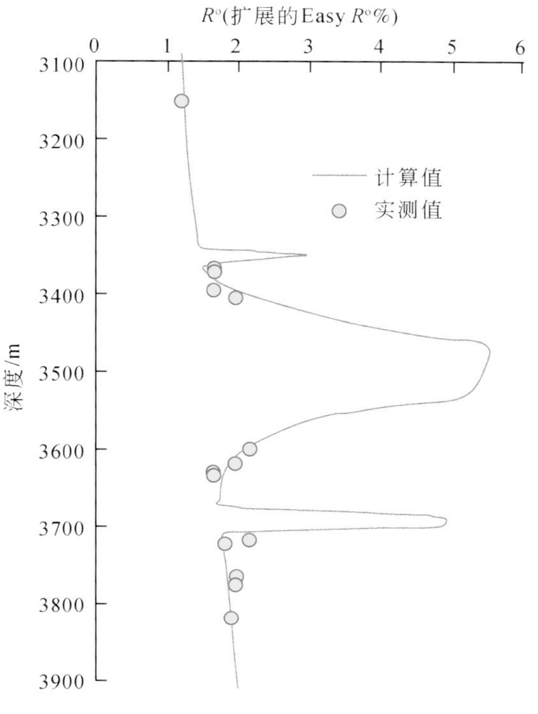

图 5-8　模拟侵入体影响情况下 R^o 演化剖面

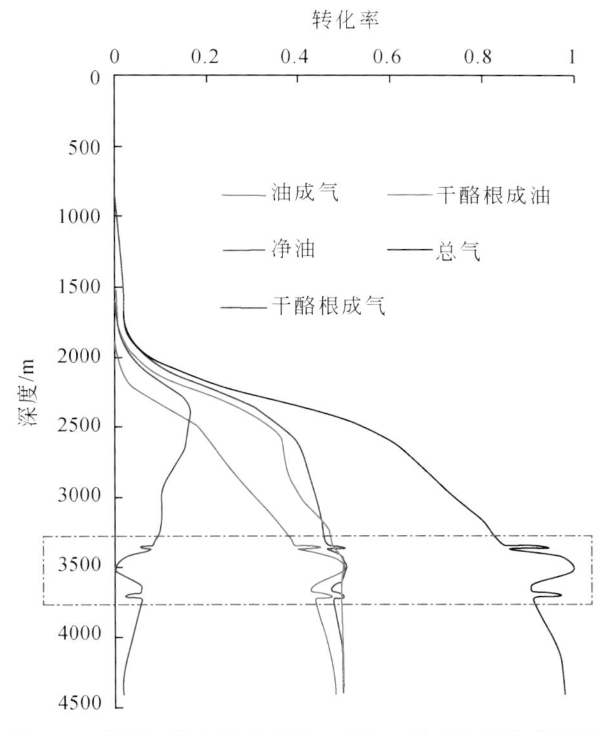

图 5-9　龙深 1 井有机质成油、成气、油成气转化率剖面

烃源岩受侵入体热作用在125Ma时迅速成熟，生气转化率从0增加到80%以上。4400m埋深处源岩未受到侵入体热作用（图5-10b），在125Ma之前已经开始生气，转化率可达20%，之后由于营城组末期构造抬升剥蚀、生气终止，在登娄库时期继续埋深，达到二次生气的热力学条件后继续生烃（图5-10a）。这种生气终止，再次开始生气的模式一共经历了三次，分别对应营城组末期剥蚀、青山口组剥蚀和古近系的沉积间断。对于受到侵入体热影响的3360m、3720m处源岩在古近纪末期均出现二次生气现象（图5-10b），表明后期的埋藏深度加大，达到了热力学启动条件（超过了其受侵入体热作用的强度），而3400m埋深处的源岩则由于距离侵入体较近，受到的热作用较强，在后期的埋深条件下一直未超过二次生气的启动条件，故生气转化率至今一直未发生变化。可见，将化学动力学模型、埋藏史模型、侵入体热传导模型和正常热史模型结合起来可以很好地研究有机质复杂的成烃过程。

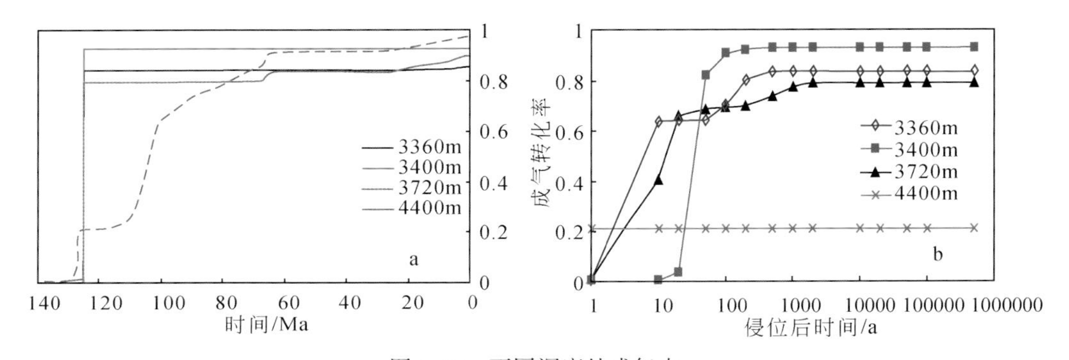

图5-10　不同深度处成气史

a. 从沉积开始至现今；b. 侵入体侵位后1Ma内生气史

三、火山作用与圈闭——以龙深1井火山岩气藏为例

本次研究从圈闭的储集性能、盖层特征和油气的输导体系三个方面进行解剖。

龙深1井所在的圈闭是长期发育的鼻状构造，位于英台断陷五棵树构造带南部，该构造形成于营城组沉积早期，伴随着大规模火山喷发，构造初现雏形，营城组沉积中晚期，区域挤压作用下构造幅度进一步加大，登娄库组沉积时期，构造已经定型，后期构造运动对深层影响较小。营城组火成岩顶面表现为东倾的鼻状构造，火山岩岩性分布面积161km^2，圈闭面积106km^2，幅度1300m，高点海拔-2200m（图5-11）。

（一）储集层特征

有利的岩性和相带是油气富集的空间。流纹岩、安山岩是龙深1井的有利岩性；流纹岩上部（173、182、183、184、185层共19.2m、溢流相上部）及安山岩下部（177、179、180层共23.5m）是本井的有利岩相（溢流相下部）。流纹岩的储集空间主要有气孔、杏仁体内残留孔、基质溶孔、斑晶溶孔、方解石脉溶孔、收缩缝、炸裂缝、构造缝、风化缝、溶扩构造缝等；安山岩的储集空间主要有气孔型及气孔-裂缝型。

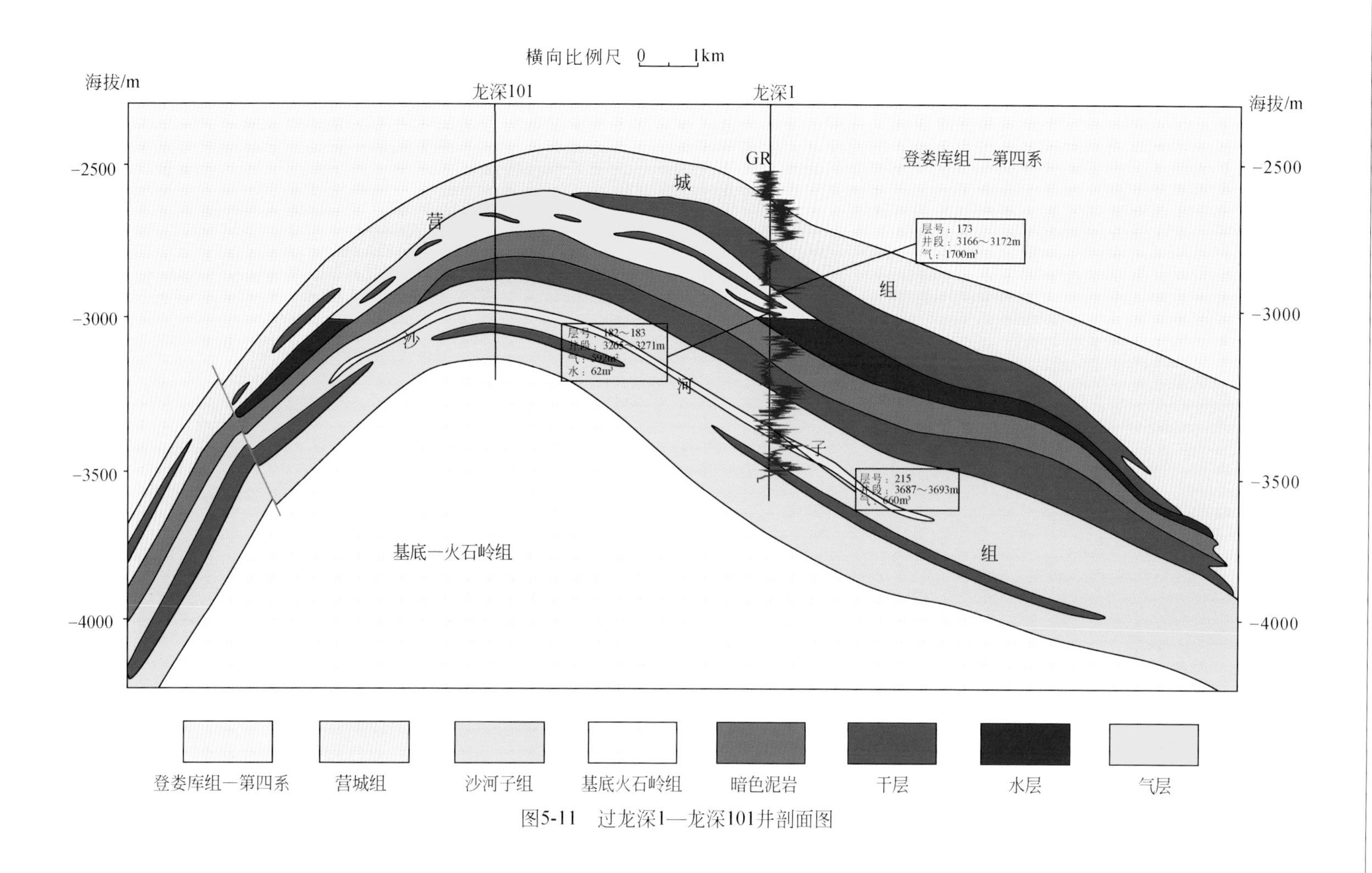

图5-11　过龙深1—龙深101井剖面图

龙深1井区火山岩厚度分布具有南北薄、东西厚的特征。在工区西部由于边界断层的影响火山岩的厚度达到1500m，南北部的厚度基本在200m左右。

本区微断裂非常发育，垂直断距非常小，应用三维地震相干和倾角分析技术进行识别及定性分析，本区流纹岩及安山岩储层由于微裂隙的广泛发育而具有较好的储集能力。

（二）盖层特征

盖层是指位于储集层之上能够封隔储集层、使其中的油气免于向上逸散的保护层。按盖层的产状及作用可分为三类，即区域盖层、局部盖层。

营城组储层的主要区域盖层为泉一段顶部泥岩。长岭断陷一般大于100m，最大在乾安和孤店地区超过300m，可以作为一套良好的区域盖层。龙深1井泉一段厚约150m。

登二段泥岩为覆盖营城组储层的主要局部盖层。松辽盆地北部古龙断陷登二段泥岩一般大于100m，最大超过300m；徐家围子、莺山双城地区登二段泥岩一般大于100m，最大超过200m；龙深1井登娄库组厚约185m。

对于营城组储层来说，营城组内储层之上的致密火山岩和泥岩均可作为其储层的直接盖层。龙深1井2928m以下40m泥岩及2968m以下180m致密闪长岩都是该井流纹岩和安山岩储层的直接盖层。

综上所述，应该说龙深1井的盖层条件较好。

（三）输导条件

根据介质的特征，可将油气输导系统分为三类，即断裂输导系统、不整合输导系统和储集层输导系统。

1. 断裂输导体系

龙深1井所处的构造为被断层复杂化的鼻状构造，断层向下断穿营城组—火石岭组，向上断至青山口组、姚家组（图5-12）。营城组火成岩顶面断层较发育，平面上近南北走向，延伸长度1～6km，断距20～150m。

龙深1井的主要源岩排烃期为明水组沉积末期，此时的沟通源岩与储层的断裂活动是油气运移的重要通道。

2. 不整合输导体系

龙深1井区营城组火山岩顶面与其上覆泥岩间、营城组顶界面T4、营城组底界面T41均是不整合界面。其中，营城组火山岩顶面与其上覆泥岩间的不整合对该泥岩生成的油气向火山岩储层的运移具有重要作用；沙河子组生成的油气也可以通过T41进入上覆的火山岩储层。

3. 储集层输导系统

对于龙深1井营城组火山岩储层来说，储集层输导系统主要指的是营城组火山岩

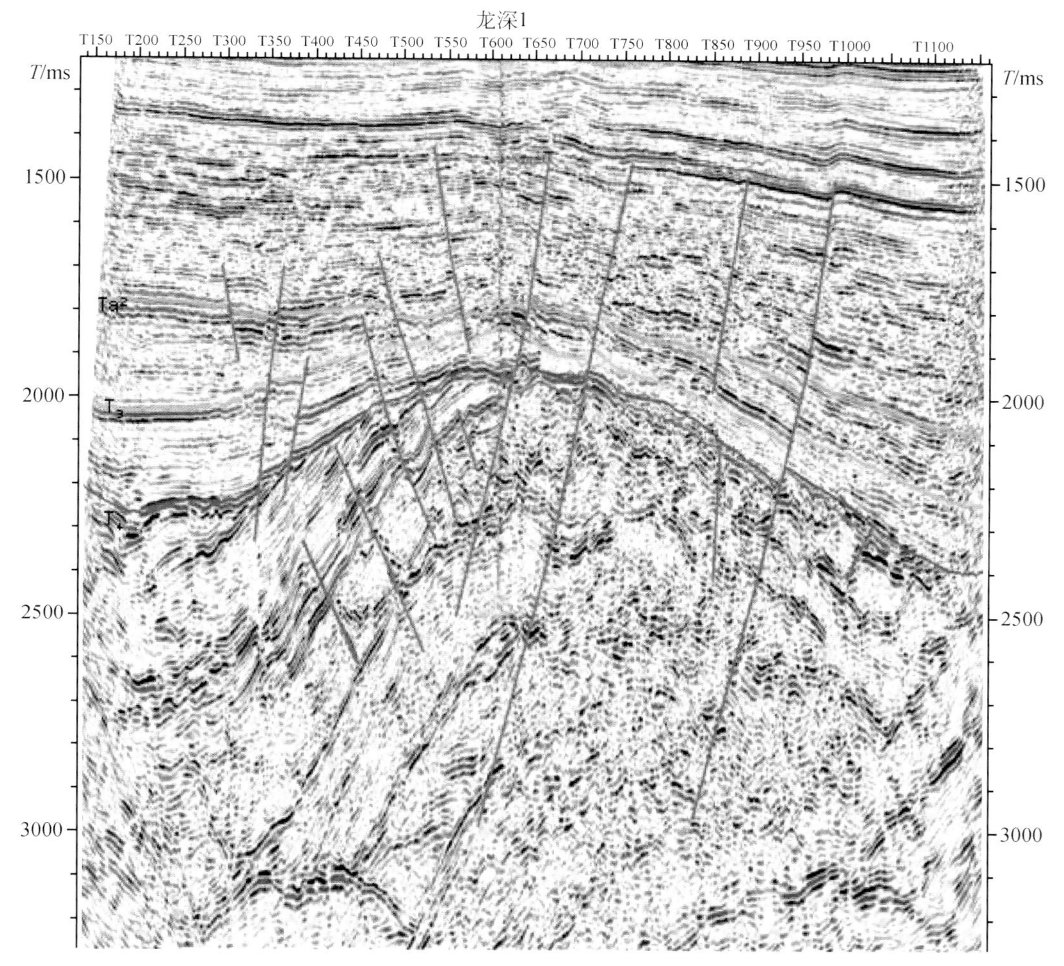

图 5-12　龙深 1 井三维地震 Inline575 测线标定剖面图

裂隙系统。

经岩心观察、铸体薄片鉴定、成像测井资料分析、相干体分析、地层倾角检测等地震属性分析发现，龙深 1 井储层微裂缝相当发育。因此，进入储层的天然气可以通过储层内部的微裂缝进行二次运移。

四、火山岩盖层——以徐家围子断陷深层火山岩为例

徐家围子断陷是松辽盆地北部深层天然气勘探的重点地区，该断陷近北北西向展布，西侧与古中央隆起带相邻，东侧与尚家-朝阳沟隆起带呈斜坡过渡，是由徐西断裂（南北两段）、徐中断裂和徐东断裂控制形成的箕状断陷。目前该断陷已在营城组和登娄库组等层位中发现了 20 余个气藏。探明天然气地质储量超过 2400 亿 m^3，充分展示了良好的天然气勘探远景。断陷内火山岩气藏占比例较高，其天然气除了少部分被泥岩盖层封盖外，很大一部分是被火山岩自身封盖。

（一）火山岩盖层厚度

利用徐家围子断陷营一段顶部火山岩盖层测井曲线的特征编制了其厚度等值线图（图5-13）。可以看出，其厚度相对不大，为0～80m。总体表现为东北部厚、南部薄的特

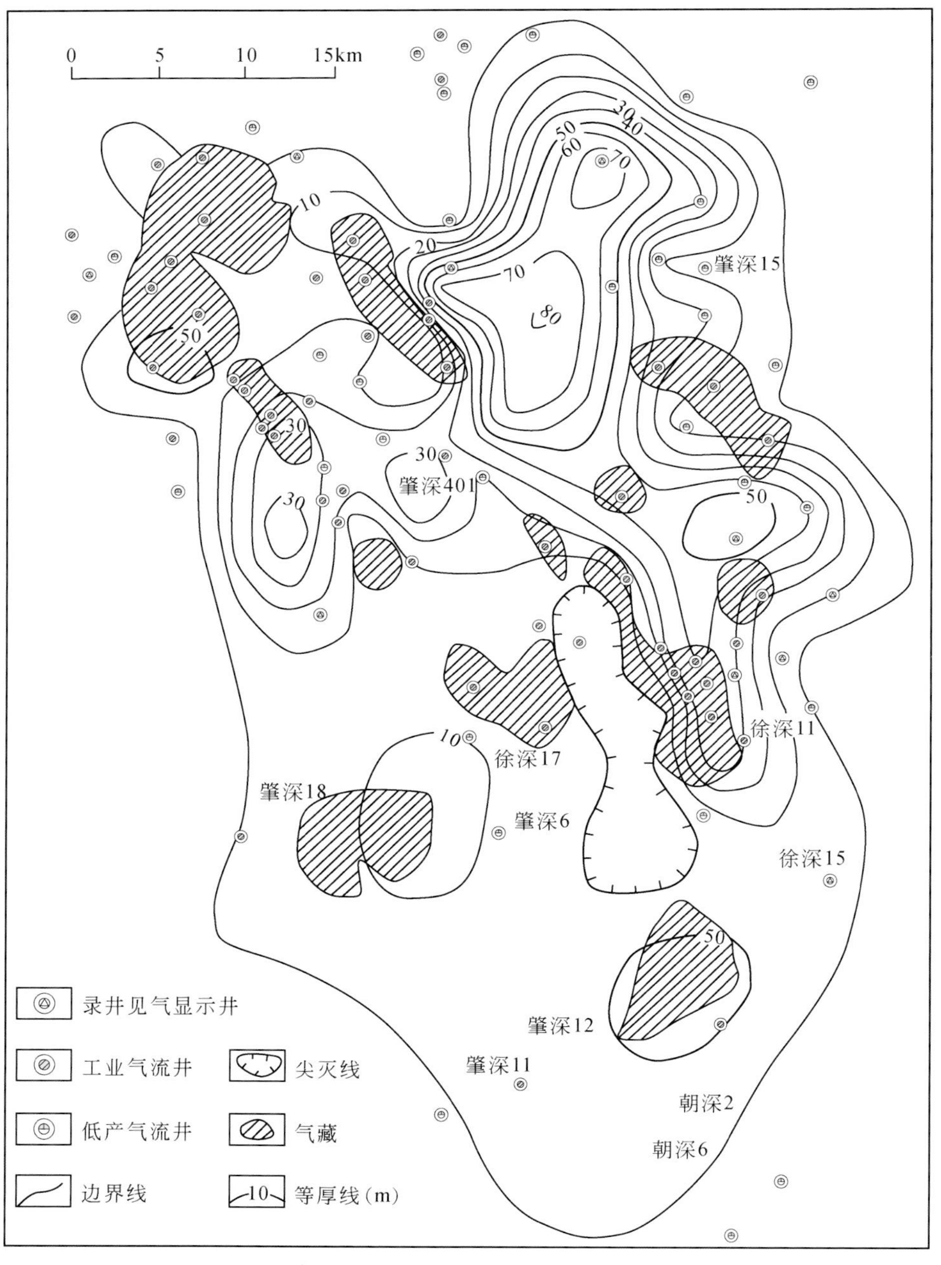

图5-13 徐家围子断陷营一段顶部火山岩盖层厚度分布图

点。徐深43井区及其以南地区厚度最大，盖层厚度可以超过75m，并以高值区为中心向四周逐渐减小。芳深8和芳深6两个气藏，以及徐深8、徐深7和徐深903气藏一线以南地区，盖层厚度均小于20m，并在徐深12、徐深9和徐深903气藏之间存在局部盖层尖灭区。升深8井以北、芳深6井以西、朝深6井以南和徐深11井以东地区缺乏这套高声波时差火山岩盖层。

对徐家围子断陷14个火山岩盖层气藏主要参数值及气藏储量丰度进行统计（表5-11），并分别建立盖层封气能力各影响因素同气藏储量丰度之间的关系。

表5-11 徐家围子断陷14个火山岩盖层气藏营一段火山岩盖层封气能力参数与气藏储量丰度统计

气藏	盖层岩性	盖层厚度/m	盖层排替压力/MPa	气藏埋深/m	气藏压力系数	天然气黏度/(Pa·s)	断裂垂向封闭性影响系数	气藏储量丰度/($10^8m^2/km^2$)	盖层封气能力综合评价参数/(m·Pa·s)
昌德（芳深6）	泥岩、基性喷发岩、砂砾岩	15.22	5.5	2989.2	1.06	0.16	0.18	2.11	0.0008
昌德东（芳深8）	含凝灰质泥质粉砂岩、泥岩	5.01	8.1	3546.1	0.99	0.18	1.00	1.04	0.0020
芳深9	含凝灰质粉砂质泥岩	34.20	8.3	3601.5	1.04	0.18	1.00	4.79	0.0129
徐深1	流纹质含角砾熔结凝灰岩	43.00	6.5	3447.0	1.09	0.17	0.71	10.36	0.0085
徐深12	流纹岩、泥岩	14.80	5.1	3621.0	1.07	0.20	0.45	2.45	0.0015
徐深19	流纹岩	4.20	6.3	3776.8	1.06	0.14	1.00	3.40	0.0061
徐深21	含凝灰质粉砂质泥岩、流纹岩	24.48	6.9	3668.0	1.10	0.19	1.00	8.55	0.0072
徐深27	火山角砾岩	62.00	7.2	3913.0	0.96	0.19	1.00	5.57	0.0214
徐深28	流纹岩	25.20	8.5	4136.4	0.85	0.20	1.00	12.95	0.0109
徐深7	凝灰岩	12.50	6.5	3856.6	1.02	0.195	0.94	9.02	0.0035
徐深8	凝灰岩、流纹岩	50.80	9.4	3686.0	1.05	0.19	0.80	19.36	0.0167
徐深9	流纹岩、泥岩	4.50	7.6	3581.6	1.12	0.19	0.78	6.16	0.0011
徐深903	凝灰岩、凝灰质泥岩	49.20	6.6	3906.0	1.08	0.19	0.69	2.40	0.0073
肇深8	火山角砾岩、泥岩	23.00	5.5	3099.0	1.08	0.19	1.00	3.41	0.0061

火山岩盖层厚度不仅控制着盖层空间展布范围的大小，而且还在一定程度上影响着盖层的封闭质量。盖层厚度越大，其空间展布面积越大，其内部连通的裂缝和孔隙也越少，同时还可以相对抵消断裂对盖层的破坏作用。因此盖层封闭天然气的能力越强，越有利于天然气的聚集与保存，反之则不利于天然气的聚集与保存。由14个气藏

火山岩盖层厚度与其气藏储量丰度数据关系（图 5-14）可以看出，总体上气藏的储量丰度与火山岩盖层厚度呈正相关关系，即随火山岩盖层厚度的增大，气藏的储量丰度也相应增大；反之则减小。

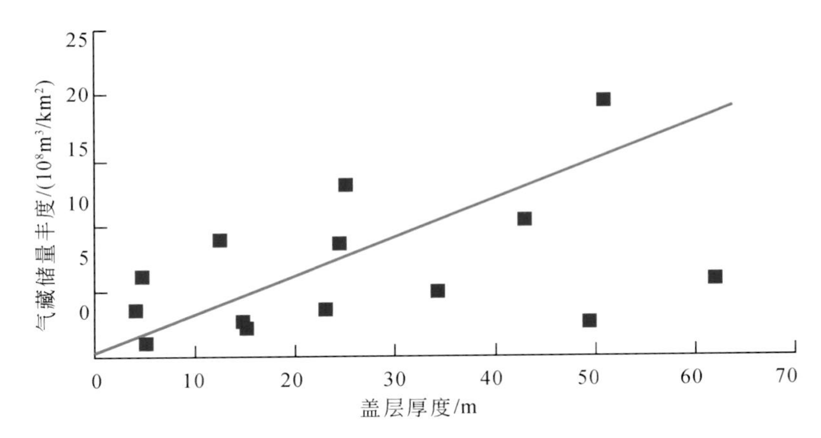

图 5-14　徐家围子断陷 14 个气藏火山岩盖层厚度与储量丰度的关系

（二）火山岩盖层排替压力

排替压力是最小的毛细管力，是泥质岩盖层最根本的评价参数。火山岩盖层也同样可以采用该参数对其封闭天然气的能力进行评价。排替压力越大，盖层封闭天然气的能力越强，越有利于气藏中天然气的聚集与保存；反之则不利于气藏中天然气的聚集与保存。

利用该断陷火山岩、泥岩盖层实测排替压力数据与其声波时差关系拟合的排替压力公式，根据钻井的声波时差资料便可求得火山岩盖层的排替压力（表 5-11）。由 14 个气藏火山岩盖层的排替压力与其气藏储量丰度数据关系（图 5-15）可以看出，总体

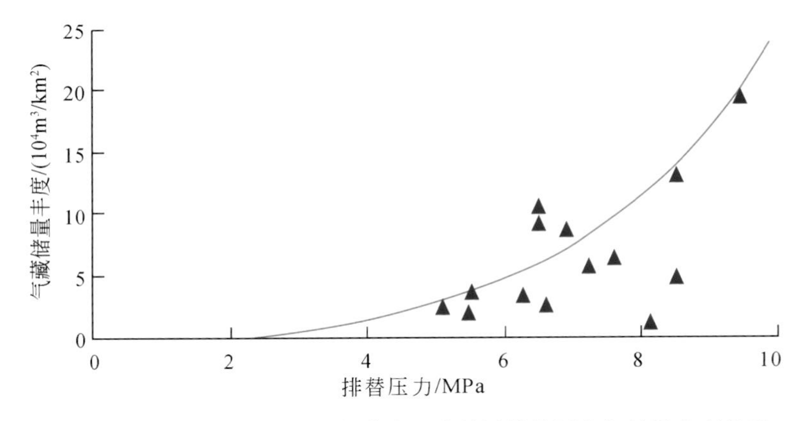

图 5-15　徐家围子断陷 14 个气藏火山岩盖层排替压力与储量丰度关系

上气藏的储量丰度与火山岩盖层的排替压力呈正相关关系，即随火山岩盖层的排替压力增大，气藏的储量丰度也相应增大，反之则减小。对徐家围子断陷营一段顶部火山岩盖层排替压力平面分布特征研究表明（图 5-16），该套盖层排替压力较小，且总体受火山发育的影响，呈圆锥状展布。其中徐深 8 井附近排替压力最大，达 10MPa；其次为芳深 8 井、徐深 1 井、徐深 901 井和徐深 23 井附近，排替压力为 7 ~ 9MPa，肇深 11 和朝深 6 井以南地区排替压力小于 3MPa。

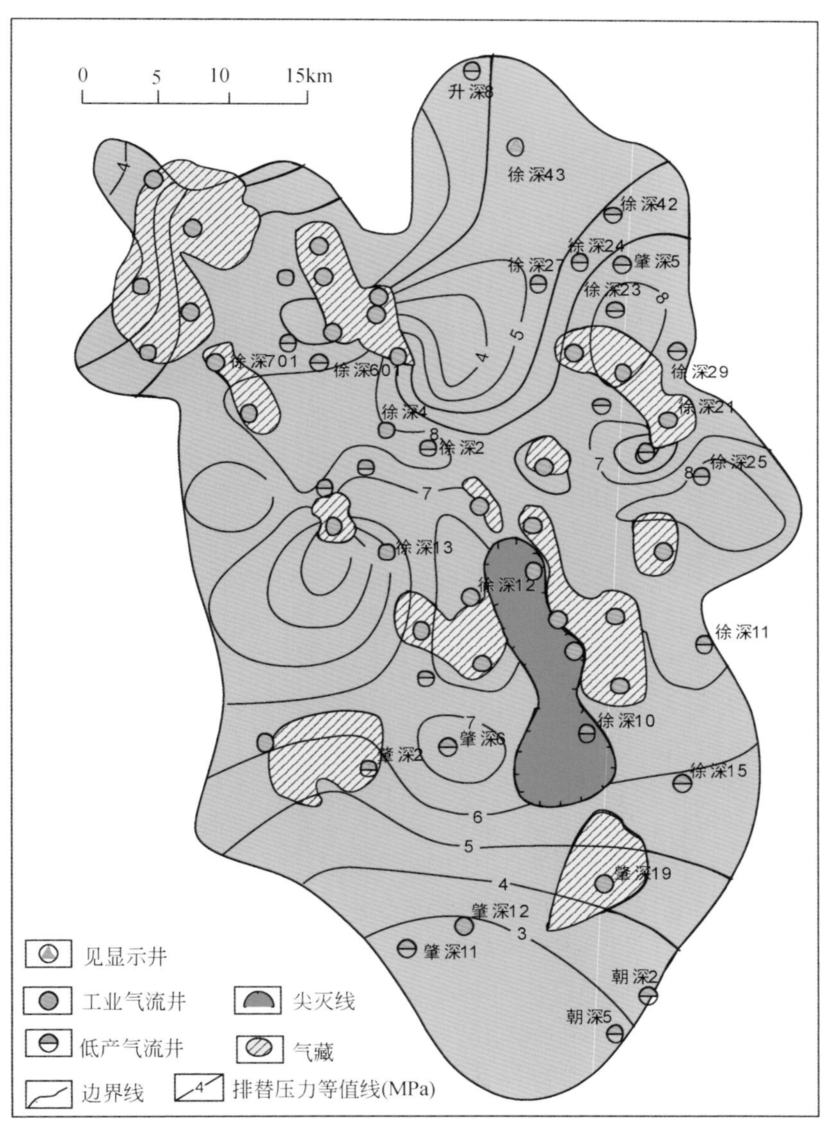

图 5-16　徐家围子断陷营一段顶部火山岩盖层排替压力分布

第三节　火山作用的成藏改造与破坏作用

火山作用发生时，炙热高温岩浆绝对是所向披靡，对烃源岩有机质、已聚集形成的油气藏起破坏作用，尤其是火山喷发导致烃源岩沉积环境的改变，火山岩侵入体的侵位、穿刺、切割，破坏油气成藏圈闭完整性，导致油气泄漏、原油热降解或重新调整。

一、火山作用的破坏作用

火山作用对烃源岩、油气藏的破坏作用主要表现为：破坏原地烃源岩，使其早熟或者是快速生烃耗尽；破坏原地油气藏，直接岩体穿刺、切割、抬升至地表造成油气逃逸或高温烘烤，致使原油快速裂解逸散。

（一）火山作用对烃源岩有机质的破坏作用

火山作用对烃源岩破坏表现为对其紧邻烃源岩的局部影响，侵入火山岩体主要通过高温烘烤热效应，促使烃源岩有机质快速转化生烃，表现为烃源岩局部的提前早熟（图5-17）或高-过成熟（图5-18）。喷发型火山岩表现为局部的火山岩碎屑岩覆盖及沉积烃源岩发育充填物质的改变，致使烃源岩有机质丰度降低，烃源岩品质变差；但局部地区火山岩水下喷发能够改变局部沉积环境，丰富沉积充填矿物，增加水体还原性，也能够形成局部的有机质富集与保存，形成局部烃源岩富集。

（二）火山作用侵入体对油气藏的破坏作用

火山岩侵入体的侵位、穿刺、切割，破坏油气成藏圈闭完整性，导致油气泄漏、原油热降解或重新调整；也就是说，火山岩侵入体不一定完全破坏油气藏，在破坏油气藏的同时，造成构造抬升，原生油气藏油气随构造运动，能够发生再次运移与调整；围绕火山侵入体能够形成次生油气藏，并多表现为围绕火山岩体的多成藏组合类型，以小型披覆油气藏为主。火山岩披覆油藏是与火成岩相伴生的一种油藏类型，其形成、分布及成藏与火山岩的发育密切相关。火山岩披覆油藏既有砂岩油藏，又有生物灰岩油藏，既有火成岩披覆构造油藏，又有火山锥刺穿形成的火山岩遮挡油藏（图5-19）。既可以发育在火山锥的顶部，也可以发育在火山锥的翼部。

惠民凹陷东部地区地质情况复杂，火山岩披覆油藏类型众多：馆陶组为火山岩披覆构造背景上的砂岩油藏；在断裂活动剧烈处，形成火山锥的规模较大，刺穿馆陶组三段地层，在火山锥的顶部，储层变薄，而在火山锥的翼部，以火成岩作为良好的遮挡层，形成一系列的火山锥侧向遮挡油藏；沙一段主要以火山岩披覆生物灰岩油藏及火山岩油藏为主。

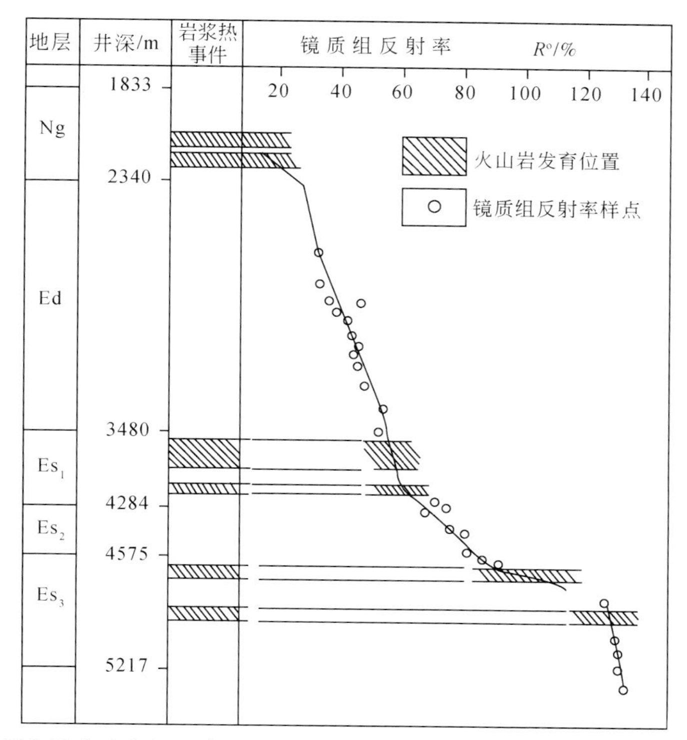

图 5-17　渤海湾盆地南堡凹陷 B5 井的镜质组反射率与井深、岩浆活动热事件关系图

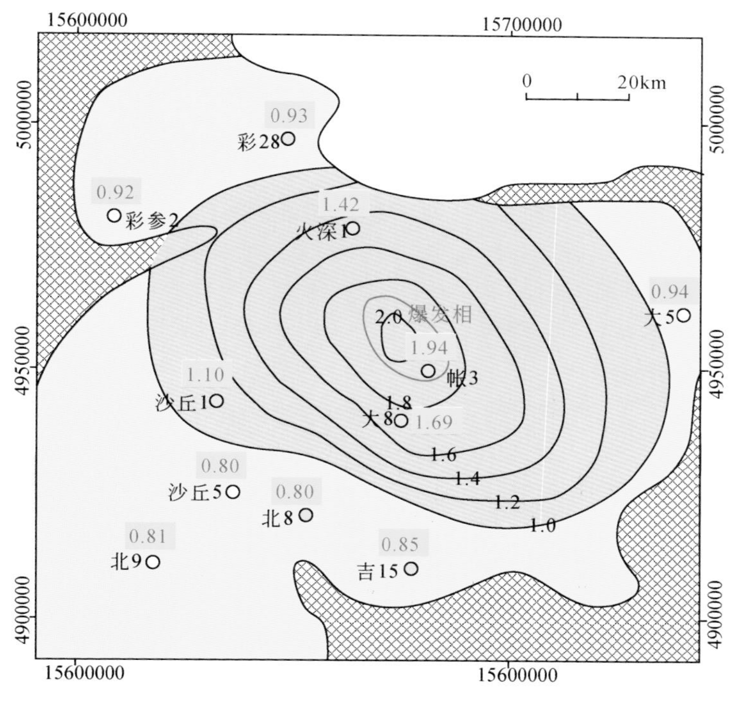

图 5-18　准噶尔盆地东部帐北断褶带帐 3 井区石炭系烃源岩镜质组反射率等值线图（单位：%）

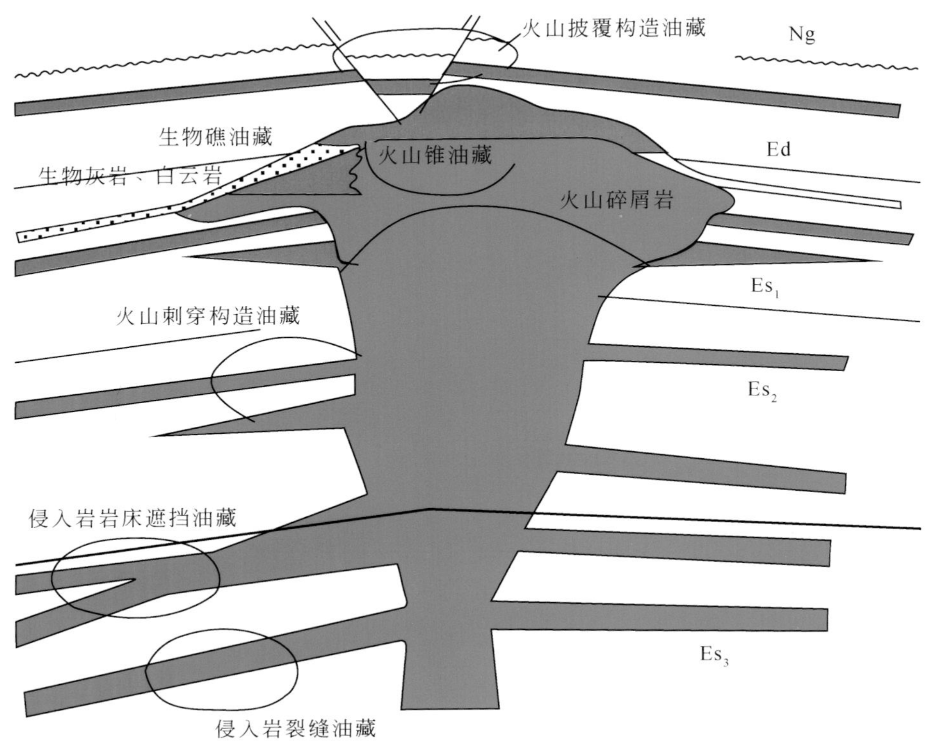

图5-19 火山岩披覆圈闭类型及成藏模式（吴江山等，2003）

（三）火山作用喷发状态对油气藏的破坏作用

火山喷发岩体一旦穿刺油气藏，属于突发事件，油气藏保存条件均遭受破坏，油气散失殆尽（图5-20）。由于火山喷发作用，多表现为裂隙式与中心式喷发，陆相火山喷发规模较大或连片；喷发时，火山岩浆对紧邻原生油气藏成藏条件破坏较大，临近火山口附近的原生油气基本均遭受破坏，油气散失殆尽。因此，火山喷发作用对临近原地古油气藏的破坏程度最大。

二、火山作用的改造作用

（一）火山作用对烃源岩的改造作用

火山作用对烃源岩有机质直接作用的影响，主要表现为热影响和火山流体离子交换的催化影响。但由于火山岩体与泥质烃源岩接触范围局限，热传导距离有限，寄托于火山作用的侵入岩体、喷发岩体直接作用烃源岩，改造烃源岩有机质丰度、烃源岩品质仅能是局部的、局限的。与烃源岩在沉积凹陷或构造区带范围内的展布相比，这

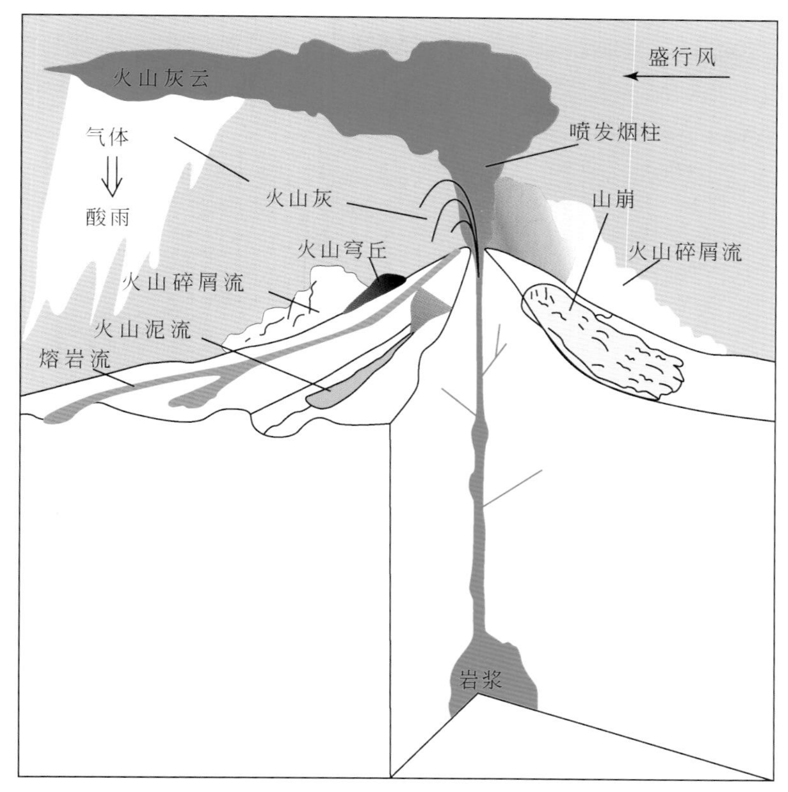

图 5-20　火山喷发及火山碎屑岩沉积模式图

种直接作用几乎可以忽略不计。而真正有意义的是火山作用所代表的一次地壳构造运动及热事件，热事件的影响是区域性的，代表了一次区域性地温升高、地温梯度增加，其对烃源岩的影响也是大范围的、区域性的。围绕火山岩体侵入点、喷发点即热源中心，向区域内辐射，形成地温增高，通过古地温影响烃源岩的成熟演化。火山作用热事件通过地温场变化间接影响烃源岩热演化是其对烃源岩改造作用的主要客观表现。

在有效烃源岩分布的区域内，火山作用热事件增加了区域大地热流值，能够促使烃源岩提前早熟，生烃中心发生偏移。离火山侵入体或火山喷发火山口越近，烃源岩演化成熟度增加越为明显，区域性的火山作用热事件能够使沉积凹陷内的有效生烃中心发生偏移，成熟度较高的烃源岩分布区偏向火山岩体发育区。例如准噶尔盆地东部帐北断褶带，围绕帐 3 井火山口向四周，烃源岩有机质镜质组反射率 R^o 由 2.0% 依次降低到 0.8%。区域上，沿火山作用发育带帐北断褶带（帐 3 井区）、滴南凸起带，火山作用较为强烈，火山作用影响范围也较广。这间接反映在准东部陆东－五彩湾－帐北断褶带石炭系顶面现今地温上，帐北断褶带与滴南凸起带围绕主断裂火山喷发点地温值最高（图 5-21），整个准东北地区石炭系古地温梯度明显高于盆地其他地区，说明晚石炭系准噶尔盆地东北缘火山热事件由东北向西部、西南波及（图 5-22），该地区石炭系烃源岩受火山热事件影响成熟度提前早熟，成熟度明显高于西北缘、陆西、准南地区。这也直接表明东北缘石炭系烃源岩在全盆地处于最高区域，受帐北断褶带、滴南凸起带火山作用影响，所夹持在两大火山岩带之间的五彩湾凹陷、滴水泉凹陷石炭系烃源岩成熟度均有显著提高，有效生烃中心也多向南、向东火山热源中心靠拢，下石炭统与上石炭统泥质及煤系烃源岩早熟，致使现今多处于高成熟演化阶段，烃源岩以生气为主，区域内也以天然气成藏为主。

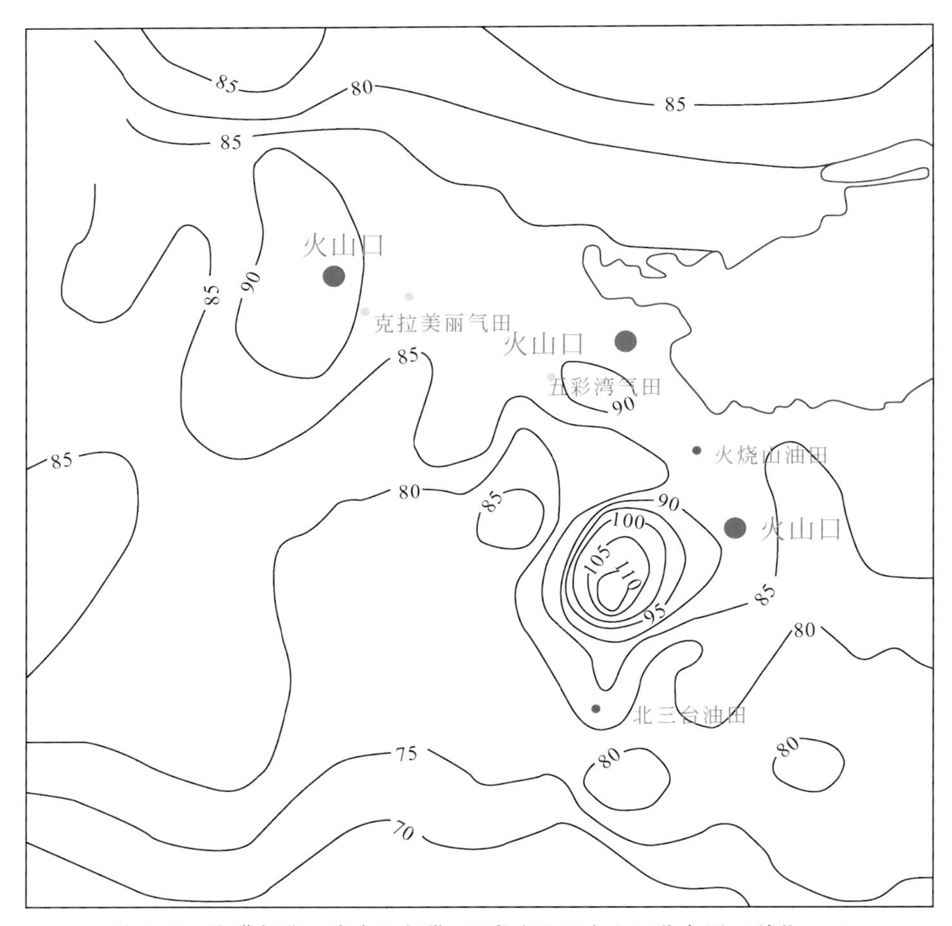

图 5-21　准噶尔盆地滴南凸起带-五彩湾地区火山口分布图（单位:℃）

（二）火山作用对油气藏的改造作用

火山岩本身不具备生油条件，只能形成次生或伴生油气藏，其主要是作为储集体形成火山岩储层油气藏。火山活动与大地构造环境密切相关，与构造运动相辅相成，是构造运动的表现形式。构造活动控制着火山岩组合特征、形成时期及发育部位。构造运动引发多期次、多火山口的火山活动，使火山岩大面积分布，成为形成火山岩储层的基础；而火山岩岩浆源区的性质控制着火山岩结构、构造以及分布。一次火山作用代表一次构造运动与热事件，火山作用时对原生油气藏主要起破坏作用，发生油气逃逸，使原地油气聚集重新调整，向构造高部位或构造翼部重新聚集成藏，形成较小

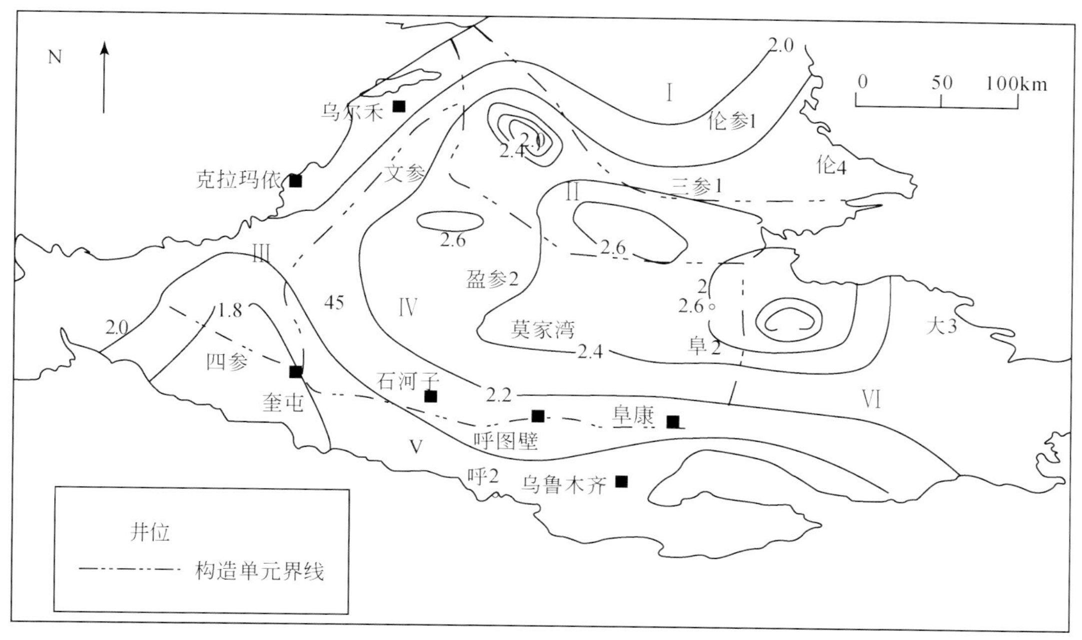

图5-22　准噶尔盆地平均地温梯度分布图（0～4500m）

规模次生。但同时也形成了原地火山岩储集体，火山岩体要成为有效储层，需要后期的储层改造作用，这也就是火山作用对火山岩储层改造作用的主要表现形式。火山岩的油气储层特征和储集空间特点与岩浆性质、火山岩岩石的成因、形成时的物理化学环境、年龄、岩相、时空分布规律以及火山岩形成后流体与岩石的相互作用密切相关。火山岩储层普遍经历了喷发、凝结、成岩、风化淋滤、埋藏、流体作用和复杂改造叠加过程，造成了储集空间及其分布的复杂性。

勘探实践表明，爆发相、喷溢相火山岩受不整合面溶蚀作用和断裂作用，均可形成具有良好储渗性能的优质储层。优质储集体是火山岩储层油气藏富集高产的重要条件。火山岩储层的储层类型属于裂缝-孔隙型，以双重介质储层为特征，储集空间主要有裂缝和溶蚀孔隙两种，储集空间主要包括气孔、节理缝、构造缝及溶蚀孔洞等。油气藏具有产层厚、产量高的特点，可形成大油气田。

火山岩储层的形成受火山岩岩相、岩性及后期溶蚀、断裂等次生作用控制。

火山岩岩性、相带可控制火山岩储集体的发育和分布，是火山岩油气富集高产的主要原因之一。火山岩在喷发过程中，发育气孔、晶间孔、角砾间孔及收缩缝、爆炸缝等原生裂缝和孔隙。以济阳拗陷古近系火山岩为例，侵入相主要为浅成、超浅成辉绿岩、玄武岩，储集空间以冷凝收缩缝、构造裂缝、晶间孔以及沿裂缝发育的溶蚀孔隙为特征，在以超浅成产出的玄武岩中还发育丰富的气孔；喷溢相火山岩主要发育气孔、晶间孔、冷凝收缩缝、构造裂缝与溶解孔隙等储集空间；爆发相火山岩以粒间孔、成岩收缩缝、气孔、构造微裂缝等为特征。

次生储集空间指火山岩固结成岩以后，遭受热液蚀变、溶解、构造应力、风化作用等外营力作用而形成的各种孔隙和裂缝。断层及侵蚀面是形成次生孔隙的重要条件。无论是何种类型的空间，要形成有效的储集体，须借助大小不一的裂缝和裂隙的沟通，孔缝形成网络是火山岩优质储层形成的必要条件。频繁的构造活动，是形成裂隙、促进油气运移和聚集的重要机制，构造裂缝的发育受断裂、局部构造等控制；火山机构的良好保存及后期火山岩体的风化淋滤作用可有效地改造储层，形成的溶蚀孔隙发育带厚度可达数百米至上千米，规模较大，改造充分的火山岩体能够形成良好储集体，为油气富集与高产创造了有利条件。

火山作用所形成致密火山岩体，需经历火山岩成岩作用和后生成岩作用的改造作用变成有效储集体（图5-23）。成岩作用包括岩浆结晶期、岩浆冷凝固结期，主要形成火山岩的原始孔隙结构；后生成岩作用包括热液作用期与后生改造期，主要形成火山岩的次生孔喉结构；后生改造期的风化淋滤作用、溶蚀作用对火山岩体储集性能有效至关重要。

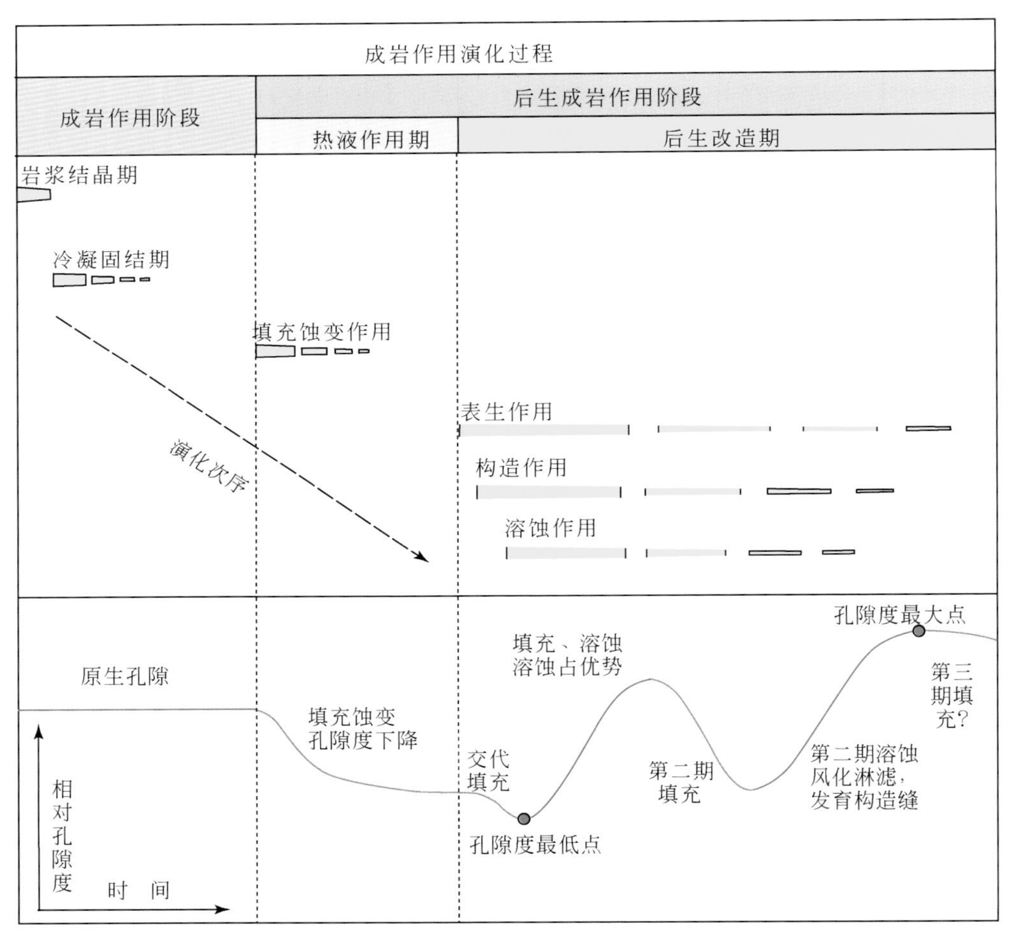

图5-23　火山岩成岩过程中发生的几种作用及其对孔隙的影响示意图

1. 成岩作用阶段

（1）岩浆结晶期：这一时期，随着岩浆矿物结晶的进行，一方面矿物之间形成原生晶间孔隙，但由于残余岩浆充填在晶间空隙处并结晶，会导致晶间孔隙变小；另一方面岩浆中挥发组分逸出形成气孔，形成该期火山岩数量最多的储集空间。因此，岩浆结晶期是储集空间形成的重要时期。

（2）冷凝固结期：火山岩成岩作用阶段末期，岩浆冷凝固结，随着岩石体积的收缩，产生多种冷凝收缩缝，增加岩石储集空间，提高渗透性，是有利于储层形成的阶段。

2. 后生成岩作用阶段

1）热液作用期

火山作用末期，热液活动频繁，伴随着蚀变、矿物转化的进行，热液携带大量矿物质如绿泥石、沸石、方解石及石英等，在适当条件下结晶、析出，填充储集空间，大大降低火山岩的储集性能。

2）后生改造期

在喷发、冷凝固结成岩后，经历了石炭系末期的抬升剥蚀和长期风化淋滤，以及中新生代多期构造运动、深埋压实、地层流体等多种作用的复杂改造叠加过程。

（1）表生作用（主要是风化淋滤作用）：纵向上发育多期的火山喷发旋回，沉积间断发育，形成了多套的风化淋滤作用面及区域分布的风化剥蚀不整合面。火山岩体暴露地表时间越长，遭受风化淋滤作用越强，储集物性改造作用越明显。沿火山岩体顶部普遍发育的风化淋滤带是形成火山岩有效储层、规模储层的根本保证，火山岩岩性、矿物含量、水介质、微裂缝决定火山岩体风化淋滤带改造效果，溶蚀带与崩解带储集物性最好（图 5-24），最易形成高产。

（2）构造作用：晚古生代以来，北疆地区经历了多期构造运动，断裂发育。沿断裂带分布的火山岩，在断裂活动过程中形成众多的裂隙以及破碎带，使得原来孤立的气孔连通起来，会增加火山岩储层的有效孔隙度，从而提高储集性能。

（3）溶蚀作用：形成于高温高压环境下的火山岩矿物常发生次生变化形成稳定的含水矿物，这种次生变化一方面使矿物体积膨胀堵塞孔隙，另一方面为后期溶蚀创造了条件。北疆地区石炭纪形成的火山岩，在深埋过程中，长期遭受地层水和有机酸等流体的溶蚀作用，构成该区最主要的储集空间形成机制之一。

第四节　实 例 分 析

火山作用对油气藏的破坏作用主要体现在火山岩体对古油气藏的破坏上，破坏已有油气藏的保存条件；而改造作用并不指火山作用直接对油气藏的改造，主要体现为火山作用形成火山岩体，作为原地特殊岩性改造成有效储集体的后期构造、成岩作用。

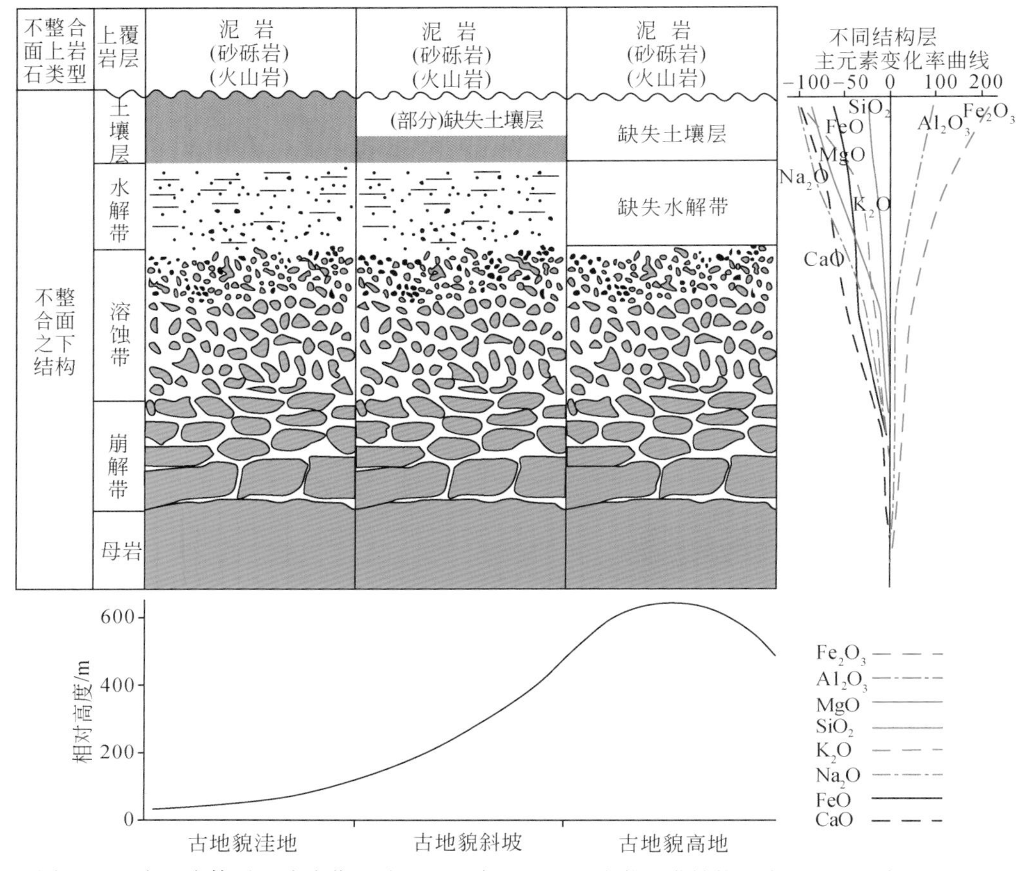

图5-24 火山岩体后生成岩作用阶段不整合面之下风化淋滤带结构示意图（朱如凯，2011）

一、火山作用的破坏作用——布龙果尔泥盆系古油藏

布龙果尔泥盆系油藏属于一个后期遭受火山作用破坏的典型古油藏，位于新疆北部塔城地区和布克赛尔蒙古自治县境内，构造上处于谢米斯台褶皱带东端与阿尔加提褶皱带交汇部位，和丰盆地南缘山前的布龙果尔地区。和丰盆地是西准噶尔褶皱带内部的一个山间盆地，其南缘布龙果尔地区出露有上奥陶统至新近系，各纪地层均不完整。与古油藏关系最为密切的是中、上泥盆统、下石炭统和下侏罗统，自下而上依次为中泥盆统呼吉尔斯特组、上泥盆统朱鲁木特组、上泥盆统—下石炭统和布克河组、下石炭统黑山头组和下侏罗统八道湾组。布龙果尔古油藏主体分布于布龙果尔向斜北翼和布克河组一段的沉积-火山岩旋回中，以底部第一旋回油藏规模最大，向斜南翼主要见于和布克河组一段下部的两个沉积-火山岩旋回和八道湾组底部。

（一）古油藏产出状态

布龙果尔向斜北翼和布克河组古油藏出露规模较大，南翼仅在和布克河组底部的两个沉积–火山旋回中见到小面积分布的干油砂，在八道湾组底砾岩之上见到少量油砂。

向斜北翼和布克河组产状120°∠20°～140°∠40°，底部普遍发育2～3m厚的底砾岩，角度不整合于中泥盆统呼吉尔斯特组下亚组的深灰、灰黑色玄武岩或黄绿色火山碎屑岩之上，局部无底砾岩处，浅灰色酸性熔岩直接不整合在玄武岩上。和布克河组一段为辫状河沉积–火山喷发序列，边滩、心滩砂体基本上为干油砂。层理缝、斜交和垂直岩层的裂缝中发育大量沥青脉，火山岩气孔和裂缝中也有分布不均匀的沥青充填。另外，地表还分布有众多的沥青丘以及经风化剥蚀或人为破坏而大面积散落的沥青块；古油藏出露面积约$2km^2$。

向斜南翼和布克河组产状大致为35°∠30°，八道湾组产状约80°∠10°左右。和布克河组一段发育3个辫状河沉积–熔岩序列，含油岩性主要为砂砾岩、粗砂岩和中砂岩，以中、粗砂岩含油性较好，熔岩中未见含油痕迹。地表上显示的向斜南翼和布克河组含油性和古油藏规模均远不及向斜北翼。八道湾组油砂主要分布在底砾岩之上，主要岩性为含砾粗砂岩和中砂岩，油砂之上被浅绿灰色黏土岩所覆。油砂及干沥青在剖面上的位置和产状如图5-25所示。

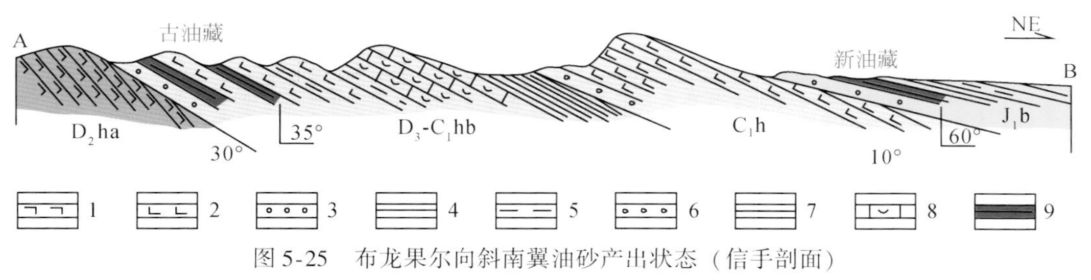

图5-25　布龙果尔向斜南翼油砂产出状态（信手剖面）

1. 玄武岩；2. 流纹岩；3. 砾岩；4. 砂岩；5. 粉砂岩；6. 角砾岩；7. 泥岩；8. 介壳灰岩；9. 油砂

（二）油源与成藏过程分析

布龙果尔古油藏和布克河组沥青正构烷烃大部分组分遭受水洗或生物降解缺失，无β-胡萝卜烷（图5-26）；三环萜烷难以辨认，五环藿烷系列保存完好，Ts丰度较高，γ-蜡烷较低，指示原油母质沉积环境呈氧化性，低等水生生物成分较少，母质类型差。原油的碳同位素值重，为–20.458‰，明显重于邻区准噶尔盆地来源石炭系原油的碳同位素值。

从干油砂与干沥青的性质特征分析，其油源应来自沉积环境呈氧化性、母质类型差的一套源岩，推测可能来自中泥盆统呼吉尔斯特上亚组煤岩及碳质泥岩。依据是：

西准噶尔中泥盆统呼吉尔斯特上亚组及其相当层位发育一套巨厚的砂、砾岩夹暗色泥岩、碳质泥岩和薄煤层，局部夹油页岩，以陆相河沼、湖沼浅水氧化-弱还原沉积环境为主；其残余有机碳丰度较高，为0.73%～17.96%，达到中等-好生油岩丰度标准。热解T_{max}值为514～529℃，达到高成熟演化阶段，源岩母质类型较差。由于此套源岩处于高成熟阶段，加之地面样品长期受到风蚀淋滤，现今残余的可溶氯仿“A”含量及生烃潜力均很低，但可以推断该套源岩曾生成过大量油气。

布龙果尔古油藏存在两期成藏历史：第一期为和布克河组油藏形成，原油主要来自中泥盆统呼吉尔斯特组上亚组烃源岩，推测在石炭纪以后的某个地史时期，中泥盆统烃源岩进入成熟阶段并开始大规模生排烃，油气沿断裂及上泥盆统内部不整合面做横向和垂向运移，在和布克河组海相沉积盖层之下的储集层大量聚集成藏；随后在晚石炭纪，受火山作用，构造抬升，火山岩体覆盖，油气藏遭受严重破坏。但在后期泥盆系烃源岩继续供烃，油气不断运移、重新调整、逸散；在和布克河组内部，油气首先在底部物性较好的砂岩成藏，随后沿着垂直和斜交裂缝继续向上调整、运移并在微裂缝和气孔比较发育的熔岩层以及砂层夹层中聚集成藏。对于火山岩储层，靠近垂向裂缝区的含油性明显好于远离垂向裂缝区。另外，在和布克河组三段（生物灰岩段）泥晶灰岩的微裂缝中也见到沥青脉，表明少量油气还可沿裂隙继续向上运移。第二期成藏为八道湾组油藏的形成，源岩尚不落实，推测可能是其下伏上古生界的海相烃源岩在中晚侏罗世以后某个阶段生成的油气，经断裂、不整合面等运移通道在八道湾组底部砂体聚集成藏；随着构造不断抬升，地层遭受剥蚀，最终古油藏抬升至地表，油藏破坏殆尽。

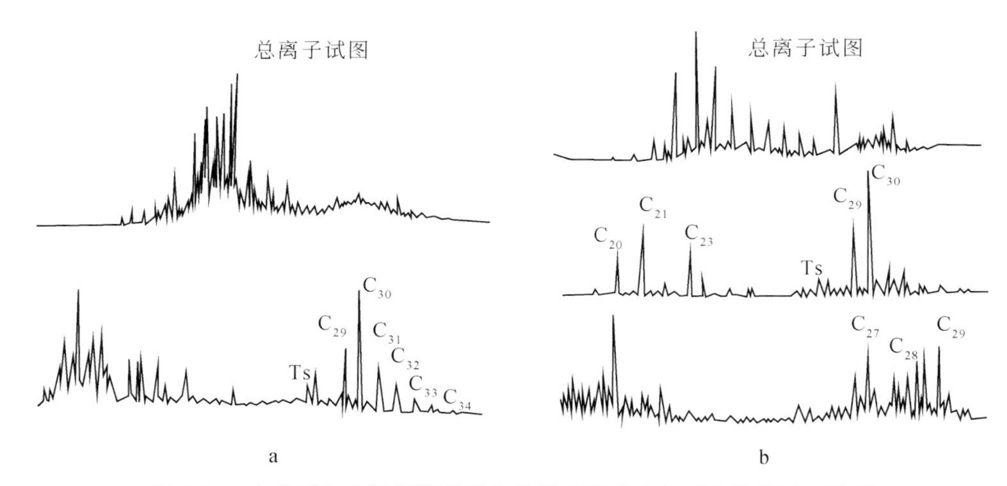

图5-26　布龙果尔古油藏泥盆系与侏罗系沥青生物标志物特征色谱图

a. 和布克河组沥青（D_2h）生物标志物特征；b. 八道湾组油砂（J_2b）生物标志物特征

二、火山作用的改造作用——吉木萨尔凹陷吉15井区石炭系火山岩油藏

准噶尔盆地吉木萨尔凹陷吉15井区石炭系火山岩油藏属于一个改造型新生古储油

藏，构造上位于吉木萨尔凹陷东北部断块区。油藏的形成与石炭系火山岩体储层改造、中二叠统烃源岩油气供给密切相关。

（一）吉木萨尔凹陷构造演化特征

吉木萨尔凹陷经历了晚海西、印支、燕山和喜马拉雅等多期构造运动。中晚石炭世奇台凸起表现为活动上升，至石炭纪末期奇台凸起已隆升较高，其中段向西有一分支，即为三台凸起的雏形，此期吉木萨尔凹陷为昌吉凹陷的东段部分。

早二叠世，随着奇台凸起的进一步隆升，三台凸起规模有所扩大，该期三台凸起为东高西低，在其西侧仍有水体将吉木萨尔凹陷与其南侧昌吉拗陷连为一体，作为昌吉拗陷的东北斜坡。

中二叠世早期，三台凸起规模迅速扩大，其北界向北推移到三台断裂，北部吉木萨尔凹陷发生强烈的构造沉降，吉木萨尔凹陷作为一个相对独立的沉积单元，接受了较厚的将军庙组下段沉积。

中二叠世中晚期，断裂活动逐渐增强，受西地断裂活动的影响，凸起的西段表现为隆升背景上的相对低洼区，水体通过该低洼区将吉木萨尔凹陷与南侧的博格达地区山前凹陷连为一体，表现为博格达山前凹陷东北斜坡。

晚二叠世—三叠世，三台凸起隆升作用减弱，沉积水体将三台凸起自西向东逐渐淹没，地层沉积范围不断扩大。晚二叠世晚期（梧桐沟期），该区整体相对下降，发育一套三角洲-滨浅湖相沉积，早三叠世晚期该区发育一次水退，进入晚三叠世，沉积范围进一步扩大；总体表现为一箕状凹陷。

印支末期构造运动使奇台凸起强烈上升，加上三台断裂的逆冲挤压，使三叠系、部分二叠系遭到了不同程度的剥蚀，造成侏罗系与下伏地层不整合接触。

侏罗系末的燕山运动Ⅱ幕使奇台凸起及工区南部地区强烈抬升，侏罗系遭受严重剥蚀，吉木萨尔凹陷向南西方向萎缩，由于该期运动以基底整体运动为特点，虽然构造规模、强度大，但对断裂局部构造影响不大。白垩纪受构造运动的影响，吉木萨尔凹陷边界由北西方向收缩至吉5井附近，进入新生界，凹陷格局完全消失，喜马拉雅期，博格达地区山前北麓前缘构造十分强烈，受其影响，吉木萨尔地区新生界地层分布呈现出南厚北薄的楔形。

（二）火山岩体储层改造与成藏过程分析

依据吉木萨尔凹陷构造演化可以看出，晚石炭世发育火山岩之后，经历了晚石炭世晚期—早二叠世沉积间断，构造运动致使火山岩体出露地表，火山岩体随构造波动产生裂隙，并遭受风化与剥蚀；沿东北斜坡带，在北东向地表水侵蚀、淋滤作用下，石炭系致密火山岩（安山岩、玄武岩）中不稳定矿物斜长石、钾长石、钠长石、方解石遭到溶蚀，致密火山岩体沿顶层不整合面形成风化壳、风化淋滤带，储集物性得到改观，致密火山岩岩体经改造变成为有效储集体，火山岩表面沿不整合形成的风化壳则成为有效黏土层盖层，形成良好储盖组合；同时，晚燕山期构造运动，发生块断作用，浅层断裂系统不仅进一步增加了深层石炭系火山岩体微裂缝，强化了后期溶蚀作用，改善储集物性；也为沟通上覆二叠系浅烃源层，创造了油气运聚疏导体系。火山岩体保留在原地，能否有效成藏，关键在于上覆地层发育烃源岩能否有效生烃，并形成良好油气供给与充注。

油源对比分析，吉木萨尔凹陷主力烃源岩为中二叠统平地泉组泥质烃源岩，石炭系、二叠系、侏罗系油气均主要来自平地泉组烃源岩供给（图 5-27）。三叠纪末期，吉木萨尔凹陷中心平地泉组烃源岩的埋深已达低熟油气生排烃门限，但此时成熟烃源岩范围很小。侏罗纪末为低熟油主要生排烃期，与侏罗纪末期强烈的构造运动相结合，油气发生运聚作用，最终形成油气藏，但随着地层剥蚀强度增加，这种成藏作用减缓甚至停止，部分已形成的油气藏遭受破坏；侏罗纪—白垩纪—古近纪，随着地层厚度的增加，凹陷中心平地泉组烃源岩已达成熟油排烃高峰，侏罗纪、白垩纪末期、古近纪三次构造运动有利于油气二次成藏。第一期成藏包裹体均一化温度65℃左右，如吉7井等均发现石英裂缝和加大边中具有气液两相包裹体；第二期成藏均一化温度为120℃，如吉 7 井、吉 5 井、北 7 井等均发现在方解石胶结物及二期石英加大边中存在液相包裹体，两个均一化温度分别对应于三叠纪—早中侏罗世末期和白垩纪—新近纪。这一结果与前面油气运聚分析相一致。即本区存在两个油气成藏高峰期：低成熟油高峰期（65℃）和高成熟油高峰期（120℃）。充分表明，深层石炭系火山岩具有良好的油气供给，能够有效成藏，形成新生古储。

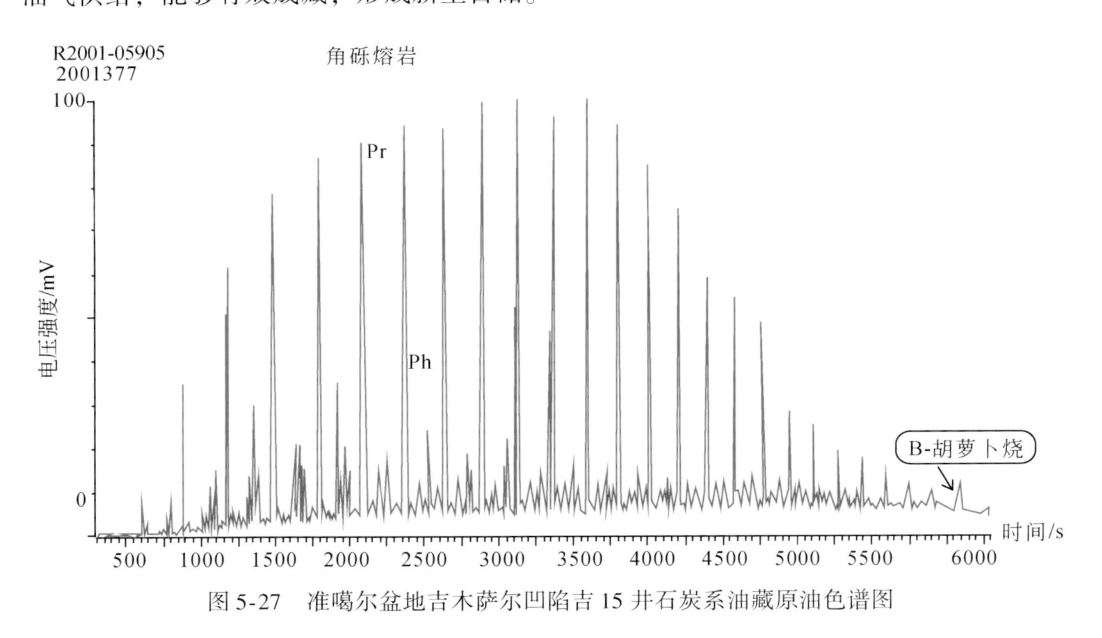

图 5-27　准噶尔盆地吉木萨尔凹陷吉 15 井石炭系油藏原油色谱图

火山岩储层若在构造上为单斜形态，且被多条断层相互切割可以形成各种形状的断块，如果断块被断层所封闭而且其中聚集了油气，即可形成火山岩断块油气藏。如准噶尔盆地西北缘断裂带克 92、红 18 井、车 21、车峰 3 井区，北三台凸起西泉 1 井

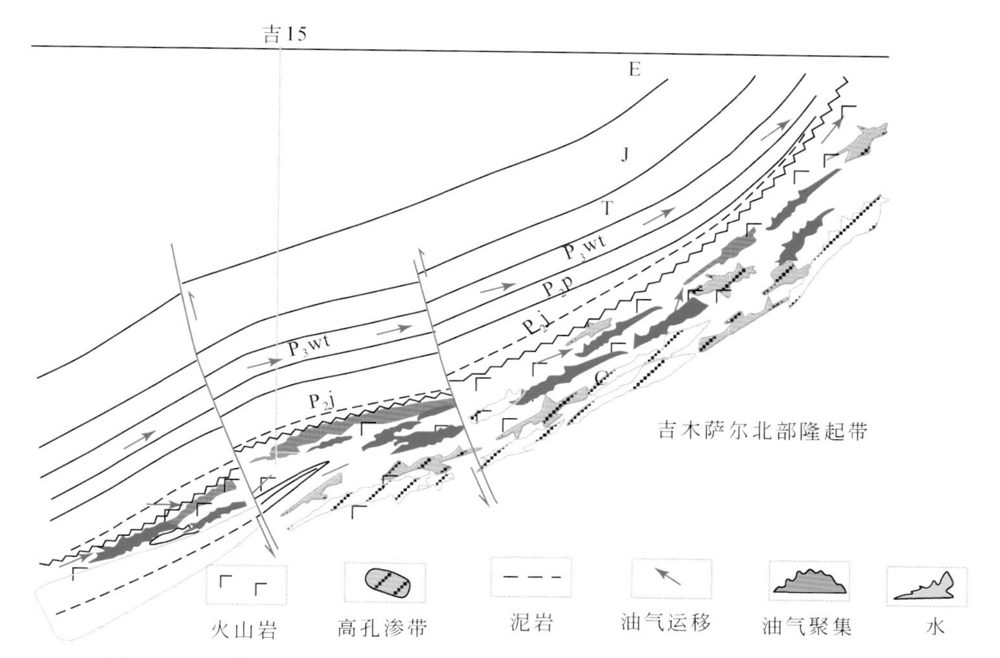

图 5-28　准噶尔盆地吉木萨尔凹陷吉 15 井区石炭系火山岩油藏成藏模式图

区，吉木萨尔凹陷吉 15 井区石炭系火山岩油藏（图 5-28）等均为火山岩改造型-风化壳地层-岩性油藏。

第六章　我国火山岩油气藏成藏主控因素与成藏过程分析

第一节　东部火山岩气藏成藏主控因素分析

我国东部中、新生代含油气盆地广泛发育各种类型的火山岩，自20世纪70年代末先后在辽河、二连、冀中、黄骅、济阳、临清、苏北等凹陷中发现了火山岩油气储层。20世纪90年代以来，松辽盆地在下白垩统的火石岭组、沙河子组、营城组中，相继发现了许多以中酸性为主的火山岩储层。2002年，徐深1井火山岩储层压裂改造获得日产$52\times10^4m^3$天然气高产气流，揭开了大庆深层火山岩气藏勘探开发的序幕，徐深气田探明天然气地质储量达$2800\times10^8m^3$，成为我国东部陆上最大的气田，其中探明火山岩气藏地质储量占70%。2005年，长深1井在营城组火山岩3550~3990m井段获日产$46\times10^4m^3$高产气流，实现松辽盆地南部深层天然气勘探重大突破，发现长岭气田，展现松辽盆地深层天然气良好勘探前景。继长深1发现之后，先后又发现长深8、12等烃类气藏和长深2、4、5等CO_2气藏。呈现出北部有机烃气富集，中部有机烃气与无机CO_2气并存，南部无机CO_2气富集的规律；烃类气与无机CO_2气藏的形成与富集由其深层特定地质条件与烃源岩生烃、排烃强度所决定。

油气藏的形成过程，就是在各种成藏要素的有效匹配下，油气从分散到集中的转化过程；能否形成规模油气聚集和储量规模较大的油气藏，并且被保存下来，主要取决于是否具备生油层、储集层、盖层、运移、圈闭和保存等成藏要素及其优劣程度，其中充足的油气来源和有效的圈闭是两个最重要的方面（张厚福等，1999）。与油相比，天然气最突出的特点是分子量小，因而逸散性强，天然气的扩散损失是一个普遍存在的过程，天然气的渗滤损失也较油更为容易和普遍，因此天然气的生成和保存条件是决定其可能的富集规模和分布规律的全局性、战略性的制约因素（卢双舫等，2003；侯启军等，2009），即气源、保存条件越好越有利于天然气富集。但就东部火山岩气藏成藏来说，储层、运移疏导、圈闭等也是重要的成藏要素。

我国东部深层火山岩气藏的天然气资源量大，探明率低，勘探潜力巨大。火山岩气藏的形成是生、储、盖、圈、运、保六大成藏要素综合匹配的结果。明确区内火山岩气藏的成藏主控因素及各要素在区内火山岩气藏成藏中所起的作用，显然对下一步的勘探有重要而现实的指导意义。

一、充足的气源是物质基础，控制火山岩气藏宏观分布及产量

天然气勘探实践表明，源岩是气藏形成的物质基础，气藏只有从源岩那里获得足够的天然气，才能形成大气田；否则其他条件再好，也难以形成大气田。因此，一个

盆地或探区天然气的富集规模和分布规律首先取决于天然气的生成量及其分布。火山岩本身不具备生烃能力，相邻层系是否发育有效烃源岩对成藏非常重要。尤其是在深层断陷盆地，由于横向分割性强、相变快，输导层物性差，运移条件不好，气源条件对气藏分布及规模的控制更为突出。因此，深层气源岩的发育、分布规模及其中有机质地化特征的优劣将控制着气藏的分布及其规模（卢双舫等，2010）。

徐家围子断陷和长岭断陷深层烃源岩主要发育于沙河子组，其次为火石岭组和营城组，登娄库组和泉一、二段也有分布。区内断陷期地层普遍埋深大，有机质成熟度高，普遍达到高-过成熟阶段，腐殖型和混合型的有机质都将以成气为主，深层沙河子组、营城组烃源岩中的有机质残余丰度均较高（表6-1），因此，深层的气源条件的优劣受有机质丰度、类型和成熟度的影响较小，而主要受控于沙河子组和营城组暗色泥岩及煤系地层发育的厚度和分布面积。断陷控制了深层烃源岩的发育，只要断陷期有较深水沉积环境或沼泽相环境并能较稳定地保持一段时间，就不乏优质气源岩的发育。火山岩本身的独立性、互不连通性等特殊性导致了火山岩气藏横向主要以近距离运移为主，有效的烃源岩范围就是火山岩气藏含气系统边界（焦贵浩等，2009）。因此，对于深层天然气的勘探潜力及其有利方向的明确，首先需要落实暗色泥岩和煤系的发育、分布规模。

表6-1　徐家围子断陷烃源岩地化分析数据统计

层位	残余有机质丰度				成熟度	综合评价
	W（氯仿沥青“A”）/%（21口）	W（TOC）/%（30口）	S_1+S_2/（mg烃/g岩石）（29口）	I_H/（mgHc/g）（29口）	R^o/%（30口）	
火石岭组	0.0002～0.0389 0.0203（9）	0.1～4.96 1.16（7）	0.05～19 2.20（12）	3～84 13.0（12）	2.08～3.47 3.22（46）	差烃源岩 高成熟阶段
沙河子组	0.0007～0.4776 0.0490（63）	0.12～84.44 11.29（196）	0～71.48 5.02（186）	0～468 38.8（178）	1.27～3.56 2.31（162）	好-较好烃源岩 高-过成熟阶段
营城组	0.0008～0.2610 0.0322（40）	0.08～4.73 1.40（88）	0～14.7 1.23（93）	0～360 41.0（82）	1.36～2.80 2.14（64）	好-较好烃源岩 过成熟阶段

注：W（氯仿沥青“A”）：可溶有机质含量；W（TOC）：总有机碳含量；S_1+S_2：烃源岩生烃潜量；I_H：烃源岩氢指数；TOC：表中数据分子为最小值～最大值，分母为平均值（样品数量）。

利用烃源岩及天然气烃指纹色谱技术和模拟计算软件建立了源岩贡献比例计算模板，将不同井段天然气色谱特征烃指纹参数输入计算模板，获得不同气源岩贡献比例（表6-2、图6-1）。昌德地区芳深1井、芳深2井石炭系—二叠系暗色烃源岩（泥板岩、千枚岩、灰岩）累积厚度大，有机深源气贡献为85.46%和85.02%，升平-汪家屯地区石炭系—二叠系暗色烃源岩也较发育，如尚深2井暗色泥板岩累积厚度达76.0m，有机深源气贡献率高；兴城-徐东地区即断陷凹部烃源岩吸附气具有腐泥型或腐殖型特征，说明腐泥型烃源岩相对较发育，以沙河子组烃源岩贡献天然气比例最高；升平-汪家屯和昌德地区腐殖型烃源岩相对发育。兴城-徐东地区即断陷凹部烃源岩生成的天然气可能向侧上运移到断陷较浅部的升平-汪家屯和昌德地区，也可能为两个地区腐泥型烃源岩生成后混入，使这两个地区的天然气中混入了腐泥型气，但仍主要呈现腐殖型气特征。徐家围子断陷天然气来源总体上以沙河子组烃源岩贡献比例最高，为 54.5%，其次为火石岭组和营城组，沙河子组烃源岩质量好，分布稳定厚度大，在气源对气藏分布的影响上应为首要考虑的地层单元。

表 6-2　徐家围子断陷深层天然气来源比例计算结果

井号	井深/m	层位	烃源岩定量贡献/%				
			登娄库组	营城组	沙河子组	火石岭组	石炭系—二叠系
达深 4	3291.0-3268.0	K_1yc	0	3.68	64.62	24.37	7.33
达深 X5	3907.2-3888.5	K_1yc	0	20.12	59.83	17.49	2.56
升深 1	2727.4-2824.2	$K_1d_3-d_2$	11.04	3.82	58.28	17.64	9.22
芳深 1	2926.0-2940.2	K_1d_3	10.23	2.68	0.30	1.33	85.46
芳深 2	2768.8-3038.4	K_1d_3	10.66	2.68	0.30	1.34	85.02
徐深 1	3364.0-3379.0	K_1yc	0	6.44	61.86	28.50	3.20
徐深 12	3625.0-3642.0	K_1yc	0	11.28	71.02	14.42	3.28
徐深 13	3901.0-3926.0	K_1yc	0	6.27	61.88	26.97	4.88
徐深 21	3674.0-3703.0	K_1yc	0	36.63	46.35	12.78	4.24
徐深 23	3090.0-3943.0	K_1yc	0	12.03	60.16	23.86	3.95
肇深 12	3555.0-3548.0	K_1yc	0	14.93	65.91	12.31	6.85
徐深 6	3637.0-3629.0	K_1yc	0	61.14	17.24	15.86	5.76
平均值（109 个层位）			1.0	17.5	54.5	20.0	7.0

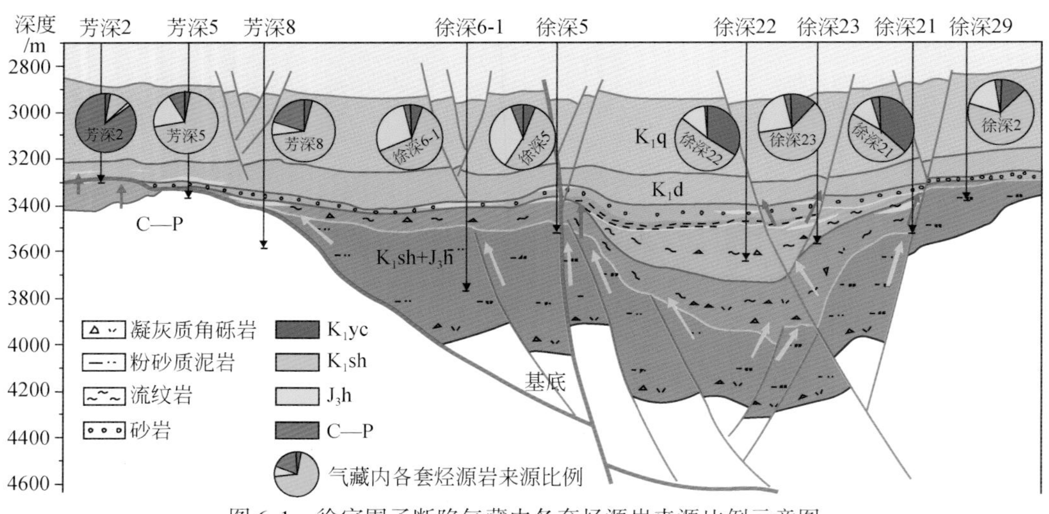

图 6-1　徐家围子断陷气藏内各套烃源岩来源比例示意图

从徐家围子断陷烃源岩排气强度与气藏分布叠合图来看（图 6-2），排气强度最高可达 $600\times10^8 m^3/km^2$，分布于汪家屯附近；安达、兴城、徐东等地区排气强度也达 $200\times10^8 m^3/km^2$，天然气生成量丰富，具备形成大气田的物质基础。从图 6-2 还可以看出，目前

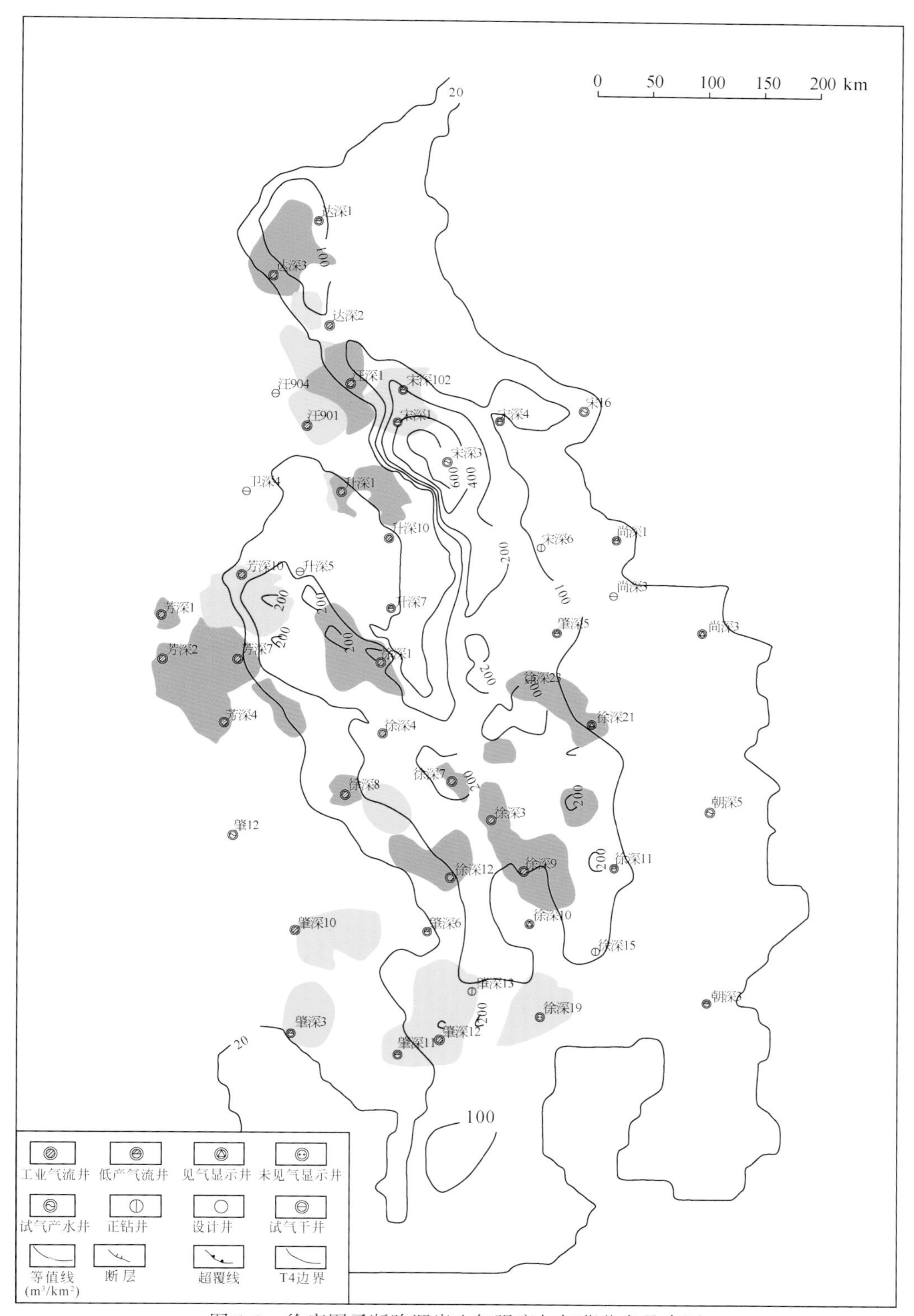

图6-2　徐家围子断陷源岩生气强度与气藏分布叠合图

已发现的气藏主要分布于断陷内高排气区的内部或边部，表明深层天然气成藏形成与分布明显受到气源供给条件的控制。徐家围子断陷重点气井距离沙河子组烃源岩一般不超过10km（表6-3）。长岭断陷的长深3井，距气源区的距离为20km以上，因此失利。而长深103井距气源近，获日产天然气11.5×10^4 m^3。因此，距离生烃中心较近，有利于天然气富集高产。

表6-3　徐家围子断陷火山岩重点气井离源岩距离

井号	层位	井段/m	方式	气/m^3	水/m^3	试油结果	岩性	横向距离/m	纵向距离/m
FS6	K_1yc	3302-3325	压后自喷	138401	0	工业气层	流纹岩	7367	488.6
SSH2	K_1d_2	2880-2904	FME-Ⅰ	326972	0	工业气层	流纹岩	7787	441.5
XS1	K_1yc_1	3592-3624	压后自喷	530057	0	工业气层	流纹岩	0	591
XS8	K_1yc_1	3723-3735	FME-Ⅱ	226234		工业气层	流纹岩	0	647.5
XS21	K_1yc_1	3674-3703	压裂	414206		工业气层	凝灰岩	0	1271.8
DS1	K_1yc_3	3245-3300	压后自喷	8382	0.48	低产气层	安山岩	0	1348.5
FS701	$K_1yc_{4\&1}$	3575.8-3602	FME-Ⅱ	884	47	低产气层	流纹岩	4500	420.2
SSH101	$K1hs_1$	2842-2954.4	压后自喷	29361	94.91	工业气层	安山玄武岩	8000	448.1
SSH4	K_1ys_2	3054.4-3073.4	压后自喷	13865	0	低产气层	流纹质凝灰岩	5250	
SSH7	K_1yc_3	3697.8-3705	压后自喷	8299	0	低产气层	流纹质凝灰岩	3750	
SS1	K_1yc_3	3152.6-3599	自喷	9963	0	低产气层	流纹岩	0	
SS101	K_1yc_3	3030-3035	FME-Ⅱ	0	0.37	水层	流纹岩	0	779.5
W903	K_1yc_1	2962.4-3037	压后自喷	50518	0	工业气层	流纹岩	3375	394.7
W904	JD	2913.4-2923.4	FME-Ⅱ	0	0	干层	流纹岩	0	314.7

徐家围子断陷生气强度大与火山岩热作用有关。由于发育了多期次大面积火山喷发，造成了区域性高地温场，加快了烃源岩熟化速率和生气速率。松辽盆地早中生代表现为古地温梯度最高，埋藏时间最短，所发育泥质烃源岩具高效、快速生气特征，储盖组合良好，能确保及时封盖成藏，后期沉积稳定，散失量少是松辽盆地深层天然气富集的重要原因。

二、优质火山岩储层控制火山岩气藏的富集

在具备充足气源的基础上，天然气优先进入孔隙度大，渗透率好的火山岩储集体，因此火山岩的物性在某种程度上决定着气藏的形成。

（一）火山岩岩性控制孔隙的发育，是优质储层形成的基础

徐家围子断陷和长岭断陷基性岩至酸性岩的多种岩石类型中均存在流体的储集和

产出。多种类型火山岩中均发育有效储层，不同地区各类有效储层的分布比例有所不同；主要发育 4 类有效储层，分别是流纹岩、流纹质熔结凝灰岩、粗面岩和玄武岩。

徐家围子断陷内钻井火山岩厚度统计结果显示，酸性岩发育厚度最大，其次为中性岩，基性岩厚度最小（图 6-3）。酸性岩在平面分布范围所占比例最大，达 60% 以上，中基性岩仅占 20% 左右。火山岩发育规模在一定程度上也决定了形成有效储层的厚度和规模。

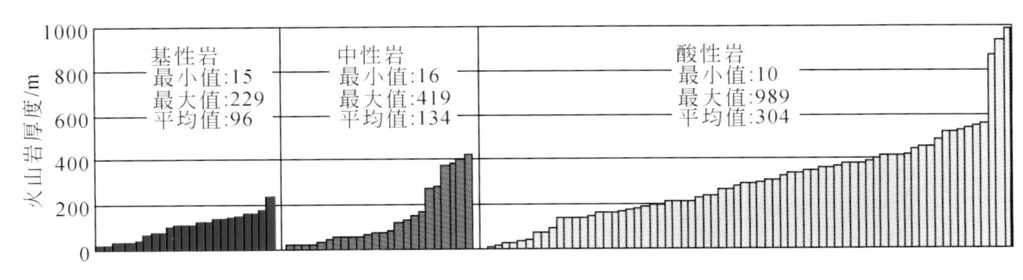

图 6-3　徐家围子断陷不同岩性火山岩单井发育厚度对比

火山岩储层物性变化大、总体上以中低孔-低渗储层为主。流纹岩或流纹质岩类原生气孔最为发育，次生孔隙也较为发育（杜金虎，2012）。酸性火山岩由于岩石脆性大，易产生裂隙，沟通孤立气孔又是良好渗流通道，有利于次生孔、缝的发育。

（二）火山岩岩相控制火山机构内优质储层的分布，火山口-近火山口相带为最有利的储层相带

通过对大量火山岩样品的孔隙度进行统计，结果显示：爆发相热碎屑流亚相和喷溢相上部亚相为优质储层发育的最有利岩相，爆发相中凝灰岩的物性最好，角砾岩次之；喷溢相中流纹岩物性最好，粗面岩次之（王璞珺等，2008）。

近年来研究发现，火山机构侧重火山岩体外形等宏观特征刻画，储集空间是对火山岩储层微观特征的描述，火山岩相是对火山机构内部结构的刻画，它建立了火山机构与储集空间的基本关系。三者在火山岩储层研究中缺一不可。但问题是，火山机构是地震可识别的，而火山岩相/亚相只能在井约束下实现地震部分识别，储集空间用地震就很难识别。为此提出火山机构-岩相带概念，其原理是，随着距火山口远近不同、火山岩相/亚相类型及其组合有序分布，具有不同的储集空间特征。由于火山口-近火山口岩相带多位于火山机构高点附近，因而易于地震资料识别。火山机构和岩相分别在大尺度和中等尺度上控制了储层的发育，火山口-近火山口相带为最有利的储层及成藏相带。

（三）裂缝有效改善储层渗透条件，促进成藏

裂缝不仅沟通原生孔隙，又是渗流通道，促进溶蚀孔缝的发育，而且为天然气运移提供通道，并为其聚集储存提供了空间。一般脆性岩石、薄层岩层和火山喷发期次

越多，岩性变化越频繁，裂缝越发育。统计表明，流纹岩裂缝最发育，平均裂缝线密度为5.70条/m，其次是流纹质熔结凝灰岩，平均裂缝线密度为5.27条/m。松辽盆地火山岩储层的裂缝按形成动因主要包括构造裂缝、炸裂缝、冷凝收缩缝和溶蚀缝，其中对储层改造强烈的是构造裂缝和溶蚀缝。

以徐家围子断陷安达地区为例，通过成像测井裂缝综合统计（表6-4），表明单井产能与岩性、裂缝发育程度存在一定关系：粗面岩较玄武岩裂缝发育程度好，产能高；玄武岩中裂缝发育程度好的层段则产能较高，高角度裂缝的发育程度决定了渗透率的大小和储集性能。

表6-4　中基性火山岩岩性与裂缝发育程度、产能关系

井号	产层主要岩性	裂缝密度/(条/m)	裂缝长度/m	裂缝宽度/mm	试气产能/(m^3/d)	试气结论
DS3-1	粗面岩	9.2	2.5	0.5	128 560	工业气层
DSX301	粗面岩	6.3	4.9	0.3	65 657	工业气层
DS2	粗面岩	7.8	3.3	1.6	42 065	工业气层
DSX5	玄武岩	4.0	4.2	0.6	42 090	工业气层
DS302	玄武岩	2.7	2.2	0.4	10 496	低产气层
WS102	玄武岩	2.6	1.5	0.08	43	干层

三、断裂及其演化是最为重要的控藏要素

（一）控陷：断裂控制了断陷的形成及演化

松辽及周缘中生代沉积盆地所处的地壳区域纵向上的分层结构在断穿岩石圈、地壳的断裂切割下分成了若干块体。深大断裂控制着盆地边界，松辽盆地是受西缘大兴安岭、嫩江壳断裂，东缘依兰-伊通超壳断裂，北部塔溪-鸡西断裂和南缘赤峰-开原、西拉木伦河断裂控制的中新生代岩石圈断块区。盆地中发育的一系列北东向、北西向和近南北向的壳断裂和基底断裂，将盆地分割成东西分带、南北分块的构造格局。从而形成了30多个由断裂控制的断陷盆地，为油气藏的形成提供了广阔的空间。

徐家围子断陷主要发育徐西早期走滑伸展断裂系统、徐中走滑长期活动断裂系统、徐东走滑断裂系统、早期伸展晚期张扭长期活动断裂系统以及晚期张扭断裂系统等5套断裂系统。徐西早期走滑伸展断裂系统，形成于火石岭初期，至沙河子组时期断裂活动规模最大，营城组时期逐渐衰退，断裂在营城组时期被徐中断裂切割成南北两段。南段的徐西断裂总体走向为北北西，延伸长度105km；北段的宋西断裂总体走向近南北，延伸长度75km，东倾，平面延伸呈近S形。该断裂系统大规模活动始于沙河子组沉积，强烈的伸展作用导致沙河子组超覆于火石岭组顶面之上，且向断裂根部楔状加厚。徐西断裂系统控制了徐家围子箕状断陷西断东超结构的形成和发展。

长岭断陷整体上表现为一个西断东超的箕状断陷特征，但由于横向上分布范围较

大，使得断陷结构在横向上的变化也较大。乾安断裂和长岭断裂分别是长岭断陷北部和南部的西边界断裂，孤西断裂为长岭断陷北部的东边界断裂。

边界断裂通过控制着断陷的形成及其演化进而控制断陷内地层的发育和分布，影响断陷内的油气聚集。

（二）控源：断裂控制着火山岩气源岩的形成、分布及热演化

断陷盆地中，断裂是烃源岩所在负向构造的边界条件和控制因素。断裂的性质、规模、活动性控制着源岩的发育程度与生排烃条件（罗群等，1998）。

上文已经提到，徐家围子断陷和长岭断陷中的天然气主要来自下伏沙河子组发育的煤系地层，其生气强度分布控制着徐家围子断陷和长岭断陷火山岩中天然气分布。而徐家围子断陷沙河子组煤系源岩的发育程度又受到断裂分布的控制。在沙河子组强烈伸展时期，徐西断裂为徐家围子断陷主要控陷断裂，沉降中心和沉积中心位于活动强度较大的徐西断裂的上盘。伴随着徐西断裂活动，形成西断东超的箕状断陷，在斜坡上受北北东向发育的断裂控制，形成了水体较浅的湖相沉积环境，沉积了厚度较大的煤系地层，成为徐家围子断陷火山岩的主力气源岩，这也是造成火山岩气藏沿着断裂分布的重要原因之一。

一些次级断层往往控制着次级生烃洼陷的发育和展布，如长岭断陷北部沙河子组烃源岩，分布在乾安断裂和乾北断裂附近，生烃中心受边界断层控制，烃源岩的展布方向与控陷断裂的方向一致。

另外断裂活动是引起断陷区沉降作用、热作用的重要因素之一，从而影响烃源岩的成熟及演化过程。断裂活动使盆地快速沉降，堆积的烃源岩层快速埋藏，加速有机质的转化。深大断裂活动时期带来的热流及高温岩浆有助于形成高地温场，加速有机质热解生烃。

（三）控储：断裂控制火山岩储层的形成与分布，并影响储层物性

断裂构造对火山岩储层具有三级控制作用，深大断裂控制区域火山岩分布，复合断裂控制火山口分布，区域节理控制火山岩储层。断裂与火山口之间存在3种关系：火山口沿主断裂呈串珠状分布，过火山口的断裂通常为放射状和环状断裂共同组成，火山口出现在两组或多组断裂的交汇部位和走滑断裂的转折部位。火山岩的分布与断裂活动密切相关，搞清主要活动断裂的分布规律，有利于更好地把握火山岩储层的分布规律。

徐家围子断陷营城期两期火山活动发育特征在断陷内部受控于不同的断裂体系：徐中走滑断裂系统活动时期主要为营城组一段及青山口组时期，营一段火山岩的喷发和分布受控于徐中断裂的活动性及延伸方向，表现为从断陷中部向南端喷发的特征；徐东走滑断裂系统活动时期主要为营城组三段，营三段火山岩形成和分布则受控于徐东花状断裂构造带的发育，表现为从断陷中部向北端喷发的特征（蔡周荣等，2010）。

断裂对火山岩储层储集性能的改善作用主要体现在：一方面诱发大量构造缝产生，

相互连通的构造缝能使渗透率提高几个数量级，这些构造缝还能沟通孤立的原生孔缝，改善储层物性；另一方面产生的构造缝促进地下流体的运移，易溶物质（长石杏仁体及充填各种孔、洞、缝的碳酸盐）极易被溶解，形成次生孔隙空间。徐家围子中部断裂火山岩带上，构造裂缝发育，有效地改造了储层，使其具有良好的储集性能，因而形成了高产气层，靠近徐中断裂的火山岩裂缝密度高，远离徐中断裂的火山岩裂缝密度低；徐中断裂两侧火山岩裂缝主体走向与徐中断裂平行，而在东西向断裂交叉部位的火山岩发育着多方位的裂缝。徐深1井位于中部断裂火山岩带上，150号层裂缝发育，裂缝面密度为2%～3%，为裂缝孔隙型储层，产气达$100\times10^4m^3/d$以上。

（四）控运：控制天然气垂向运聚层位和运聚时期

在岩性致密、物性差的深部地层中，断裂系统及其派生的裂缝对附近地层物性的改造，使得断裂在深层天然气的运移过程中起着至关重要的作用（作为直接运移通道，同时沟通其他运移通道），使天然气发生至地表的散失或引起天然气在地下的再分配。

1. 断裂空间延伸层位控制着天然气在垂向上运移的最大距离，在一定程度上也就决定了天然气在空间上运聚成藏的范围

徐家围子断陷营城组火山岩中的天然气主要来源于下伏沙河子组煤系源岩，空间上营城组上部火山岩储层和沙河子组气源岩被不同物性的火山岩相带相隔，尤其是火山喷溢相的中部和下部、火山通道的空落亚相和热基浪亚相，火山岩储集物性差。沙河子组源岩生成的天然气难以穿过这些火山岩孔隙向上部火山岩圈闭中运移聚集，而只能通过断裂才能使沙河子组源岩生成的天然气向上运移至上覆营城组的火山岩圈闭中。通过统计得到徐家围子断陷发育557条从沙河子组断至营城组火山岩中的断裂，这些断裂在泉头组晚期—青山口组沉积时期活动开启，此时正是沙河子组源岩大量排气期，沙河子组源岩生成的天然气沿着这些断裂向上运移进入火山岩圈闭中聚集成藏，所以断裂延伸层位控制着天然气的富集层位。断穿不同层位的断裂分布控制着不同层位火山岩气藏的分布：徐家围子断陷只延伸至沙河子组和营一段的断裂最多，沙河子组源岩生成的天然气沿其进行运移，只能进入到营一段火山岩中聚集成藏，形成的工业气流井数最多；而断穿沙河子组至营三段的断裂明显少于南部断至营一段的断裂，沙河子组源岩生成的天然气沿其运移，只能进入营三段火山岩储层中聚集成藏，形成的工业气流井数明显较南部要少。断穿沙河子组至营四段的断裂尽管以断穿沙河子组至营三段的断裂居多，但较断穿沙河子组至营一段的断裂要少，沙河子组气源岩生成的天然气在沿其向上运移进入营一段火山岩储层中聚集外，才可以再进入上覆营四段火山角砾岩中聚集成藏，发现的工业气流井数明显较营一段储量要少。

2. 断裂活动时期控制着天然气的垂向运聚时期

断裂只有处在活动时期时，才可成为天然气大量运移的通道，因此，源岩大量生烃期后的断裂活动时期是天然气垂向运移时期。

沙河子组—营城组气源岩在泉二段沉积末期达到生气高峰。此后断裂主要的活动时期有3期：泉头组沉积末期、嫩江组沉积末期和明水组沉积末期。这3个时期为源岩大量生烃期后的断裂活动期，是该区天然气垂向运移的主要时期。

泉头组沉积末期—青山口组沉积中期，该区登二段盖层此时已经具备封闭能力，泉一、泉二段区域性盖层开始具封闭能力，且源岩开始进入大量生排气期，有利于沙河子组—营城组天然气在登二段、泉一、泉二段盖层下面运聚成藏，为该区天然气的主要聚集期。嫩江组和明水组沉积末期，几套盖层均已形成封闭能力，此时气源岩的大量生排气期已过，排出的天然气不能在深层形成大规模的天然气聚集，只能造成原生气藏的破坏和油气的重新聚集和分配，是该区中浅层的主要天然气聚集期。

（五）控保：断裂控制圈闭完整性和盖层封闭性

通过徐家围子断陷典型火山岩气藏断裂侧向封闭性研究对比分析，只有错断火山岩圈闭断裂两盘火山岩储集层与砂泥岩对接，断层侧向封闭，火山岩圈闭才有效，有利于形成天然气聚集，如徐中断裂、徐深12井气藏边界断裂（上部）和徐深27井气藏边界断裂（上部）；若是火山岩与火山岩相对接，断层侧向不封闭，火山岩圈闭封闭无效，不利于天然气聚集，如徐深12井气藏边界断裂（下部）和徐深27井气藏边界断裂（下部）和徐中断裂（徐深14井下部）。

断裂活动影响盖层的完整性，导致气藏的破坏或调整。尤其是形成于盆地沉降期以及构造反转期活动的反转断层，如果是穿过深层火山岩气藏的区域性盖层，由于它们是在火山岩的成藏期或成藏期后活动，则对火山岩气藏盖层封闭性有重要影响，导致天然气逸散损失或重新运聚。

断裂体系对火山岩气藏成藏的几乎每个要素都有着重要的控制作用，因此对断裂体系的研究应将构造与地层、沉积、石油地质特征等相结合，充分利用地震资料揭示断裂体系的发育、分布与组合特征，并在油气勘探中不断修整完善，才能有效地指导松辽断陷盆地火山岩气藏的勘探。

四、火山机构类型、相带、旋回期次控制气藏的纵横向分布

松辽盆地以中酸性火山岩为主，主要沿深大断裂呈中心式喷发，喷发期次较单一，原位性保持好，火山机构较完整；单个火山岩体延伸距离短，横向变化大，即使是在井距500m的开发区块，火山岩气藏横向依然是不连通的，呈现出火山机构孤立成藏的特征，揭示出火山岩地层的强非均质性特点。松辽盆地深层火山岩气藏受气源岩、火山岩储层和断裂输导通道时空匹配关系的控制，为寻找火山岩勘探有利区带提供依据。同时，勘探证实，火山机构类型、相带及旋回、期次与气藏分布、产能存在密切关系。

（一）火山机构类型控制岩性、岩相，进而控制储层及气藏

火山机构是指一定时间范围内，来自同喷发源的火山物质围绕源区堆积构成的，

具有一定形态和共生组合关系的各种火山作用产物的总和，表现为火山喷发在地表形成的各种各样的火山地形及与其相关的各种构造。根据岩性岩相组合特征的火山机构划分方案，按结构特征将火山机构划分为碎屑岩类、熔岩类和复合类，然后按成分分为酸性型和中基性型。松辽盆地营城组以酸性火山机构为主，中基性火山机构次之。

据统计，徐家围子断陷营城组火山岩气藏主要集中在熔岩类火山机构（占72%），特别是酸性熔岩火山机构的贡献率达到50%，长岭断陷中基性火山机构中只有熔岩类获得了工业气流。整体而言，松辽盆地酸性火山机构成藏效应好，尤其以熔岩火山机构对气藏的贡献最大（图6-4）。酸性熔岩火山机构的成藏效率较高，徐家围子断陷中基性火山机构的成藏效率高于松辽盆地南部。单井最高产能出现在酸性复合火山机构；中基性火山机构的产能较酸性火山机构低；中基性碎屑岩、熔岩和复合火山机构的产能差别较小，而酸性火山机构的产能差别较大。

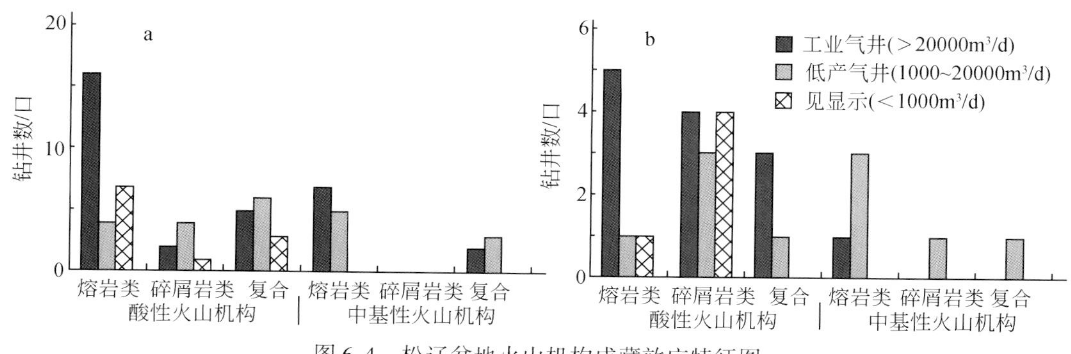

图6-4　松辽盆地火山机构成藏效应特征图

a. 松辽盆地北部徐家围子断陷；b. 松辽盆地南部断陷群

火山岩气藏内部特征与火山机构类型关系密切，是因为不同火山机构具有不同的储层特征。各类火山机构发育的储集空间类型存在一定的差别，导致了储层物性的差异。基于606个样品分析得知，熔岩类火山机构的储层物性最好，复合火山机构次之，碎屑岩火山机构排第三。在酸性火山机构中（储层样品为544个），熔岩火山机构的储层物性最好，复合火山机构次之。在中基性火山机构中（储层样品为62个），碎屑岩火山机构的孔隙度最大，复合火山机构次之，熔岩火山机构排第三。熔岩火山机构的渗透率最高，碎屑岩火山机构次之，而复合火山机构最低。储层物性的差别可以导致不同类型火山机构之间产能和气藏内部气层、差气层分布特征的差别。

（二）火山机构相带影响气藏的平面分布

火山机构相带是依据火山堆积物距火山口源区的远近分为火山口-近火山口、近源和远源三个相带或相组合带，它们在垂向上具有各自的序列特征，在平面上呈现围绕火山口由近及远呈环带状分布的趋势。

火山口-近火山口相带火山岩厚度大，由于火山喷发物近源快速堆积，火山穹隆作用频繁发生导致岩性、岩相复杂，火山口附近属构造薄弱带，也是后期断裂、热液活动多发地带，火山期后高压热液流体导致围岩炸裂、发生角砾岩化、形成大量角砾间孔和裂缝，易于形成良好的孔隙和裂缝配置，储集性能最佳，并且其储层建造和改善作用早于烃类运移，含气性最好，近源相次之，而远源相中有效储层所占比例极小。火山口-近火山口相带地层倾角多在40°~70°，常形成原生构造古隆起，是天然气长期运移的指向区，易发育岩性-构造圈闭。

勘探实践总体上呈现为钻井位置离火山口越近成藏的概率越大，越远成藏的概率就越小、单井产能越低的趋势。

（三）火山机构旋回、期次的顶部是气藏分布的有利部位

火山喷发间歇期，在暴露面顶部发生的风化淋滤作用形成的裂缝，常与溶蚀缝和构造裂缝交错相连，将岩石切割成大小不同的碎块；同时，风化裂缝为后期构造裂缝复杂化或进入深埋藏阶段后再次受到热液溶蚀作用创造了有利条件；另外，在旋回的顶部常发育拱张裂缝。所以在火山喷发期次的顶部尤其在旋回顶部或底部（有松散层存在），具备形成好的火山岩储层的有利条件。

火山岩在喷出地表后，冷凝速度较快，能够保留大量的原生气孔和长石等斑晶的晶间结构。徐家围子断陷营城组火山岩具有多期次喷发的特点，岩心观察表明，每一期次喷发熔岩顶部储层相对较为发育（图6-5）。这是因为当每一期次喷发时，含有大量气液包裹体的火山物质喷出地表后，气液包裹体受到浮力的作用向上浮动，从岩浆中溢出。由于温度降低，岩浆冷凝固结，部分未来得及溢出的气液包裹体被封闭在熔浆内部，这些被封闭的气液包裹体所占据的空间如果没有被后期外来的物质所充填，就形成了气孔，主要分布在火山岩体每一期次喷发的顶部，从而也决定了气藏在垂向上分布于每一期次火山岩的上部（朱映康，2011）。

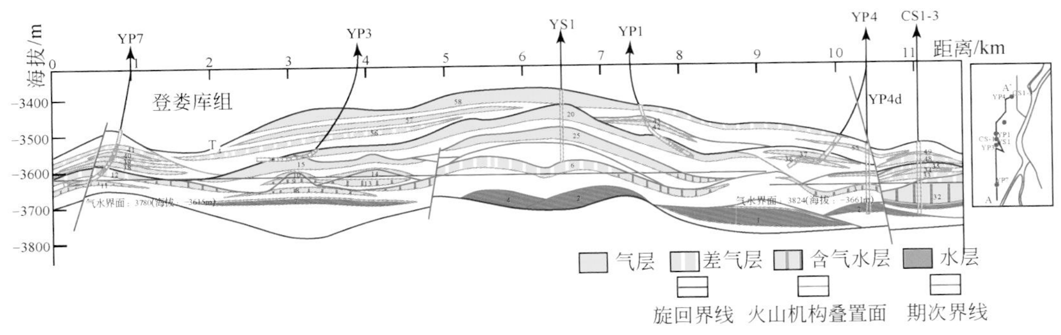

图6-5　长岭断陷松南气田气层分布与旋回、期次关系图

火山岩喷发期次多少和多岩性的互层叠置也控制火山岩物性好坏。通过对松辽盆地探井资料的统计发现，中基性火山岩是否发育有利储层还与多旋回喷发、多岩性互层叠置有关。喷发期次和旋回越多，岩性互层叠置越频繁，火山岩的物性越好；相比较而言，单一厚层火山岩储层相对不发育。

五、圈闭及盖层条件缺一不可

（一）火山岩圈闭发育与分布及有效性

徐家围子和长岭断陷天然气储藏类型主要有火山岩岩性圈闭及火山岩构造圈闭。

（1）火山岩岩性圈闭。在火山岩中，只要存在合适的火山岩性圈闭，就可构成较好的天然气储集的气藏。最常见的火山岩岩性圈闭是：火山岩系中不整合面、风化壳层（尤其是火山岩系与登娄库组之间的不整合、风化壳层），还有火山岩中受断块所限的气孔带、节理带、碎屑带、破碎带、溶解带等，不仅有利于天然气的运移，也均可形成好的气藏。如达深3井区位于安达凹陷内，产气层为中孔低渗中基性火山岩储层，为典型的岩性气藏；徐深21井区位于徐东斜坡带，储层主要发育于喷溢相上部，各气藏相互不连通，显示气藏受构造及岩性控制，为构造岩性气藏。

（2）火山岩构造圈闭。①直接圈闭。主要为火山机构，是指以火山通道为中心，由火山直接喷出引起的构造（环状、放射状断裂，裂隙）及岩石（喷出相、火山通道相、次火山岩相岩石）组成的等轴或长形隆起。常见的是火山穹隆、火山背斜、火山锥、火山堤、火山穹丘破火山口等，可以构成火山岩构造圈闭。如徐家围子断陷升平隆起带北侧升深2-1井区，长岭断陷哈尔金构造高部位长深1井区；②间接圈闭。由于火山活动等引起的构造断隆带及断隆区。断隆带范围通常大而长，常与断陷盆地共生，相间排列，尤其是较大的断陷盆地的边缘的断隆带；而断隆区多呈不大的等轴形。前者以“古中央隆起”为代表；后者多为盆地内部古正突起的“坳中隆”。它们常受两侧或四周断层圈闭而隆起，由于隆起时间长，断裂发育，因此风化剥蚀强，风化壳、不整合面发育，而且基岩碎裂及次生节理也发育，常是很好的构造圈闭。如拗陷中部形成隆起带徐深1井区。火山岩构造圈闭多位于构造高部位，为天然气运移的指向区，利于形成天然气聚集带。

岩性致密、未遭受破坏的火山岩可以作为圈闭盖层或遮挡物，形成火山岩自储自盖圈闭。长岭断陷带营城组地层向东逐渐减薄，易形成地层圈闭。徐家围子断陷和长岭断陷火山岩区发育各种类型圈闭，往往规模较大，并且火山岩层位与烃源岩层位相近，圈闭形成时间多早于油气生排烃期和成藏期，时空匹配较好，为气藏的形成奠定了基础。

（二）盖层封盖能力

前已述及，天然气具有易逸散的特点，因此要形成气田必须要有良好的保存条件，盖层对天然气藏形成与分布起着重要的控制作用。但就松辽盆地徐家围子断陷而言，深层天然气封盖层主要是登二段和泉一、二段发育的泥岩，这两套盖层全区分布，且厚度较大（图6-6）。其中登二段泥岩累计厚度一般为100～200m，高值区位于断陷中部偏东地区；泉一、二段泥岩累计厚度一般大于250m，断陷中部最厚，向东北及西南逐渐减薄，泥岩横向连续性好。从盖源时间匹配上来看，天然气第一次大规模充注期为泉头组末期，此时登二段和泉一、二段盖层均已形成，因此具有较强的封闭能力。另外，在营城组内还发育一套局部盖层，为火山岩与上伏沉积岩之间，以泥岩、泥质砾岩夹层或凝灰岩的混岩为主，主要分布于徐东地区及断陷南部。该区深层已发现的气藏和含气区与登二段、泉一、二段盖层的综合评价结果表明，封盖条件等级以好为主，少量为中等。

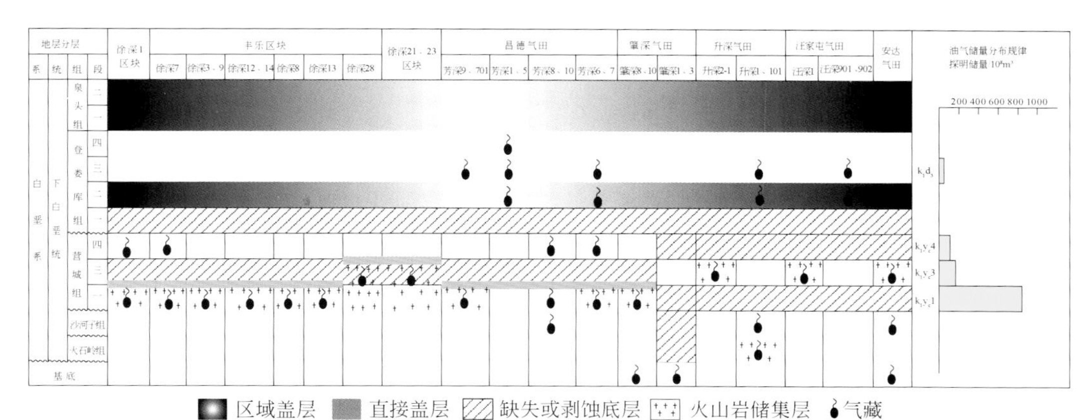

图 6-6　徐家围子断陷盖层与天然气分布关系图

长岭断陷泉一段顶部泥岩分布稳定，厚度一般大于 100m，为一套良好区域盖层；登娄库组三、四段及沙河子组泥岩都是有利的局部盖层。多期火山喷发导致了多个火山岩体，它们之间互不连通，构成了气藏的横向、纵向上有利封堵体，因此，火山岩也可作为火山岩气藏的良好的直接盖层。总体而言，盖层厚度大、埋藏深、排替压力高，封盖能力较强。

松辽盆地徐家围子断陷断裂主要活动时期与气源岩排气史关系分析，徐家围子断陷登二段和营城组火山岩顶部两套盖层封闭能力形成时期均在源岩大量排烃期之前，且均早于天然气的 4 个充注期；可见，徐家围子断陷和长岭断陷火山岩气藏之上封盖层是其成藏必要前提，但不是天然气成藏的主要制约性因素。

第二节　东部火山岩气藏成藏过程分析

天然气充注成藏是一个复杂的过程，需要烃源岩、储层、封盖层以及运移通道的匹配。

在油气成藏期和过程研究上，早期主要从生、储、盖、运、聚、保各项参数的有效配置，根据构造演化史、圈闭形成史与烃源岩生排烃史来推断油成藏期次和过程。近年来随着科技的进步，油气成藏期的“正演”分析方法如对构造演化史、圈闭发育史与烃源岩生排烃史的研究越来越深入、精细，相应地深化了油气成藏条件、期次和过程的认识；同时，依靠“成藏化石”记录方面的成藏期定量数据分析可以“示踪”油气成藏期次和过程，如储层成岩矿物及其中流体包裹体直接记录了沉积盆地早期油气成藏条件和过程，储层沥青分析反映了油气的演化过程，自生矿物年代学研究可以获得油气充注时期的准确数据。

而油气成藏演化历史是含油气系统中各地质要素和地质作用过程在时间和空间上有机匹配的历史，因此必须将油气成藏期的“正演”分析方法与油气成藏期的“反演”分析方法有机地结合起来，即在油气分异特征、包裹体分析、储层沥青分析和成岩矿物年代学等研究的基础上，结合盆地构造演化史、沉积埋藏史、烃源岩热演化史以及各种成藏条件的有效匹配，综合分析油气成藏期次、过程，指导油气勘探。

一、生排烃史

油气的生成是其聚集成藏的基础，因此油气藏的形成时间不可能早于烃源岩的大量生烃期。

烃源岩的生烃量取决于其体积以及原始有机质丰度、类型和热演化程度。前 3 项参数为烃源岩所固有的性质，只有热演化程度是随外界条件的变化而变化的，而这里的外界条件主要是温度和时间。因此，盆地热史（古地温梯度或古热流演化史）是影响烃源岩生烃史的主要因素。

根据徐深 1 井实测 R^o 与深度的关系，用 Lerche（1984，1988）的热指标反演拟合法分时间段模拟得到该井的古热流演化史。徐家围子断陷从火石岭组沉积开始，大地热流值逐渐升高，白垩纪末期（距今 65Ma）达到最大值 96.3mW/m^2，同时平均地温梯度达到 5.0℃/100m，高于现今的 4.0℃/100m。然后地层逐渐冷却，大地热流值降至现今的 70mW/m^2（任战利等，2001）。

在埋藏史和热演化史恢复的基础上，模拟了烃源岩的生烃史（图 6-7）。徐深 1 井沙河子组烃源岩从距今 105Ma 开始快速生气，距今 90Ma 和 80Ma 出现两次显著的生气高峰，白垩纪沉积末期以后，明显的生气过程结束。第一次大的生气高峰分别对应泉头组沉积时期，泉头组一、二段盖层基本形成。第二次大的生气高峰对应姚家组沉积时期，青山口组区域该层已经形成。白垩纪之后，徐家围子断陷上覆古近系、新近系和第四系总沉积厚度不足 50m，深层烃源岩成熟演化基本停滞，因此在距今 60Ma 以后，生气量十分有限，基本难以充注成藏。

结合芳深 9 井、肇深 5 井、尚深 3 井的生烃史模拟表明：徐家围子断陷深层烃源岩与火山岩处于同一层系，烃源岩沉积时期即处于较高的地温场中。因此，在登娄库期的快速沉降阶段，烃源岩快速成熟，并进入主生气期，主力烃源岩生气期发生在 100Ma 以前，即早白垩世晚期。

长岭断陷深层烃源岩主要有两次生气期：第一个生气速率高峰距今 120～130Ma，对应登娄库组末期；第二个生气速率高峰距今 70～90Ma，对应青山口组末期至姚家组末期，明显高于第一次生气速率。但对于断陷内不同区域主力烃源岩的埋深不同，沉积埋藏史和热史有异，具体生气时期会略有不同。腰深 2 井动态演化历史表明，在持续的沉降作用以及较高的古地温场作用下，火石岭组烃源岩早在登娄库组沉积中末期（约 118Ma）进入生烃门限，至嫩江组沉积早期（约 80Ma）全面进入大规模生烃阶段，

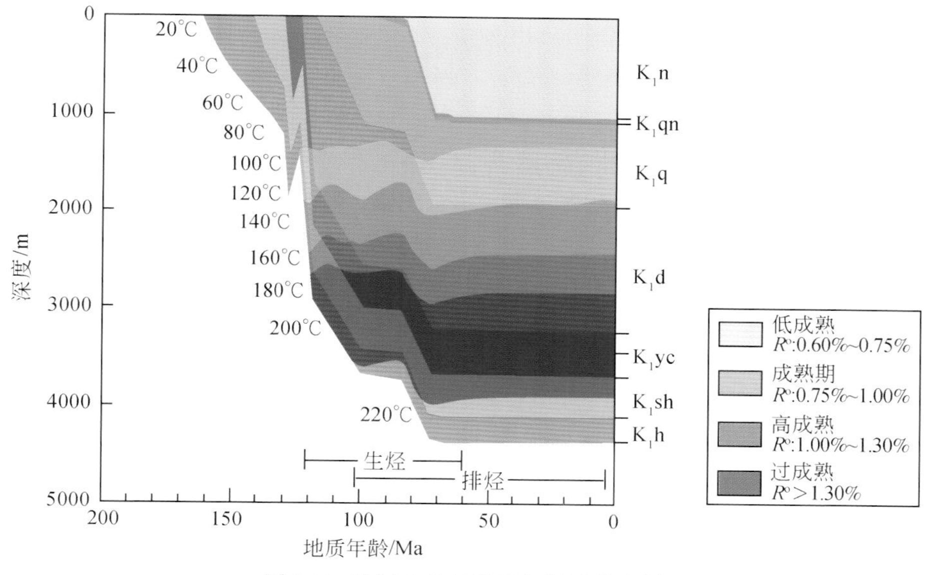

图 6-7　徐深 1 井烃源岩生气演化史图

达到生烃高峰，主要生、排烃阶段为泉头组末期—嫩江组早期（105～80Ma）；沙河子组烃源岩也是在泉头组沉积早中期（约 112Ma）进入生烃门限，至嫩江组沉积中后期（约 75Ma）达到生烃高峰，主要生排烃期为姚家组—嫩江组沉积中后期（90～75Ma）。营城组烃源岩在泉头组沉积中期（约 100Ma）进入生烃门限，至嫩江组沉积晚期（约 65Ma）达到生烃高峰，但至现今一直还在缓慢生烃，不过量很小。登娄库组烃源岩在姚家组沉积末和嫩江组沉积早期（约 80～85Ma）进入生烃门限，开始持续生烃。

二、成藏过程分析

我国东部火山岩油气藏成藏过程，总体表现为“多期连续、晚期成藏、晚期保存”特点，以松辽盆地徐家围子凹陷徐深气田及长岭凹陷长岭气田为代表。

徐家围子断陷深层火山岩气藏发现以来，其成藏期次和主成藏期一直备受关注。诸多学者们利用流体包裹体均一温度和冰点温度、成分分析、古地温史和地层埋藏史、生储盖层关系、烃类碳同位素和气源对比等方法对营城组火山岩天然气气藏进行了各种研究。徐家围子断陷火山岩气藏的成藏时间目前也有很多争议，认为在泉头组—嫩江组沉积以及明水组沉积时期均有充注（邵奎政等，2002；冯子辉等，2003；李景坤等，2006；胡明等，2010），其中泉头组沉积时期是公认的主要充注时期。

沉积盆地内的断裂活动直接影响油气的运移和充注成藏（付晓飞等，2010），早期和长期活动的断裂是沙河子组烃源岩生成的天然气向上覆各储集层中垂向运移的输导通道（付广等，2006）。松辽盆地断裂主要活动时期有 5 个：火石岭组至营三段沉积时期、泉头组沉积末期—青山口组沉积时期、嫩江组沉积末期、明水组沉积末期及依安组沉积时期（罗群等，1998；付广等，2003；胡明等，2010）。

对比断裂主要活动时期和源岩生气速率可知，在第一期断裂主要活动期时，源岩刚刚进入排烃期；泉头组末期-青山口组时期，源岩逐渐转化为大量排烃期，断裂活动时期与深层天然气的主要充注期恰好为同一时期，因此，此期断裂活动时期也是天然气大量运移时期，在天然气向圈闭中运移和聚集起到重要的通道作用。在天然气主要充注期之后（姚家组至现今）断裂活动较弱，这可能是先期形成的气藏得以较完整保存的主要原因。

松辽盆地自晚侏罗世断陷盆地形成、发展过程中，在沙河子组末、营一段末和营城组末期发生了三次明显的构造运动，断陷与隆起间及断陷内部构造格局基本定型。沙河子组沉积前，伴随着火山喷发活动，形成火石岭组煤系烃源岩。

营城组一段沉积前，沙河子组暗色泥岩和煤系地层形成的大型生油凹陷已初具规模。在135Ma时，徐家围子断陷发生第二次火山喷发，使沙河子组烃源岩处于较高的热力学环境中，加速了火石岭组烃源岩的成熟。

营城组四段沉积前，火石岭组烃源岩进入生气门限。这时断陷火山岩储层和基岩风化壳储层形成。

登娄库组沉积前，营城组末期火山喷发活动产生较高的地温场，盆地逐渐进入拗陷期热沉降阶段，气候由潮湿转换为干旱炎热。此时，沙河子组以及火石岭组主力气源岩进入有机质热催化生油阶段。基岩风化壳地层的不整合圈闭业已形成，但缺乏盖层。

到泉头组沉积末期—青山口组沉积时期，沙河子组此时埋深达2500m，地温升至155~170℃，仍处于热催化生油阶段，液态石油是这个阶段的主要产物，生成有机天然气量较少（柳广弟和张厚福，2009），在青山口组沉积时期达到最大排烃期，排烃速率达$0.76\times10^{12}m^3/Ma$。这一时期正是松辽盆地断裂活动时期，沙河子组生成的有机烃类沿断裂运移到营城组充注成藏。营城组储层内捕获到大量均一温度为146~171℃的流体包裹体，这个温度段与沙河子组埋藏温度十分吻合，为第一期有机烃类充注。而且，在泉头组沉积末期—青山口组沉积时期断陷内火山活动为幔源成因（王璞珺等，2009；胡明等，2010），有利于深部CH_4和CO_2向上运移充注。地幔中的C和H_2O发生费托合成反应，主要生成CH_4，副产物为CO_2（马文平等，2001），将沿开启的断层向上运移进入到营城组火山岩储层中形成气藏。反应生成的CH_4率先沿断层向上运移，气体在裂缝中上升的速度大于岩浆的上升速度，CH_4将先于岩浆到达营城组充注；上升过程中，炽热的岩浆冷却会析出大量的CO_2（付广等，2003），也沿开启的断层向上运移进入到营城组火山岩储层中形成气藏。无机气充注的先后顺序为，CH_4早于CO_2充注。受岩浆热传递作用影响，无机CO_2充注时营城组地温略高于无机CH_4充注时地温，表现为高温段无机CO_2流体包裹体均一温度略低于无机CH_4流体包裹体均一温度，表现为无机CO_2流体包裹体均一温度区间为240~270℃，无机CH_4流体包裹体均一温度区间为230~250℃。登二段当时埋深达1000m，进入成岩作用中期，起到关键盖层作用；因此，泉头组末—青山口组沉积期为主要的成藏期之一。

姚家组沉积开始，沙河子组埋深接近3000m，地层温度升至180℃以上（图6-8），进入有机质热裂解生气阶段（张厚福，1999）。此时并没有断裂活动作为运移通道，使得大量的热裂解气聚集在沙河子组。

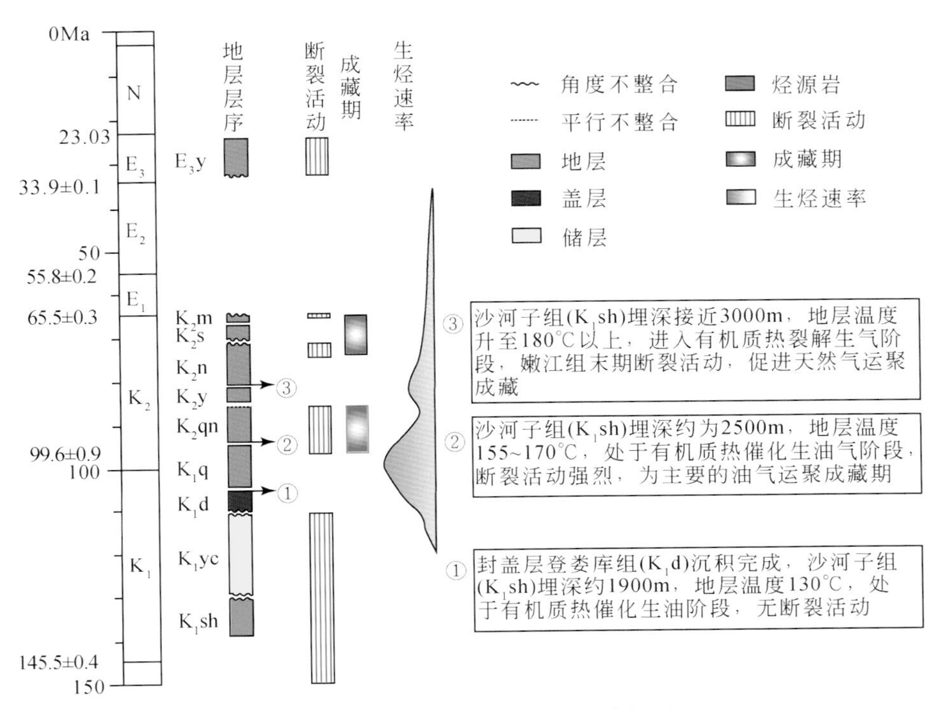

图6-8　徐家围子断陷成藏过程分析图

嫩江组沉积末期断裂活动开始，沙河子组裂解气开始沿断裂向上运移成藏。由于此时沙河子组上覆地层厚度超过3000m，且断陷内断裂活动较弱（胡明等，2010），天然气沿断裂向上运移散失较少，将在断裂内形成较高的气压；而营城组一段和三段火山岩孔隙和裂缝发育较好，且此时尚未被大量充注，断裂内的高压迫使天然气沿负压较小的优势通道向营城组内运移充注。因此，从嫩江组沉积末期断裂活动开始，沙河子组天然气就源源不断地沿断裂向上运移至营城组充注，运移方向为由生烃凹陷向四周古构造和古隆起运移，在运移途中在这些古隆起、古构造上的适当的圈闭中形成气藏，泉一、二段为区域盖层，古中央隆起带，徐家围子断陷徐西伸展断裂带、升平-兴城断弯褶皱、东部断展褶皱、丰乐低隆起和宋站低隆起等，长岭断陷哈尔金中央低突起、东部斜坡带等构造高部位是天然气聚集有利场所。长岭断陷营城组凝灰岩中有机包裹体均一温度可以分为两期，第一期主要为气液烃类流体包裹体，均一化温度分布范围在120～130℃；第二期为气体烃类流体包裹体，均一化温度分布范围在140～160℃。结合腰深1井营城组火山岩埋藏史分析，该井烃类气体充注储层为两期充注，第一期烃类充注高峰期为姚家组末—嫩江组早期，发生时间为86～83Ma，主要为火石岭组沙河子组煤系地层生成有机成因的天然气；第二期天然气充注时期为嫩江末期到四方台早期，发生时间为78～68Ma，为营城组烃源岩生成的油型天然气与火山活动形成的CO_2为主的地幔气充注储层。松辽盆地长岭断陷营城组储层包裹体中CH_4，CO_2碳同位素分析表明，包裹体中包含的气体CO_2与储层中CO_2不同源，结合有机包裹体均一温度分析（张金亮，1998），烃类气体为主的天然气与 CO_2 不是同时充注储层的，在 CO_2 充注入前，储层已经被烃类气体所饱和（图 6-9）。

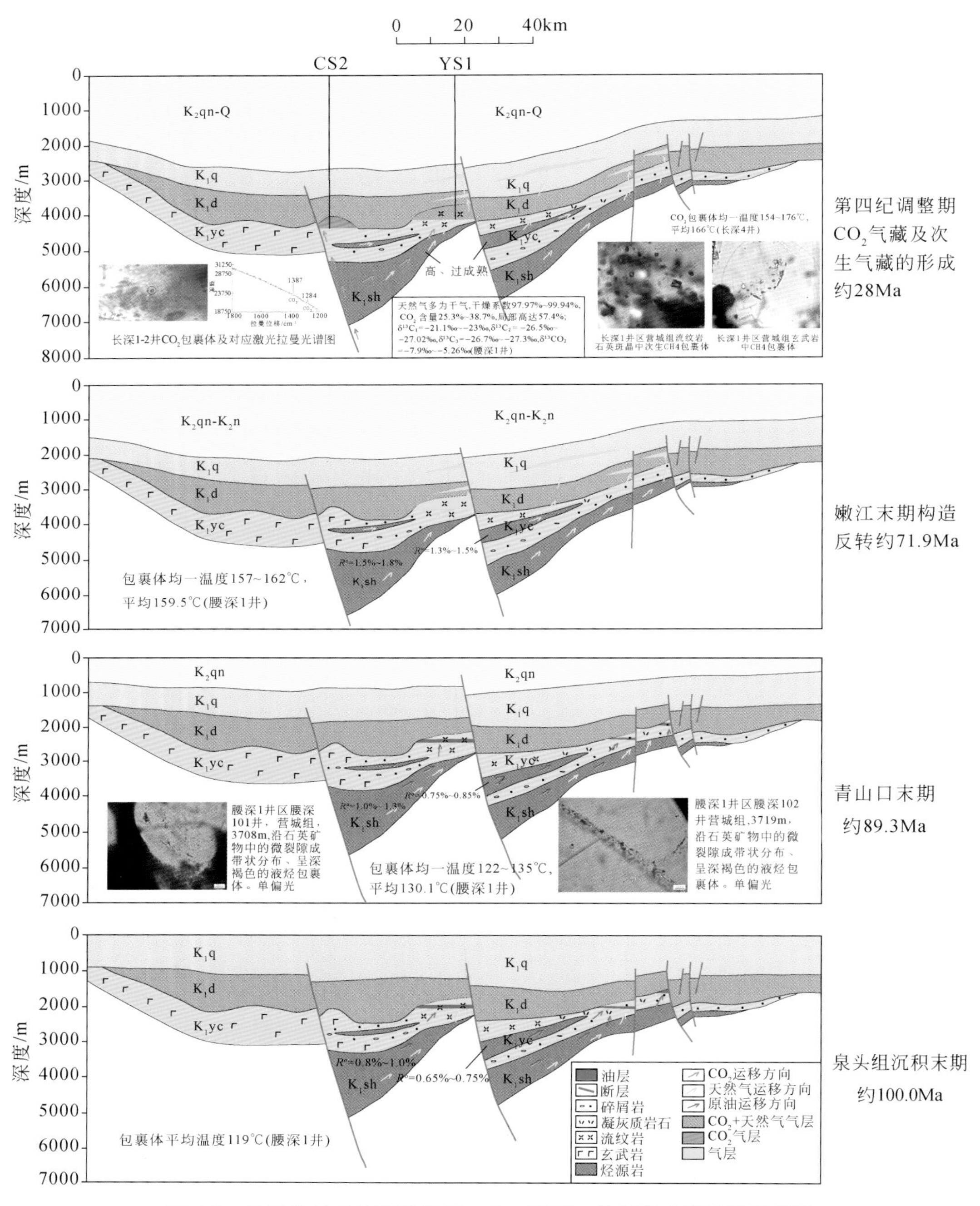

图 6-9　松辽盆地长岭断陷长深 2 井—腰深 1 井气藏成藏过程剖面图

明水组沉积末期断裂活动结束，CH_4 气藏充注完成并保存至今。本期富 CH_4 的流体包裹体均一温度为 180～225℃，数量占所测包裹体的 61%，且测得的井位在研究区内广泛分布，反映本次充注可能为研究区天然气主要成藏期。

嫩江组末期—古近纪，松辽盆地进入了反转期，松辽盆地形成了一系列反转构造，构造格局发生根本变化，深层烃源岩排出的天然气转为向这些新形成的反转构造运移，形成新的构造气藏，同时有些先前形成的气藏可能发生相应的调整和再分配。依安组沉积时期已到古近纪末期，沙河子组地层开始冷却，生气排气高峰期已过（任战利等，2001）。此时断裂活动对天然气成藏已无多大贡献，对断裂附近的天然气气藏可能有些影响，但对于远离断裂的气藏影响将十分微弱。

戴金星等（2003）指出天然气的分子小、重量小、难被吸附而易扩散，徐家围子断陷的多旋回性会损害和降低前旋回聚集气藏的保存条件和储量。晚期成藏和断裂活动较弱能避免这些弊端，正是营城组能完整保存超千亿立方米的大型气藏不被破坏的原因。

通过前述分析，松辽盆地北部徐家围子断陷营城组火山岩天然气有机 CH_4 主要有两期充注，早期为泉头组沉积末期—青山口组沉积时期，晚期为嫩江组沉积末期—明水组沉积末期，但大规模成藏发生在晚期；无机 CH_4 和 CO_2 气藏主要成藏于泉头组沉积末期—青山口组沉积时期，无机 CH_4 对本区 CH_4 气藏贡献不大。南部长岭断陷营城组火山岩天然气充注为姚家组末—嫩江组早期以及嫩江组末—四方台早期。

第三节　松辽盆地无机 CO_2 气藏成因及其富集规律

依据“十一五”“松辽盆地深层 CO_2 气藏成因”重大专项研究成果，结合松辽盆地深层天然气勘探实践，发现了较丰富的 CO_2 资源；长岭断陷发现了规模巨大的高含 CO_2 气藏，北部徐家围子断陷也相继发现多个含 CO_2 气藏；从已发现的天然气地质储量分析，高含 CO_2 气藏 90% 以上分布在中生代营城组火山岩储层中；营城组火山岩也是 CO_2 气藏主要赋存领域；平面上，CO_2 气藏呈点状或条带状局部富集，主要分布于盆地北部的徐家围子、古龙、莺双断陷和南部的长岭和德惠断陷（古中央隆起带两侧）；层系上，多层系分布，但主要富集于 K_1yc 火山岩和 K_1q^4 砂岩（图 6-10）。

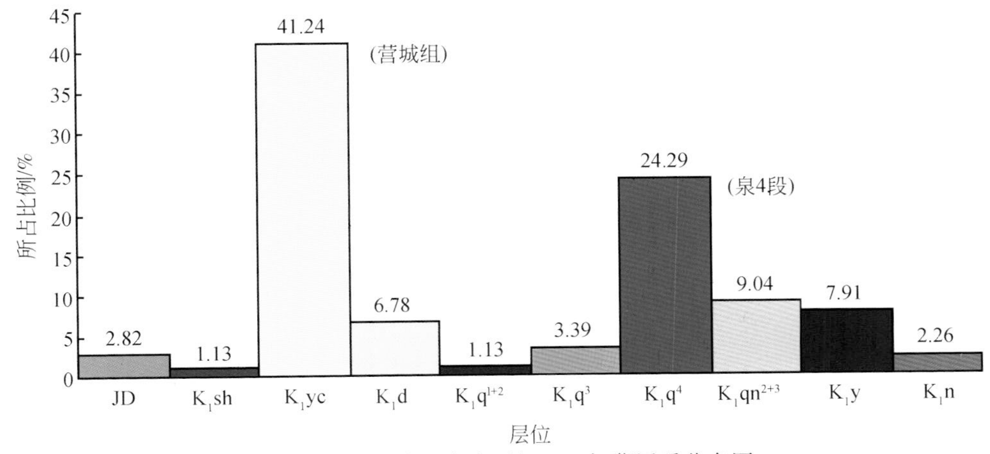

图 6-10　松辽盆地发育无机 CO_2 气藏层系分布图

一、无机 CO_2 成因机理和成藏期次

天然气的成因是成藏作用的基本要素。通过天然气地球化学特征对比以及模拟实验分析，可以确定不同含量 CO_2 气的成因类型。松辽盆地 300 多块样品的气体组成和碳同位素分析结果表明高含量的 CO_2 是无机成因的，其 $\delta^{13}C_{CO_2}>-8‰$；同时，松辽盆地高含量的 CO_2 伴生的氦的同位素非常重，$^3He/^4He$ 均大于 1，显示出幔源氦的特征，即松辽盆地高含量的 CO_2 应该是无机幔源成因（戴金星，1995；米敬奎等，2008），而含量较低的 CO_2（小于 20%）成因，既有无机成因，也有有机及混合成因。

幔源 CO_2 气藏的形成与幔源岩浆的喷发和侵入活动直接相关。一般认为，地幔流体尤其是碱性玄武岩浆和碱性岩浆富含大量 CO_2 等挥发气体（杜乐天，1996，2006；杨晓勇等，1999），基性岩和超基性岩包裹体中 CO_2、CH_4 的含量明显高于酸性岩；同时岩浆中 CO_2 的脱出量与其中 SiO_2 含量以及岩石碱性也有着密切关系，岩石 SiO_2 含量越高，CO_2 的脱出量越少；岩石碱性越高，CO_2 的脱出量越多（刘德良等，2006）。松辽盆地及其周边新生代岩浆的特点就是低 SiO_2、高岩石碱度，具有脱出大量 CO_2 的条件。

松辽盆地及周边地区中新生代发育多期玄武岩浆活动，早白垩世青山口期（92Ma ±）发育一期拉斑玄武岩浆活动，新生代古近纪以来（30~0Ma）3 期玄武岩浆活动。从成藏有效性分析，早期岩浆活动由于缺乏有效盖层，加之 CO_2 极易溶解于水中因而难以保存，而新生代火山活动则有利于 CO_2 的成藏富集。米敬奎等（2009）所做的松辽盆地中生代火山岩 CO_2 包裹体激光拉曼分析表明，包裹体中的 CO_2 与储层中的 CO_2 不同源，包裹体中包含的 CO_2 其 $\delta^{13}C_{CO_2}<-8‰$，为有机成因，而气藏中的高含量的 CO_2 的 $\delta^{13}C_{CO_2}>-8‰$，为无机成因（表 6-5），说明包裹体中以烃类气体为主的天然气与 CO_2 不是同时进入储层的，间接说明 CO_2 可能比烃类成藏晚。表明松辽盆地青山口期以来的幔源火山活动提供 CO_2 气源，晚白垩世以来 CO_2 多期充注，晚期成藏为主。

表 6-5　松辽盆地部分高含 CO_2 气井中和包裹体中天然气同位素对比

井号	气体来源	CO_2 含量/%	$\delta^{13}C_1$/‰	$\delta^{13}C_2$/‰	$\delta^{13}C_{CO_2}$/‰
长深 1	包裹体中	2.35	-22.85	-32.4	-12.71
	井中	23.45	-23	-26.3	-6.8
长深 1-1	包裹体中	1.63	-24.5	-27.38	-14.72
	井中	31.64	-22.2	-26.9	-7.7
徐深 28	井中	84	-34		-7
徐深 19	井中	98	-34.91	-35.86	-5.41

注：据米敬奎等，2008，内部资料。

二、无机 CO_2 气藏成藏模式

松辽盆地 CO_2 气藏成藏条件比较复杂。综合生、储、盖、运移通道、火山岩活动特

点、成藏期次和 CO_2气分布特点等因素，侧重于 CO_2气分布特点和 CO_2运移通道类型，初步确立松辽盆地含 CO_2气藏有三种成藏模式：深部断裂蠕滑–浅部火山通道充注成藏模式、深部断裂蠕滑–浅部断裂与火山通道叠合充注成藏模式和反转基底大断裂充注成藏模式三种成藏模式（表6-6）。

表6-6　松辽盆地 CO_2气藏三种成藏模式成藏地质条件比较表

成藏条件比较	深部断裂蠕滑–浅部古火山通道充注成藏模式	深部断裂蠕滑–浅部断裂和火山通道叠合充注成藏模式	反转基底大断裂充注成藏模式
构造位置	断陷内或距基底断裂倾向一侧相对较远处	位于基底断裂顶端	相对隆起区，近基底大断裂
气源条件	临近深断型烃源区，烃源充足，但无断裂沟通	临近深断型烃源区，烃源充足	临近中断型烃源区或深断型烃源沿边，烃源稍差。基底断裂反转期活动，喜马拉雅期无机气源优越
储集条件	火山岩不受埋深影响，火山岩储层占优势	火山岩储层为主、也发育砂岩储层	因气藏埋浅，砂岩、火山岩均有利于储气
CO_2运移通道	深部断裂蠕滑–浅部古火山通道	深部断裂蠕滑–浅部断裂和火山通道叠合	反转基底大断裂
区域盖层条件	登二段	登二段和泉一、二段、青山口组	登二段、青山口组
断裂情况	控陷基底断裂，拗陷晚期和反转期不活动	控陷基底断裂，拗陷晚期和反转期不活动	控陷基底断裂并持续活动，反转期有加剧趋势
火山活动影响	钻井见火石岭—营城期火山岩，在盆地内部深层地震解释有热流底辟体的存在	钻井见火石岭—营城期火山岩，在盆地内部深层地震解释有热流底辟体的存在	盆地内部深层地震解释有热流底辟体的存在。具备强充注的 CO_2气源
成藏组合	CO_2主要赋存于营城组下部成藏组合	以营城组和登娄库组下部和中部成藏组合为主	上部成藏组合为主
成藏期次	CH_4嫩江期成藏，CO_2主要在喜马拉雅期充注成藏	CH_4嫩江期成藏，CO_2主要在喜马拉雅期充注成藏	CH_4嫩江期成藏，CO_2主要在喜马拉雅期充注成藏
典型实例	长深1、长深6、徐深10、徐深19气藏	长深2、长深4、昌德气藏	万金塔、孤店、红岗气藏

通过对白垩系营城组有机烃类与无机 CO_2气藏解剖对比，认为松辽盆地含 CO_2气藏的成藏过程可分为三个大的阶段（图6-11）。

火二期—营城期：形成火石岭组营城组火山岩体，由于断陷烃源岩热演化尚低，没有盖层，圈闭尚未形成，大量火山期伴生的 CO_2散失，没有油气聚集。

泉头期—嫩江期：断陷烃源岩陆续进入生烃高峰，有机烃类气开始大量聚集，由于断裂的长期活动，会影响到保存条件，早期烃类气容易散失，到嫩江期晚期高成熟的烃类气大量成藏并保存。受晚白垩世青山口期区域火山活动的控制，也有部分 CO_2沿基底大断裂往上运移聚集，但总的量不大。具有烃类气强充注，CO_2弱充注或无充注的特点。

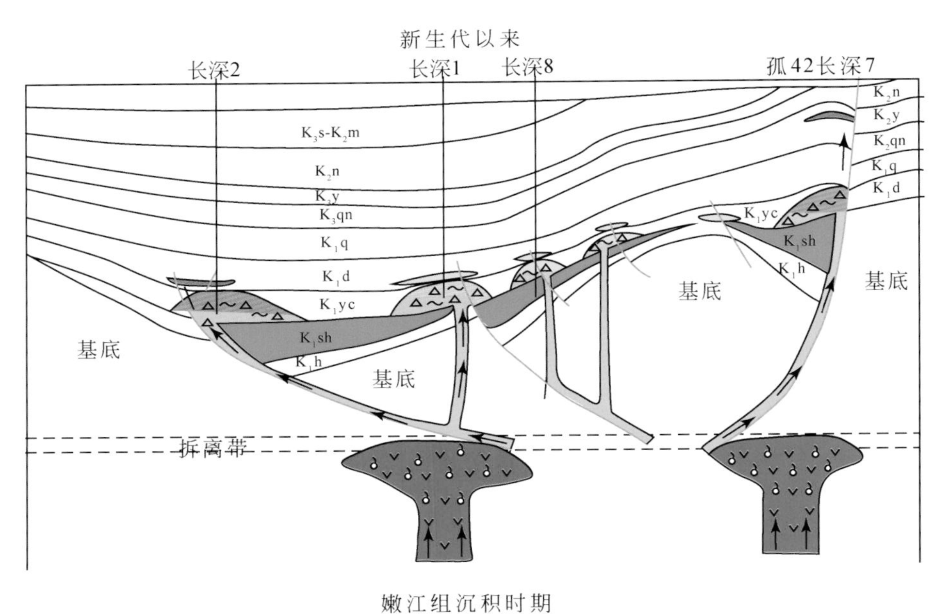

嫩江组沉积时期

K_2n
K_2y
K_2qn
K_1q
K_1d
K_1yc
K_1sh
K_1h
基底
拆离带

营城组沉积时期

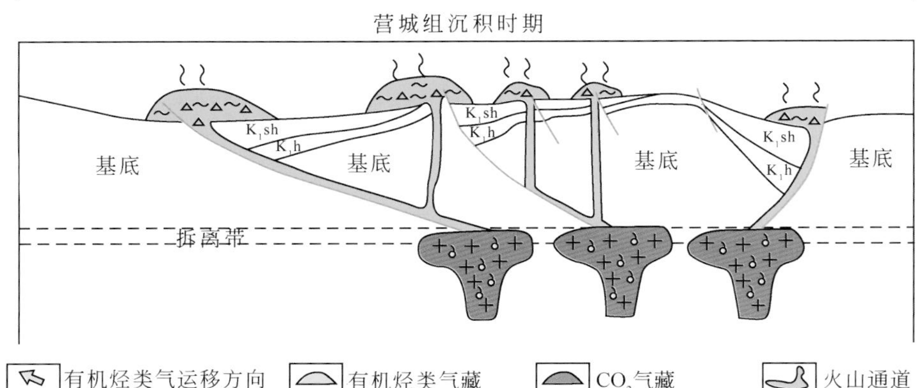

有机烃类气运移方向　有机烃类气藏　CO_2气藏　火山通道

幔源CO_2运移方向　高含CO_2混合气藏　基性岩浆房或热流底群体　烃源岩

基底断层　火山岩体　酸性岩浆房　火山气体释放

图 6-11　松辽盆地无机 CO_2气藏成藏模式图

喜马拉雅期：盆地周边火山岩喷发，盆地内部也发现几个火山，说明该期火山岩活动范围较广，只是在盆地内部没有喷至地表。断陷期发育的基底断裂有的在反转期发生反转，直接沟通幔源 CO_2，岩浆的脱气产生大量的 CO_2，沿基底断裂充注到断层所断达的层位，在青山口组区域盖层的保存下成藏，CO_2可富集于深部组合和中浅部组合。而对于拗陷晚期和反转期未活动的基底大断裂，在深部则通过蠕滑活动沟通幔源 CO_2气，CO_2沿基底大断裂运移至浅部盆地地层中时，则沿着基底断裂和古火山通道运移进入火山岩体和断裂所沟通的储层中形成聚集，此类 CO_2 主要储集于下部组合火山岩储层中。喜马拉雅期：盆地周边火山岩喷发，盆地内部也发现几个火山，说明该期火山岩活动范围较广，只是在盆地内部没有喷至地表。断陷期发育的基底断裂有的在反转期发生反转，直接沟通幔源 CO_2，岩浆的脱气产生大量的 CO_2，沿基底断裂充注到断层所断达的层位，在青山口组区域盖层的保存下成藏，CO_2可富集于深部组合和中浅部组合。而对于拗陷晚期和反转期未活动基底大断裂，在深部则通过蠕滑活动沟通幔源 CO_2气，CO_2沿基底大断裂运移至浅部盆地地层中时，则沿着基底断裂和古火山通道运移进入火山岩体和断裂所沟通储层中形成聚集，此类 CO_2 主要储集于下部组合火山岩储层中。

三、无机 CO_2气藏成藏主控因素

松辽盆地于150余口井中发现 CO_2气体，主要呈点状或条带状分布于古中央隆起带及其两侧断陷，即北部的徐家围子、古龙、莺双断陷和南部的长岭、德惠断陷（图6-12）。通过对松辽盆地内10余个含 CO_2气藏刻度区的解剖研究，认为控制高含 CO_2气藏分布的主要因素为深部构造背景、深大断裂、中新生界火山岩体三个方面要素。

（一）深部构造背景

深部构造背景控制 CO_2气藏的区域分布。高含 CO_2的无机幔源成因机理表明，CO_2是通过幔源岩浆活动发生的地幔热脱气方式迁移到地壳浅部，一般都分布在深大断裂发育、幔源岩浆活动比较强烈地区。统计资料表明，松辽盆地高含 CO_2和 He 的井位多分布在深大断裂带的附近，尤其是几条深大断裂的交汇处，充分说明深部构造控制高含 CO_2气藏的形成与分布。

松辽盆地具有边缘裂谷盆地地幔上隆、高地热场特点，高热流和高地温是深部物质及热流上涌的结果。其莫霍面埋深29～34km，热流平均值68.65mW/m^2，地温场分布具有中部高、边部低，大致呈环状分布的特征，高热流区与莫霍面隆起区相对应。统计表明，松辽盆地 CO_2和 He 气主要分布于莫霍面埋藏小于32km 的地幔上隆地区（图6-13）和盆地内地温梯度大于3.5℃/100m 的中央凹陷区。例如，松辽南部莫霍面正异常有两个，一是在大安—乾安一带，隆起最高点在乾安南部，地壳厚度为29km；另一个在德惠一带，地壳厚度为31km；在这两个异常带内，发育了红岗和万金塔两个大的浅层二氧化碳气藏带。

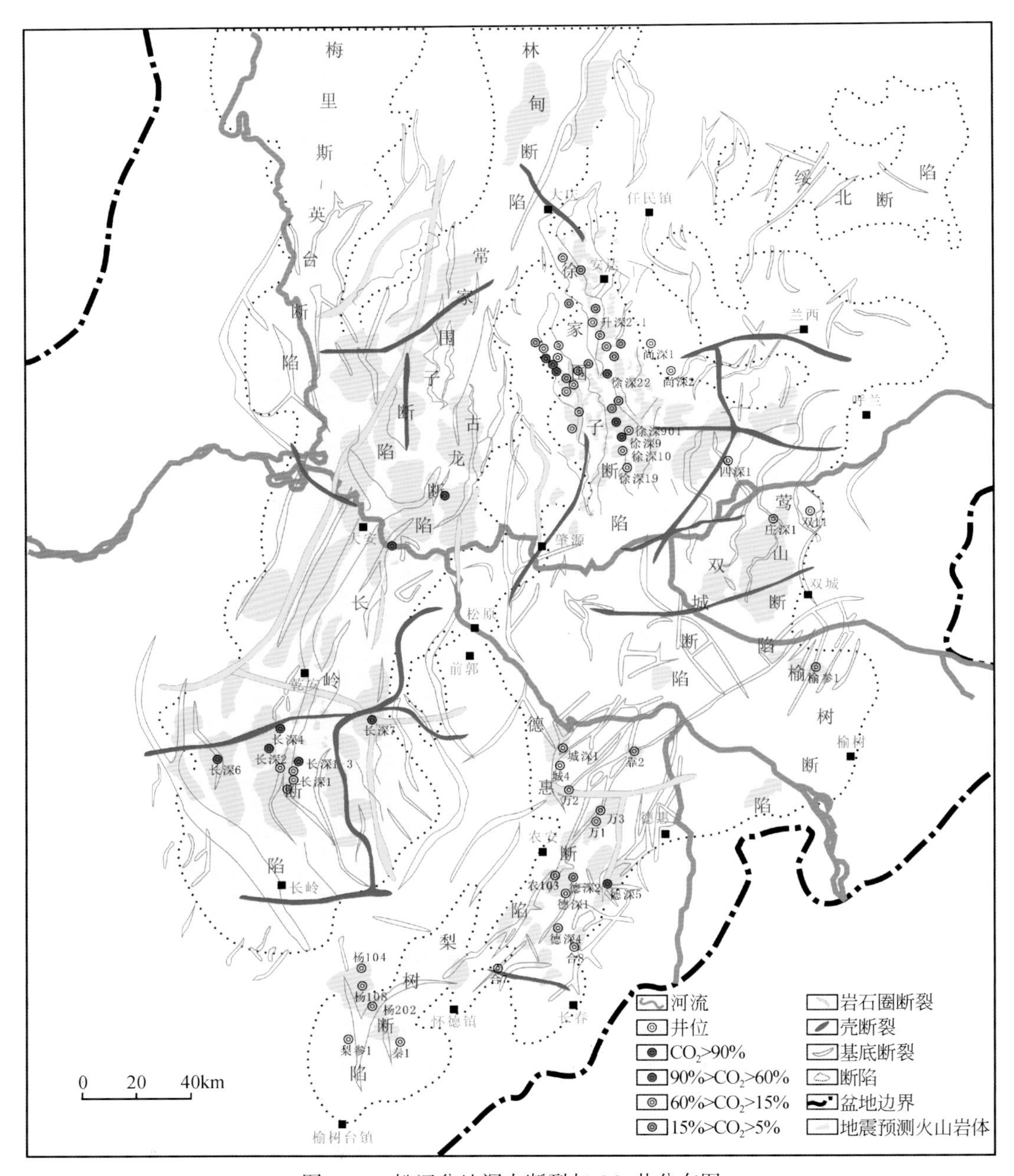

图 6-12 松辽盆地深大断裂与 CO_2 井分布图

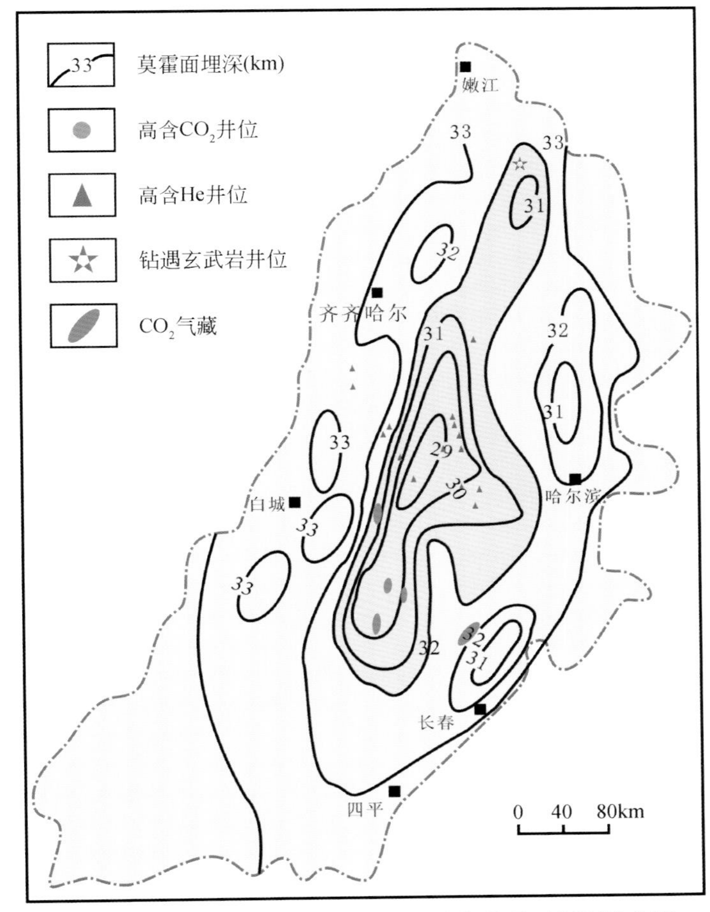

图 6-13　松辽盆地高含 CO_2 和 He 井位与莫霍面埋深叠合图

（二）深大断裂

深大断裂系指规模大、切割深、发育时期很长的断裂带，按其切割深度，可分为岩石圈断裂、地壳断裂和基底断裂。深大断裂是深部地幔岩浆上涌的重要途径，也是幔源 CO_2 向上运移的重要通道。

松辽盆地高含 CO_2 的无机幔源成因特征，决定了岩浆脱气之后必将沿着势能降低的深大断裂带方向运移，在具有圈闭条件的场所聚集成藏。松辽盆地规模较大的基底断裂有 50 多条，目前已发现的 CO_2 气藏分布均受基底断裂控制，但不是所有基底断裂都与 CO_2 有关；这也是断裂控制 CO_2 分布规律复杂性之一。

研究表明，松辽盆地控制 CO_2 气藏分布的基底断裂多为规模较大、低角度、控陷、控制火山上涌通道的基底大断裂。这些控陷基底断裂，多为正断层（带），平面延伸距离大，最大 150km，一般为 10 ~ 40km，最大垂直断距为 5000m，一般在 500 ~ 2500m，基底大断裂向下倾角逐渐变缓，并最终以近于水平的韧性剪切方式消失于拆离带内。

控陷基底大断裂控制高含 CO_2的富集区带。例如，徐家围子的芳深 9 井气藏的 CO_2气就沿着徐家围子控陷基底断裂，即沿徐西断裂运移聚集结果；长岭断陷前神字井（长深 2）和神北（长深 4）CO_2气藏分布于前神字井-大安控陷基底断裂的陡坡带上（图 6-14）；黑帝庙（长深 6）CO_2气藏分布于黑帝庙控陷基底断裂陡坡带上；北四号（长深 7）CO_2气藏分布于孤店控陷基底断裂陡坡带上。

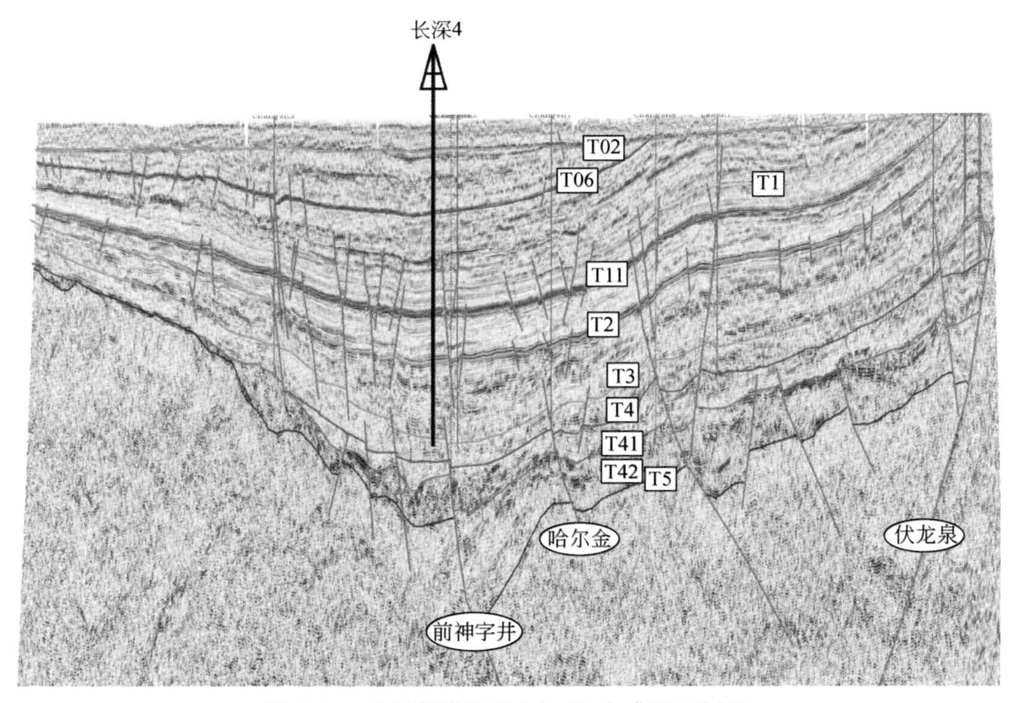

图 6-14　长岭断陷长深 4 井 CO_2气藏地震剖面

基底断裂的多旋回活动是连接深部气源、构成 CO_2运移通道的重要条件。研究表明，松辽盆地基底断裂持续形成于侏罗纪至白垩纪登娄库期的盆地裂谷发育阶段。裂后期虽然断裂活动相应减弱，但控陷基底断裂仍在继续活动，并且控制了凹陷的边界。例如，新立-大老爷府断裂、农安-万金塔断裂、伏龙泉-顾家店断裂、哈尔金断裂持续活动至青山口期。红岗、大安、孤店等断裂持续活动至姚家期末以后，而在嫩江组沉积末期，由于日本海的扩张和太平洋板块向欧亚大陆俯冲，盆地区受剪切-挤压应力场控制，形成众多正反转构造，如望奎-任民镇反转构造带、长春岭反转构造带、克山-大庆反转构造带和林甸-红岗反转构造带。这种由基底断裂控制的正反转构造带是中浅层 CO_2聚集和分布的有利地区，如万金塔、红岗、孤店等中浅层 CO_2气藏。

（三）中新生代火山岩

火山岩与CO_2关系十分密切，世界上已发现的CO_2气藏大都分布在地史上或现代的火山活动地带。松辽盆地火山岩与CO_2的关系表现在三个方面。首先，岩浆是无机幔源CO_2气的气源载体，火山-岩浆活动期即幔源CO_2气的释放期和聚集期。前已说明，火石岭组-营城组火山岩主要以中、酸性喷发岩为主，系幔源诱导、壳源部分熔融的产物，不能成为松辽盆地幔源CO_2的主要气源。而青山口期—新生代火山岩主要以基性、碱性玄武岩为主，玄武岩浆来源于深达54～108km的上地幔和软流圈，且由老至新，玄武岩的形成深度逐渐变深，幔源岩浆的多期活动为大量幔源无机CO_2气运移至盆地地层中形成聚集提供了可能。

其次，松辽盆地主要断陷内营城组火山岩分布广泛，构成盆地深层烃类气和CO_2最重要的储层。例如，长岭断陷缓坡带上主要发育火山碎屑岩和火山熔岩两种类型的储层，发育非均质性较强的原生孔隙、次生孔隙和裂缝三种类型孔隙。高含量的CO_2分布与火山岩爆发相有着较为密切的关系。除了火山岩有利储层以外，一般来说，在营城组火山岩之上普遍发育有良好的泥岩盖层，如长深2、4、6、7高含CO_2气藏火山岩之上均有15～20m的泥岩作为良好的直接盖层。

最后，火山活动与深大断裂具有成生关系，通常深大断裂活动伴随有强烈的火山喷发或侵入，新生代火山活动对于深部CO_2运移也起到决定性作用。目前松辽盆地已发现的几个新生代火山机构都分布在深大断裂的交汇带附近。

四、含无机CO_2火山岩气藏区带预测

分析盆地深层烃类气和CO_2的耦合分布规律及其控制因素，认为气源基底大断裂是联系烃类气和CO_2气的桥梁，两者共享某些圈闭和储层等成藏要素而耦合复杂分布在一起。两者既相似又有区别，相同的是营城组火山岩构成两种类型天然气的优质储层，区域盖层共同限制了两种类型天然气的聚集层位；不同的是两者在成因机理、运聚过程和运聚特征上的差异，这也决定了两种天然气在空间上的分布差异。运聚通道类型决定了含CO_2天然气中CO_2的相对含量大小。

从深部气源和控陷深大断裂组合关系入手，结合已发现CO_2分布特征，确定松辽盆地新生代幔源玄武岩浆活动区，再结合基底大断裂的类型及分布、火山机构及火山岩分布、常规储层及圈闭分布，预测了5个CO_2的富集区带（图6-15）。总的来看，松辽盆地CO_2天然气勘探实践证明：松辽盆地深层无机CO_2气藏，其CO_2主要来自于深部幔源，CO_2气藏成藏与深大断裂密切相关，以深部断裂蠕滑-浅部火山通道充注成藏模式为主，具有点状、带状分布，局部富集的特点；主要赋存于盆地南部深层区域，与火山岩储层天然气发育、形成密切相关。

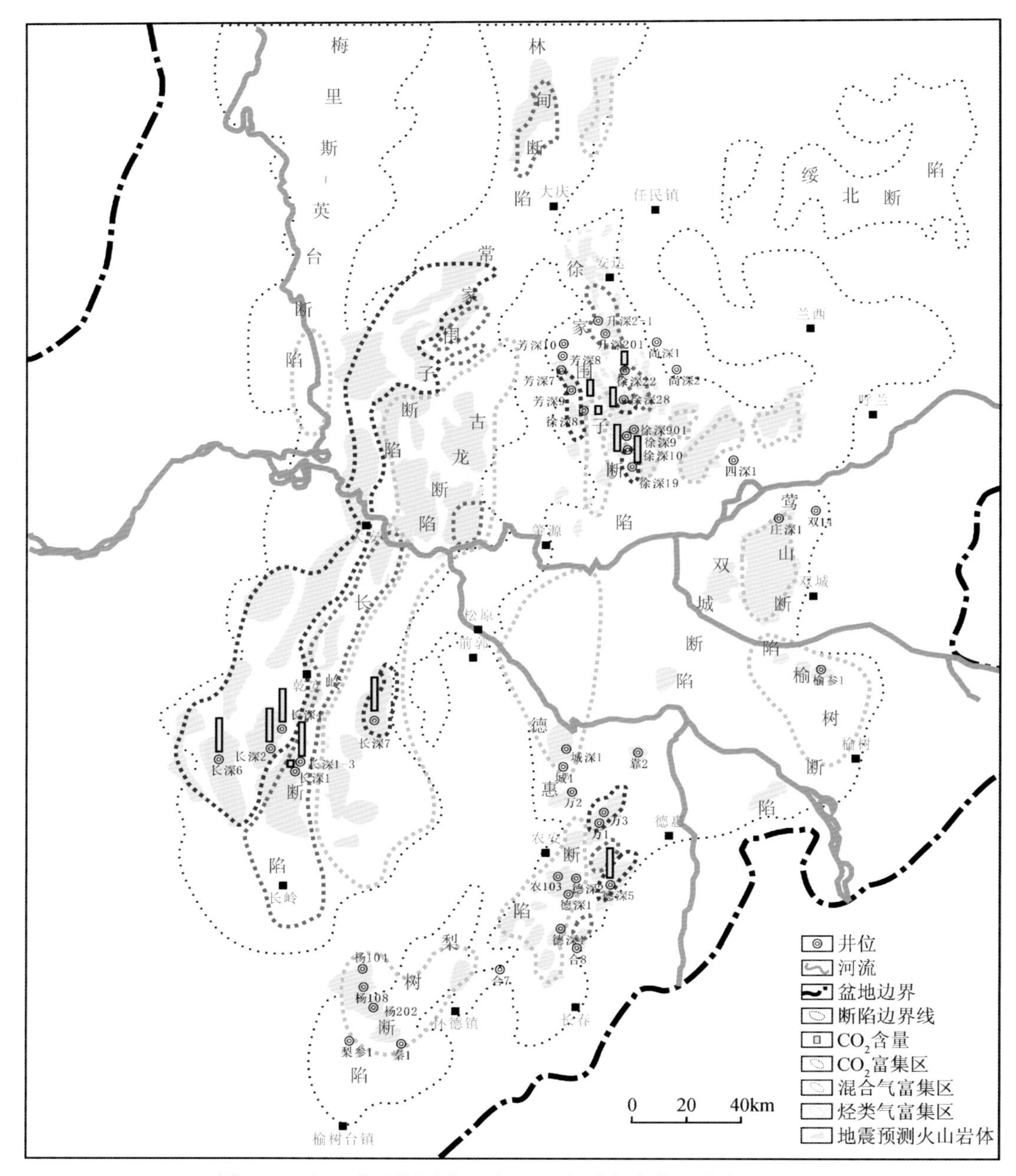

图 6-15 松辽盆地深层火山岩 CO_2-烃类气富集区分布预测图

第四节 西部火山岩油气藏成藏主控因素分析

我国西部火山岩油气藏成藏过程，总体表现为“两期成藏、晚期成藏、晚期调整保存”特点，以准噶尔盆地滴南凸起带克拉美丽气田及三塘湖盆地马朗凹陷牛东油田为代表。

一、典型火山岩储层油气藏解剖

（一）牛东火山岩油藏

牛东卡拉岗组油藏位于马朗凹陷中北部牛东鼻状构造带牛东2号构造上，探明含油面积27.62km^2，探明石油地质储量4570×10^4t，技术可采储量685×10^4t，溶解气地质储量20×10^8m^3，技术可采储量3×10^8m^3。

储集体为上石炭统卡拉岗组火山岩风化壳。卡拉岗组发育六期火山岩，储层岩性为玄武岩、安山岩、流纹质熔结凝灰岩、凝灰岩、火山角砾岩，岩相主要为爆发相、溢流相。油层主要发育在溢流相的杏仁状熔岩（玄武岩和安山岩）、自碎角砾状熔岩和火山角砾岩的砾间孔、缝充填物和角砾上发育的杏仁体。在短期的风化淋滤过程中，有利岩性、岩相形成有利储层，一般分布于每一期喷发的顶部，呈层状分布，同时受控于火山岩体分布。储层孔隙度4.2%～15.8%，平均10.6%，渗透率0.01×10^{-3}～1.2×10^{-3}μm^2，平均0.46×10^{-3}μm^2，物性变化大，非均质性强。

牛东卡拉岗组火山岩油藏主要受牛东鼻隆构造背景和岩相、岩性及后期风化淋滤作用共同控制的构造-岩性-地层油藏。

1. 有效烃源岩

由于火山岩本身不能生成有机烃类，因此，与有效烃源岩匹配是成藏的关键。临近生烃凹陷的火山岩圈闭有利于成藏。

芦草沟组潟湖相钙质泥岩主要分布在条湖、马朗、汉水泉凹陷中南部，马朗凹陷南缘厚度最大，最厚可达700m。哈尔加乌组碳质泥岩在盆地西南、东南和中北部厚度较大，残余厚度一般在600～2000m（伍新和等，2004）。这些有效生烃凹陷控制着油气藏的位置，据统计认为，三塘湖盆地马朗凹陷钻探获油气显示的井均分布于有效源岩区，油气聚集于临近生烃凹陷中心的有利圈闭中，以垂向运移和短距离侧向运移为主（王昌桂等，2004），近缘成藏特征明显。

2. 古构造背景

油气勘探实践表明，区域构造演化控制了油气的二次运移，古构造是诱导油气运聚的有利场所，油气运移时期的古构造形态对油气运聚成藏具有重要的控制作用（张雷等，2010）。位于生烃中心周缘的古构造、古鼻隆带具有供烃面积大、为长期油气运移指向区的优越条件。在条湖凹陷、马朗凹陷发现的石炭系、二叠系火山岩油藏大多集中在牛圈湖-牛东构造带上。牛圈湖-牛东、马中和马东等3个古鼻隆带，具有东北高、西南低的特点，并向西南倾没于凹陷沉降中心。石炭纪末期受板块挤压，盆地整体抬升，遭受风化剥蚀，于石炭系顶部形成了不整合面，这些古构造高部位更易发育有效风化壳储层（王京红等，2011）。生烃凹陷生成的油气优先运聚于这些临近生烃凹陷的古鼻隆带和古凸起圈闭中，且前人研究发现，在新疆北部发现的风化壳型油气藏基本都分布于古构造高部位和斜坡区。

3. 优质改造型储层是成藏的关键要素

研究区储集层主要为经受风化淋滤改造作用而形成的风化壳储集层，储集空间为次生孔、洞、缝。改造型储层形成于区域性抬升导致的风化淋滤作用和火山喷发间歇期淡水溶蚀作用。风化程度的强弱是影响风化壳储集层储集性能的关键，据统计，因风化发生强烈蚀变的玄武岩孔隙度可以达到15.3%，而未发生蚀变的玄武岩原始孔隙度仅为7.6%。风化淋滤作用离不开水，在不整合面、断裂及裂缝发育带，地层水、有机酸活跃，风化淋滤、溶蚀作用强，有利于改造和连通原生储集空间，改善了火山岩储集性能。因断裂与风化体储层通常共存，对储层改造具有叠加性和互补性，平面上，优质储层分布于上覆地层剥蚀带或大断裂附近，纵向上，优质改造型储层分布在不整合面、火山喷发间歇面附近。已发现牛东、马中、牛圈湖及马中成藏大部分分布于中-上三叠统、条湖组、芦草沟组这三条剥蚀线包络区内。

（二）克拉美丽气田

五彩湾气田位于五彩湾凹陷的北部，其气藏规模较小。1998年首先在彩25井石炭系火山岩中获得工业气流，之后在彩201井和彩27井也获得工业气流，随后钻探的彩202、彩203、彩204和彩29等井却相继落空（高先志等，2008）。五彩湾气田天然气主要位于石炭系顶部火山岩风化壳内，中二叠统将军庙组砂泥岩和泥岩不整合覆盖于火山岩之上，岩性致密，是一套良好的盖层。彩25井区石炭系为一个向西倾的鼻状构造，彩25、彩201、彩27这三口井均位于鼻状构造轴部的三个局部构造高点。鼻状构造轴部的油气显示比较活跃，且构造位置越高，油气显示越活跃，而在鼻状构造的两翼几乎没有油气显示；位于高部位的彩29井油气显示很活跃，没有成藏的主要原因在于不存在圈闭，油气通过断层破碎带运移到上部地层了（高先志等，2008）。

五彩湾断鼻的古今构造发生了显著的变化，古构造的高点处于现今构造的低部位，这主要是因为燕山期该区地层发生掀斜，油气的溢出点抬高，导致闭合度减小，相应的古圈闭受到严重破坏（张明洁，2000），这直接导致五彩湾地区石炭系火山岩中的油气大量逸散，只残留局部高点或火山岩内幕岩性圈闭，因此五彩湾凹陷火山岩油气藏规模较小。

克拉美丽气田位于准噶尔盆地腹部陆梁隆起东段滴南凸起上，2005年滴西10井于石炭系获得$20.2\times10^4 m^3$高产工业气流，从而发现克拉美丽气田。克拉美丽气田由滴西10、滴西14、滴西17、滴西18井区4个气藏组成，属风化壳地层型气藏，2008年克拉美丽气田探明天然气储量为$1033\times10^8 m^3$，是我国北疆地区发现的首个超千亿方的大气田。

克拉美丽气田天然气主要分布在石炭系顶部火山岩风化壳内，其储层岩性类型众多，包括多种火山碎屑岩和酸、中、基性火山熔岩以及侵入岩。中二叠统平地泉组不整合覆盖于石炭系火山岩上，为上百米厚的泥岩、粉细砂岩，是一套优质的区域性盖层，具有良好的封堵能力；一些未经历强烈风化作用的致密火山岩起到了侧向封堵作用，而早期活动、后期停止活动的断裂一般下部开启、上部封堵，对油气也具有封闭作用，如滴西10井流纹岩中发育气藏，气藏东北部

发育的断裂及其上盘致密凝灰岩一起构成了有效的油气封闭体系，阻止了油气的逸散。此外，三叠系、侏罗系等上覆地层中也发现了少量天然气。

克拉美丽气田天然气与五彩湾气田天然气特征相近，主要表现出煤成气的特征，与准噶尔盆地西北缘乌夏地区来自二叠系烃源岩的油型气有明显区别，与南缘来自侏罗系煤系的天然气相比，其具有较高的$\delta^{13}C_1$值和明显较低的$\delta^{13}C_2$-$\delta^{13}C_1$值，反映其成熟度较高。这些储集在火山岩中的天然气主要来自石炭系腐殖型烃源岩（李剑等，2009；王绪龙等，2010），部分可能受到油型气混合的影响。而上覆三叠系、侏罗系等层位中的天然气主要是次生成因，来自石炭系烃源岩早期生烃后的逸散（赵孟军等，2011）。

滴南凸起带石炭系自西向东地层由新到老分布，顶部与二叠系呈角度不整合接触。石炭系顶面构造形态为南北两侧为边界断裂所切割、向西倾伏的大型鼻状构造。滴南凸起上发育一系列近东西向、北西向断裂，规模较大的有北侧的滴水泉北断裂，为东南倾逆断层，断开层位石炭系—下侏罗统。石炭系火山岩岩性反映火山作用平面呈现出明显规律性，西部发育中基性熔岩，东部发育中酸性熔岩，南部沿断层发育中-酸性侵入岩，各区之间又间断沉积火山碎屑岩类-沉凝灰岩类。由于石炭系火山岩体受到长期风化剥蚀，火山岩储集体经过较强烈改造，储集层复杂多样；浅成侵入岩、火山熔岩和火山碎屑岩类角砾岩均能够形成有效储集层。石炭系火山岩储层原生孔隙主要为气孔、粒内孔和粒间孔，形成于火山岩固化成岩阶段，次生孔隙主要为溶蚀孔，形成于火山岩成岩后表生作用；构造缝普遍发育，溶蚀缝次之，冷凝收缩缝主要发育于火山熔岩中，孔隙类型多样，储集层以次生溶蚀孔和裂缝为主，具有孔隙-裂缝双重介质特征。

1. 气藏特征

构造上位于陆梁隆起东段滴南凸起带之上的局部鼻状背斜构造。烃源岩发育层位为下石炭统滴水泉组、上石炭统巴塔玛依内山组湖相沼泽煤岩与暗色泥岩层段。下石炭统滴水泉组煤岩有机碳含量5.7%～28.6%，平均值13.3%，暗色泥岩有机碳含量1.15%；上石炭统巴塔玛依内山组煤岩有机碳含量6.82%～40.24%，平均值23.6%，暗色泥岩有机碳含量大于1.54%。气藏盖层为上石炭统巴塔玛依内山组顶部风化黏土层与上二叠统上乌尔禾组深灰色泥岩、粉砂质泥岩。

储集体发育层位为上石炭统巴塔玛依内山组火山岩，岩性主要为玄武岩、安山岩、流纹质熔结凝灰岩、晶屑凝灰岩、火山角砾岩及浅成侵入岩花岗岩，岩相主要为爆发相、溢流相。储集层孔隙度0.9%～28.4%，平均孔隙度为14.85%，渗透率0.02×10^{-3}～$123\times10^{-3}\mu m^2$，平均渗透率$0.618\times10^{-3}\mu m^2$，物性变化大，非均质性强，岩性、岩相与物性存在一定关系，流纹岩、熔结凝灰岩渗透率一般大于$1\times10^{-3}\mu m^2$，裂缝不发育的集块岩、凝灰岩储集物性一般小于$1\times10^{-3}\mu m^2$。

气藏顶面埋藏深度2995～3645m，气层高度130～430m，气藏地层压力系数1.07～

1.27MPa/100m，气藏中部温度89.73～115.51℃，气藏有效厚度59.3～236.4m，平均含气饱和度60.1%～71.3%，气藏地质储量丰度3.3×10^8～$16.9\times10^8m^3/km^2$，存在底水，为块状油藏。

滴西17井区石炭系气藏为断层-地层型凝析气藏，千米井深稳定产量$2.2\times10^4m^3/(km\cdot d)$，可采储量丰度$3.3\times10^8m^3/km^2$，属于低产、中丰度、深层中型气藏。滴西14井区石炭系气藏为带底水的地层凝析气藏，天然气千米井深稳定产量$1.6\times10^4m^3/(km\cdot d)$，可采储量丰度$10.1\times10^8m^3/km^2$，属于低产、高丰度、深层中型气藏。滴西18井区石炭系气藏为带底水的地层-岩性凝析气藏，千米井深稳定产量$3.3\times10^4m^3/(km\cdot d)$，可采储量丰度$16.9\times10^8m^3/km^2$，属于中产、高丰度、深层中型气藏。滴西10井区石炭系气藏为带底水的地层-岩性凝析气藏，千米井深稳定产量$2.6\times10^4m^3/(km\cdot d)$，可采储量丰度$3.4\times10^8m^3/km^2$，属于低产、中丰度、中深层的中型气藏。

2. 天然气组分特征

气藏天然气以烃类气体占绝对优势，总烃含量77.5%～97.79%，平均93.53%。其中甲烷含量83.6%～87.5%，平均84.80%；烃类气体中C_{2+}含量3.05%～13.02%，平均6.47%；干燥系数0.88～0.98，平均0.94。非烃气体含量很低，主要为氮气，其含量4.08%～21.72%，平均6.16%；二氧化碳含量低0～2.05%，平均0.30%；氧气含量0.055%。天然气相对密度0.633～0.664；凝析油密度$0.774g/cm^3$，50℃时原油黏度0.95～1.18mPa·s，含蜡1.18%～3.22%，凝固点-13.2～1.3℃，初馏点76.1～115℃。气藏地层水为$CaCl_2$型，总矿化度为11569.61～22606.33mg/L，氯离子含量6796.19～16022.47mg/L。

3. 气藏成藏主控要素

滴南凸起自西向东分布多个气藏，整体是天然气富集区。最西端的滴西17井区的主力产层岩性为玄武岩，向东部削蚀尖灭，上倾方向是上、下火山序列之间的暗色泥岩，与上覆的二叠系泥岩形成遮挡，为不整合遮挡气藏。中部的滴西14井区储层岩性复杂，溢流相基性玄武岩、酸性流纹岩、爆发相凝灰质角砾岩，上倾方向泥岩段形成遮挡，为复合火山岩锥体岩性气藏。滴西18井为浅成侵入花岗岩体，南侧受断裂遮挡。最东端滴西10井区块空落相凝灰岩发生相变，南侧受断裂遮挡。滴西17、14、18、10井区各气藏均有各自独立气水界面。

二、典型火山岩储层油气藏成藏过程分析

（一）克拉美丽气藏成藏过程

陆东-五彩湾地区天然气主要表现为干酪根裂解气特点。但并不是说该地区直接聚集了源自石炭系干酪根裂解气。成藏过程对天然气组分和碳同位素的影响则更为显著，该区石炭系天然气的不同参数反映的天然气成熟度存在明显的差异，如石炭系天然气

干燥系数为0.88～0.96，反映其为高-过成熟特征，通过陆东-五彩湾地区气藏解剖，结合该区构造演化与天然气阶段聚气成气特征，该区石炭系烃源岩油气藏形成主要经历了海西晚期-印支期和燕山中期的油气成藏聚集过程（图6-16）。

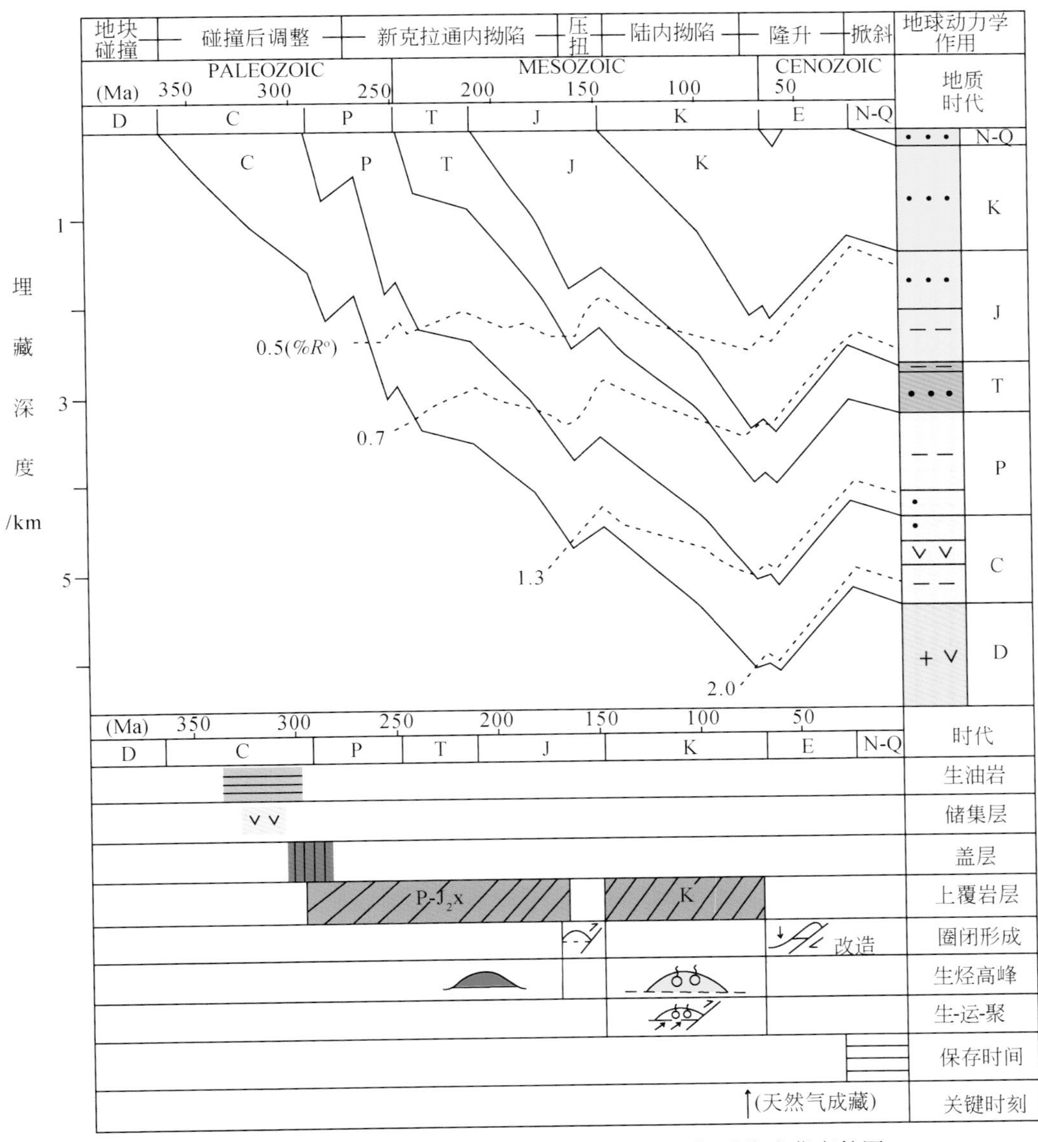

图6-16　准噶尔盆地陆东-五彩湾地区石炭系含油气系统成藏事件图

海西晚期，除了五彩湾地区石炭系烃源岩成熟较早，在二叠系地层沉积时就进入了成熟阶段外，在滴南凸起的西段进入低成熟阶段，其他地区尚未成熟。彩25井3232m巴塔玛依内山组砂岩中杏仁体内方解石脉的包裹体呈群体定向分布，盐水包裹体均一温度为86.2～88.5℃，反映了五彩湾地区该期油气充注。

印支晚期，由于三叠纪和早侏罗世地层的沉积，五彩湾地区石炭系烃源岩进入成熟阶段的末期或高成熟阶段的初期，在滴南凸起西段进入成熟阶段；滴南凸起东段进入低成熟阶段。五彩湾地区彩25井2990m下二叠统砂岩中石英次生加大形成的包裹体均一温度为96.6～105.6℃；滴南凸起西段滴西17井3477.1m的石炭系玄武岩方解石脉中伴生的烃类包裹体以气态为主，盐水包裹体均一温度为98.9～117.6℃，反映了印支晚期油气充注。

强烈的燕山早期构造活动，造成地层抬升和断裂强烈活动，使印支晚期石炭系储集体中的天然气聚集基本被破坏殆尽，即石炭系烃源岩在 R^o 为0.8%～1.2%之前生成的油气由于断裂的强烈活动而散失，同时可能在侏罗系储集体中形成次生气藏。在滴南凸起西部破坏的是石炭系烃源岩大致在 R^o 为0.8%～1.0%之前生成的产物；在五彩湾地区油气破坏的是石炭系烃源岩大致在 R^o 为1.2%之前。此时，下侏罗统砂岩中形成的包裹体少，如滴西17井区石英包裹体测定的73.6℃，反映晚期油气充注。

燕山中期，是陆东–五彩湾地区石炭系烃源岩成藏的关键时期，由于白垩纪地层的巨厚沉积，决定了该区石炭系烃源岩的最终成熟程度。五彩湾地区石炭系烃源岩进入高成熟湿气阶段；滴南凸起的西段进入高成熟凝析油–湿气阶段，东段进入成熟阶段；滴北凸起进入了低成熟阶段。该期主要聚集的是石炭系烃源岩在 R^o 为0.8%～1.2%之后生成的天然气，造成了天然气参数所反映的天然气成熟度与实际值的差异。彩参2井巴塔玛依内山组凝灰岩石英裂隙及次生加大边包裹体均一温度为133.9～139.6℃，滴西17井3637.8m玄武岩样品中晚期方解石脉中盐水包裹体均一温度主要分布在140～150℃区间，与燕山期中期天然气为主的烃类充注相一致。

燕山晚期至今，该时期断裂活动很弱，有利于早期在上二叠统乌尔禾组泥岩区域盖层之下聚集原生气藏的保存，燕山晚期局部发生天然气藏调整在侏罗系、白垩系形成次生天然气藏，造成天然气从石炭系到侏罗系、白垩系散失和聚集。

陆东–五彩湾地区天然气成藏具有“两期成藏、晚期为主，晚期调整保存”特征（图6-17）；尽管陆东–五彩湾地区总体来说经历了海西晚期、印支晚期和燕山中期的多期油气充注和成藏，燕山中期应为该区天然气成藏关键时期。在二叠系乌尔禾组区域盖层之下具有源自石炭系腐殖型烃源岩原生天然气藏形成的条件，如滴西10石炭系气藏为主要源自石炭系过成熟腐殖型天然气，天然气的 $\delta^{13}C_1$ 值和 $\delta^{13}C_2$ 值分别为–29.5‰～–29.1‰和–26.7‰～–26.6‰；五彩湾石炭系气藏主要源自石炭系过成熟天然气，天然气的 $\delta^{13}C_1$ 值和 $\delta^{13}C_2$ 值分别为–31.0‰～–29.5‰和–26.8‰～–24.2‰。海西晚期强烈的压扭构造活动，印支期构造活动相对较弱；燕山早期断裂活动强烈；燕山晚期–喜马拉雅期断裂活动较弱，有利于早期形成天然气藏的后期保存。

对于自生自储风化壳地层型油气藏，石炭系烃源岩生成的油气沿断裂在纵向上运移，沿风化体横向上运移，在火山岩风化体内聚集成藏，形成自生自储的火山岩风化壳地层型油气藏，断裂和不整合面是主要输导体系，由于新疆北部石炭系单个火山机构规模较小，火山岩和沉积岩互层，在大角度倾斜地层中，风化壳顶面火山岩风化体与沉积岩间互分布，形成的油气藏规模决定于火山岩层的厚度和地层倾角。火山岩长期风化淋滤形成的有利储层是油气聚集的主要场所，是成藏的关键要素之一；有效的盖层是油气保存的关键，正向构造背景有利区是油气聚集的有利场所。油气近源成藏

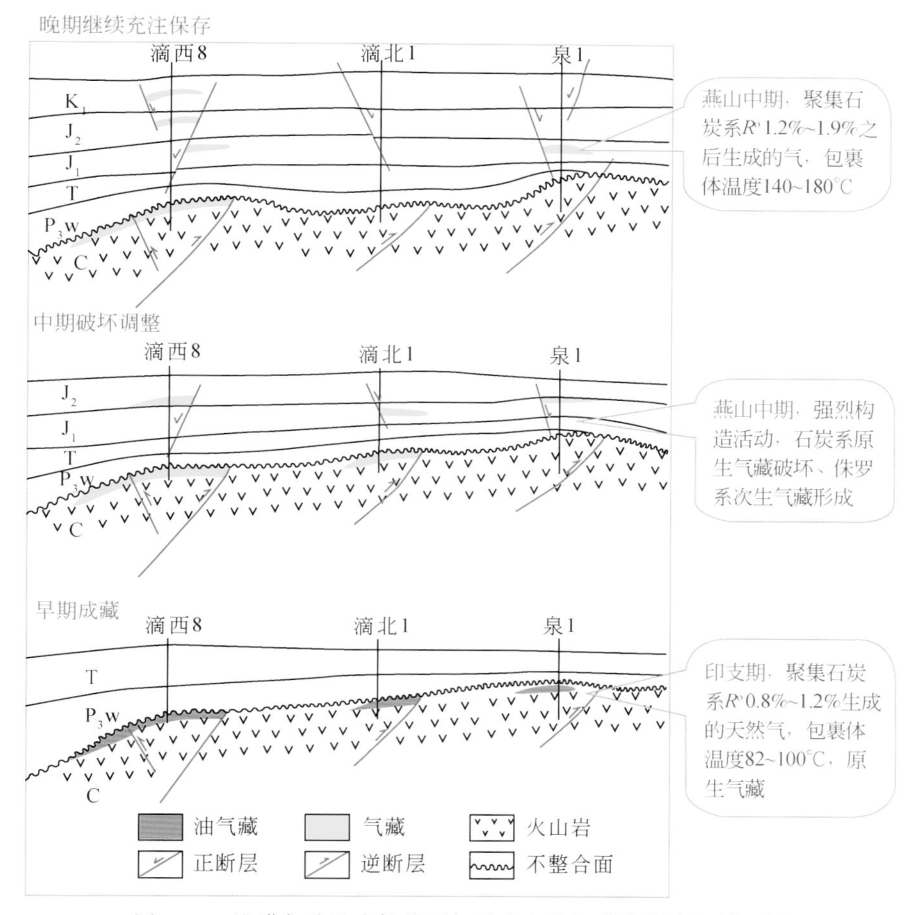

图6-17　准噶尔盆地克拉美丽气田火山岩气藏成藏过程剖面图

特点决定了在靠近油气源或近油气运移路径上的有效圈闭会先捕获油气并成藏，在油气源不足或构造较高部位保存条件不好的情况下，构造较高部位的圈闭不一定成藏。该成藏模式指导在油气勘探中首先寻找距离油气源岩最近的有效圈闭，而不是距离烃源岩较远的构造高部位圈闭。

（二）牛东油田成藏过程

三塘湖盆地马朗凹陷石炭系卡拉岗组火山岩中斑晶、杏仁体、晶洞和矿物脉中的流体包裹体系统检测，发现大量烃类包裹体存在；用荧光观测烃类包裹体时可见沸石和方解石脉中发现橘黄色、黄色和蓝白色荧光油包裹体，表明可能存在三期油气充注过程，即一期低熟油、一期成熟油和一期高成熟油充注。马17井卡拉岗组1532～1550.1m沸石、方解石脉和少量长石脉中发现发黄色荧光油包裹体（图6-18），表明至少存在一期成熟油充注。马17井2661.95m沸石和方解石脉中见发黄色荧光的油包裹体，表明至少存在一期成熟油充注。马19井卡拉岗组1521.1～2332.8m沸石和方解石脉中发现橘黄色、黄色和蓝白色荧光的油包裹体，包裹体测温检测存在 86.8℃、108.8℃、125.5℃、160.9℃，并以成熟期 106.9～130.8℃居多，表明三塘湖盆地石炭系火山岩油气藏存在多期成藏，以晚期成熟充注为特点，中晚燕山期为成藏关键时刻。牛东油藏在印支期—早燕山期油气进入低熟阶段，开始成藏；中晚燕山期油气进入成熟阶段，大量运移聚集成藏。

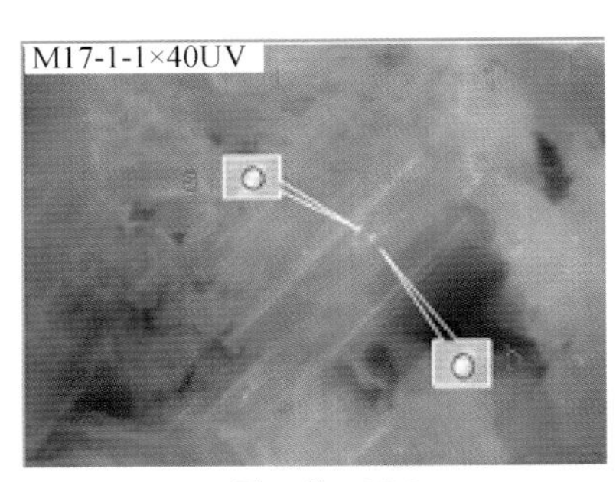

a.马17井1532.0
灰绿色玄武岩油包裹体

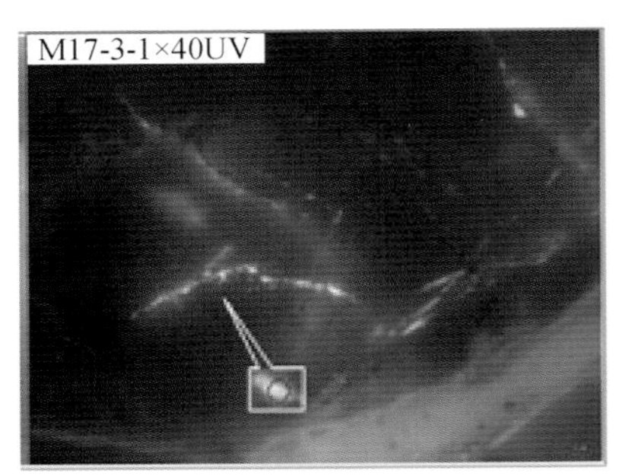

b.马17井1539.25
灰绿色玄武岩油包裹体

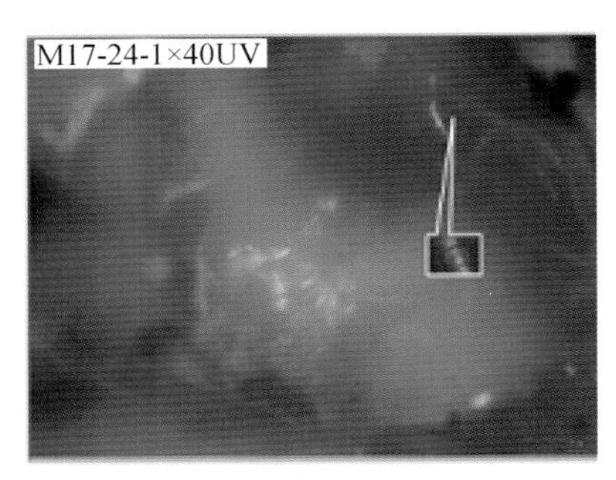

c.马17井2661.95
灰绿色玄武岩油包裹体

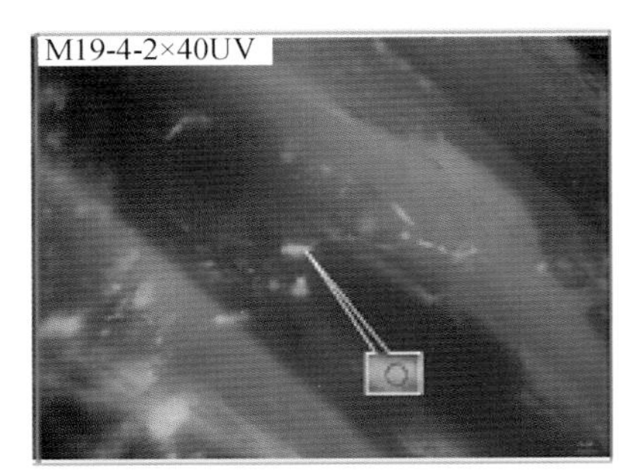

d.马19井1521.1
灰绿色玄武岩油包裹体

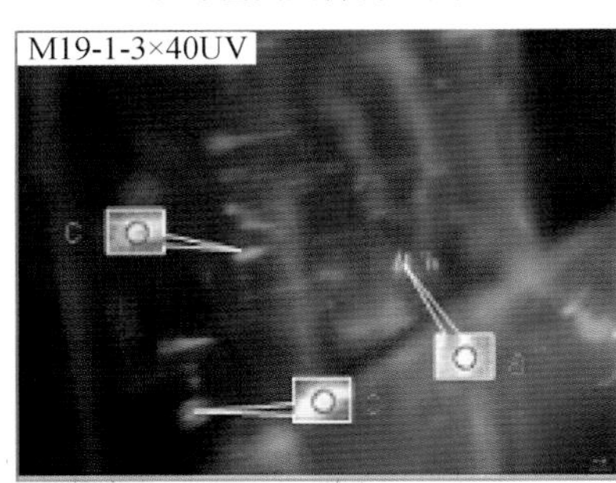

e.马19井1522.8
灰绿色玄武岩油包裹体

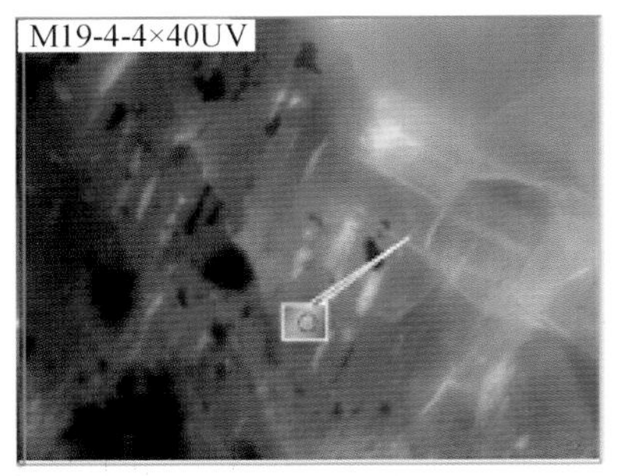

f.马19井1522.8
灰绿色玄武岩油包裹体

图 6-18　三塘湖盆地马朗凹陷石炭系卡拉岗组火山岩流体包裹体

在海西晚期，由于古生代地壳减薄，火山活动剧烈，深部岩浆、热液沿断裂带喷溢至地表引起高热流值，凹陷处地温梯度高达 5.2℃/100m，致使新疆北部石炭系的烃源岩成熟较早，在二叠纪就进入了成熟阶段。石炭系哈尔加乌组（以下简称 C_2h）烃源岩在二叠世早期埋深约1500m，已进入低熟与早期排烃阶段，到二叠纪末 C_2h 源岩快速深埋，演化程度最高，达到主生烃期。早印支运动使盆地内发生了大规模的褶皱、抬升剥蚀、油源断裂及裂缝发育，并形成了一批局部构造圈闭，此时全盆地发生了第一次油气生成、运移与聚集成藏过程（图6-19），油气沿油源断裂及裂缝系统运移至构造高部位的地层圈闭中聚集成藏，以低熟油藏为主。当时二叠系芦草沟组烃源岩因盖层较薄，其成熟演化应主要受后期埋藏增温影响。晚二叠世受晚海西运动的强烈影响，盆地处于褶皱回返、抬升剥蚀阶段，大规模的构造运动使石炭系形成的油气藏大部分被破坏殆尽。褶皱回返也导致了烃源岩后期埋藏生烃，部分油藏的再形成。

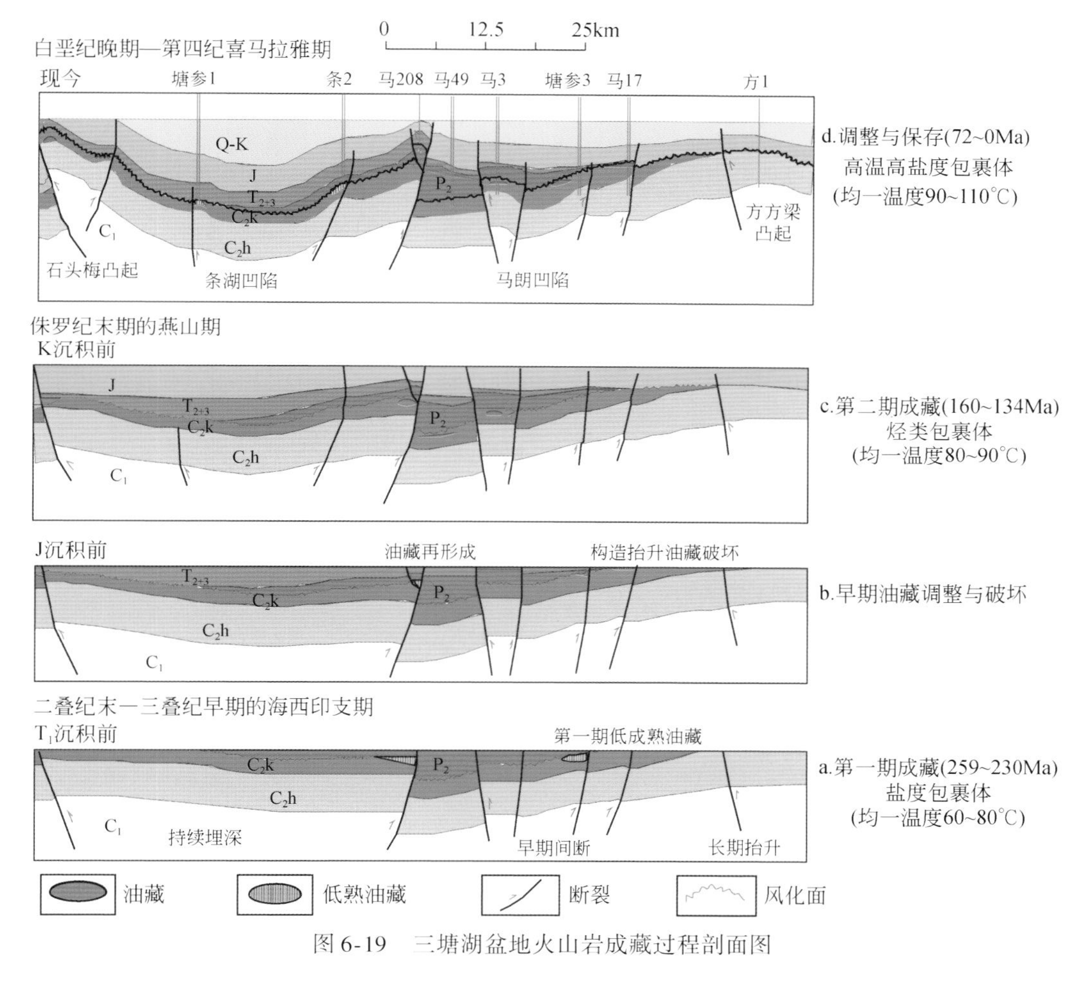

图6-19　三塘湖盆地火山岩成藏过程剖面图

侏罗纪末—白垩纪末期第二期成藏：石炭系与二叠系烃源岩经进一步沉降埋藏后，早白垩世末期，地温升至最高，达97℃，有机质演化达到成熟演化阶段（R^o 达0.83%），油气大量生成，受燕山构造运动影响，盆地南北缘先期形成的断裂带继承性复活，石炭系生成的油气围绕上石炭统有效生烃区沿复活断裂带、不整合面、裂缝等疏导体系运移富集于邻近石炭系顶面风化壳的卡拉岗组火山岩体中，主要集中分布于马朗凹陷。此时二叠系芦草沟组烃源岩生成的油气分布范围主要集中于黑墩构造带、牛圈湖背斜带、马中构造带等环主生油凹陷构造带。因这些构造形成期和生排烃期基本匹配，构造形成于燕山期，上二叠统烃源岩从晚二叠世开始生烃，到晚侏罗世—早白垩世进入生油高峰，使油气沿着断裂纵向运移、聚集于条湖组顶面风化壳储集层中。在白垩纪晚期—第四纪因喜马拉雅运动影响下，三塘湖盆地南缘的推覆体进一步逆冲，三塘湖盆地进入再生前陆盆地阶段（刘和甫，1995；魏国齐等，2000）。这次构造运动进一步导致老断层的复活或改造，同时伴有大量新生断层的产生，为油气再运移聚集提供了良好的通道，同时导致盆地整体抬升，地温下降，源岩停止排烃。部分早期形成油气在圈闭内重新分布或者在新圈闭中重新聚集形成新油气藏，是第二期成藏的延续与调整。

第七章　我国火山岩油气成藏模式及成藏机理探讨

火山岩本身不能生烃，但能发育优质储层，因此有利的生储盖配置，是火山岩油气藏形成的关键。从火山岩储层与烃源岩的纵横向配置关系分析，主要发育近源与远源两种类型。近源型组合是指在纵向上火山岩与烃源岩基本同层，在平面上火山岩储层主要分布在生烃范围之内；远源型组合是指在纵向上火山岩与烃源岩不同层，在平面上火山岩储层主要分布在生烃范围之外。一般说来，近源型组合成藏条件最为有利。

从我国主要含油气盆地火山岩纵向生储盖特征分析，东部断陷以近源组合为主，如渤海湾盆地古近系和松辽盆地深层，火山岩发育在生烃层内；而西部存在近源、远源两种组合，如准噶尔、三塘湖盆地火山岩分布的石炭系—二叠系烃源岩发育，为近源型组合类型，而四川、塔里木盆地火山岩主要发育在二叠系，而生烃层系主要发育在下古生界寒武系—奥陶系，为远源型组合。

第一节　我国东部火山岩油气藏成藏模式

东部地区渤海湾、松辽以及二连、海拉尔、苏北、江汉等含油气盆地，火山岩油气藏主要发育在其断陷时期，如渤海湾盆地古近系、松辽盆地下白垩统；同时断陷盆地的结构也控制了火山岩的空间分布，即火山岩大部分分布在断陷盆地内，因此在纵向上和平面上火山岩储层都与生烃层系或生烃中心紧密接触，形成近源型成藏组合。如松辽盆地深层徐家围子断陷，火山岩储层与烃源岩分布基本重叠，是典型的近源成藏组合。

东部断陷以近源组合为主，火山岩与烃源岩互层，主要分布在生烃凹陷内或附近，因此在高部位形成爆发相为主的构造岩性油气藏，在斜坡部位形成喷溢相为主的岩性油气藏；中西部发育近源与远源两种成藏组合类型，大型不整合火山岩风化壳储层有利于形成地层油气藏。

中国东部地区火山岩油气藏以岩性、构造-岩性型为主，成藏受生烃中心、深大断裂和火山结构联合控制。

徐家围子地区构造-岩性气藏为构造背景控制下的岩性气藏，气藏高度大于构造幅度，气藏并不受构造圈闭控制，没有统一的气水界面，构造高部位气柱高度大，气水界面高；构造低部位气柱高度小，气水界面也低，但上气下水的特征又说明构造位置对含气性具有一定的控制作用。如营一段（营城组一段，下同）火山岩气藏：徐深27、徐深201、徐深3、徐深9、徐深8区块、徐深13区块、徐深12～徐深14、徐深141、徐深17、徐深1、徐深6、徐深15、徐深10、芳深6、徐深401、徐深4、徐深231井等。营三段火山岩气藏：达深1-3、达深2、汪深1～达深4、宋深5、徐深23、徐深

21、徐深29、徐深28井等都属于这种气藏类型。

岩性–构造气藏主要发育在背斜构造上，高部位井的气柱高度大，低部位井的气柱高度小，总体呈上气下水的特征，气水界面基本一致，说明构造对含气性具有主要控制作用。但构造圈闭内岩性变化大，导致物性差异较大，天然气分布、分异存在一定差异，也说明岩性对气藏具有控制作用。这种气藏类型在徐家围子断陷发现很少，主要发育在升平地区的火石岭组和营一段、营三段的火山岩地层中（图7-1），其分布情况为：①火石岭组火山岩气藏：升深101井；② 营一段火山岩气藏：徐深7井；③ 营三段火山岩气藏：升深2-1井。

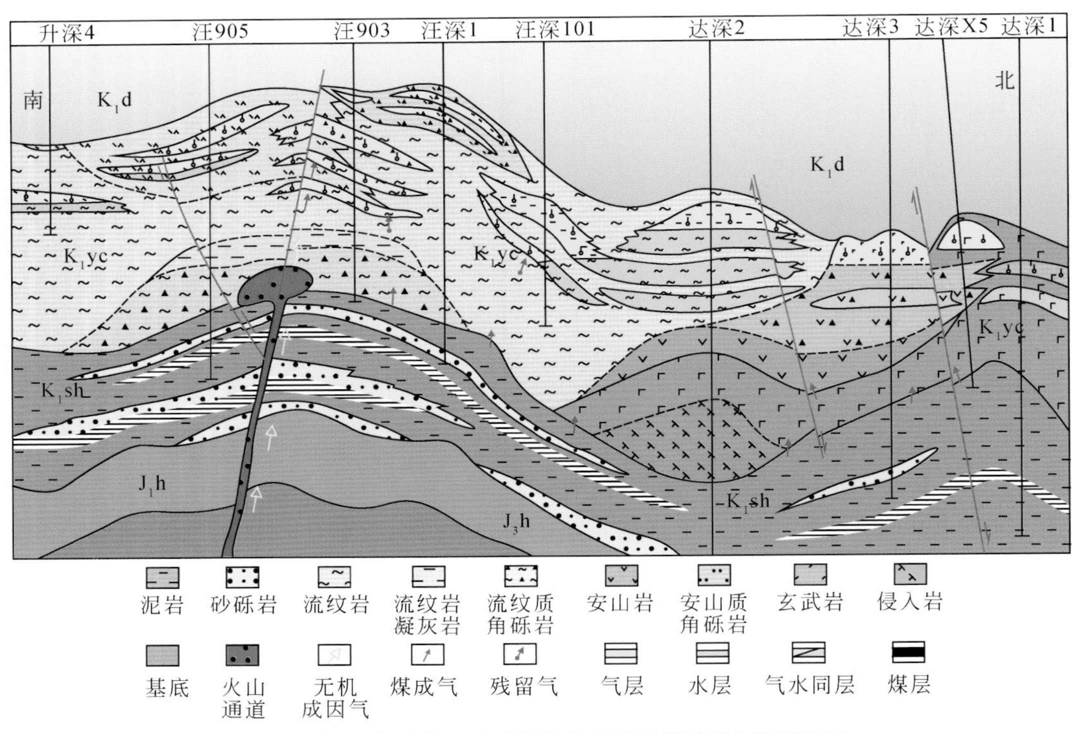

图7-1　松辽盆地徐家围子断陷安达地区营城组气藏剖面图

根据甲烷碳同位素值、乙烷碳同位素值和干燥系数3个方面的天然气成因类型划分结果，开展的气源对比表明，营城组烃类主要分布在煤成气区域（深源混合气区，张义纲），属于有机成因气范畴，天然气主要来源于沙河子组的湖相泥岩和煤层。全区的气井揭示，CO_2的含量不等，但一般都低于10%，但徐深28井CO_2的含量为89.82%、达深X301井CO_2的含量大于75%、徐深10井CO_2的含量为89%~93%，其CO_2来源于无机成因的地幔。徐家围子断陷全区的气井揭示，在徐家围子断陷深层有6个层系发现气藏：基岩风化壳、火石岭组火山岩、沙河子组砂砾岩、营一段火山岩和砂砾岩、营三段火山岩、营四段砂砾岩。

徐家围子断陷四套烃源岩和四套储层间互，构成有利的生储盖组合条件（图7-2）。徐家围子断陷深层勘探已证实作为主要储集层的登一段，营城组、沙河子组和火石岭组砂砾岩、火山岩储层，二者均具有较好的储集条件；尤其是断陷期火山岩储层，孔隙度一般为7%～8%。芳深8井于井深3778m处的火山岩孔隙度达到11%，储集介质以孔隙-裂隙双重介质为主。登二段与泉一、二段分布稳定，泥岩沉积厚度与营城组火山岩和砂砾岩构成了下储上盖的储盖组合。另外，营城组火山岩内部爆发相火山岩角砾岩、流纹岩与上覆凝灰岩等可构成下储上盖的储盖组合。

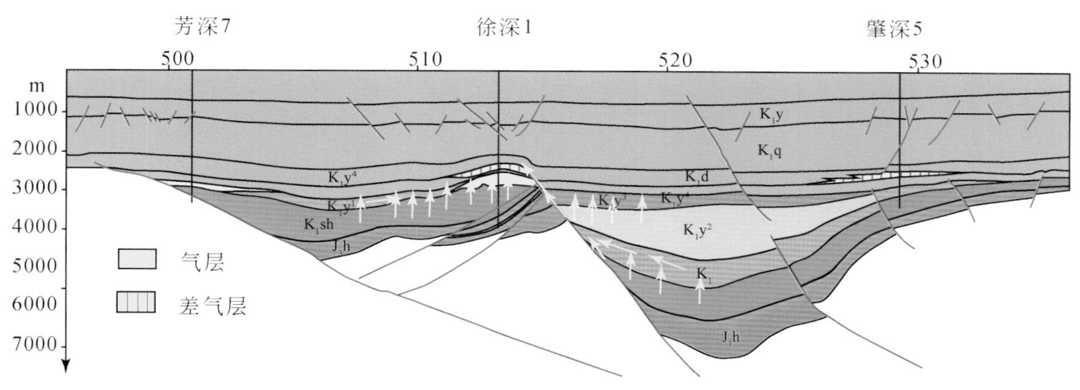

图 7-2　松辽北部深层徐家围子生储盖组合剖面图

齐家-古龙断陷深层地层埋藏较深，常规砂岩储层十分致密，三口钻探井揭示：泉一、二段砂岩孔隙度一般为3%～7%，登娄库组砂岩孔隙度为3%～4%，渗透率多为小于$0.1\times10^{-3}\mu m^2$，属特低孔隙致密储集层，可以形成致密气。但大面积分布火山岩和砂砾岩储层，由于其储集物性受埋藏深度影响较小，主要受原始沉积相带和后期改造作用，因而具有较好的储集条件。

齐家-古龙断陷发育有一定数量的构造圈闭，但更主要的是存在大面积分布的地层超覆圈闭和火山岩岩体圈闭，且集中分布于断陷周边。由于其邻近烃源区，具有优先富集烃源区生气的天然气条件。正钻井葡深1井见到的良好天然气显示，进一步证实了齐家-古龙断陷区的勘探前景，并成为下一步天然气勘探的突破方向。齐家-古龙断陷沉积末期构造运动和火山活动均比东部强烈，因此其火山岩、砂砾岩的分布面积、沉积厚度较大、储集条件相对优越。

齐家-古龙断陷大面积分布的泉一、二段泥岩由于沉积厚度大，埋藏深，其封盖条件好。徐家围子断陷勘探已证实为该区域盖层的登二段、泉一、二段烃岩盖层。且由于存在巨厚的青山口组烃源岩盖层，形成多层次的储盖组合，对天然气的储存十分有利。

东南隆起现已发现的油气主要赋存于下白垩统沙河子组和营城组及泉头组地层中，基岩裂缝中也发现了天然气。从生烃评价中可知该地区沙河子组和营城组烃源岩各断陷都有发育，尤其是梨树断陷、德惠断陷和王府断陷，暗色泥岩厚度大、丰度高、类型好、进入生油气门限。泥岩既是生油层又是好的局部盖层，从而形成了自生自储的生储盖组合。

长岭断陷钻井揭示，发育4种类型的生、储、盖层组合关系，一是以沙河子组为生烃层，以营城组—泉一段为储集层，以泉二、三段为盖层形成下生上储上盖式组合；二是沙河子组既为生烃层，又为盖层，以火石岭组为储集层，形成上生下储上盖式组合；三是沙河子组既为生烃层，又为储集层，又为盖层，形成自生自储自盖式组合；四是以壳源或幔源为气源，以上覆沉积层为储层和盖层，形成深源浅储式组合。断陷内气藏主要发育沙河子组暗色泥岩和煤系烃源岩，在断陷内形成一独立含气系统，成藏模式表现为：沙河子组的暗色泥岩及煤系地层排出的天然气通过断裂垂向运移或通过不整合面侧向运移到上部营城组的火山岩储层中。登娄库组二段、泉头组一、二段地层以暗色泥岩为主，分布稳定，成为良好的区域盖层本区储层发育、构造有利、生储盖组合良好匹配，具备形成大气田的物质基础；呈现徐家围子火山岩气藏主要发育下生上储式成藏模式（砂砾岩和火山岩气藏），幔生上储成藏模式（各组段的二氧化碳气藏）。

第二节　我国西部火山岩油气藏成藏模式

西部含油气盆地火山岩主要分布在石炭系—二叠系中，时代较老，原型盆地改造强烈，成藏组合变化较大。如准噶尔盆地火山岩在层系上主要分布在石炭系—二叠系，从纵向上看应以近源型组合为主。但由于受后期构造活动影响，准噶尔盆地西北缘石炭系—二叠系地层遭受抬升风化剥蚀改造，冲断带本身地层生烃能力明显减弱，油气来源主要为冲断带下盘的石炭系—二叠系，因此在平面上生烃范围与火山岩储层的分布不一致，从而形成侧源型成藏组合。

一、准噶尔中东部近源型组合

准噶尔盆地腹部石炭系—二叠系地层保存较完整，本身具有较好的生烃条件，因而主要形成近源型成藏组合（图 1-3）。石炭系烃源岩已成为准噶尔盆地腹部一套有效的烃源层，对石炭系—二叠系火山岩有效成藏起决定作用。

石炭系滴水泉组为一套暗灰色泥岩，碳质泥岩不规则互层夹薄煤层及煤线。中部为中基性火山熔岩、火山角砾岩及火山碎屑岩互层。有效烃源岩岩性为深灰色泥岩与碳质泥岩。地表出露于克拉美丽山前一带，盆地内主要发育于陆梁隆起东段滴水泉凹陷与滴南凸起断裂下盘东道海子北、五彩湾凹陷中，属于碰撞期后短期拉张裂谷裂陷内沉积；陆南 1、三参 1、滴北 1、滴西 17、彩参 1、彩深 1 井钻遇，烃源岩厚度 50 ~ 500m。

滴水泉组有机碳含量为 0.27% ~ 10.7%，平均为 2.19%；氯仿沥青“A”含量为 0.0014% ~ 0.1291%，平均含量为 0.0471%；总烃含量为 231.13×10^{-6} ~ 989.55×10^{-6}，平均含量为 485.49×10^{-6}；生油潜力 S_1+S_2为 0.07 ~ 2.47mg/g，平均为 1.05mg/g。氢指数 I_H为 25.0 ~ 262.5，平均值为 85.56，S_1+S_2为 0.07 ~ 2.47，平均为 1.05；干酪根类型指数 Ti 值小于-4，反映出腐殖型的母质类型特征。镜质组反射率 R^o 值为 0.5% ~ 1.6%，平均为 1.35%；T_{max}为 446℃ ~ 494℃，平均为 468℃。滴水泉组属于中等有机质丰度的烃源岩，处于高成熟阶段。

陆东-五彩湾地区天然气除了甲烷碳同位素很轻外，乙烷、丙烷和丁烷碳同位素都偏重，其中甲烷碳同位素比值为-34.77‰～-48.4‰；乙烷为-23.72‰～-24.54‰；丙烷为-21.16‰～-22.57‰；丁烷为-21.03‰～-22.33‰，天然气组分中以甲烷为主，为偏干气。该类天然气应该是一种比较特殊的类型，可能与生物改造油气藏有关。生物改造气藏可以使甲烷碳同位素变轻，而乙烷、丙烷碳同位素变重；石炭系滴水泉组烃源岩生成特征明显。

从整个陆东-五彩湾地区石炭系成熟度来看，陆东地区石炭系滴水泉组成熟度均很高，部分已达到过成熟阶段。滴南凸起上的陆南1井和滴西1、滴西2、滴西3、彩参1、彩深1井在中生界和下伏古生界之间也存在明显的间断；石炭系生烃中心位于滴水泉凹陷与东道海子北凹陷，滴水泉组烃源岩成熟度高，以生气为主，主要生排烃期为二叠系。虽然早期形成的大部分油气藏均已破坏，但仍有少量残余，典型油气藏为滴南凸起带滴西10井区及五彩湾凹陷内的彩25井区石炭系气藏。

由于准噶尔盆地晚海西具有较强的分割性，形成多个生烃中心与多个含油气系统，在平面上复合叠加（图7-3）。在陆梁隆起、五彩湾凹陷、中央凸起带处于碰撞期后短期陆内裂陷带，石炭系烃源岩得到有效发育，主要以陆源植物II_2、Ⅲ型干酪根所生成天然气做贡献。陆梁隆起-五彩湾凹陷石炭系火山岩围绕滴水泉凹陷、东道海子北凹陷、五彩湾凹陷形成自生自储；三台与北三台凸起带石炭系火山岩紧邻阜康凹陷二叠系生烃中心形成新生古储；吉木萨尔凹陷石炭系在凹陷内形成自生自储。

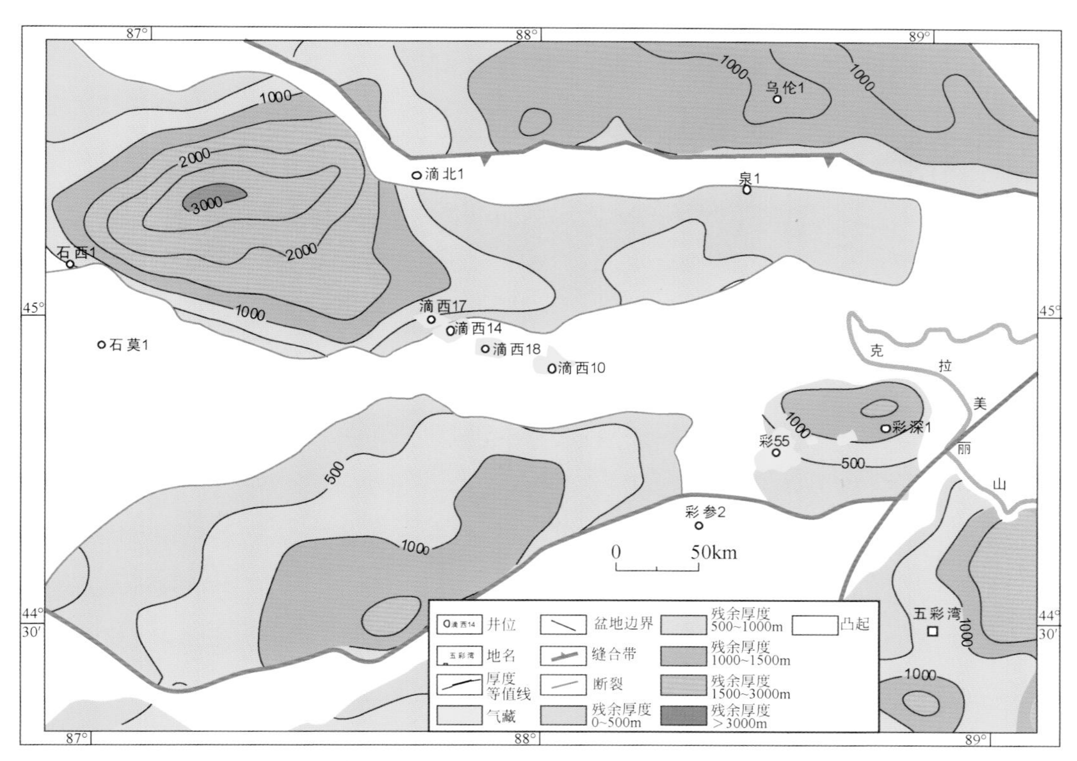

图7-3 准噶尔盆地陆东-五彩湾地区烃源岩与油气藏分布图

陆东–五彩湾地区油气勘探证实，陆梁隆起东段陆东地区滴水泉凹陷及南邻的东道海子北凹陷、五彩湾凹陷主要发育石炭系烃源岩（C_1d），属于一套海陆过渡相含煤陆源碎屑层系。

准噶尔盆地已发现的火山岩储集层以陆梁隆起东段和五彩湾凹陷最为集中，且大都沿主断裂分布，说明古火山活动与断裂形成有密切的关系。火山岩特殊储层发育层位上属于盆地基底下石炭统包谷图组（C_1b）、上石炭统巴塔玛依内山组（C_2b）和下二叠统佳木河组（P_1j），有效储集层主要为火山喷发岩。陆梁隆起与准东地区多属于中酸性火山喷发岩、火山碎屑岩组合，以爆发和溢流相为主。通过对火山岩储层的综合描述及评价，发现火山喷发熔岩及火山碎屑岩为两种主要储集层。

因此，准噶尔盆地腹部组成以滴水泉组为主要生烃层、包谷图组（C_1b）、上石炭统巴塔玛依内山组（C_2b）和下二叠统佳木河组（P_1j）的下生上储型近源成藏组合。

二、准噶尔西北缘侧源型组合

西北缘处于碰撞带，石炭系烃源岩发育与分布不清，目前认为油气主要来自冲断带下盘玛湖凹陷二叠系烃源岩（图7-4），烃源层主要为下二叠统佳木河组、风城组和中二叠统下乌尔禾组。

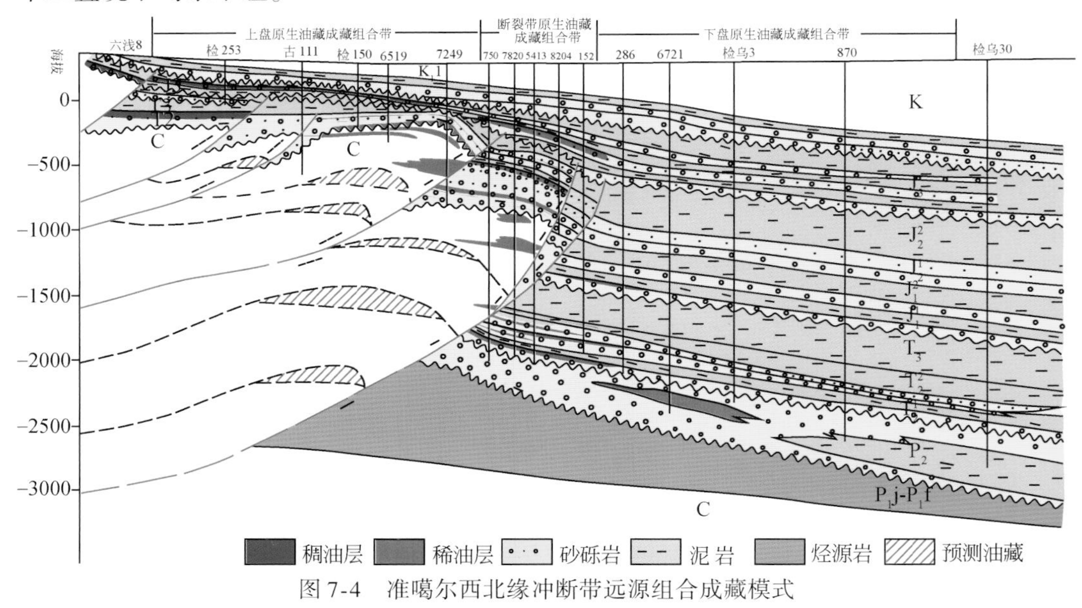

图7-4　准噶尔西北缘冲断带远源组合成藏模式

佳木河组烃源岩主要分布在下亚组，最厚可达250m以上。佳木河组残余有机碳含量平均0.56%，氯仿沥青“A”含量平均0.0056%，生烃潜力 S_1+S_2 平均0.25mg/g。残余有机质类型以Ⅲ型为主，个别为$Ⅱ_2$型和$Ⅱ_1$型，干酪根碳同位素较重，一般大于-23‰。实测 R^o 分布范围1.38%～1.9%，为一套高-过成熟度阶段的烃源岩。

风城组是主力烃源层，主要分布于西北缘的克百断裂带和乌夏断裂带和中央拗陷区的玛湖凹陷，烃源岩厚度一般在200～300m。风城组属海陆缘近海湖泊相沉积，水介质条件属咸化性质，岩性为黑灰色泥岩、白云质泥岩、凝灰质泥岩、凝灰质碳酸盐岩与沉凝灰岩。残余有机碳含量平均1.26%，氯仿沥青“A”含量平均0.1493%，总烃含量平均0.0820%，生烃潜力 S_1+S_2 平均7.30mg/g。有机质类型多为Ⅰ—Ⅱ型，R^o 为0.85%～1.16%。处于成熟-高成熟阶段，是一套较好-好的烃源岩。

下乌尔禾组在玛湖凹陷西斜坡艾参1井下乌尔禾组厚1220m，暗色泥岩厚178m，属浅湖相-半深水湖相沉积；为典型陆源烃源岩，有机碳含量平均在0.7%～1.4%，氯仿沥青“A”含量平均0.0088%，有机质类型以Ⅲ型为主，个别为 $Ⅱ_2$ 型和 $Ⅱ_1$ 型。R^o 在断裂带附近平均0.86%，斜坡区1.0%，玛北背斜高达1.7%。下乌尔禾组处于成熟-高成熟阶段，是一套差-较好的烃源岩。

西北缘冲断带石炭系—二叠系火山岩储层主要为大型地层风化壳型，储层物性与火山岩类型无关，各种岩性均可形成有效储层。根据岩矿鉴定，准噶尔盆地西北缘断裂带上盘的火山喷发岩绝大部分都是基性和中性玄武岩与安山岩组合（多属于下石炭统），以爆发相为主；而下盘多属于中酸性火山喷发岩、火山碎屑岩组合，以爆发相和溢流相为主。

西北缘地区区域性盖层主要有中二叠统下乌尔禾组、上三叠统白碱滩组，岩性均为湖泊相泥岩，分布稳定，厚度一般大于50m。另外，还有一些局部性的盖层，如上二叠统上乌尔组顶部的“泥脖子”、中三叠统克拉玛依组内部的泥岩隔层等。因此西北缘断裂带石炭系—二叠系火山岩储层与围绕玛湖二叠系生烃凹陷形成远源型成藏组合。

三、三塘湖盆地近源型成藏组合

三塘湖盆地下组合包括下石炭统的姜巴斯套组、上石炭统的哈尔加乌组和卡拉岗组。主要发育了一套海陆交互相的火山岩夹碎屑岩的沉积。盆地石炭系分布广泛、厚度大，残余厚度一般在600～2000m。卡拉岗组主要分布于盆地西南缘，厚度一般在800～1000m，马朗凹陷东北部及方方梁凸起以东缺失该套地层，大黑山、淖毛湖露头发现下石炭统的生油岩厚度约300m，展示出良好的勘探潜力。

上石炭统烃源岩集中分布于顶部，马朗凹陷、条湖凹陷、汉水泉凹陷均有钻井揭示，揭示的单井最大累积厚度66m，按地震资料推测东南部一带烃源岩相对更发育。

下石炭统烃源岩主要分布于条湖-马朗凹陷，推测凹陷南部及东南部烃源岩厚度较大，估计最大厚度可达500m，一般厚度150～300m。岩性主要包括黑色泥岩、油页岩，有机碳 1.87% ~8.8%，平均 5.5%，生烃潜量平均达 21mg/g，有机质类型 $Ⅱ_1$ 型，烃源岩热演化程度较高。

古生界火山岩与中生界角度不整合面全盆地分布，平面上石炭系各个层系火山岩风化壳改造储集层叠合连片分布。风化淋滤溶蚀带主要沿上二叠统剥蚀线发育并控制着优质储层的分布。近火山口相和过渡相是有利火山岩储集相带，火山岩改造型储集层的形成是成藏的关键，牛东区块卡拉岗组发育四期火山岩，火山休眠期在各旋回的顶部形成自碎火山角砾岩储层。风化-淋滤孔缝型、溶蚀孔隙型、孔隙-裂缝型是三种有效的孔隙类型。

三塘湖盆地石炭系火山岩储层属于近源成藏组合（图 7-5），下石炭统是可能潜在的烃源岩层系，烃源岩与火山岩储层紧密接触，三叠系是优质的区域盖层。该组合成藏范围广泛，钻井揭示汉水泉、条湖、马朗、淖毛湖凹陷均有下组合火山岩地层分布。北部及东、西两端二叠系剥蚀殆尽，但石炭系全盆地分布；中央拗陷带及其南部残余厚度大，中部马朗凹陷-条湖凹陷为残余“沉降”主体，展示三塘湖盆地下组合良好的勘探前景。下组合成藏模式研究认为，火山岩改造储集层的形成是成藏的关键，鼻隆构造带是火山岩油气富集的重要构造背景，裂缝、微裂缝控制着储层产液能力。

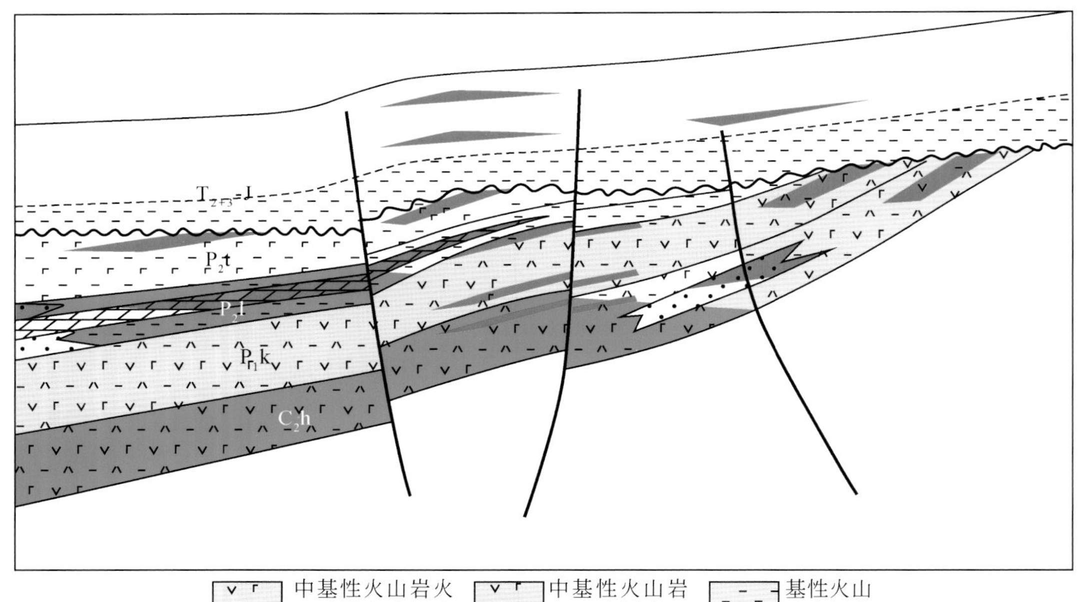

图 7-5　三塘湖盆地石炭系—二叠系成藏组合剖面图

第三节　火山岩油气成藏机理探讨

一、火山岩储层油气运聚

油气成藏除了要求好的源储条件之外，运移和聚集也必不可少，尤其是高储量丰度的油气田。运移条件的好坏，受烃源岩与储层位置的远近影响，受疏导条件好坏的制约，疏导能力越强，运移条件就越好。运移能力一定程度上取决于疏导层的疏导能力，聚集能力受盖层厚度、排替压力和流体黏度影响。异常压力、浮力、毛管压力、烃类生成的膨胀力均是油气运移的动力，此外浓度差引起的扩散力是天然气成藏的重要动力，碎屑岩的储层和烃源岩成层性好，接触面积大，断裂、裂缝、砂体均有可能成为有效的疏导条件，火山岩岩体呈块状，与烃源岩接触面积小，疏导条件要求比较高。通过对中国盆地火山岩储层油气藏疏导条件的研究发现，疏导类型分为两种：断层和不整合。

（一）油气运移动力

从中国各盆地火山岩储层油气藏生储盖组合来看，大部分油气藏均为自下而上的运移。类似于松辽盆地徐家围子断陷中的火山岩储层油气藏，属于下生上储类型，油气自下而上或经由侧向向上运移。但目前多数研究仅指出火山岩储层油气藏具有上生下储的组合模式（彭宁等，2010），但是未有油源对比结果证实，少量油源对比研究证实了“上生下储”存在的可能性（赵艳军等，2010）。潜山型的油气藏多为新生古储，目前多数油源对比研究结果显示油气仍为烃源岩经侧向向上运移（查明等，2003）。从油气自源岩向上运移这一点看，浮力为火山岩储层油气藏的主要运移动力。另外，火山岩多存在于盆地深层，异常高压存在的可能性较大，但目前仅有研究指出火山岩储层主要是岩浆活动使盆地升温、有机质演化形成烃类，进而形成一场高压（卞小强等，2010）；构造裂缝使部分区域超压流体排出形成异常低压（王宏语等，2002；冯福平，2008），火山岩储层油气藏源储压力差是否存在尚不明确。由于火山岩储层非均质性非常强，天然气的扩散成藏不受孔喉大小影响，扩散力可以发挥作用，但是由于源储基础面积较小，由于扩散造成的油气充注量不会很大。综上分析可知，火山岩油气成藏最主要的运移动力为浮力，其次可能为异常压力和扩散力等。

（二）疏导条件

总体来说，火山岩储层油气藏以火山岩体作为原地储集体，主要通过断层和不整合面运移成藏。

1. 断裂

中国东部裂谷盆地构造发育史复杂，大断裂发育，火山岩多沿大断裂呈裂隙式喷发，岩体受断裂控制呈条带状分布，断陷期即伸展作用期持续时间较长，大断裂派生出的次级断裂和断层较多，是油气进入火山岩储层的重要疏导条件（付广等，2012）。大断裂的规模不仅决定火山岩体的规模，断裂的发育也间接影响油气田规模。渤海湾盆地构造背景复杂、断陷期持续时间长，相对东部其他盆地构造活动强烈，断层活动期次较多，对火山岩油气成藏影响较大。惠民凹陷古近系火山岩油藏在沙河街组内具有四套烃源岩，断层沟通各烃源岩层和储层，加上临邑断裂带活动使火山岩及其围岩产生派生裂缝，有效增加了充注量；辽河东部凹陷中，古近系火山岩夹于厚层烃源之间，古近系早期断层发育继承了中生代断裂特征，控制了火山岩的形成且规模大、延伸远，晚期受区域与应力场影响产生走滑运动，产生了诸多次级断层，对于这种储层上部也有源岩的火山岩油藏，断层在成藏过程中的作用就显得尤为重要。不仅是东部，西部火山岩储层油气藏虽然风化壳储层较多，但断裂在成藏过程仍起到较为重要的作用（黄志龙等，2012）。

2. 不整合面

通过东西部勘探程度较高的含油气盆地火山岩储层油气藏成藏条件类比可知（表7-1），松辽盆地、海拉尔盆地的非潜山类的火山岩储层油气藏主要以断层疏导途径；准噶尔盆地、渤海湾盆地、二连盆地的潜山类火山岩储层油气藏则以不整合疏导为主。准噶尔西部车排子地区石炭系火山岩地层顶部普遍发育大范围不整合面，使石炭系地层直接与上覆的二叠系、侏罗系和白垩系接触。油气由断裂运移至不整合面后，沿不整合面向上、向西运移，遇到孔隙裂缝发育的火山岩，即充注成藏（支东明等，2010）。三塘湖盆地的马朗凹陷石炭系火山岩顶面长期遭受风化、淋滤作用，形成溶蚀孔、溶蚀缝，为油气短距离运移起到了良好通道作用（李光云，2010）。不整合面在东部火山岩油气成藏过程中，也起到了重要作用，如渤海湾济阳拗陷惠民凹陷古近系火山岩也经历了长期的风化侵蚀作用，不整合面也起到了良好的通道作用（初宝杰等，2004）。

表7-1 中国火山岩储层油气藏成藏疏导条件和油气藏类型

盆地	次级构造	储层层位	火山机构	疏导条件	油气藏类型
松辽盆地	徐家围子断陷	下白垩统营城组一、三段	完整	断层为主	地层-岩性火山岩储层油气藏、与断层有关的火山岩储层油气藏等
	长岭断陷	下白垩统营城组一、三段	完整	断层	与断层有关的火山岩储层油气藏等
	王府断陷	上侏罗统火石岭组	完整	断层	与断层有关的火山岩储层油气藏等
渤海湾盆地	南堡凹陷	古近系沙河街组一、三段、东营组一、三段	完整	断层	与断层有关的火山岩储层油气藏等
	牛心坨洼陷	下白垩统义县组	有破坏	断层 不整合面	与断层有关的火山岩储层油气藏等
	惠民凹陷	古近系沙河街组一、三，东营组，馆陶组	完整	断层 不整合面	地层-岩性火山岩储层油气藏、与不整合面有关的火山岩气藏、与断层有关的火山岩储层油气藏等

续表

盆地	次级构造	储层层位	火山机构	疏导条件	油气藏类型
海拉尔盆地	贝尔凹陷	布达特群、铜钵庙组、南屯组	有破坏	断层为主	地层-岩性火山岩储层油气藏等
二连盆地	洪浩尔舒特凹陷	下白垩统阿尔善组	完整	断层不整合面	地层-岩性火山岩储层油气藏等
	赛汗塔拉凹陷	下白垩统阿尔善组	有破坏	断层不整合面	与不整合面有关的火山岩储层油气藏、与断层有关的火山岩储层油气藏等
三塘湖盆地	马朗凹陷	石炭系	有破坏	断层、不整合面	与不整合面有关的火山岩气藏
准噶尔盆地	陆东五彩湾地区	石炭系、二叠系佳木河组、风成组	有破坏	断层	与不整合面有关的火山岩储层油气藏、与断层有关的火山岩储层油气藏等
	西北缘	石炭系	有破坏	断层	与不整合面有关的火山岩储层油气藏、与断层有关的火山岩储层油气藏等

二、火山岩储层油气运聚模式

火山岩体的产出状态与构造环境、火山机构类型、盆地类型、储盖组合、流体运移疏导体系、新生古储与自生自储成藏方式决定了火山岩储层油气成藏的运聚方式也多种多样。中国火山岩储层油气成藏也一样存在多种运聚模式，其中原生型火山岩岩性油气运聚模式、残留盆地火山岩风化壳型地层油气运聚模式最为典型，分别以松辽盆地深层和新疆北部石炭系为代表。

（一）原生火山岩岩性型油气运聚模式

松辽盆地深层断陷以箕状断陷为主要特征。箕状断陷主要由陡坡带、断（洼）槽带和缓坡带三部分组成，当断陷比较开阔时，有时发育有中央构造带（凹中隆）。不同构造带具有不同运聚模式。

1. 陡坡带运聚模式

陡坡带是断陷活动的起始带，是控陷主断层的发育部位。陡坡带背靠凸起，面向断陷，一般具有坡度陡、物源近、相带窄、变化快和构造活动强烈等特点。在古隆起斜坡上形成多个近物源快速堆积的冲积扇体及辫状河三角洲沉积体系。由断裂和基岩顶、营城组顶面风化壳提供良好的运移通道，形成以侧向运移为主的地层超覆气田，即岩性上倾尖灭气田等（图7-6）。在断层下降盘发育火山岩体背斜岩性复合气田，如芳深6井营城组气田等；以及与深大断裂活动有关的无机成因CO_2气田，如芳深7等井营一段酸性火山岩CO_2气田等。

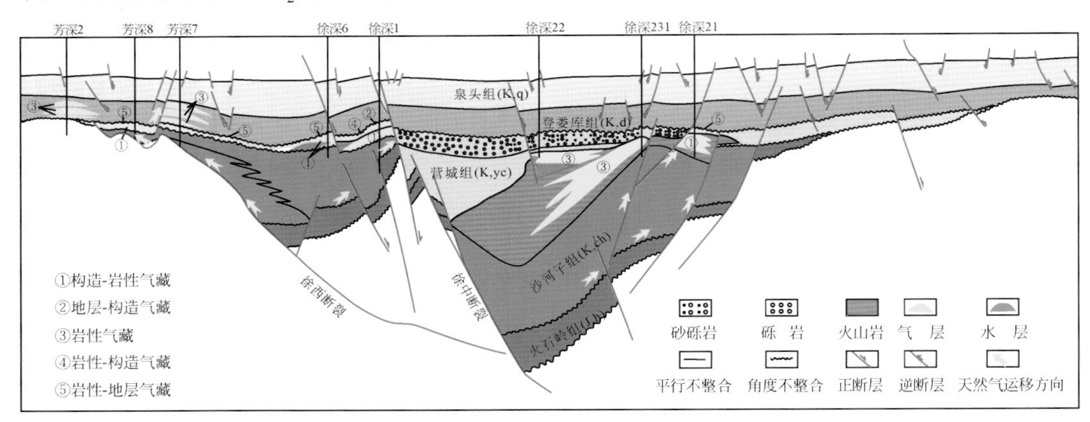

图7-6　松辽盆地徐家围子中生代火山岩气田剖面图

2. 断槽带运聚模式

断槽带位于断陷的中央部位，夹持于陡坡带和缓坡带之间，是断陷盆地长期发育的沉降中心、沉积中心和生烃中心；同时又是各类砂体和火山岩的前缘带分布区，是岩性油气聚集发育的有利区。据徐家围子断陷统计，发现的95个火山岩含气区，其中40个断鼻、断背斜岩性复合含气区，主要发育于控陷断裂附近；30个火山岩地层岩性复合含气区，主要分布在古隆起或斜坡带上；25个火山岩岩性含气区，主要发育于断陷中心。

3. 缓坡带运聚模式

缓坡带构造比较简单，一般发育有鼻状构造，是油气运移的指向，若上倾方向有遮挡，就可形成油气聚集。缓坡上发育有反向正断层，这种断层与控陷断层基本上同时发生，沿断裂带往往有火山喷发，易于形成火山岩体；在基岩中还可以形成潜山构造。

4. 中央构造带运聚模式

受构造活动控制，在断陷中部可形成中央构造带，构造带两侧发育有生烃断槽，可以形成单向或多向供烃，油气供给相对充足。中央构造带是断陷盆地油气聚集最有利构造带。

徐家围子断陷在形成过程中，以推进式的伸展方式，产生张剪性徐中断裂，使基岩块体发生翘倾，从而形成了北北西向的徐中中央构造带。中央构造带的东侧发育安达断槽和徐东断槽，西侧发育徐西断槽和徐南断槽，断槽内以沙河子组暗色泥岩和煤为主的烃源岩十分发育。这些烃源岩具有质量好、生烃速率高、聚集程度高、生气强度大的特点，天然气资源丰富。徐中断裂带，特别是与北东向断裂交叉处，控制了火山口和火山岩储层分布，构造活动产生的构造裂缝，连通了孔隙，改善了储层物性。断裂和岩性综合控制有利区是天然气聚集区。

（二）残余盆地火山岩风化壳型油气运聚模式

新疆北部地区准噶尔盆地与三塘湖盆地石炭系火山岩储层油气存在源内火山岩层序型、源上火山锥准层状、侧源火山岩不整合梳状 3 种运聚模式。

1. 源内火山岩层序型运聚机制与模式

火山岩风化体储层在水体频繁震荡区发育，暴露于水面之上的火山岩风化淋滤时间较短，与后期发育的烃源岩间互分布。火山岩风化壳受层序界面控制，烃源岩生成的油气直接或通过断裂运聚在附近的火山岩风化壳地层圈闭中聚集，该类运聚模式形成的地层型油气田规模受控于风化壳大小和厚度，有效烃源岩覆盖区的风化壳均可能聚集油气。如三塘湖盆地马朗凹陷石炭系，地震剖面上清楚可见火山岩与烃源岩互层发育，当烃源岩成熟后生成的油气沿断裂纵向运移，在风化壳内形成由多个风化壳组成的纵向叠加、平面连片的火山岩地层油气田。上石炭统卡拉岗组内部存在5 个受层序控制的火山岩风化壳运聚组合，之下的哈尔加乌组烃源岩生成的油气沿断裂纵向运聚于风化壳内，断裂发育处储层更发育，油气集中分布于断裂附近的火山岩风化壳内；哈尔加乌组火山岩与烃源岩互层，烃源岩生成的油气沿断裂或直接运移于火山岩风化壳内聚集（图 7-7）。

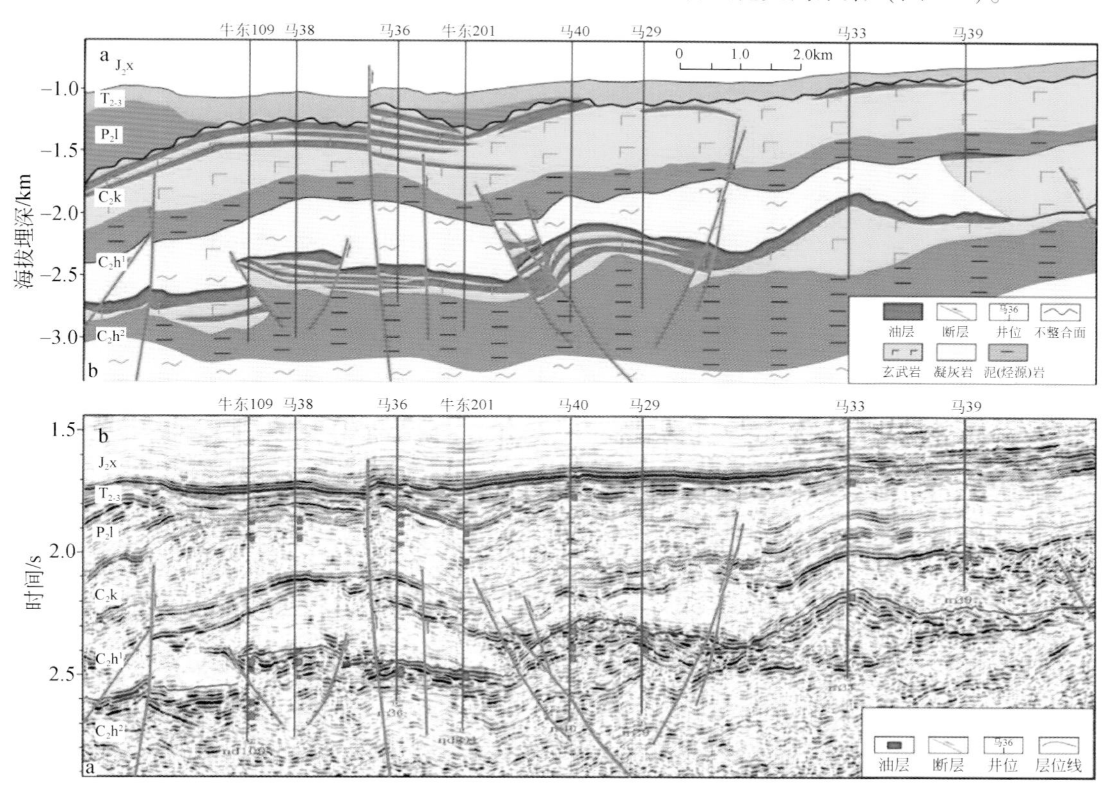

图 7-7　三塘湖盆地石炭系源内火山岩层序型油气运聚模式图

a. 地震剖面；b. 油田剖面

2. 源上火山锥准层状运聚机制与模式

火山岩与烃源岩近水平间互分布，地层受构造运动控制发生倾斜，沿古地貌顶面发生风化淋滤和剥蚀，形成沿顶面火山岩风化壳储层和沉积岩（凝灰岩）非储层间互，后期下沉接受上覆沉积泥岩覆盖，形成以火山岩风化壳为单元的地层圈闭，当埋藏到一定深度烃源岩成熟后，烃源岩生成的油气通过断裂或直接运移聚集于风化壳地层圈闭中。这种运聚模式要求在不整合面形成后再次埋藏，其下烃源岩仍具有生烃能力，油气规模受控于火山岩风化壳地层圈闭规模和油气聚集量，风化壳厚度控制着火山岩风化壳地层圈闭纵向规模，火山岩风化壳平面规模控制地层圈闭大小，根据风化壳、正向构造和有效烃源岩条件耦合确定该类运聚模式有利区。如准噶尔盆地陆东上石炭统巴山组，火山岩风化壳与烃源岩间互分布（图7-8），气田沿石炭系顶面火山岩风化壳分布，侧向受非渗透岩性遮挡，上面受土壤层和上覆新地层泥岩遮挡，各气田之间不连通，含气厚度受风化体厚度控制，一般为100～350m。由于生烃凹陷主要位于倾斜地层的下倾方向，沿油气来源方向在上倾部位的有效火山岩风化壳地层圈闭均有可能形成这类油气聚集，受近源运聚控制，高部位有效圈闭不一定充满，甚至无油气聚集，如距烃源岩较远的滴西24井气柱高度78m；距烃源岩和断裂匹配越近的圈闭中油气充满度越高，如距烃源岩和断裂较近的滴西18井气柱高度258m，最有利的火山岩风化壳油气田主要分布于古构造的斜坡部位。

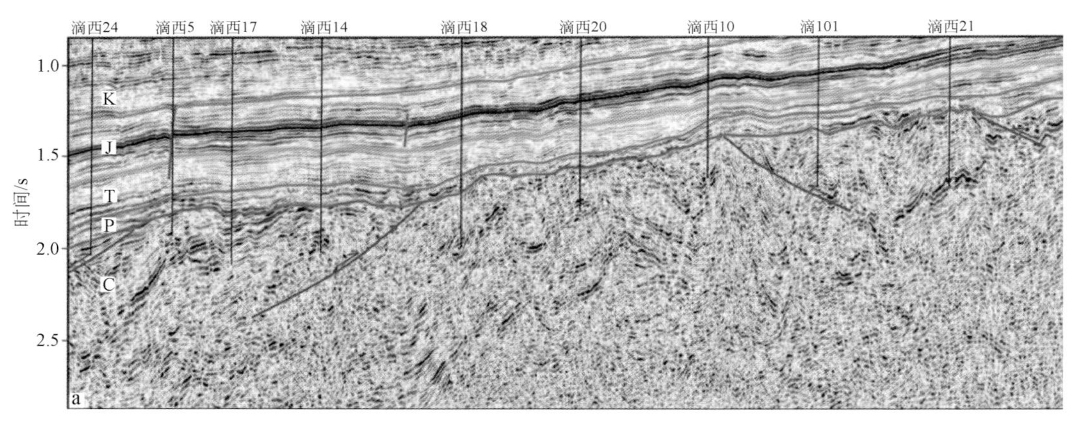

图7-8　准噶尔盆地陆东地区石炭系源下火山锥准层状地震剖面

3. 侧源火山岩不整合梳状运聚机制与模式

火山岩受逆冲推覆作用抬升接受长期风化淋滤，沿不整合顶面和断裂发育处形成梳型有利储层，受后期沉积地层覆盖形成大型火山岩风化壳地层圈闭，位于火山岩风化壳地层圈闭侧翼低部位的烃源岩生成的油气，通过断裂纵向运移，不整合面横向运移，并逐级向高部位运移聚集于火山岩风化壳地层圈闭中。该运聚模式形成的地层油气藏在纵向上位置比烃源岩高。如准噶尔盆地西北缘克–百断裂带上盘石炭系火山岩风化壳大型地层油田，该区受前陆盆地造山运动控制使其抬升，推覆带前缘被推覆高度大，经历风化淋滤时间长，在断裂控制下形成的风化壳厚度大；盆地边缘上覆地层剥蚀后，火山岩经历的风化淋滤时间较短，断裂规模较小，形成的火山岩风化壳厚度较小。在断裂控制下沿不整合面和断裂发育区形成梳状不整合风化壳，下盘二叠系烃源岩生成的油气沿断裂和不整合面逐级向高部位运移聚集，形成大型梳状地层油田（图 7-9）。

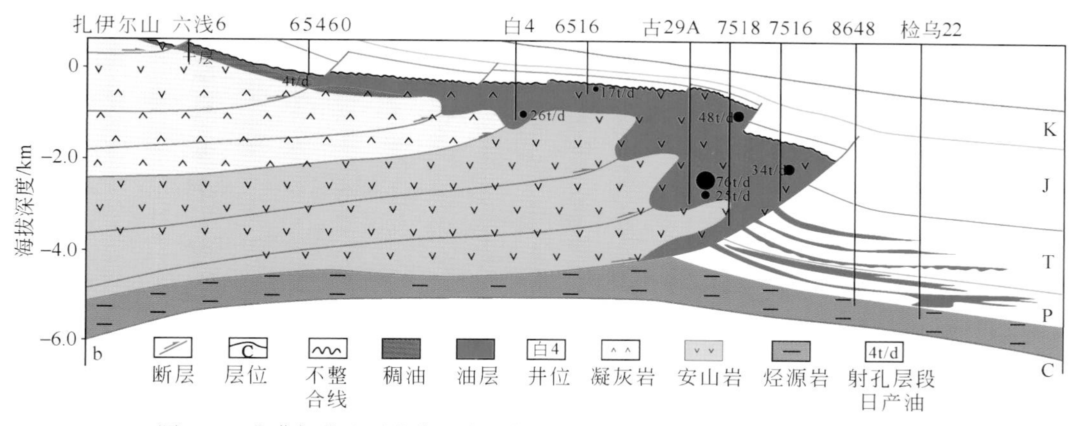

图 7-9　准噶尔盆地西北缘石炭系侧源火山岩风化壳梳状油气运聚模式图

三、火山岩储层油气成藏机理探讨

对于火山岩储层油气成藏机理，目前尚无有效的研究手段和研究方法，火山岩储层油气储层除储层岩性特殊以外，其成藏就是原地油气成藏表现，火山岩储层有效改造与有效形成是其成藏的主要机理；火山岩油气藏成藏机理可以从两个方面进行探讨：一是从火山岩储层油气成藏要素方面探讨，二是从火山岩储层油气藏运聚成藏模式探讨。

（一）火山岩储层油气成藏要素机理

火山岩已从油气勘探的“禁区”转变为了“靶区”，成为油气勘探的新目标，也成为油气地质研究的热点之一，前人研究主要集中在火山岩油气藏的识别、成藏条件及主控因素以及成藏模式的研究，但火山岩油气成藏机理的深入研究较少。刘嘉麒等（2010）总结了火山岩油气成藏具有的自身特色，比如火山岩储集物性较好，其本身可直接作为储层，各类侵入体与围岩相互作用还可形成与火成岩有关的圈闭。火山岩油气藏的烃源包括有机成因和无机成因两种。火山作用可以明显提高烃源岩内有机质的成熟度，加快烃的产生，促进油气运移，并为无机成因烃提供合成原料（CO_2和H_2等）和运移通道。操应长等（1999）对惠民凹陷古近系和新近系已发现的火成岩及其相关油气藏进行研究，探讨了湖盆中火山作用与油气藏形成的关系。认为当火山活动发生在生油岩主要生烃期之前，火山活动对油气的形成是有利因素，将促使有机质向烃类转化。火山作用所形成的火山岩在形成和埋藏成岩作用过程中，可形成丰富的储集空间，按形成机理可分为原生孔隙、溶解孔隙和收缩缝、构造裂缝等，因此火成岩可以作为油气良好储层；同时，惠民古近系和新近系沉积地层在岩浆的侵入和喷发作用下，形成了一系列与火成岩相关的圈闭，如火成岩遮挡、火山锥披覆、侵入岩上拱、侵入岩岩性等类型。

综上所述，火山岩与沉积岩油气成藏机理的主要区别表现在 4 个方面：①火山作用对烃源岩形成及成烃具有积极影响；②火山作用对无机成因气藏的作用；③火山岩成储机理；④火山岩成藏独特的圈闭与疏导体系。

1. 火山作用对烃源岩形成及成烃具有积极影响

与烃源岩同期的火山活动可以促进优质烃源岩的形成（详见第二章），目前这方面的研究主要针对陆相火山岩水下喷发过程及其烃源岩赋存关系的地质模型，包括陆相水下喷发火山岩识别标志、分布范围预测和对烃源岩影响的综合模型等。火山活动对油气的形成是有利因素，将促使有机质向烃类转化。主要开展两个方面的研究：火山活动的热效应和火山流体对烃源岩生烃的促进效应。

火山作用对烃源岩形成及成烃具有积极影响已经从地质研究进入实验模拟阶段，从定性描述进入半定量刻画。下一步应该深入地质实例解剖与模型建立、实验模拟定量评价认识以及地质建模与实验模拟的结合，从机理上完善火山作用对烃源岩形成及成烃具有积极影响。

2. 火山作用对无机成因气藏的作用

近年来，国内外许多学者对含油气盆地CO_2地质成因问题进行了深入研究，取得了一系列的认识（关效如，1990；戴金星等，1995，2001；李先奇和戴金星，1997；陶士振等，1999；程有义，2000；何家雄等，2001）。综合前人研究成果，可划分为无机和有机成因两种类型，其中无机成因CO_2又可分为地幔-岩浆成因和岩石化学成因两类，其中地幔-岩浆成因CO_2又可进一步分为上地幔岩浆脱气和中下地壳或消减带上地幔楔形体中的岩石熔融脱气。岩石化学成因包括碳酸盐岩热分解成因和岩石中的碳酸盐岩矿物的热分解成因两种。

火山作用对无机成因气藏的作用研究需要进一步开展以下深入的探讨。①CO_2气藏成藏过程研究，包括气源、运移、充注条件，特别是火山活动期次、基底断裂活动等。②含CO_2气藏成藏机制研究，CO_2天然气成藏组合和气藏类型基础上，通过地球化学方法分析深层天然气的来源和成因，利用流体包裹体均一温度资料和拉曼光谱分析结果，结合沉积埋藏史、古地温史分析，揭示，建

立含 CO_2 气藏成藏模式。CO_2 分布规律及控制因素，包括平面上与纵向上分布规律，高含 CO_2 天然气的分布与火山岩和基底大断裂的关系。控制因素，包括基底大断裂、幔源火山活动等。

3. 火山岩成储机理

火山岩成储机理是火山岩油气成藏机理的核心内容之一，因为与沉积岩相比火山岩成储具有鲜明的独特性和复杂性。目前火山岩储层的研究主要集中在储层地质特征及控制因素、储层识别、储层评价等方面。火山岩储层的形成不仅与火山岩的岩性、喷发旋回、火山相、火山机构等关系密切，而且受火山活动后期的成岩作用、构造改造等影响明显。

火山岩成储机理可以从微观和宏观两个方面进行探讨。火山岩形成的储层属于致密储层，其孔隙微小，甚至为纳米孔隙。因此，火山岩成储微观机理主要是指火山岩储层微小孔隙的成因研究。研究内容包括火山岩储层的孔隙结构特征、原生孔隙与次生孔隙的成因、成岩作用与孔隙发育演化关系等。火山岩成储的宏观机理主要是指火山岩储层裂缝和大孔的成因研究。研究内容包括裂缝和大孔的特征、火山机构与孔隙发育关系、断层对火山岩储层发育的影响、风化作用与火山岩储层发育等。

4. 火山岩成藏独特的圈闭与疏导体系

与沉积岩相比火山岩具有更强的非均质性，因此火山岩圈闭与输导体系更复杂，研究难度大。

目前火山岩圈闭的研究主要集中在油气藏解剖，气水分布等宏观研究，火山岩圈闭的类型主要有，复合型（构造–岩性型）油气藏，以松辽盆地徐家围子断陷、长岭断陷营城组为典型；岩性型（透镜体型）油气藏，以渤海湾盆地南堡凹陷等古近系沙河街组为典型；地层型（地层不整合遮挡型），以辽河拗陷中生界潜山为典型；岩体刺穿型（岩浆岩体刺穿接触型），以渤海湾盆地惠民凹陷等古近系沙河街组为典型。圈闭研究应以宏观分析为主，从成因角度进行研究，具体研究内容包括火山机构的详细解剖和识别，火山喷发规模的恢复，火山机构、旋回和期次与圈闭类型的关系等。

根据目前研究成果，火山岩油气藏输导体系为断层和不整合面，东部火山岩油气藏以断层输导为主，不整合面输导为辅，形成近源型油气藏，西部以二者联合输导为主，可形成远源型油气藏。输导体系的研究主要为运移距离和时间的判断，运移动力（浮力、异常压力、毛管力、分子运动）分析，输导通道开启的物理化学证据等。具体研究内容有与火山有关的断层的活动时间及其与烃类充注时间的关系，烃类充注在断层面上的证据，火山岩储层的渗流特征，火山岩体的输导能力等。

（二）火山岩储层油气运聚成藏组合模式

我国火山岩储层油气藏主要分布于东西部地区，火山岩储层油气藏发育层位主要为上古生界石炭系—二叠系与新生界古近系，对应的构造环境为古生代古残留洋岛弧和碰撞后陆内裂谷及被动大陆边缘裂谷。火山岩储层的主要成藏控制因素为有效烃源岩、火山机构、岩相、岩性、油源断裂、不整合、风化壳、储盖组合、保存条件等。由于火山岩储层作为特殊岩性储集体，其产出状态类型多样，与上覆盖层组合方式多样，其储盖组合与成藏类型多种多样。按照火山岩储层油气藏油气源供给与储层组合方式，可划分为“新生古储”（非本层系较老火山岩体作为储集体，非层系较新地层为烃源岩贡献者）、“自生自储”（本层系内沉积为烃源岩贡献者，本层系内火山岩体为有效储集体）两种类型；“新生古储”类型多为勘探早期发现，“自生自储”类型多为勘探中后期发现；火山岩储层油气藏主要形成构造+岩性型（东部地区松辽盆地徐深营城组火山岩储层气藏为代表）与不整合（风化壳）地层+岩性型（西部地区克拉美丽石炭系火山岩储层气藏为代表）两种成藏模式；“新生古储”主要为不整合+岩性型（例如渤海湾盆地辽河西部凹陷欧利坨子古近系火山碎屑岩油藏、准噶尔盆地西北缘石炭系火山岩油藏、北三台石炭系火山岩油气藏）。

结合近几年火山岩储层油气藏领域勘探成果，从火山岩储层油气藏解剖入手，首次对我国东、西部火山岩储层油气藏进行了系统剖析对比，建立起相应火山岩成藏模式，初步总结出东、西部火山岩储层油气藏成藏机理。

我国东、西部地区火山岩广泛分布，勘探证实均可形成大中型规模油气藏；就已发现的火山岩储层油气藏来看，东西部火山岩储层油气藏存在一定共性；但由于火山岩形成构造环境及所经受后期改造不同，油气成藏条件和分布也存在明显差异。东部地区火山岩发育于裂谷构造环境，中基性火山岩为主，火山结构完整，喷发相控储，构造与岩性控藏；西部火山岩发育于残留洋岛弧碰撞期后伸展断陷，火山结构遭受剥蚀不完整，火山岩岩性多样，溢流相控储，不整合与岩相控藏（表7-2）。

表7-2　我国东、西部火山岩储层油气藏成藏共性与差异性一览表

成藏特征		东部		西部	
		渤海湾 欧利坨子	松辽 徐深气田	准噶尔 陆东五彩湾	三塘湖 牛东油田
共性	生储盖组合	自生自储，近源		自生自储、新生古储，近源	
	储层特征	非均质性强，受埋深影响小			
	烃源岩	含煤泥岩 干酪根Ⅱ–Ⅲ型 高–过成熟	干酪根Ⅱ–Ⅲ型 高–过成熟	泥岩、碳质泥岩 干酪根Ⅱ–Ⅲ型 高–过成熟	碳质泥岩、油页岩干酪根Ⅱ$_1$型 高成熟

续表

成藏特征		东部		西部	
		渤海湾 欧利坨子	松辽 徐深气田	准噶尔 陆东五彩湾	三塘湖 牛东油田
差异性	火山岩 形成时代、背景	中、新生代火山岩，陆内裂谷环境		古生代石炭系火山岩 古生代岛弧和碰撞后陆内裂谷环境	
	火山机构 储层岩石类型	火山机构完整，中酸性火山岩为主 流纹岩、安山岩、晶屑凝灰岩为主要储层岩石类型		火山机构大多遭受破坏，变形变位 基性岩、中性岩居多，玄武岩、安山岩、火山角砾岩和凝灰岩为主要储层	
	储集空间	原生气孔、裂缝、次生溶孔组合		风化淋滤溶蚀孔、裂缝组合	
	优质储层 主控因素	断裂、火山岩相		不整合面	
	油气藏类型	岩性、构造-岩性		地层不整合型	
	成藏主控因素	生烃中心、深大断裂和火山机构		烃源岩、不整合面和大型断裂	
	油气富集带	断裂带周围		区域不整合面附近	

火山岩储层油气成藏首先受盆地类型制约，沉积盆地是油气生成与成藏的基本单元，发育在沉积盆地内的火山岩体才有可能具备成藏基本条件。我国存在东、西部两大火山岩发育区，不同构造环境造就不同火山岩成藏模式与成藏机理。东部为构造背景下岩性成藏模式，西部为经过改造作用风化壳地层岩性成藏模式；受成藏控制因素制约，相应发育东部生烃中心和气源断层约束下火山机构控藏“SFE”（source fault edifice）（近源（S）、断层运移（F）、机构控储（E））与西部生烃中心和气源断层约束下不整合和岩相控藏“SFUL”（source fault unconformity lihofacies）（近源（S）、断层运移（F）、不整合面（U）和岩相控储（L））两种火山岩储层控制成藏组合模式。

1. 生烃中心和油源断层约束下的火山机构控藏（“SFE”成藏组合）模式

该成藏组合模式主要发育于我国东部被动大陆边缘中新生代裂谷型盆地，火山岩储层油气藏主要位于生烃中心附近，火山岩体有利成藏，表现为近源成藏；近源（S）：位于生烃中心附近的火山岩有利成藏，火山活动有利于有机质富集和向烃类转化，烃源岩控制着火山岩气藏的宏观分布区。例如松辽盆地火山岩储层气藏距离沙河子有效生气运移聚集距离均不超过10km（图7-10）；松辽盆地深层火山岩储层油气藏主要围绕各自断陷独立发育，气源主要来自下白垩统沙河子组与营城组湖沼相煤岩与暗色泥岩层段。徐深气田位于徐家围子断陷徐中构造带，长深气田位于长岭断陷中央凸起带。

断层附近有利火山岩相优先成藏，气源断层（F）：烃源岩多位于火山岩之下，属“下生上储”型油气藏；火山岩相对致密，油气运移至有利储集相带中，断层是重要的运移通道，气藏沿着气源断裂两侧展布。气源断层：连接气源岩与圈闭，在成藏关键时刻（泉头晚—青山口组早）活动，顶部具封闭能力的断层，如徐中断裂、徐西断裂、徐东断裂，均为有利起源断裂。油气都围绕生气中心沿断裂带呈带状分布。烃源岩多

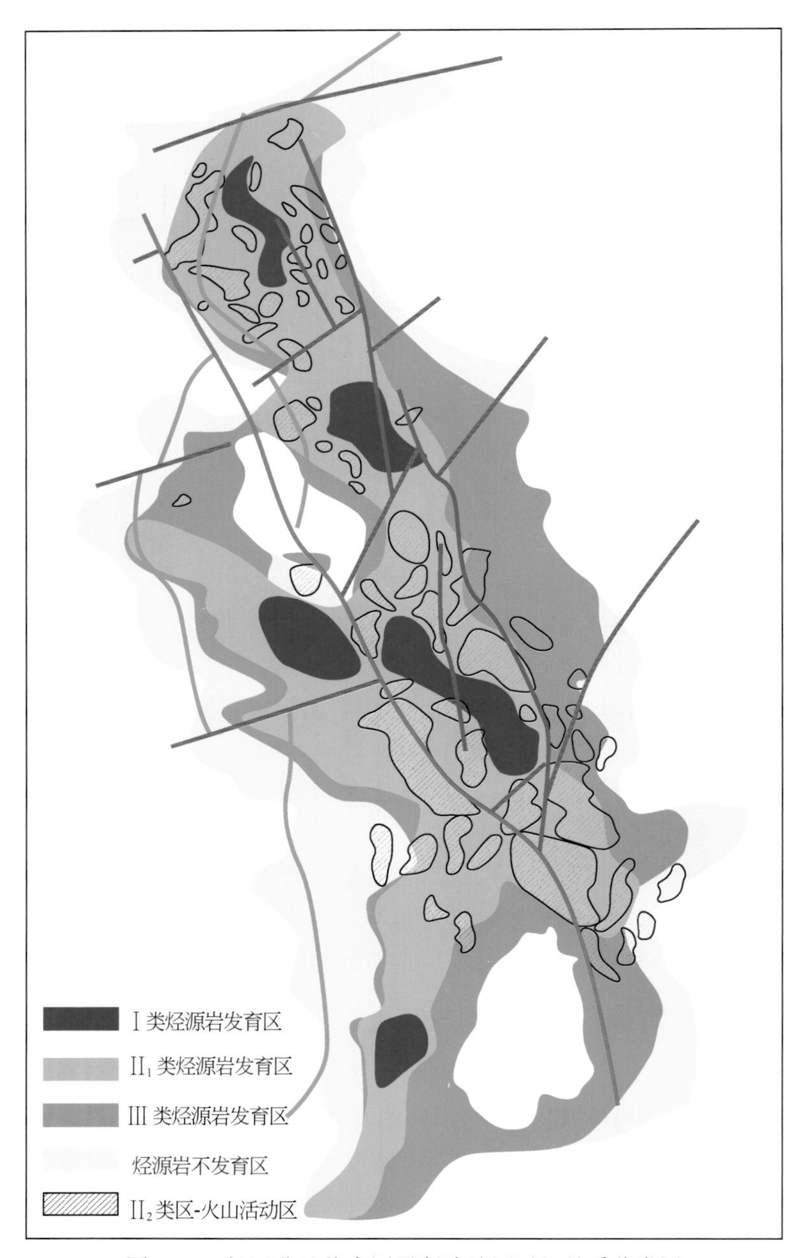

图 7-10　松辽盆地徐家围子断陷沙河子组品质分类图

位于火山岩之下，属“下生上储”型油气藏；火山岩相对致密，油气运移至有利储集相带中，断层是重要的运移通道；断层附近有利火山岩相优先成藏，气藏多沿油气源断裂带分布。

火山机构规模和类型控制火山机构储层发育总体特征，火山机构不同部位对储层物性有较大的影响作用，火山机构控藏（E）：火山机构依据产出岩石组合类型可分为碎屑岩火山机构、熔岩火山机构、复合火山机构三类；不同火山机构控制了火山岩有利相带、有利岩性展布，从而控制了优质储层和气藏。火山机构规模和类型控制火山机构储层发育总体特征，火山机构不同部位对储层物性有较大的影响作用。例如，长深气田火山岩气藏发育在熔岩火山机构和碎屑火山机构等多种火山机构中，储层为爆发相安山岩、流纹质熔结凝灰岩、流纹质晶屑凝灰岩，火山岩碎屑岩火山角砾岩类；火山机构内部岩相解剖反映储层分布，火山岩机构岩性亚相控制气层分布（图 7-11）。

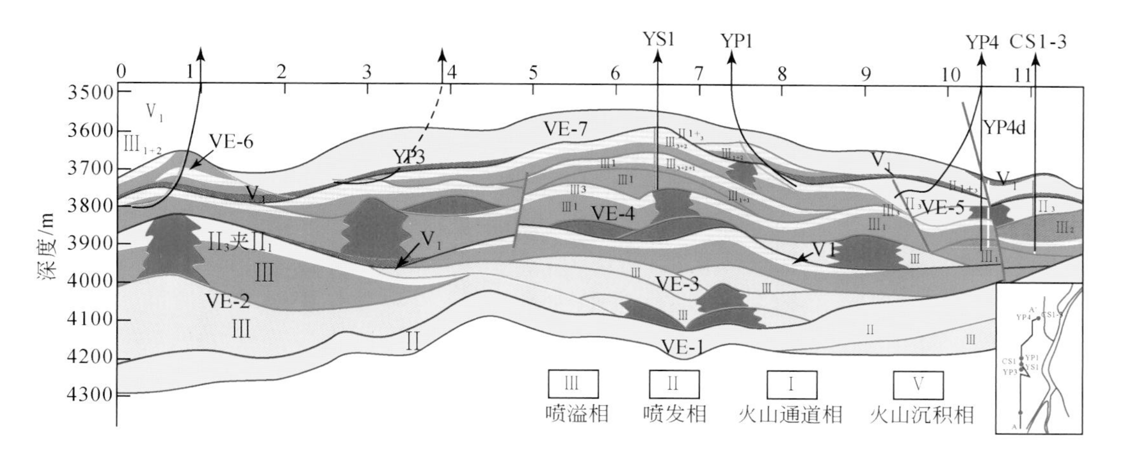

图 7-11　松辽盆地徐家围子断陷火山机构、岩相与气藏关系图

2. 西部生烃中心和油源断层约束下不整合和岩相控藏（“SFUL”成藏组合）模式

该成藏组合模式主要发育于我国西部古亚洲洋岛弧型残留盆地，火山岩储层油气藏位于生烃中心的火山岩有利成藏，生烃中心控制火山岩气藏宏观分布，位于生烃中心的火山岩体有利成藏，表现为近源成藏，近源（S）：准噶尔盆地克拉美丽气田位于腹部陆梁隆起东段滴南凸起上，紧邻滴水泉和五彩湾两个生烃中心（图 7-12）。烃源岩

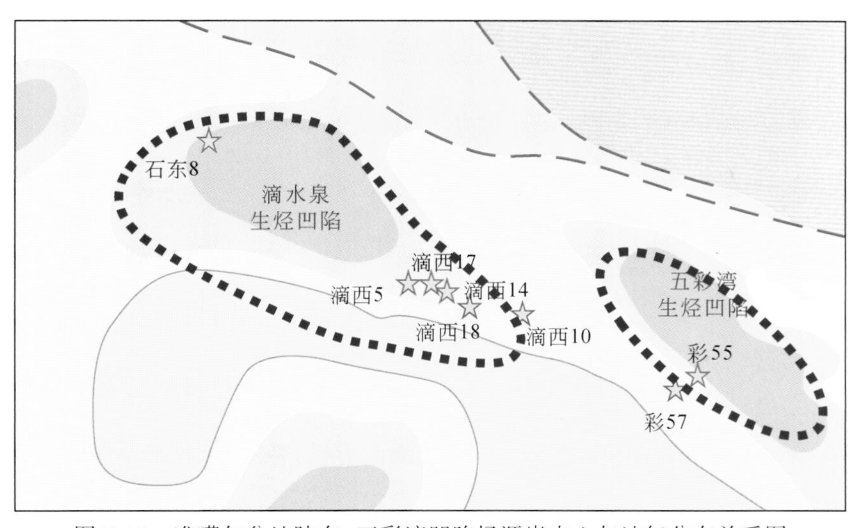

图 7-12　准噶尔盆地陆东–五彩湾凹陷烃源岩中心与油气分布关系图

层位为下石炭统滴水泉组与上石炭统巴塔玛依内山组湖沼相煤岩与暗色泥岩层段。牛东油田构造位置位于三塘湖盆地马朗凹陷北部牛东鼻状构造带；石炭系烃源岩由北往南加厚，条湖–马朗凹陷最为发育；下石炭统姜巴斯套组（C_1j）、上石炭统巴塔玛依内山组（C_2b）、哈尔加乌组（C_2h）三套湖沼相煤系泥质烃源岩，埋藏适中。

断层附近有利火山岩相带优先成藏，沿气源断层（F）运移、汇聚；烃源岩多位于火山岩之下，多属“下生上储”型油气藏；断层不仅起运移通道作用，也起重要遮挡封闭作用；沿断裂带产生微裂缝改善储层物性；致使断层附近有利火山岩相带优先成藏。

不整合面控储（U）；位于火山岩顶面，形成风化壳与风化淋滤带；不整合不仅是重要运移通道，而且起到封盖作用；沿不整合形成风化淋滤带有效储层发育，有利于油气成藏；多沿不整合面附近形成地层型油气藏。风化淋滤是后期储层改善，火山岩体变为有效储层的关键。例如，准噶尔盆地陆东地区滴南凸起带滴西 17 井区，石炭系顶部中基性火山岩因受长期风化淋滤作用改造，物性较好，孔隙度可达 15%～28%，且渗透性较好；中间沉积层下的酸性或基性火山岩，受风化作用影响时间相对短，孔隙度 15% 左右（图 7-13）。西部准噶尔、三塘湖盆地火山岩体有效储层物性统计结果表明，在不整合面之下 450m 的风化淋滤带，火山岩储层物性较好，次生孔隙较为发育，为油气主要聚集成藏范围。

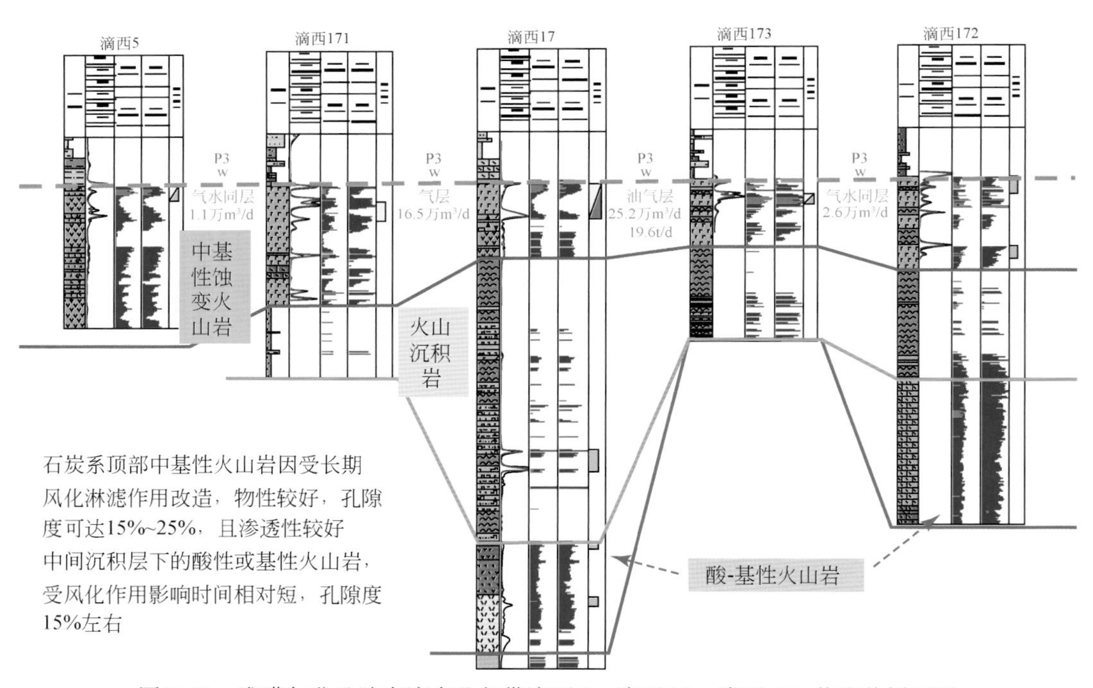

图 7-13 准噶尔盆地陆东滴南凸起带滴西 5—滴西 17—滴西 172 井连井剖面图

火山岩风化受岩性影响较小，各种岩性均能形成有利储层；火山岩风化受岩性影响较小，各种岩性均能形成有利储层，淋滤带深度达 450m（图 7-14），断裂发育处更厚，拓展了有效勘探深度，在合适部位能够形成“内幕型”有效储层。

岩相控储、控藏（L）：西部火山岩主要发育于残留洋岛弧碰撞期后松弛期，陆内裂

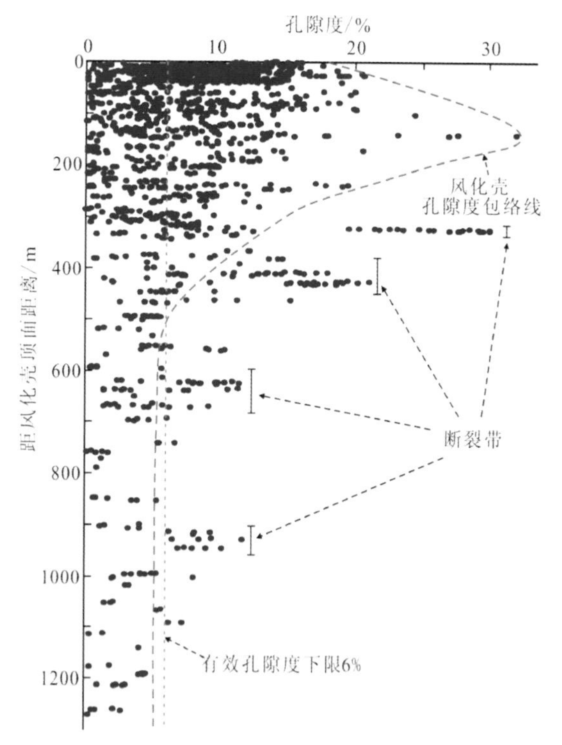

图 7-14 我国西部地区距石炭系顶面风化壳深度与孔隙度关系图

谷构造环境，表现为残留盆地特征，石炭系火山岩遭受长期风化与剥蚀；火山岩机构、火山岩相带、岩性带序列多遭受破坏，保存不完整；长期的风化剥蚀，各类火山岩岩性均能够形成有效储集层；但规模性油气藏的形成，需要具有一定规模的火山岩体做根本保障，火山岩岩相控制着火山岩储层规模大小、改造程度、次生孔隙发育带分布；进而控制有效储层发育、控制油气藏有效形成与保存。火山岩储层油气藏储集岩性：主要为溢流相玄武岩、安山岩，爆发相流纹质熔结凝灰岩、晶屑凝灰岩、火山角砾岩等。

（三）火山岩储层油气运聚成藏机理探讨

油气成藏主要受其成藏要素控制；油气成藏要素主要包括生、储、盖、圈、运、保六大要素；火山岩储层油气藏与普通碎屑岩油气藏、碳酸盐岩油气藏不同之处在于火山岩储集体多为储集体原位发育，储集层多经过后期改造变成有效储集体成藏；其成藏的关键控制因素是火山岩后期改造过程，火山岩储集体捕获油气的能力，油气运聚与火山岩储集体储集油气能力。火山岩储集体有效成藏机理应包括宏观与微观机理两部分：宏观机理是火山岩储集体构造条件、火山机构、岩相与岩性、油气疏导体系、封盖与保存条件、有效成藏组合模式的理论总结；微观机理是火山岩储集体储层结构、风化壳结构与形成、流体与成岩变化与储层有效性对应关系、流体运聚动力学与有效成藏机制的理论总结。随着火山岩油气领域勘探的不断深入与地质认识的不断深化；

本次研究重点集中于我国火山岩油气藏静态要素与宏观成藏机理研究方面，系统梳理我国东、西部火山岩油气藏成藏特征、成藏要素与主控因素，首先从宏观上把握火山岩油气藏成藏组合模式与成藏机理，由宏观到微观，全面推动我国火山岩油气藏成藏理论的建立，从而由理论认识有效指导勘探实践；经过近5年研究，我们也主要是基于当前勘探实践地质认识系统归纳与总结了我国火山岩油气藏领域，火山岩油气藏宏观成藏机理，火山岩微观成藏机理尚待今后从成藏动力学与数值模拟角度进一步深化研究。

总结我国火山岩储层油气藏特征、成藏地质要素、成藏主控因素，成藏组合模式，火山岩油气藏领域总体表现为“相–面控储、断–壳控运、复式聚集”成藏机理与油气分布规律。

1. 相–面控储：岩相、不整合面或火山旋回、期次界面控制优质储层的形成

火山岩储层不同于常规碎屑岩储层，火山岩结构构造属性和近地表风化淋滤作用决定火山岩成储机理的独特性。我国火山岩多属陆相喷发火山岩体，火山岩体由多期喷发叠加而成，每期喷发多形成一定程度的岩相与沉积间断界面。火山岩储层在喷发与侵入时固结成岩均较为致密，非均质性较强，后期成岩变化较弱，要形成有效储集层，多需要进行后期改造，由非储集体转变为有效储集体，火山岩岩性、岩相决定其抗风化、改造难易程度，后期暴露地表时间长短、风化淋滤及成岩变化强度多决定其储集物性好坏以及产能高低。火山岩的火山通道相与爆发相，多形成大量原生气孔，不仅相带有利，也利于地下水流动，后期也易形成溶蚀次生孔隙发育带；溢流相多大面积分布，但多致密难以成为有效储集层，其岩性决定抗风化难易程度，流纹岩易风化，易形成次生溶蚀孔隙，玄武岩脆性较强，剪切易形成网状裂缝，也增加了微裂缝与晶间次生溶孔的发育机会。火山喷发旋回、每期喷发都可以形成一次沉积间断，沉积间断时间长短决定火山岩储集体改造强度，风化淋滤带深浅、风化壳厚薄与规模、储集物性好坏程度。火山岩风化壳储层垂向分带性特征在油气地质研究领域的应用相对较晚，我国西部地区首先开展了火山岩风化壳特征及对油气储集的控制作用研究。通过野外露头、钻井取心、镜下薄片、主量元素、微量元素等分析化验资料将火山岩体风化壳分为五层结构，即土壤层、水解带、溶蚀带、崩解带和母岩（图7-15）。

我国西部石炭系—二叠系火山岩储集体沉积间断时间较长，火山机构破坏严重，沿不整合面形成较大规模的风化壳，风化淋滤带较深，火山岩受到风化淋滤作用的时间较长。原状火山岩中，从基性火山岩到酸性火山岩自然伽马值增大，密度、速度和电阻率降低；从熔岩、过渡岩类向角砾岩类，密度和速度减小。由于火山岩差异风化，在相同环境下，火山岩从基性岩到酸性岩，风化强度由弱到强，导致密度、速度、电阻率降低，放射性增大。多数火山岩相性多被改造，火山岩岩相所起作用大于火山岩岩性，油气沿不整合面聚集成藏，岩相决定富集。

我国东部虽然没有西部石炭系火山岩体风化壳典型，但作为陆相火山岩体，其每次喷发也能够发育多个界面，表现出一定程度的沉积间断；其完整的火山机构、岩相、岩性与岩性界面、岩相界面、火山旋回喷发界面共同组成一个有效储集体发育的共同

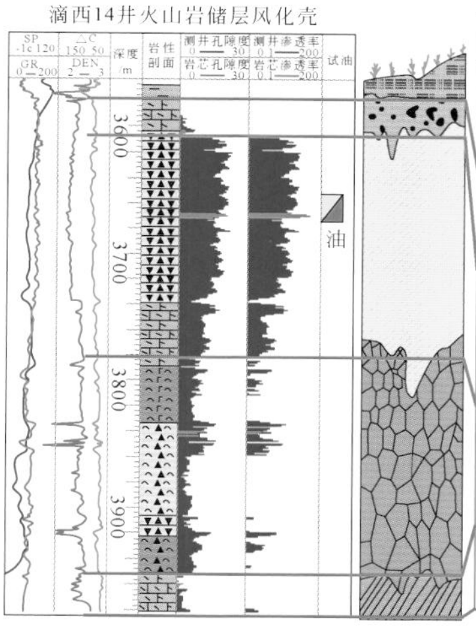

滴西14井火山岩储层风化壳

分带	K指数	识别标志	厚度	Φ/%	储集性
土壤层	＞40	大多为次生矿物，多数地区遭剥蚀，以风化碎裂和构造碎裂为主，成土状	＜10m	＜5	Ⅴ
水解带	7~40	泥岩和破碎岩为主，多数风化分解破碎为泥土，以蚀变作用为主，较破碎	10~50	＜8	Ⅲ-Ⅳ
淋蚀带	1~7	半破碎岩，气孔杏仁构造发育，以垂直缝为主；风化淋滤、构造碎裂和热液蚀变作用强，完整性差-较完整	10~200	8~20	Ⅱ-Ⅲ
崩解带	≦1	半破碎岩，少量气孔，微裂缝较发育，裂缝和气孔被充填或半充填，较完整	10~200	5~10	Ⅲ-Ⅳ
未蚀变带	＜1	固结岩石，基本完整，孔洞缝不发育，完整	基岩	＜5	Ⅴ

图 7-15　我国西部地区石炭系火山岩体风化壳结构图

体，界面与不整合面的发育也为火山岩体风化、次生溶蚀孔隙及优质储层发育创造了良好条件。松辽盆地徐家围子断陷白垩系营城组一段普遍钻遇火山岩风化壳，火山岩风化壳表现为：褐铁矿铁染、表生矿物充填、火山岩中的长石普遍严重高岭土化、风化缝普遍发育。例如，汪深 1 井营城组火山岩风化壳结构明显（图 7-16）：①2951. 7 ~ 2955m 紫色泥岩。为一套正常沉积碎屑岩，填隙物为铁染的杂基，碎屑成分中有中、酸性火山岩、轻微变质岩、长石、石英和云母碎片。长石多具次生变化，岩石普遍受氧化铁染而呈红褐色，可能为岩石中黄铁矿风化后游离氧化铁所致。②2963 ~ 2970m，为球粒流纹岩。岩石中见有微粒状黄铁矿呈浸染状分布。由于黄铁矿在氧化环境中变成褐铁矿，并有游离的氧化铁析出，使岩石染成褐色。本段岩石见硅化、黏土化、碳酸盐化，有时见黄铁矿化。③2985. 88 ~ 1998. 8. 88m，为强烈绢英岩化、石英化的流纹岩、凝灰岩。④3010. 3 ~ 3086. 3m，为具显微嵌晶结构、球粒结构的蚀变流纹岩，特点是矿物粒径细小而均匀，蚀变较轻，原岩结构保留较清晰，蚀变作用主要为黏土化，部分碳酸盐化、绢英岩化、石英化。徐家围子断陷风化溶蚀厚度在 100m 左右，风化壳与岩相共同控制了储层的发育，风化溶蚀厚度控制气藏分布范围与产能高低（图 7-17）。因此，火山岩岩相、不整合面或火山旋回、期次界面控制优质储层形成；油气主要沿不整合面、岩相界面、岩性界面聚集成藏。

2. 断-壳控运：油源断层控制垂向运移，风化壳控制油气侧向运移

火山岩微裂缝、断裂、不整合、风化壳构成火山岩体成藏的疏导系统；火山岩脆性较强，在后期构造运动、成岩作用过程中，易发育脆裂或断裂；微裂缝与断裂多沿火山机构薄弱带；构造主应力方向、火山旋回界面、岩相变化带、岩性界面、沉积间断不整合面发育；微裂缝或断裂是流体优势运移通道，主要控制流体垂向运移。由于火山岩体较为致密，火山岩体裂缝发育程度差异较大，在火山通道相与爆发相火山角砾岩相带、原生气孔发育带、风化壳与界面有利次生溶蚀孔隙发育带与微裂缝发育带，天

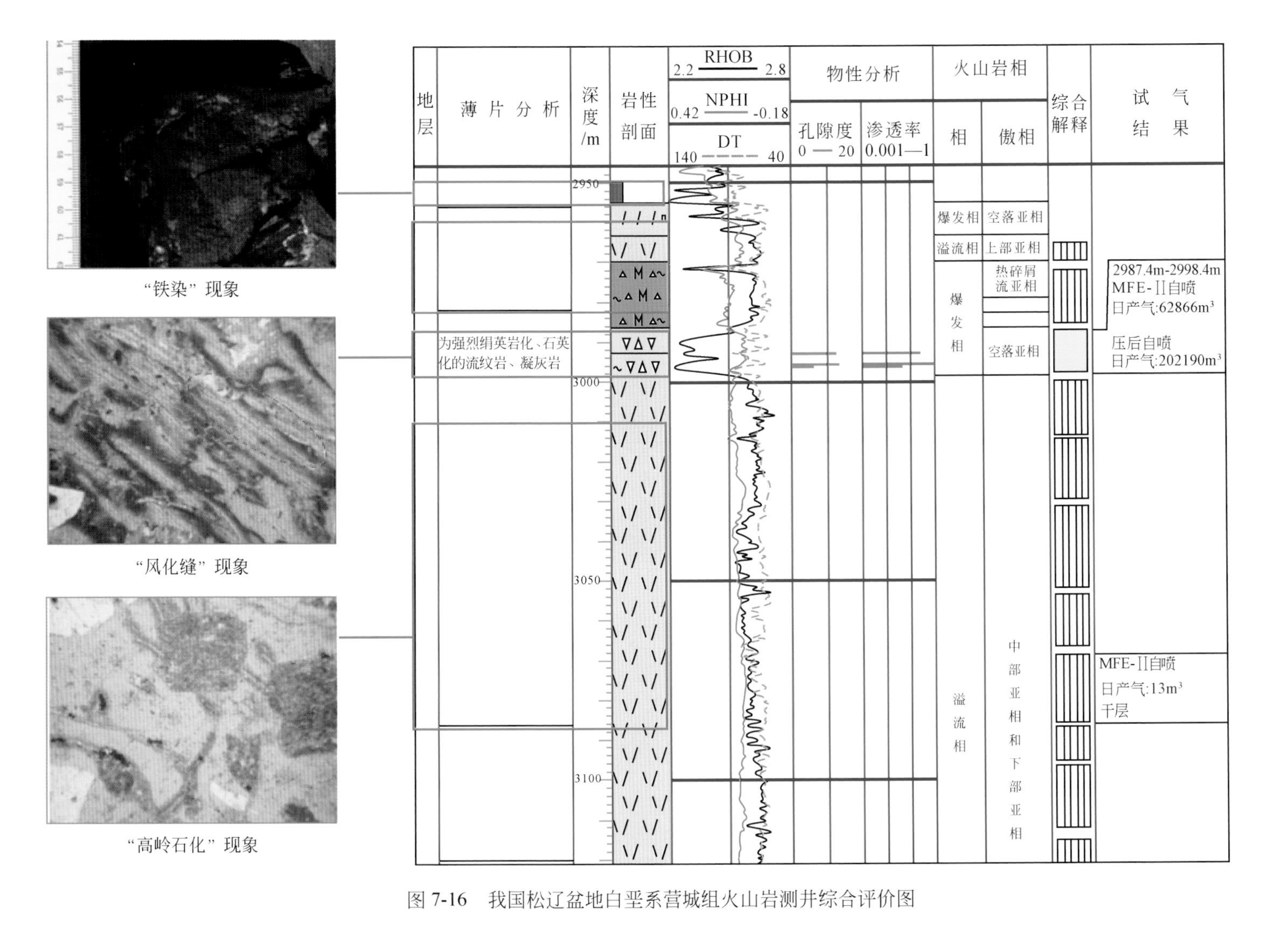

图 7-16 我国松辽盆地白垩系营城组火山岩测井综合评价图

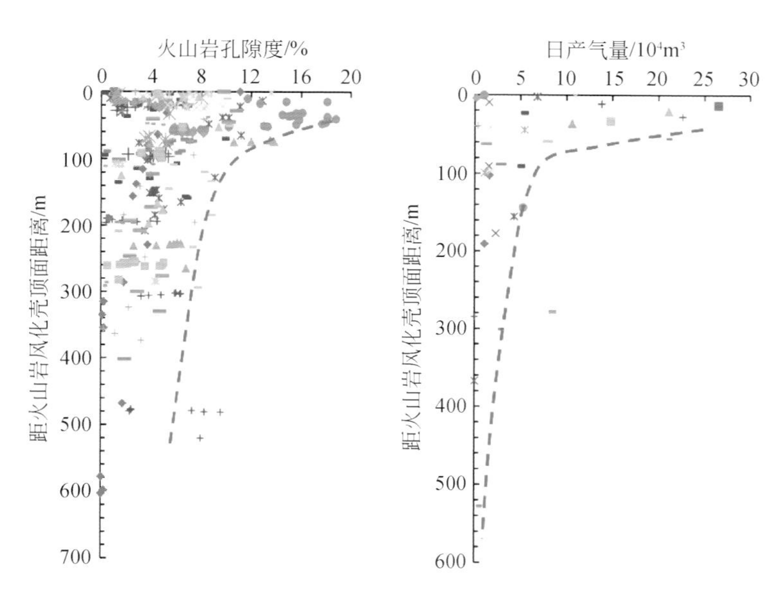

图 7-17　我国松辽盆地距营城组火山岩顶面物性与产能交汇图

然气运移通道较为顺畅，主要遵循“浮力”驱动，“达西渗流”常规模式运聚，微裂缝是油气运聚的首先及优势通道。充注实验证明裂缝促进天然气高效运移（图 7-18），起始状态裂缝处于封闭状态，缝隙中饱和石蕊水溶液，从表面看裂缝基本呈现灰黑色；在充注压力下随着充注时间的增长，气体驱动裂缝中的水溶液向前运移，液体被气体驱替后的位置呈现灰白色；整个裂缝贯通后整条裂缝的形态以灰白色呈现出轮廓，同

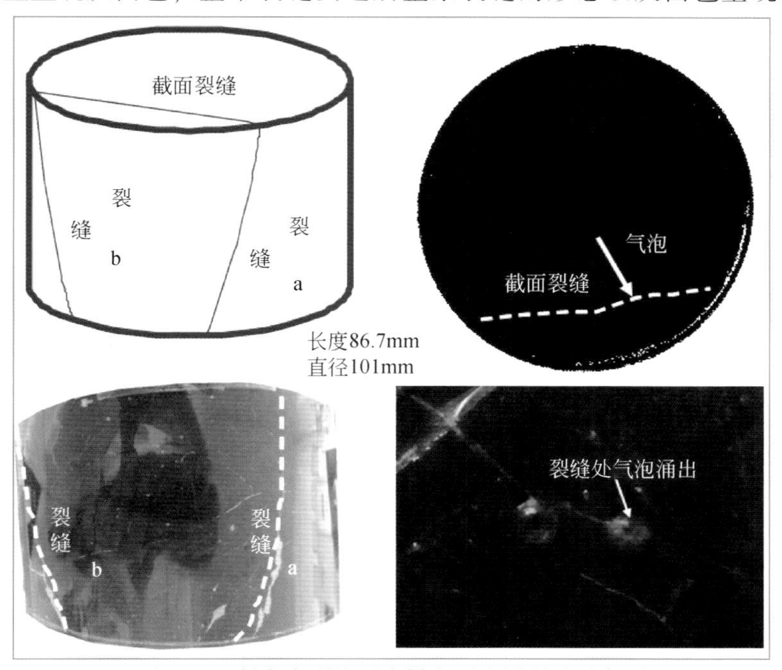

图 7-18　低密度裂缝型岩样主要疏导裂缝示意图

时可以观察到主裂缝周围有细小微裂缝同样变为灰白色，说明这些微裂缝是连通的有效疏导通道。气体贯通后观察出口岩心，可明显判断气体从裂缝中排出。在火山岩体相对致密的溢流相带、火山空落相带，原生孔隙、风化壳淋滤带与界面有利次生溶蚀孔隙、微裂缝发育较弱，孔隙结构复杂，喉道狭窄，天然气运移通道不顺畅，排驱压力较高，流体运移并不遵循“浮力”驱动，呈“非达西渗流”非常规模式运聚，天然气运聚主要呈“压差”，“活塞”幕式排驱运聚方式；起决定作用的依然是微裂缝系统，微裂缝确保天然气高效运移。通过全直径岩心充注实验证实，充注初期裂缝尚未完全开启，但在较大启动压力差下气体运移速度迅速增加，达到速度最大，此时裂缝处于围压下最大开启状态（速度最高点），随后随着充注压力差的降低，裂缝逐渐趋于闭合状态，气体运移速度下降；但随着压力差减小，压力降低速度逐渐变小。

火山喷发旋回，火山岩体与火山岩体之间、火山岩体与沉积碎屑岩之间界面或沉积间断所发育的不整合面，不整合面多呈近水平地层面延展，沿不整合面形成的风化淋滤带成为流体运移的主要运载层，主要控制流体的侧向运移。通过松辽盆地徐家围子断陷营城组火山岩油气藏数值模拟，泉头组沉积初期，徐深1气藏初具规模，青山口组初期，聚集量最大，天然气沿风化壳运移，姚家组末期至今，聚集气量逐渐减小；模拟结果证实天然气沿风化壳侧向运移聚集（图7-19）；徐深1井区火山岩气藏-天然气运聚成藏明显受控于断裂、风化壳。

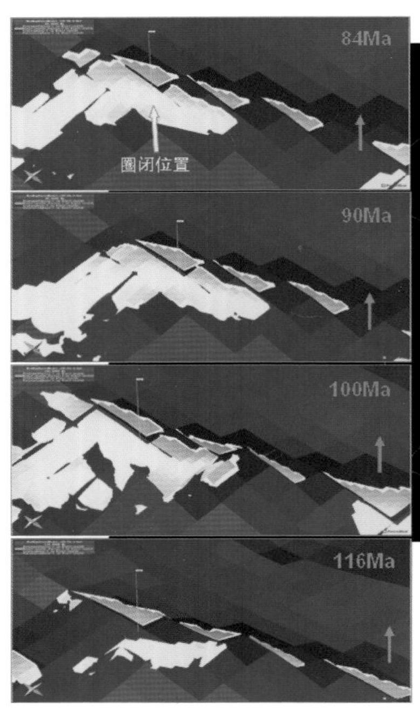

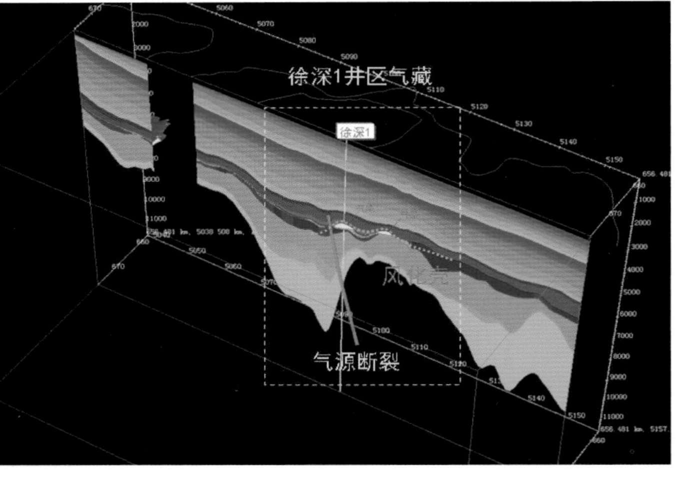

徐深1井区气藏：
131Ma开始生成天然气，125Ma徐深1气藏初步具备圈闭形态，油气主要沿徐西断裂及构造脊运移，聚集部位受控于断裂及风化壳

徐深1井区圈闭形成演化图

图7-19　徐家围子断陷徐深气田沿断裂、风化壳运聚示意图

3. 复式聚集：同一聚集带发育多层、多种类型火山岩油气藏

火山岩体由火山机构组成，多个火山喷发旋回岩体、多种火山岩相带叠合而成；火山机构作为一个整体，面临多套有效烃源岩、多个有效生烃中心，同一聚集带多种岩相、岩性、多种运聚方式捕获油气；形成复式聚集火山岩油气藏。例如，松辽盆地徐家围子断陷和长岭断陷纵向上发育多套烃源岩，如火石岭组、沙河子组和营城组，还发育多套火山岩储层，如火石岭组、营城组一段和三段，组成多套生储盖组合（图7-20）；横向上各凹陷分布有构造-岩性型、岩性型多个不同类型的火山岩气藏。准噶尔盆地陆东-五彩湾凹陷石炭系火山岩气藏横向上围绕滴水泉凹陷、五彩湾凹陷下石炭统滴水泉组泥质烃源岩、上石炭统巴塔玛依内山组煤系烃源岩，沿石炭系火山岩体顶面不整合面风化壳淋滤带形成地层型气藏；纵向上，沿气源断裂，富集成藏；横向上，在凸起构造背景下沿岩相与岩性界面聚集成藏，并叠加连片；气藏规模大小受有利岩相带与风化壳、风化淋滤带规模控制。三塘湖盆地石炭系火山岩油藏横向上，哈尔加乌组、姜巴斯套组泥质烃源岩叠置，火山岩储层交叉，叠合连片；纵向上，卡拉岗组发育风化壳地层型油藏，哈尔加乌组发育岩性型内幕型火山岩油藏；纵向叠加形成复式聚集油藏组合。

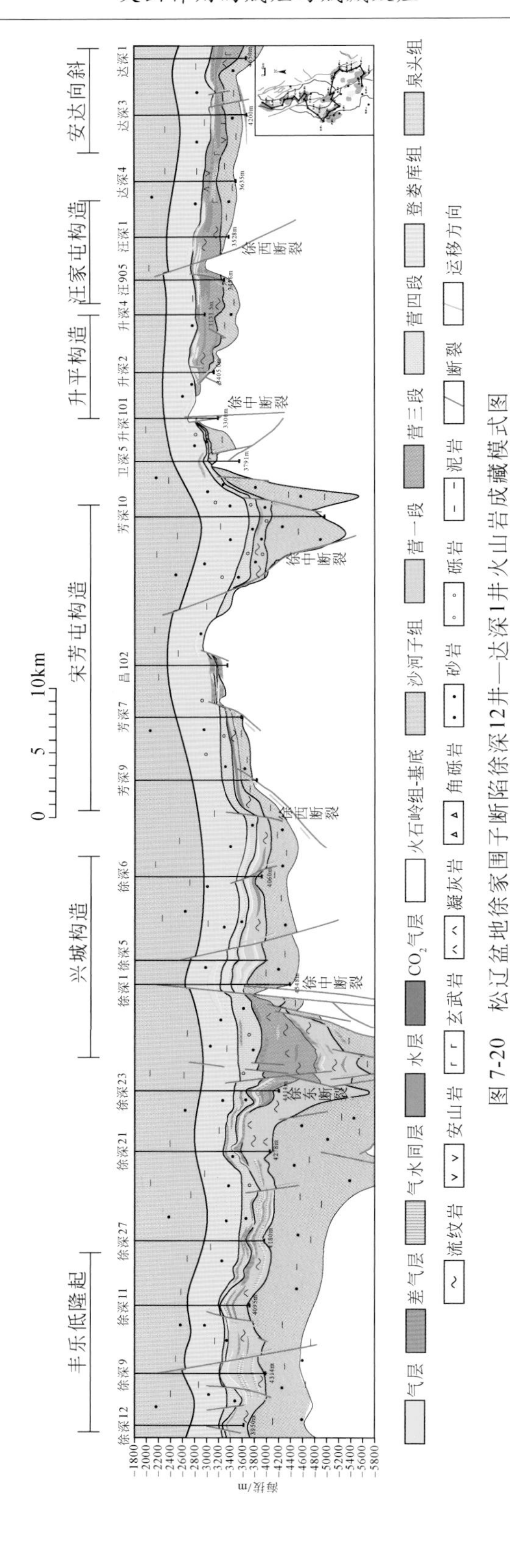

图7-20 松辽盆地徐家围子断陷徐深12井—达深1井火山岩成藏模式图

第八章　我国火山岩油气资源潜力与勘探前景

第一节　我国火山岩油气藏分布规律

火山岩储层油气是以火山岩为储层或与火山作用密切相关的油气藏，其油气地质条件、控制因素和分布规律等方面具有特殊性。

自1887年在美国加利福尼亚州圣华金盆地首次发现火山岩储层油气以来，火山岩储层油气勘探已有120多年历史。目前全球已发现300余个与火山岩储层有关的油气田或油气显示，其中有探明储量的火山岩储层油气田共169个（Petford and McCaffrey，2003），其特点是产层厚、产率高、储量大，已成为重要的勘探对象。但全球火山岩储层油气探明储量仅占总探明储量的1%左右。中国火山岩储层油气最早于1957年在准噶尔盆地西北缘发现，目前已在渤海湾、松辽、准噶尔、二连、三塘湖等11个含油气盆地发现了火山岩储层油气田。特别是2000年以来，火山岩储层油气勘探在松辽盆地深层、新疆北部石炭系取得了重大突破，已成为中国陆上油气勘探的重要领域之一。

火山岩储层油气田形成的构造背景以大陆边缘盆地为主，也有陆内裂谷盆地。火山岩储层岩石类型以中基性玄武岩、安山岩为主，其中玄武岩占32%，安山岩占17%；储集层空间以原生或次生溶蚀孔隙为主，普遍发育各种成因裂缝，对改善储集层起到了决定性作用。

火山岩储层油气主要分布在环太平洋地区，从北美洲的美国、墨西哥、古巴，到南美洲的委内瑞拉、巴西、阿根廷，再到亚洲的中国、日本、印度尼西亚，总体呈环带状展布；其次是中亚地区，格鲁吉亚、阿塞拜疆、乌克兰、俄罗斯、罗马尼亚、匈牙利等国家发现了火山岩储层油气田；非洲大陆周缘也发现了一些火山岩储层油气田，如北非的埃及、利比亚、摩洛哥及中非的安哥拉。

火山岩只有发育在含油气盆地中，仅在含油气盆地中的火山岩才有可能形成有效火山岩储层和有效火山岩油气藏；我国含油气盆地不同时代火山岩具有各自的岩性特征。中国东部含油气盆地中生代火山岩以酸性为主，新生代火山岩以中基性为主；西部盆地火山岩以中基性为主。

我国含油气盆地火山岩储集层岩石类型多，熔岩主要有玄武岩、安山岩、英安岩、流纹岩、粗面岩等；火山碎屑岩主要包括集块岩、火山角砾岩、凝灰岩、熔结火山碎屑岩等。

海拉尔盆地兴安岭群自下而上可分为3段：下部中酸性火山岩段主要为一套中酸性熔岩、火山碎屑岩、灰黄色流纹斑岩、粗面岩、灰绿色凝灰岩；中部为中酸性火山岩夹煤层段，岩性为灰紫色安山岩、安山玄武岩夹煤层；上部中基性火山岩段岩性为厚层黑色-灰黑色玄武岩，夹薄层黑色泥岩。

松辽盆地火山岩岩石类型主要有12种，即流纹岩、安山岩、英安岩、玄武岩、玄武安山岩、粗安岩、流纹质角砾凝灰岩、流纹质火山角砾岩、英安质火山角砾岩、玄武安山质火山角砾岩、安山质晶屑凝灰岩、沉火山角砾岩，其中中酸性火山岩占样品总数的86%，基性火山岩占14%，主要属于碱性和钙碱性系列。

渤海湾盆地火山岩主要为玄武岩、安山岩、粗面岩。如辽河盆地中生代火山岩以安山岩为主，古近纪火山岩以玄武岩和粗面岩为主。冀中拗陷侏罗系为暗紫红色、灰色安山岩为主夹凝灰岩，顶部为玄武岩、安山质角砾岩、火山碎屑砂岩；白垩系下部为杂色火山角砾岩，上部为灰色凝灰质砂砾岩、砂岩、安山质角砾岩。东营凹陷广泛发育有基性火山岩、潜火山岩及火山碎屑岩，主要岩石类型为橄榄玄武岩、玄武岩、玄武玢岩、凝灰岩和火山角砾岩等。黄骅拗陷风化店地区火山岩主要为碱流岩、英安流纹岩、流纹岩和流纹英安岩。南堡凹陷主要为基性火山碎屑岩、中性火山碎屑岩和玄武岩。高邮凹陷为灰黑、灰绿、灰紫色玄武岩。江汉盆地白垩系—古近系火山岩类型主要是石英拉斑玄武岩、橄榄拉斑玄武岩、玄武玢岩（次玄武岩），其次为辉绿岩和火山碎屑岩。

二连盆地主要发育自碎角砾状安山岩、气孔状-杏仁状熔岩、块状熔岩、凝灰岩、角砾岩和集块岩。银根盆地查干凹陷火山岩主要为中基性玄武岩、粗安岩以及安山岩，少量凝灰岩、熔结角砾岩和辉绿岩。

四川盆地二叠系火山岩主要为斜长玄武岩、凝灰岩、凝灰质角砾岩等。

塔里木盆地二叠系火山岩熔岩类包括玄武岩和英安岩，以英安岩为主，占火山岩总厚度的80%，其次为角砾英安岩和少量角砾玄武岩、角砾状凝灰质英安岩、角砾状凝灰质玄武岩、凝灰质角砾岩及火山碎屑角砾岩、晶屑玻屑凝灰岩、晶屑岩屑凝灰岩和晶屑凝灰岩、沉凝灰岩、沉火山角砾岩、凝灰质泥质粉砂岩，少量含砾凝灰质泥岩、含砾凝灰质粉砂岩。

准噶尔盆地陆东-五彩湾地区主要有玄武岩、安山岩、英安岩、流纹岩、火山角砾岩、凝灰岩等；西北缘地区石炭系岩性主要为安山岩、玄武岩、安山玄武岩、火山角砾岩、凝灰角砾岩、熔结角砾岩、凝灰岩、集块岩等。三塘湖盆地二叠系火山岩主要有玄武岩、安山岩、英安岩、流纹岩、凝灰岩、火山角砾岩等。

中国火山岩储层油气勘探也大致经历了3个阶段。①1957～1990年为偶然发现阶段，主要集中在准噶尔盆地西北缘和渤海湾盆地辽河、济阳等拗陷。②1990～2002年为局部勘探阶段，随着地质认识的深化和勘探技术的进步，开始在渤海湾、准噶尔等盆地个别地区开展针对性勘探。③2002年以来为全面勘探阶段，在渤海湾、松辽、准噶尔、三塘湖等盆地全面开展火山岩储层油气勘探，发现了徐深、长岭Ⅰ号、克拉美丽、牛东等一批大中型油气田，截至2011年年底，已在火山岩中探明石油地质储量6.2×10^8 t、天然气地质储量$6502\times10^8 m^3$。

与国外火山岩储层油气勘探现状相比，中国的火山岩储层油气藏勘探主要有3个特点。

第一，中国现已把火山岩储层油气作为重要领域进行勘探。20 世纪 80 至 90 年代，中国相继在准噶尔、渤海湾、苏北等盆地发现了一些火山岩储层油气田，如准噶尔盆地西北缘火山岩油田、二连盆地阿北火山岩油田、渤海湾盆地黄骅拗陷风化店中生界火山岩油田和枣北沙三段火山岩油田、济阳拗陷商 741 火山岩油田等。进入 21 世纪以来，中国加强了火山岩储层油气勘探，相继在渤海湾盆地辽河东部凹陷、松辽盆地深层、准噶尔盆地、三塘湖盆地发现了规模油气聚集，特别是松辽盆地北部徐深 1 井突破，全面带动了火山岩储层油气大规模勘探，使其成为目前重要的勘探领域之一。

第二，不同时代、不同类型盆地各类火山岩均可形成火山岩储层油气田。中国已发现的火山岩储层油气田，东部主要发育在中、新生界，岩石类型以中酸性火山岩为主；西部主要发育在古生界，岩石类型以中基性火山岩为主。火山岩储层油气田主要发育在大陆裂谷盆地环境，如渤海湾、松辽等盆地，但在前陆盆地、岛弧型海陆过渡相盆地中也普遍发育，如准噶尔盆地西北缘、陆东和三塘湖盆地。在油气聚集类型和规模上，东部以岩性型为主，可叠合连片分布，形成大面积分布的大型油气田，如松辽深层的徐深气田；西部以地层型为主，可形成大型整装油气田，如准噶尔盆地克拉美丽气田等。

第三，火山岩地震储集层预测、大型压裂等勘探开发配套技术不断完善，初步形成了针对火山岩储层油气的技术系列，即火山岩储层油气预测四步法：①火山岩区域预测，以高精度重磁电与三维地震为主；②火山岩目标识别；③火山岩储集层预测；④火山岩流体预测。

目前，火山岩储层油气勘探出现了 6 个新的发展趋势：①地区上，东部从渤海湾盆地向松辽盆地发展，西部准噶尔、三塘湖等盆地由点到面快速发展；②勘探层位上，由东部中、新生界向西部上古生界发展；③勘探深度上，由中浅层向中深层发展；④勘探部位，由构造高部位向斜坡和凹陷发展；⑤岩性岩相类型，由单一型向多类型，由近火山口向远火山口发展；⑥油聚集藏类型，由构造、岩性型向岩性、地层型发展。中国火山岩分布面积达 $215.7\times10^4km^2$（图 8-1），预测有利勘探面积为 $36\times10^4km^2$，初步预测，火山岩储层油气技术可采资源量大约为 $15\times10^8\sim20\times10^8t$ 油当量，具有较大勘探潜力。

中国未来的火山岩储层油气勘探主要针对原生型火山岩岩性、风化壳地层型两类油气聚集，立足松辽盆地深层、准噶尔盆地石炭系，构建两大火山岩气区；深化三塘湖、渤海湾盆地火山岩勘探，形成亿吨级储量规模区；积极探索吐哈盆地石炭系—二叠系及新疆北部外围石炭系盆地、四川、塔里木二叠系、鄂尔多斯等火山岩新领域，力争实现新突破。

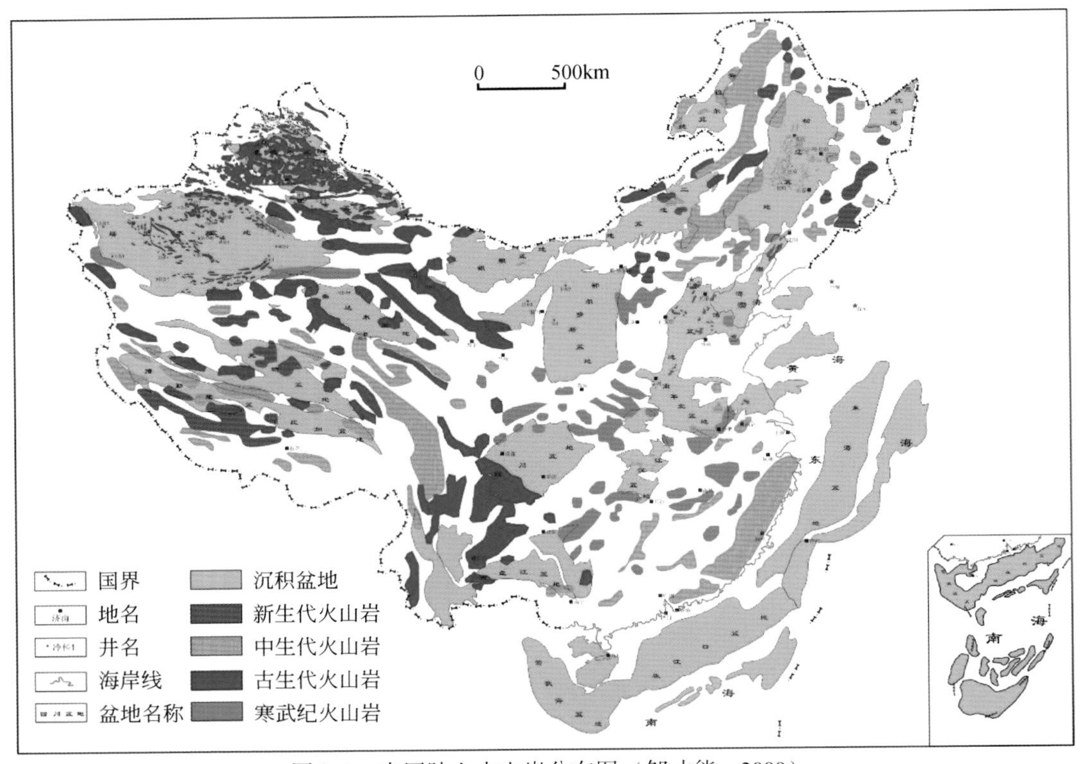

图 8-1 中国陆上火山岩分布图（邹才能，2009）

一、我国主要火山岩类型

中国含油气盆地火山岩储集层岩石类型多，东部盆地中生代火山岩以酸性为主（图 8-2），新生代火山岩以中基性为主；西部盆地火山岩以中基性为主。熔岩主要有玄武岩、安山岩、英安岩、流纹岩、粗面岩等；火山碎屑岩主要包括集块岩、火山角砾岩、凝灰岩、熔结火山碎屑岩等。

松辽盆地火山岩岩石类型主要有 12 种，即流纹岩、安山岩、英安岩、玄武岩、玄武安山岩、粗安岩、流纹质角砾凝灰岩、流纹质火山角砾岩、英安质火山角砾岩、玄武安山质火山角砾岩、安山质晶屑凝灰岩、沉火山角砾岩，其中中酸性岩占 86%，基性岩占 14%，主要属于碱性和钙碱性系列。

渤海湾盆地火山岩主要为玄武岩、安山岩、粗面岩，如辽河拗陷中生代以安山岩为主，古近纪以玄武岩和粗面岩为主。冀中拗陷侏罗系以暗紫红色、灰色安山岩为主，其中夹凝灰岩，顶部为玄武岩、安山质角砾岩、火山碎屑砂岩；白垩系下部为杂色火山角砾岩，上部为灰色凝灰质砂砾岩、砂岩、安山质角砾岩。济阳拗陷东营凹陷广泛发育基性火山岩、潜火山岩及火山碎屑岩，主要岩石类型为橄榄玄武岩、玄武岩、玄武玢岩、凝灰岩和火山角砾岩等。黄骅拗陷风化店地区火山岩主要为碱流岩、英安流纹岩、流纹岩和流纹英安岩；南堡凹陷主要为基性火山碎屑岩、中性

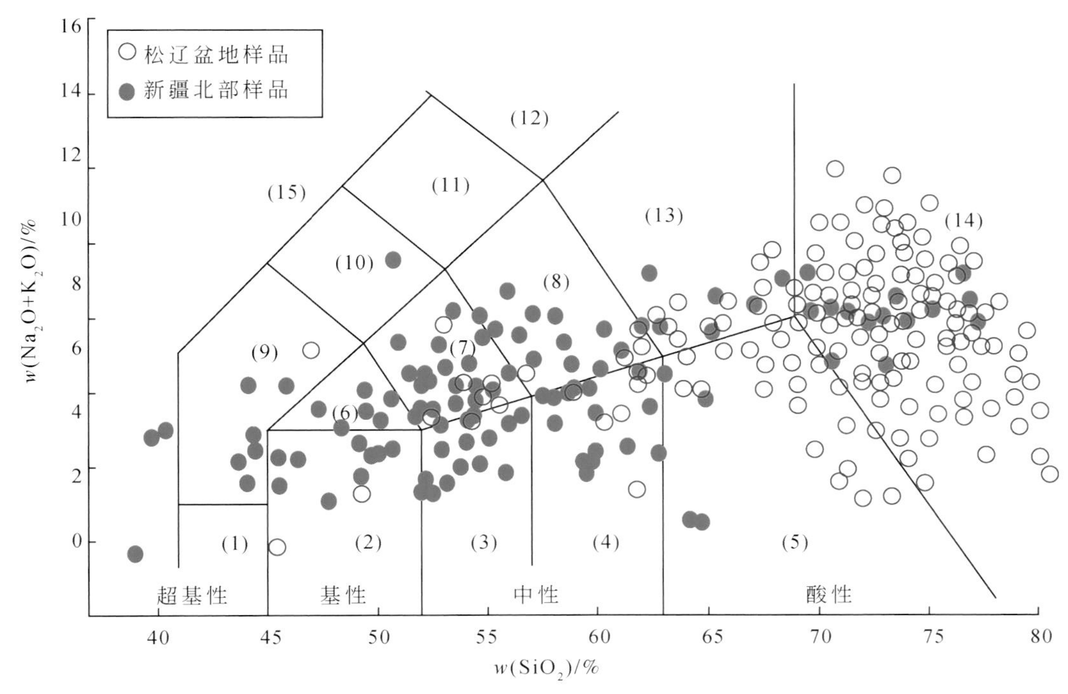

图 8-2　新疆北部石炭系与松辽盆地白垩系火山岩 TAS 图
（据国际地质科学联合会 IUGS 火成岩分类学分委会推荐，1989）
（1）橄榄玄武岩；（2）玄武岩；（3）玄武安山岩；（4）安山岩；（5）英安岩；（6）粗面玄武岩；（7）玄武质粗面安山岩；（8）粗安岩；（9）碧玄岩、碱玄岩；（10）响石质碱玄岩；（11）碱玄质响石；（12）响石；（13）粗面岩；（14）流纹岩；（15）副长石岩

火山碎屑岩和玄武岩。

新疆北部火山岩以中钾中基性为主，准噶尔盆地陆东–五彩湾地区主要有玄武岩、安山岩、英安岩、流纹岩、火山角砾岩、凝灰岩等；西北缘地区石炭系主要为安山岩、玄武岩、安山玄武岩、火山角砾岩、凝灰角砾岩、熔结角砾岩、凝灰岩、集块岩等。三塘湖盆地石炭系主要有玄武岩、安山岩、英安岩、流纹岩、凝灰岩、火山角砾岩等。

二、我国主要火山岩岩相类型

火山岩岩相是火山作用过程中的火山产物类型、特征及其堆积类型的总和。

中国陆上含油气盆地火山岩以中心式喷发为主，主要为层火山；有陆上和水下两种喷发环境，岩石类型主要为基性、酸性岩类，少量为中性和碱性岩类。

松辽盆地营城组单个火山机构主要由中心式喷发形成，整体上又受区域大断裂控制而呈串珠状平面分布，横向厚度变化较大，火山岩相以喷溢相、火山沉积相为主，常发育火山锥。火石岭组以裂隙喷发方式为主，横向上分布范围广，厚度变化相对较均匀，多发育层火山机构，岩相以喷溢相为主。

渤海湾盆地辽河拗陷火山岩沿断裂分布，属于水下间歇性、多次沿断裂喷溢，古近纪与新近纪火山活动以房身泡组沉积期最为强烈，根据喷发强度和火山岩时空分布，分为 4 期 12 次喷发；南堡凹陷火山岩喷发分为 5 期，为中心式喷发、裂隙式喷发和沿断裂的溢出；东营凹陷火山岩以熔岩流、熔岩被为主，以喷溢相为主，爆发、侵出相极少；喷发环境以陆相为主，也有水下喷发，以中心式喷发为主；少数受断裂控制，呈线状排列，断裂复合处是火山活动最强烈的喷发中心。

准噶尔盆地西北缘石炭系火山喷发为裂缝-中心式；腹部陆梁隆起石西地区石炭系广泛分布的角砾熔岩、东部五彩湾凹陷基底以晚古生代石炭系火山岩，熔岩与火山碎屑岩交替发育，多为灰绿色，角砾熔岩、熔结角砾岩很少，夹薄层泥岩、砂岩，沉积岩层中含海相化石，呈大陆间歇性火山喷发，火山岩在水体深部喷发；自西向东火山岩喷发环境有从水上向水下转换的趋势。

三、我国火山岩形成主要构造环境

板块运动直接受深部作用过程的制约，火山喷发或侵入是上地幔、深部地壳对流在地表或浅部地壳的表现。以大地构造背景为前提，对研究火山岩的分布与特征具有重要的意义。从板块构造学说来讲，一般火山作用容易发生在盆地边缘、岛弧等与板块构造有密切关系的环境中。

裂谷带是地表最主要的构造活动带之一，是沿大致平行断裂发育的凹陷地形，属于一种影响深、延展长的大型伸展构造；由于热地幔或岩浆的上涌，岩石圈在伸展进程中的变薄，首先发生拱起作用，形成大型穹隆构造或三联构造以及众多的断块，伴随大面积陆相碱性和次碱性玄武岩喷发。俯冲带的岩浆活动主要发生在岩浆弧的范围内，距海沟轴约 150~300km，平行于海沟成弧形展布；主要岩石系列有岛弧拉斑玄武岩系列、钙碱系列及岛弧碱性系列（或钾玄岩系列）。大洋中脊以产生拉斑玄武岩和缺乏安山岩为特征，岩浆沿洋中脊、地震活动产生于较浅深度上，形成贫碱拉斑质玄武岩浆（Jokat et al.，1992）。大陆克拉通火成岩与某种板内拉张性构造环境有关，在没有明显构造痕迹的地区，岩浆活动往往与热点或地幔上升的热柱有关。大洋盆地范围内的岩浆喷发主要是通过火山岛和洋底火山表现出来，具有火山岛链和孤立火山两种基本产状。被动陆缘岩浆活动不发育，除保留了早期大陆裂谷及陆间裂谷阶段形成的火成岩组合外，还可出现少量与地幔热点或地幔羽有关的岩浆活动，形成类似于板内（大陆板块及大洋板内）火成岩组合类型，以镁铁质、超镁铁质侵入活动及脉岩活动为主，并可伴随部分中心或裂隙式火山喷发作用。

我国东部主要为被动陆缘裂谷构造环境，西部主要为残留洋关闭、洋-陆与陆-陆碰撞岛弧构造环境。

火山岩储层中孔、洞和裂缝是油气储集空间和渗流通道，火山岩储层的储集空间类型、孔隙结构是研究的重要内容。

根据中国含油气盆地火山岩储层大量资料及岩心、薄片及铸体薄片观察和研究，考虑到火山岩储层的形成和演化机制，可将火山岩储层的储集空间分为原生孔隙、次生孔隙和裂缝三大类。

中国含油气盆地中火山岩广泛分布、岩层较厚，其储层形成有火山、成岩和构造3种作用，依据成因特征，可将火山岩储集层划分为熔岩型、火山碎屑岩型、溶蚀型、裂缝型4类，各种岩石类型在产出部位、展布形态、孔隙类型、物性及渗流特征等方面存在明显差异。如新疆北部石炭系火山岩，不同岩性经后期风化淋滤，发育孔隙和微裂缝，形成溶蚀裂缝型有利储集层。

中国含油气盆地广泛发育的火山岩地质时代延续时间长，不具岩石类型的专属性，不论是基性岩、中性岩、酸性岩，还是火山岩、侵入岩，还是熔岩、火山碎屑岩，自太古宇到新生界均可发育有利储集层。如松辽盆地营城组、银根盆地苏红图组、二连盆地兴安岭群、渤海湾盆地中新生界、江汉盆地中新生界、苏北盆地中新生界、北疆石炭系、四川盆地二叠系等火山岩储集层（表8-1）。

表8-1 中国含油气盆地火山岩储集层特征

界	系	群、组、段	盆地、凹陷	岩性	孔隙度/%	渗透率/$10^{-3}\mu m^2$
新生界	新近系	盐城群	高邮凹陷	灰黑、灰绿、灰紫色玄武岩	20	37
		馆陶组底	东营凹陷	橄榄玄武岩	25	80
		三垛组	惠民凹陷	橄榄玄武岩	25	80
	古近系	沙一段	高邮凹陷	玄武岩	22	19
		沙三段	东营凹陷	玄武岩、安山玄武岩、火山角砾岩	25.5	7.4
		沙四段	惠民凹陷	橄榄玄武岩	10.1	13.2
		新沟咀组	辽河东部凹陷	玄武岩、安山玄武岩	20.3～24.9	1～16
		孔店组	沾化凹陷	玄武岩、安山玄武岩、火山角砾岩	25.2	18.7
			江陵凹陷	灰黑、灰绿、灰紫色玄武岩	18～22.6	3.7～8.4
			潍北凹陷	玄武岩、凝灰岩	20.8	90
中生界	白垩系	营城组	松辽盆地	玄武岩、安山岩、英安岩、流纹岩、凝灰岩、火山角砾岩	1.9～10.8	0.01～0.87
		青山口组	齐家-古龙凹陷	中酸性火山角砾岩、凝灰岩	22.1	136
		苏红图组	银根盆地	玄武岩、安山岩、火山角砾岩、凝灰岩	17.9	111
	侏罗系	兴安岭群	二连盆地	玄武岩、安山岩	3.57～12.7	1～214
			海拉尔盆地	火山碎屑岩、流纹斑岩、粗面岩、凝灰岩、安山岩、安山玄武岩、玄武岩	13.68	6.6

续表

界	系	群、组、段	盆地、凹陷	岩性	孔隙度/%	渗透率/$10^{-3}\mu m^2$
古生界	C—P		准噶尔盆地	安山岩、玄武岩、凝灰岩、火山角砾岩	4.15~26.8	0.03~153
	二叠系		塔里木盆地	英安岩、玄武岩、火山角砾岩、凝灰岩	0.8~19.4	0.01~10.5
	二叠系		三塘湖盆地	安山岩、玄武岩	2.71~32.3	0.01~112
	二叠系		四川盆地	玄武岩	5.9~20	

火山岩储集层孔隙度受埋藏深度影响不大，这是因为火山岩骨架较其他岩石坚硬，抗压实能力强，在埋藏过程中受机械压实作用影响小，火山岩的孔隙比其他岩石更容易保存下来。埋藏较深的情况下，碎屑岩孔隙度较火山岩孔隙度小，如准噶尔盆地石西油田石炭系火山岩，在深度大于3800m时，火山岩孔隙度为8.46%~19.78%，平均为14.4%，而碎屑岩孔隙度平均约7.13%。

火山岩储集空间的形成、保持、改造等一系列不同阶段的演化过程非常复杂。原生孔隙和裂缝主要受原始喷发状态，即火山岩相控制；在相同构造应力作用下，构造裂缝的发育和保存程度也受到原始喷发状态的控制。火山喷发后，冷凝熔结和压实固结形成的火山岩，原生气孔互不连通，没有渗透性，只有经过后期不同阶段的各种地质作用改造，才具有储集性。火山作用、构造运动、风化淋滤作用及流体作用，是火山岩储层储集空间形成和发育的主要控制因素。

四、我国火山岩储层油气藏分布规律

火山岩本身不能生烃，火山岩储层油气主要分布在有利生储盖配置区。火山岩主要发育近源与远源两种运聚类型。近源型组合是指纵向上火山岩与烃源岩基本同层，平面上火山岩储层主要分布在生烃范围之内；远源型组合是指纵向上火山岩与烃源岩异层，平面上火山岩储层主要分布在生烃范围之外。目前已发现的大型火山岩储层油气藏均与烃源岩近距离接触，纵向上构成自生自储或下生上储含油气组合，一般说来，以自生自储组合近源运聚成藏最为有利（图1-1）。

松辽盆地深层下白垩统火山岩气田属典型的自生自储型组合。火山岩储集层主要发育在营城组，烃源岩发育于营城组之下的沙河子组以及营城组内部，区域盖层是登娄库组和泉头组泥岩。纵向上，火山岩储集层与烃源岩距离很近，使得油气可以近距离运聚。后期发育晚白垩世大型拗陷湖盆，且改造作用不强，深层火山岩储层油气运聚地质要素基本保持了原位性，条件较理想。

渤海湾盆地火山岩发育层系较多，具有工业价值的火山岩储层油气主要发育在古近系沙河街组。沙河街组是渤海湾盆地的主力生烃层系，其中间歇发育的火山岩被生油岩所夹持，构成自生自储型含油气组合。辽河东部凹陷欧利坨子沙三段粗面岩油田以及南堡沙三段火山岩气田，均属此种类型。

准噶尔盆地陆东地区、三塘湖盆地牛东地区石炭系火山岩储层油气的生-储-盖组合特征相似，总体为自生自储型组合，储集层主要位于石炭系顶部不整合面附近，受风化淋滤改造比较明显；烃源岩包括下石炭统和上石炭统两套泥岩；盖层为二叠系和三叠系泥岩。石炭系可以构成独立的含油气系统。

东部断陷，以近源组合为主，火山岩与烃源岩互层，主要分布在生烃凹陷内或附近。在高部位形成爆发相为主的构造岩性油气田，在斜坡部位形成喷溢相为主的岩性油气田。如渤海湾盆地古近系和松辽盆地深层，火山岩发育在生烃层内。中西部发育近源与远源两种运聚组合类型，主要分布在大型不整合之下的火山岩风化壳内，形成地层油气田。如准噶尔、三塘湖盆地石炭系—二叠系火山岩；四川、塔里木盆地二叠系火山岩。

第二节　我国火山岩油气资源潜力

一、我国火山岩油气领域油气资源潜力

沉积盆地充填物中，火成岩占相当大的比例，在各类盆地中对沉积物总量的贡献可达25%，因此，沉积盆地火山岩易接受来自沉积岩的油气，火山岩中的油气勘探具有广阔的前景。

我国沉积盆地内火山岩分布广泛，近期勘探不断有新发现，勘探领域亦不断扩展，火山岩油气藏已逐渐成为中国重要的勘探目标和油气储量的增长点。中国沉积盆地内发育石炭系—二叠系、侏罗系—白垩系、古近系和新近系3套火山岩，火山岩主要形成于陆内裂谷和岛弧环境；火山岩以沿断裂的中心式、复合式喷发为主，主要形成层火山，爆发相和喷溢相较发育，火山岩体一般为中小型，成群成带大面积展布；有陆上和水下两种喷发环境，水下喷发-沉积组合最为有利。中国东部沉积盆地内火山岩以中酸性为主，西部以中基性为主。

火山岩在火山作用、成岩作用、构造作用下，形成熔岩型储集层、火山碎屑岩型储集层、溶蚀型储集层、裂缝型储集层等4类储集层，原始爆发相火山碎屑岩和喷溢相熔岩是最有利的储集相带；经后期风化淋滤作用，不同岩性均可形成溶蚀型好储集层。火山岩储集层形成主要受火山岩喷发时的岩性、岩相以及次生作用控制，受压实作用影响较小，因此储集层物性随埋藏深度变化小。火山岩自身不能生成有机烃类，与有效烃源岩匹配是成藏的关键，近源组合最有利于成藏，生烃中心控制油气分布，远源组合需断层或不整合面沟通。中国东部断陷火山岩油气藏以近源组合为主，沿断裂高部位爆发相储集层发育，形成构造-岩性油气藏；斜坡部位喷溢相大面积分布，经裂缝改造的储集层有利，主要形成岩性油气藏。中国中西部发育两种成藏组合，近源大型地层油气藏最有利，沿不整合面分布的风化淋滤型储集层亦可形成大型地层油气

藏。我国沉积盆地内存在多种成因天然气，高CO_2气以无机幔源成因为主，主要分布在晚期活动的深大断裂带附近。

中国目前火山岩的油气勘探，出现了6个新的发展趋势：①在地区上，从东部渤海湾盆地向松辽盆地深层发展，西部准噶尔盆地、三塘湖盆地等地区由点到面快速发展；②在勘探层位上，由东部中、新生界向西部上古生界发展；③在勘探深度上，由中浅层向中深层甚至深层发展；④勘探部位，由构造高部位向斜坡和凹陷发展；⑤岩性岩相类型，由单一型到多类型，由近火山口向远火山口发展；⑥油气藏类型，由构造、岩性型油气藏向岩性、地层型油气藏发展。地质研究认为，中国火山岩分布面积广，总面积达$215.7\times10^4km^2$，预测有利勘探面积为$36\times10^4km^2$，展示了火山岩油气藏勘探领域的巨大潜力。根据目前勘探进展初步预测，火山岩领域总油气资源量在60×10^8t油气当量以上。因此，我国含油气盆地火山岩中剩余资源丰富，勘探潜力大，是未来油气勘探的重要新领域。

二、我国典型凹陷火山岩油气资源潜力

（一）松辽盆地徐家围子断陷生气量及资源潜力评价

1. 徐家围子断陷烃源岩地化特征

松辽盆地北部基底之上的深层分别为断陷期沉积的火石岭组、沙河子组、营城组和凹陷期沉积的登娄库组和泉头组一、二段，各组地层中均不同程度地发育有暗色泥岩。凹陷期沉积的登娄库组和泉一、二段，更主要的是作为封盖层出现，烃源岩主要是营城组、沙河子组、火石岭组暗色泥岩及沙河子组煤系。

营城组暗色泥岩分布不均匀，主要分布在徐家围子断陷的北部，暗色泥岩厚度超过100m的地区主要在徐深1井东部和西部、卫深3井以东及汪深1井附近。沙河子组暗色泥岩在徐家围子断陷内分布广泛，除了卫深3井区沙河子组暗色泥岩缺失外，其他地区均发育有暗色泥岩。沙河子组暗色泥岩在徐家围子中部，西部及北部地区均较厚，厚度一般在300m以上，最高可超过1000m，相对而言，徐家围子东部沙河子组暗色泥岩分布的厚度较小，一般多小于300m。火石岭暗色泥岩呈零星分布，只见于徐家围子中部和升深6井及其南部地区，中部的厚度较大，最大可超过800m。沙河子组煤层主要分布在升平及徐深1井周围地区，火石岭组煤层则在升深1井区、徐深1井区局部发育，最大厚度达60m。

三套暗色泥岩的TOC多在1.0%以上，其中营城组TOC均值为0.96%，沙河子组和火石岭组TOC均值则更高，分别为1.94%、1.83%。若考虑到深层烃源岩埋深较大、成熟度较高，原始有机碳应该较高，因此，应该是好的烃源岩；深层烃源岩的S_1+S_2多在2 mg/g以下，属于差源；从氯仿沥青“A”上看，营城组烃源岩多在0.1%~0.12%，为差源岩，而沙河子组和火石岭组暗色泥岩氯仿沥青“A”仍有部

分在0.5%以上，氯仿沥青“A”含量很高。沙河子组煤岩TOC平均值为44%，火石岭组煤岩TOC平均值为28%。营城组、沙河子组、火石岭组的有机质类型基本为II_1和II_2型，类型较好，生气潜力较高。营城组、沙河子组火石岭组烃源岩已经处于较高的成熟演化阶段。

2. 徐家围子断陷烃源岩演化特征

根据成油、成气动力学模型及杜13井暗色泥岩成油、成气及煤成气动力学参数，结合徐家围子地区埋藏史-热史进行成油、成气及油成气（族组成气）剖面、成气史计算（图8-3）。埋藏深度达到1500m左右时，深层泥岩明显开始生油、生气，其中生气稍晚于生油，油裂解气则在埋深2000m以下。从各烃源岩层的生油、气史来看，火石岭组泥岩、沙河子组泥岩、营城组泥岩开始生气时间逐渐变晚，依次为110Ma、100Ma、84Ma。火石岭组煤岩、沙河子煤岩成气时间要晚于对应的泥岩成气时间，分别为105Ma、90Ma。多套气源岩的存在使得徐家围子地区多期生气、持续时间较长，尤其是煤岩生气。

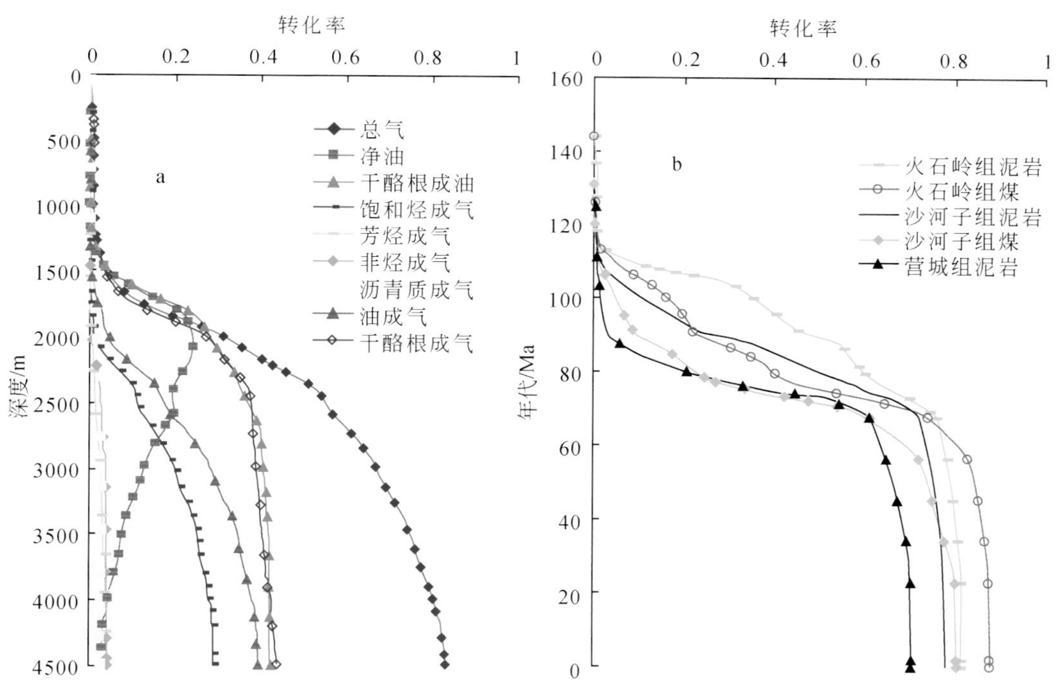

图8-3　徐家围子地区深层烃源岩成气转化率图

a. 深层泥岩成气剖面；b. 各气源岩顶面成气史

3. 徐家围子断陷烃源岩生气量计算

依据徐家围子断陷泥质烃源岩生烃动力学方法计算徐家围子深层各层烃源岩的生

气量相对贡献量，根据相对贡献量计算深层天然气总生成量为 $33.75\times10^{12}m^3$。其中沙河子组地层天然气生成量占总量75.78%，煤系地层生气总量占深层烃源岩总生气量的25.61%。

从生气强度来看，断陷内大部分地区生气强度超过 $20\times10^8m^3/km^2$，具备形成大中型气田条件，其中徐10东南存在生气强度高值，超过 $100\times10^8m^3/km^2$，卫深3井以东地区存在另一高值，超过 $100\times10^8m^3/km^2$（图8-4）。

前人也对徐家围子断陷深层天然气生成量和资源量进行过计算；李世荣等（2003）利用成因法确定徐家围子断陷生气量为 $32.1\times10^{12}m^3$，排气量为 $28.6\times10^{12}m^3$，资源量为 $6772\times10^8m^3$（聚集系数取2%～3%），利用类比法确定徐家围子断陷天然气资源量为 $2358\times10^8m^3$。李景坤等（2007）对利用新的烃源岩厚度资料采用化学动力学法重新评价了徐家围子断陷天然气资源量，聚集系数取2%～3%，资源量为 4988×10^8～$7482\times10^8m^3$。本次采用化学动力学法计算的资源量为 5020×10^8～$7530\times10^8m^3$（运聚系数1.6%～2.4%）；比2003年中国石油第三次油气资源评价计算结果 $2350\times10^8m^3$ 提高了近3倍；与2010年中国石油勘探开发研究院廊坊分院天然气所最新计算结果 $6740\times10^8m^3$ 基本相当。

徐家围子断陷深层埋深普遍超过3000m，暗色泥岩埋深更是超过3500m，现今烃源岩热演化程度（R^o）普遍超过2.0%，处于高-过成熟度阶段。尽管凹陷内存在大量的火山岩，一方面由于凹陷内火山岩均为喷出岩，其本身的热效应传递作用有限，另一方面烃源岩现今成熟度较高，即使没有火山岩的热作用，烃源岩演化也已达晚期；因此，凹陷内的火山岩对深层有机质生烃量基本上影响有限。

（二）三塘湖盆地马朗凹陷生油量及资源潜力评价

1. 马朗凹陷石炭系烃源岩地化特征

马朗凹陷位于三塘湖盆地中央拗陷带的中东部。下石炭统尚没有钻井揭示，根据露头资料，岩性以海相碎屑岩为主，是一套潜在的烃源岩；上石炭统是一套以陆相为主的火山岩建造，厚度达3000m以上，岩性以玄武岩、安山岩为主，夹有较薄的暗色碎屑岩，其中发育于哈尔加乌组上部的暗色泥岩、碳质泥岩是已发现油藏油源的主要提供者，而火山岩含油气储层主要分布在上石炭统卡拉岗组和哈尔加乌组。哈尔加乌组（C_2h）：岩性主要为灰黑色、灰色凝灰质砂泥岩、砾岩夹薄层泥灰岩及紫红色砂质泥岩。泥岩主要分布在凹陷东北部，厚度可达150m，凹陷西北部无分布。卡拉岗组（C_2k）：岩性上部为紫色凝灰质砂岩、灰绿色安山玢岩，灰色紫色凝灰岩，下部为紫色、灰色、灰白色纳长斑岩。泥岩沉积十分有限，在马33井和马39井附近局部分布厚度在100m左右。

哈尔加乌组和卡拉岗组的TOC多在4%以上，有机质类型相对较好，主要以II_1型干酪根为主，含少量Ⅰ型和II_2型。卡拉岗组泥岩 R^o 值分布区间为0.66%～0.79%，平均值为0.75%，哈尔加乌组泥岩 R^o 值介于0.67%～0.84%，平均值为

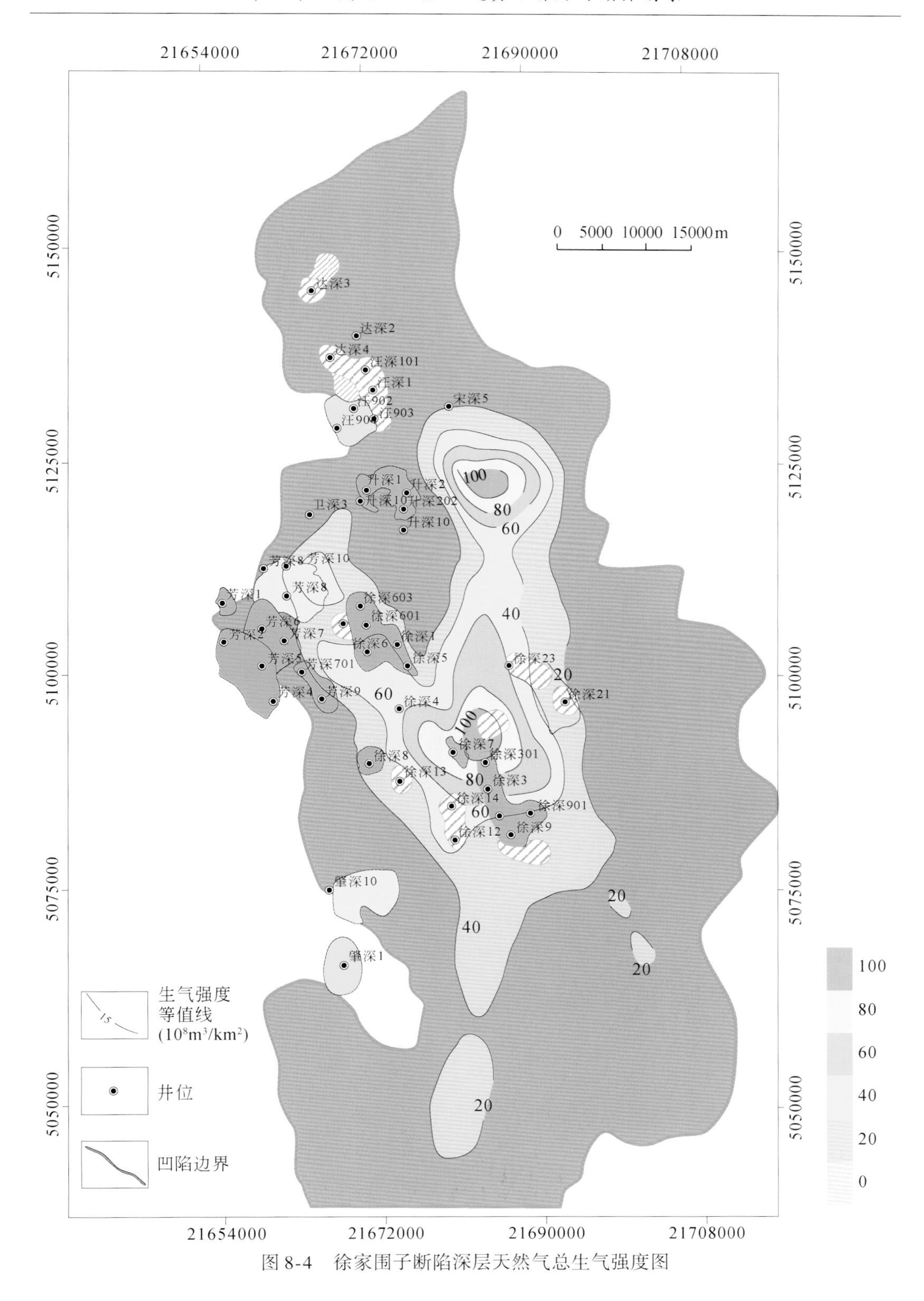

图 8-4　徐家围子断陷深层天然气总生气强度图

0.77%，R^o 多为0.5%～1.3%，属于有机质的成熟阶段，主要生成液态烃，以生油为主（图8-5）。

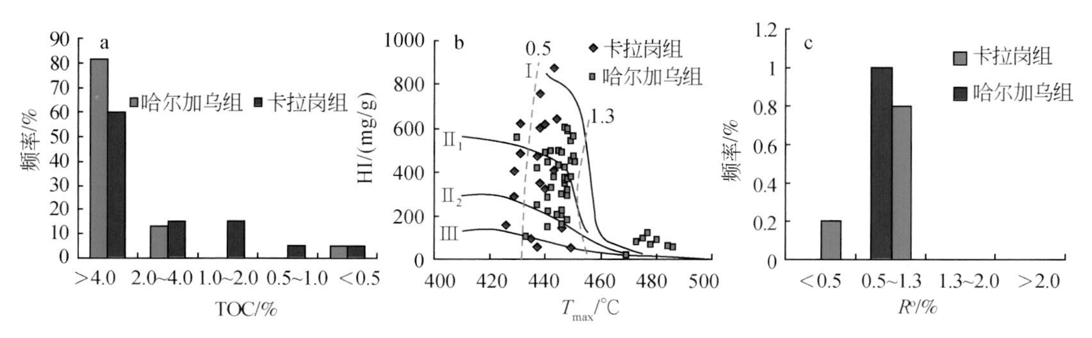

图8-5　马朗凹陷石炭系哈尔加乌组和卡拉岗组烃源岩有机质丰度、类型、成熟度分布图

2. 马朗凹陷石炭系烃源岩演化特征

以往研究表明，三塘湖盆地石炭系—二叠系火山岩油气藏可以分为三个运移成藏期：第一期发生在二叠纪末期—三叠纪早期的海西印支期（259～230Ma）；第二期发生在侏罗纪末期的燕山期（160～134Ma）；第三期发生在白垩纪晚期—第四纪的喜马拉雅期（72～0Ma）。本次研究表明马朗凹陷石炭系烃源岩卡拉岗组、哈尔加乌组的主要成烃期为260～230Ma，170～127Ma，80～0Ma（图8-6）。马朗凹陷的石炭系烃源岩随着盆地构造演化发展，二叠纪末发生早期的油气运聚成藏，油气沿断裂向上运移，与二叠系芦草沟组烃源岩生成的烃类混合。

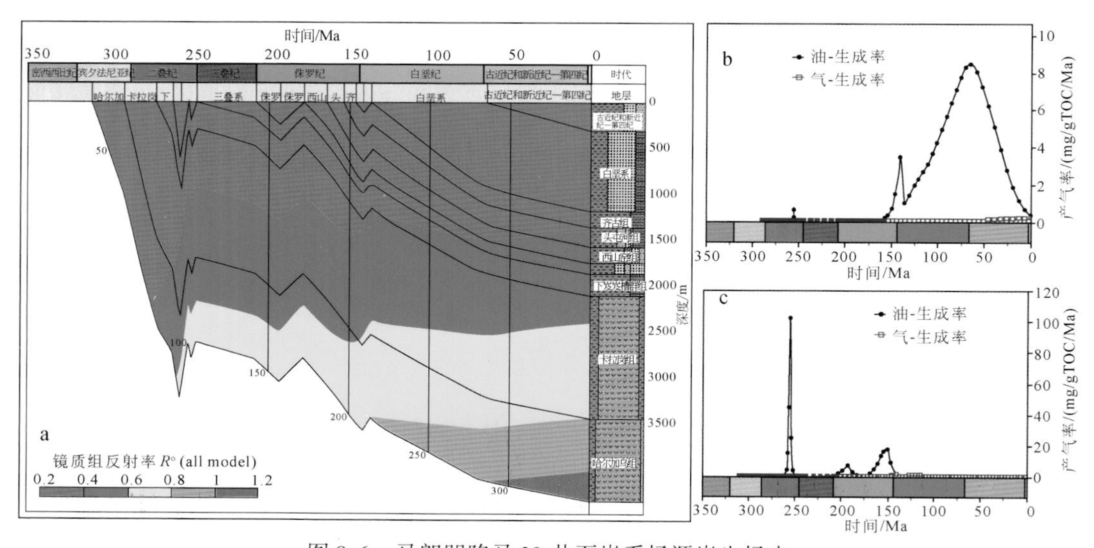

图8-6　马朗凹陷马29井石炭系烃源岩生烃史

a. 马29井成熟度；b. 卡拉岗组生烃史；c. 哈尔加乌组生烃史

3. 马朗凹陷石炭系烃源岩生油量计算

马朗凹陷在石炭系受火山作用影响，地温梯度普遍较高，依照马朗凹陷热史恢复，在二叠纪存在较高的地温梯度，可达5℃/100m，促进烃源岩的快速成熟。主力烃源岩哈尔加乌组在早燕山期，热演化进入主生油期，生油强度可达400×10^4t/km^2（图8-7）；在生烃高峰期，生烃中心排油量较高。

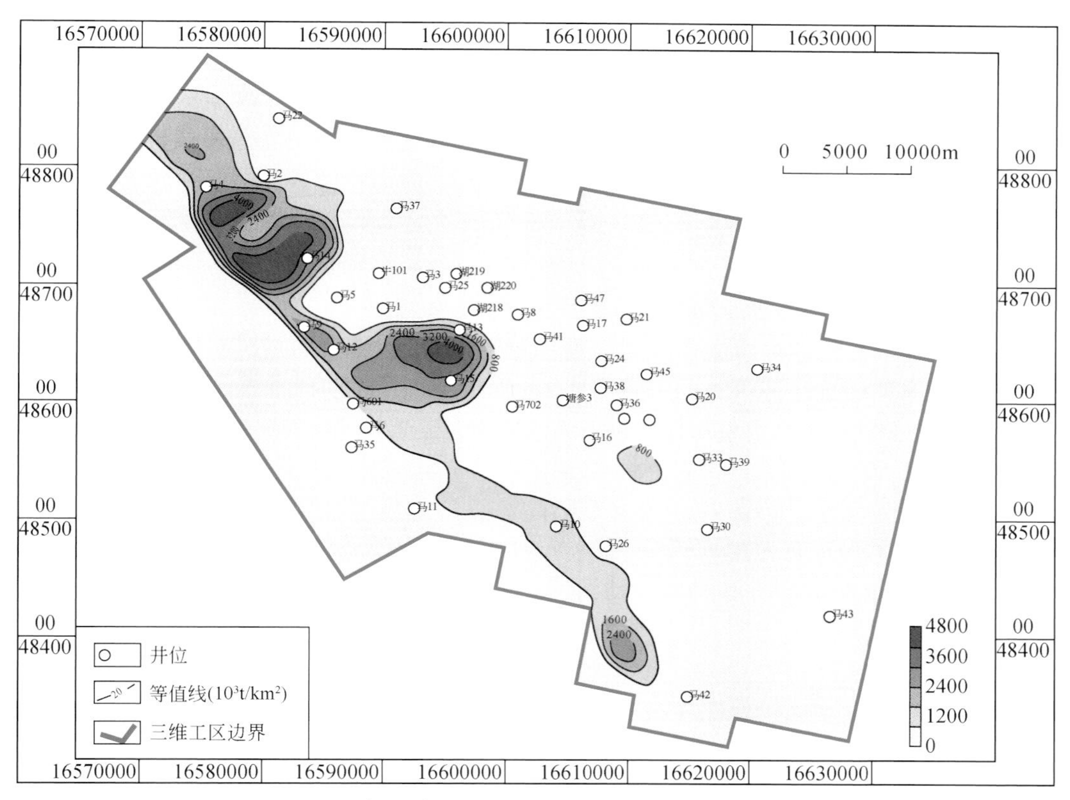

图8-7　马朗凹陷石炭系哈尔加乌组烃源岩生油强度图

依照马朗凹陷热史恢复，参照马朗凹陷烃源岩热史演化，在凹陷二维模拟基础上，应用生烃动力学方法计算马朗凹陷石炭系烃源岩的生油量；其中巴塔玛依内山组生油量5.47×10^8t，哈尔加乌组生油量8.27×10^8t，卡拉岗组生油量0.71×10^8t；石炭系总生油量为14.44×10^8t，总生气量3.2×10^{12}m^3，计算石炭系石油资源量2.58×10^8t、天然气资源量1100×10^8m^3；与2003年中国石油第三次油气资源评价计算结果4500×10^4t，提高了近5.7倍，天然气资源较少；与2009年中国石油勘探开发研究院“新疆北疆地区石炭系油气资源评价”课题计算结果3.20×10^8t相比，马朗凹陷石炭系石油资源量略有降低。

从徐家围子断陷与马朗凹陷生气量、生油量计算结果分析，两个凹陷并没有因为火山作用油气资源量明显增加；火山作用主要是作为一次热事件，提高了盆地、凹陷区域地温场，致使生气岩、生油岩成熟期有所提前，真正能够影响油气资源量的主要是后期的运聚条件（运聚系数）与保存条件（储盖组合）。

第三节　我国火山岩油气藏勘探方向与勘探进展

一、我国火山岩油气领域油气勘探方向

（一）我国火山岩储层油气富集成藏条件

1. 烃源岩与火山岩圈闭空间配置是成藏关键

火山岩形成、分布机理与沉积岩有很大差异，因火山岩本身不能生成有机烃类，故火山岩油气藏的形成的首要条件是以烃源岩相伴生；即火山岩位于烃源岩之中或烃源岩之上、下，或附近有有效生烃凹陷；这样火山岩储集层才具有较多的机会与沉积岩中的烃源岩构成良好匹配关系。

充足的油气源供给火山岩储层成藏的必要条件，我国发育的火山岩储层的主要陆相含油气盆地如松辽、渤海湾、准噶尔、海拉尔、二连盆地，火山岩层系与沉积层系交互，形成有利的火山-沉积层序成藏组合，有利于形成近源型油气藏，因而火山岩油气资源丰富。与沉积岩（烃源岩）共生或相邻形成的火山岩储层油气藏，油气源于沉积岩中的成熟烃源岩。在裂谷盆地发育早期，强烈的地裂活动一方面导致火山喷发，另一方面也使盆地迅速下沉，水体变深，沉积物快速堆积，形成烃源岩，使火山岩的形成与沉积岩的发育几乎同期进行，造成火山岩与烃源岩相邻或位于烃源岩层系之中，对火山岩成藏十分有利。

火山岩油气藏的形成也必须具备生、储、盖、圈、运、保的条件及其在时空上的有利配置；只是其成藏规律与分布更具特殊性。目前发现的火山岩储层油气藏类型多样，以构造-岩性地层油气藏为主；如松辽盆地徐家围子断陷火山岩气藏为多个气藏叠置，无统一气水界面，气层连通性差，气柱高度超出构造幅度，为岩性气藏；准噶尔盆地西北缘二叠系火山岩风化壳孔洞缝储集层发育，各种岩类均可形成好储集层，油气富集受不整合面（风化壳）控制，属地层油气藏。邻近烃源岩的火山岩近源成藏，油气最富集。从成藏机理分析，火山岩主要有两种成藏模式：① 近源型（源内、源下），为主要的火山岩成藏模式，如渤海湾盆地古近系、中生界，二连、海拉尔盆地白垩系，银根盆地白垩系，松辽盆地深层，准噶尔盆地内部，三塘湖盆地石炭系—二叠系；近源组合中，烃源岩位于火山岩储集层之上、下或侧缘，火山岩储集层分布在生烃凹陷内或附近，烃源岩生成的油气与储集层有最大的接触机会，一般来说，近源组合使火山岩具有“近水楼台先得月”的条件，最有利于油气的富集。②远源型（源上），如四川I盆地、塔里木盆地。中国东部断陷以近源组合为主，高部位形成以爆发相为主的构造-岩性油气藏，斜坡部位形成以喷溢相为主的岩性油气藏；中西部发育两种成藏组合，

近源大型地层油气藏最为有利。

2. 良好储集体是火山岩油气富集高产的重要条件

火山岩储集层类型多属于裂缝–孔隙型。储集空间主要是不同成因的孔隙（洞）、裂缝。孔隙（洞）的形成不仅受火山岩相控制，在很大程度上还取决于次生作用，如溶蚀、裂缝作用。裂缝是形成有效储集体的重要因素，不同尺度的裂缝沟通了不同类型的孔隙（洞），形成孔缝网络，是火山岩油气藏形成的必要条件。裂缝还促进了油气的运移和聚集。风化淋滤作用可有效地改造储集层，形成的溶蚀孔隙发育带厚度可达数百米至上千米。总之，有利的火山岩储集体是火山岩油气藏富集高产的主要原因。

3. 良好的盖层条件是油气成藏的前提

覆盖在火山岩之上的泥岩可作为优质盖层；若该套泥岩同时是烃源岩，还可为火山岩提供油气，对油气聚集十分有利。另外，火山岩本身也有致密段，可与孔缝发育段构成有利的储盖组合。

4. 构造部位与有利岩性、岩相带匹配控制油气富集

火山岩油气主要富集在大断裂附近的构造高部位与近火山口爆发、喷溢相叠置的区域。近火山口相多沿大断裂分布，断裂带附近是裂缝集中发育的部位；断陷盆地正断层下盘为构造高部位，同时火山爆发的堆积作用可进一步造成近火山口部位的高地貌；构造高部位长期暴露，易受风化淋滤溶蚀形成好储集层，构造高部位同时又是油气运移的指向区，因此断裂带、构造高部位与近火山口相火山岩叠置的区域为油气最富集区。

在断陷盆地，一般处于近火山口继承性高部位的火山岩爆发相较发育，且近断裂处易发育构造裂缝，故储集物性一般较好，是油气聚集的有利部位。而在斜坡部位，喷溢相火山岩发育，更近油源，主要形成岩性油气藏。

在中西部地区克拉通内或陆内拗陷盆地，在构造相对高部位，往往风化溶蚀作用较强，形成大面积分布的溶蚀型储集层，可形成大型整装油气藏。如在准噶尔及三塘湖盆地，古鼻隆带风化溶蚀强，有较大规模断裂发育，有利于产生裂缝，形成好储集层，且具有长期捕获油气的有利条件，是寻找火山岩油气藏的主要方向。在准噶尔盆地西北缘和三塘湖盆地已发现了与火山岩风化淋滤有关的大型地层油气藏。

（二）我国火山岩领域勘探方向

依据火山岩储层油气成藏必要条件与富集规律，油气成藏严格遵循“源控论”，主要表现为“近源”成藏；有效生烃区（生烃灶）决定其有效成藏范围，油气成藏紧密围绕生烃中心沿深大断裂伴随的火山岩体展布，火山岩体发育程度决定其富集程度。区域构造演化通过控制石炭系生烃凹陷及烃源岩展布，进而控制油气分布；发育在后期稳定地块或地体，与含油气盆地紧密相关的继承性盆地或凹陷是我国火山岩主要勘探方向。

我国火山岩分布广，发育火山岩总面积达 $36\times10^4km^2$，油气资源量达 60×10^8t 油气当量，总体勘探程度低，剩余资源潜力较大。

从火山岩储层油气藏发现与分布来看（图 8-8），我国火山岩油气藏主要发育在东部太平洋构造域裂谷型盆地或凹陷与西部古亚洲洋构造域叠合盆地下组合，东部火山岩油气藏时代较新（古近系），西部火山岩油气藏时代较老（石炭系—二叠系）；均为紧邻有效生烃凹陷近源成藏；东部以构造-岩性油气藏为主，西部以风化壳地层-岩性油气藏为主；围绕火山岩发育层系表现为自生自储与新生古储两种模式，早期发现以新生古储为主，晚期发现以自生自储为主；大中型油气藏主要形成于自生自储层系，勘探前景也较为乐观。

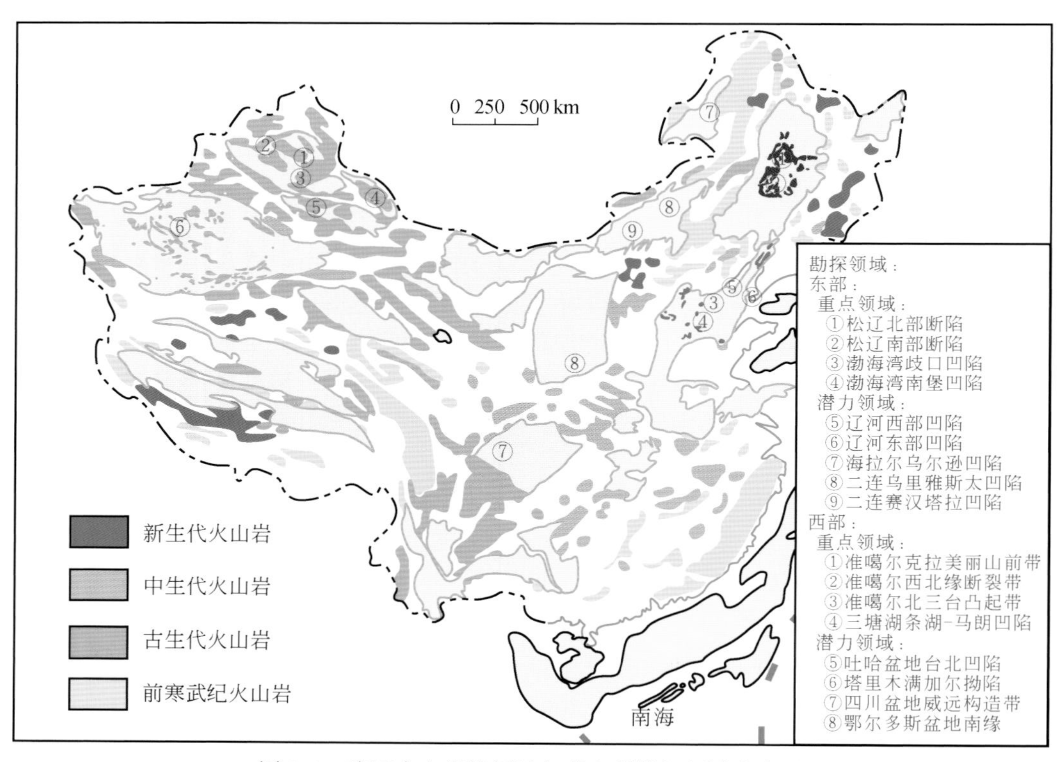

图 8-8　我国火山岩储层油气藏有利勘探领域分布图

1. 东部火山岩领域勘探方向

代表大陆被动边缘裂谷型领域：含油气盆地内的继承性凹陷是主要勘探对象，主要是松辽盆地北部与南部深层断陷区自生自储型，渤海湾盆地歧口凹陷、南堡凹陷及辽河坳陷西部与东部凹陷区、海拉尔盆地乌尔逊凹陷与二连盆地乌里雅斯太与赛汉塔拉凹陷新生古储型。

（1）松辽盆地 7 个主力断陷，面积 $4.3\times10^4km^2$，预测火山岩面积 $4\times10^4km^2$，有利火山岩面积 $1.13\times10^4km^2$，天然气资源量大于 $2\times10^{12}m^3$，已发现徐深与长岭气田，并在多个外围断陷获得良好发现。

（2）渤海湾盆地歧口、南堡、西部、东部4个主力凹陷，面积$12.8\times10^4km^2$，火山岩体主要沿三走滑断裂带发育，预测火山岩面积$3.7\times10^4km^2$，有利火山岩面积$1.9\times10^4km^2$，石油资源量3×10^8～4×10^8t，天然气资源量$5000\times10^8m^3$，已发现30多个小型火山岩油气藏，近期在南堡凹陷南堡5号构造获得良好天然气发现。

（3）海拉尔盆地乌尔逊凹陷，面积$1640km^2$，预测火山岩有利勘探面积$800km^2$，石油资源量大于5000×10^4t，已发现1个小型火山岩油藏。

（4）二连盆地乌里雅斯太与赛汉塔拉凹陷，面积$5800km^2$，预测火山岩有利勘探面积$1200km^2$，石油资源量1.0×10^8t，已发现3个小型火山岩油藏。

松辽与渤海湾盆地歧口、南堡是现实勘探领域，渤海湾辽河西部与东部凹陷、海拉尔、二连盆地属潜力勘探区。

2. 西部火山岩领域勘探方向

代表古亚洲洋与特提斯构造域叠合区领域：含油气盆地内的继承性凹陷是主要勘探对象，主要是准噶尔盆地克拉美丽山前带自生自储型、西北缘断裂带与准东北三台凸起新生古储型，三塘湖盆地条湖-马朗凹陷石炭系—二叠系自生自储型，吐哈盆地台北凹陷新生古储型，塔里木盆地满加尔拗陷与四川盆地威远构造带古生新储型。

（1）准噶尔盆地自生自储型：克拉美丽山前带包括三南凸起、滴北凸起、滴南凸起、东道海子凹陷、五彩湾凹陷、帐北断褶带、石树沟凹陷、石钱滩凹陷，面积$5.8\times10^4km^2$，预测火山岩面积$7450km^2$，天然气资源量大于$9500\times10^8m^3$，已发现克拉美丽与五彩湾气田，并在滴南凸起与三南凸起获得低产油流发现。

准噶尔盆地新生古储型：①西北缘断裂带，分乌-夏断裂带、克-百断裂带、红-车断裂带三段，火山岩油气藏主要沿逆掩主断裂上下盘分布，断裂带面积$8600km^2$，预测火山岩面积$3620km^2$，石油资源量5.80×10^8t，天然气资源量大于$5000\times10^8m^3$，已发现近30个油藏，近期在车排子断裂带中段获得良好发现。②北三台凸起，面积$750km^2$，预测火山岩面积$320km^2$，石油资源量8000×10^4t，近期多口井段获得良好发现，初步形成规模储量区。

（2）三塘湖盆地自生自储型：条湖-马朗凹陷石炭系—二叠系火山岩，凹陷面积7200km，预测火山岩面积$365km^2$，石油资源量2.8×10^8～3.8×10^8t，已发现牛东石炭系火山岩大油田，近期在中二叠统条湖组火山岩获得新发现。

（3）吐哈盆地台北凹陷新生古储型：台北凹陷面积$1.5\times10^4km^2$，预测火山岩面积$2400km^2$，石油资源量1.5×10^8t，天然气资源量$3000\times10^8m^3$，个别深井钻探深层石炭系见到良好油气显示。

（4）塔里木盆地满加尔拗陷古生新储型：拗陷面积$9.5\times10^4km^2$，预测火山岩面积$6.5\times10^4km^2$，石油资源量4.5×10^8t，钻探海探1井于中上二叠统玄武岩获得低产油流。

（5）四川盆地威远构造带古生新储型：构造带面积$6.0\times10^4km^2$，预测火山岩面积$4.5\times10^4km^2$，天然气资源量$2.2\times10^{12}m^3$，钻探周公1井于上二叠统玄武岩获得高产天然气流。

准噶尔与三塘湖盆地石炭系—二叠系火山岩层系自生自储与新生古储型是现实勘探领域，吐哈、塔里木、四川盆地属潜力勘探区。

二、我国火山岩油气领域油气勘探进展

我国火山岩储层油气资源较为丰富，勘探领域主要集中于东部太平洋构造域大陆被动边缘裂谷型与西部古亚洲洋构造域继承性叠合含油气盆地下组合，勘探领域较为广阔。针对火山碎屑岩型（爆发相）、熔岩型（喷溢相）、溶蚀型、裂缝型等有利储集体，立足松辽深层、准噶尔石炭系，构建两大火山岩油气区；深化三塘湖、渤海湾、海-塔与二连等盆地火山岩勘探，扩大储量规模；积极探索吐哈、四川、塔里木、鄂尔多斯、海拉尔等盆地火山岩新领域，力争实现新突破，开拓火山岩储层勘探新领域。

（1）松辽盆地北部：松辽盆地北部深层天然气勘探层位为早白垩系泉头组一、二段、登娄库组、营城组、沙河子组、火石岭组及盆地基底。主要勘探领域为徐家围子断陷、双城断陷、古龙断陷和林甸断陷，以及外围小断陷。其中，徐家围子断陷勘探程度相对较高，已形成 $2800\times10^8m^3$ 天然气规模储量区。

徐家围子地区深层天然气储层类型比较丰富，存在致密砂岩、砂砾岩、火山岩、基岩风化壳等几类储层。营城组火山岩分布稳定，厚度为 300 ~ 1500m，一般 600m 左右，遍及全区，孔隙发育，是主要储集层段，直接覆于沙河子组地层烃源岩之上，有利于运移和聚集。拗陷期登二段、泉一、二段的地层分布稳定，以滨浅湖相为主，泥岩发育，成为良好的区域盖层，成藏条件优越；徐家围子断陷与北部安达凹陷剩余天然气资源潜力较大。2010 年推展深层天然气勘探，达深 10 井和宋深平 102 井于白垩系营城组火山岩获得工业气流，滚动勘探成果显著，再次形成千亿方规模储量区。

（2）松辽盆地南部：2005 年风险探井长深 1 井营城组火山岩获得重大发现，探明天然气储量 $706\times10^8m^3$，整个长岭气田储量 $1242\times10^8m^3$，形成第一个千亿方规模储量区。2008 年风险探井龙深 1 井在英台断陷发现厚层优质烃源岩，并见良好显示；2009 年龙深 101 井于营城组火山岩获得 $20\times10^4m^3$ 高产气流，龙深 3 井发现营二段火山岩碎屑岩气藏，获得 $5.3\times10^4m^3$ 工业气流。2010 年王府断陷城 9 与城深 201 井获得新发现，2011 ~ 2012 年孤店、德惠、双辽断陷相继获得新突破，双 9 井白垩系底部火石岭组凝灰岩段 3300 ~ 3306m 获 $2.2\times10^4m^3$ 工业气流，新发现多个火山岩新层序，储量规模达千亿方，松辽盆地深层勘探领域不断拓展。

（3）准噶尔盆地西北缘车排子断裂带：车排子凸起位于准噶尔盆地西部隆起南部，是石炭纪—侏罗纪形成的古凸起，东接中央拗陷，与玛湖凹陷、沙湾凹陷、四棵树凹陷相邻。车排子凸起同时位于两个生烃凹陷油气运移的有利指向区，构造位置十分有利。车排子地区石炭系原油主要来源于相邻凹陷的二叠系风城组和下乌尔禾组烃源岩。储层为石炭系火山岩，主要有火山角砾岩、玄武岩、安山岩和流纹岩等。20 世纪 80 年代中期，发现石炭系火山岩油气藏-车 30 井区油藏和车 47 井区气藏；2006 年，车 91 井突破，属受构造和火山岩岩相控制的断层-岩性油气藏；2008 ~ 2011 年沿车排子断裂带滚动勘探，车峰 6、车峰 8、车峰 13 井在石炭系火山岩储层不断有新发现，初步形成

5000×10^4t 规模储量区。

（4）准噶尔盆地北三台凸起：北三台凸起是一个自石炭纪晚海西期构造运动开始发育的一个凸起。以往针对侏罗系与二叠系目的层勘探有多口井在石炭系火山岩见到良好油气显示；2008~2011 年以石炭系火山岩为目的层勘探，西泉 1、西泉 5、西泉 10 获得工业性发现，证实石炭系火山岩成藏与石炭系顶界不整合面关系密切，主要分布于不整合面附近，属新生古储构造-岩性型油藏，初步形成 3000×10^4t 规模储量区。

（5）三塘湖盆地条湖-马朗凹陷：2008 年三塘湖马朗凹陷探明牛东石炭系卡拉岗组火山岩油藏。三塘湖盆地马朗-条湖凹陷古生界发育石炭系哈尔加乌组、二叠系芦草沟组两套源岩，在条湖凹陷南缘推覆带集中发育，叠合连片，集中发育了二叠系条湖组、石炭系卡拉岗组两套火山岩风化壳储层，由于受源岩、断裂、有利岩相、后期改造所控制，在条湖凹陷南部冲断带附近以及北部古隆起两个风化淋滤带间歇面之间形成与油源断裂配置良好的构造-岩性火山岩风化壳型油藏。条湖-马朗凹陷南部冲断带、古隆起是寻找火山岩风化壳油藏的有利勘探领域：冲断带上盘风化淋滤剥蚀带条湖组油藏有利勘探面积 $300km^2$，冲断带下盘古隆起带卡拉岗组油藏有利勘探面积 $160km^2$，具有较大勘探潜力。

在石炭系火山岩勘探过程中，发现条湖-马朗凹陷具备相似的地质条件，具有多层系含油、多岩性成藏、多油藏类型共存特征；2010 ~ 2012 年，三塘湖盆地条湖-马朗凹陷深化勘探，马 39、条中 1 井 、条 28、条 30 井新发现二叠系条湖组火山岩含油层系；其中，条 28 井在卡拉岗组 3496 ~ 3510m 压裂，获得 39. 7m^3/d 高产工业油流；条 30 井于 3439 ~ 3469m 卡拉岗组裸眼求产，获得 17. 9m^3/d 工业油流，火山岩勘探领域不断拓展，基本形成 3500×10^4t 规模储量区。

（6）渤海湾盆地南堡凹陷：南堡凹陷自 1990 年分布在 5 号构造带沙河街组 1 号岩性圈闭中发现工业油气流以来（B12-1 井），经过近几年的勘探，针对火山岩共完钻探井 8 口，其中有两口井发现了工业油气流，有两口井为油气显示井，显示了该凹陷深层火山岩领域具有较大天然气勘探潜力。

南堡凹陷主要发育沙河街组沙三段、沙一段和东营组东三段 3 套烃源岩层系，火山岩在整个凹陷较为发育，主要勘探目的层为沙河街组和东营组，埋深 3000 ~ 5000m。2009 ~ 2012 年，南堡 5 号构造南堡 5-10、南堡 5-80、南堡 5-82 井在沙三段、东三段火山岩与碎屑岩获得新发现，初步形成 $500\times10^8m^3$ 规模储量区，展现渤海湾盆地深层火山岩良好勘探前景。

参 考 文 献

卞小强，杜志敏，陈依伟．2010. 异常高压火山岩气藏物质平衡方程初探［J］．石油天然气学报，（1）：115-119

蔡周荣，夏斌，郭峰，等．2010. 松辽盆地北部徐家围子断陷营城组火山岩受控机制分析［J］．石油学报，31（6）：941-945

操应长，姜在兴，邱隆伟．1999. 山东惠民凹陷商741块火成岩油藏储集空间类型及形成机理探讨［J］．岩石学报，（1）：130-137

曹慧缇，张义纲，徐翔，等．1993. 碳酸盐岩生烃机制的新认识［J］．石油实验地质，12（3）：222-236

曹学伟，胡文暄，金之钧，等．2005. 临盘油田夏38井区辉绿岩热效应对成烃作用的影响［J］．石油与天然气地质，26（3）：317-322

查明，陈中红，朱筱敏，等．2003. 准噶尔盆地陆梁地区油气成藏系统［J］．新疆石油地质，24（4）：97-99

陈建平，赵长毅，何忠华．1997. 煤系有机质生烃潜力评价标准探讨［J］．石油勘探与开发，24（1）：1-5

陈建平，赵文智，王招明，等．2007. 海相干酪根天然气生成成熟度上限与生气潜力极限探讨［J］．科学通报，52（S1）：95-100

陈荣书，何生．1989. 岩浆活动对有机质成熟作用的影响初探：以冀中葛渔城–文安地区为例［J］．石油勘探与开发，16（1）：29-37

陈永红，林玉祥，姜慧超．2003. 惠民凹陷含煤地层生气潜力分析［J］．煤田地质与勘探，31（3）：26-29

陈元勇，王振奇，邢成智，等．2009. 准噶尔盆地车排子地区火山岩储集层特征［J］．断块油气田，16（5）：23-26

程有义．2000. 含油气盆地二氧化碳成因研究［J］．地球科学进展，（06）：684-687

初宝杰，向才富，姜在兴，等．2004. 济阳坳陷西部惠民凹陷第三纪火山岩型油藏成藏机理研究［J］．大地构造与成矿学，28（2）：201-208

达江，胡咏，赵孟军，等．2010. 准噶尔盆地克拉美丽气田油气源特征及成藏分析［J］．石油与天然气地质，31（2）：187-192

戴金星．1992. 各类烷烃气的鉴别［J］．中国科学（B辑），22（2）：185-193

戴金星．1995. 中国含油气盆地的无机成因气及其气藏［J］．天然气工业，（03）：22-27

戴金星，石昕，卫延召．2001. 无机成因油气论和无机成因的气田（藏）概略［J］．石油学报，（06）：5-10

戴金星，卫延召，赵靖舟．2003. 晚期成藏对大气田形成的重大作用［J］．中国地质，30（1）：10-19

杜金虎，赵泽辉，焦贵浩，等．2012. 松辽盆地中生代火山岩优质储层控制因素及分布预测［J］．石油地质，（4）：1-7

杜乐天．1996. 地壳流体与地幔流体间的关系［J］．地学前缘，3（4）：172-180

杜洋，罗明高，李青，等.2011. 北三台地区火山岩储层特征及成藏模式研究［J］. 天然气勘探与开发，33（1）：9-12

范宜仁，朱学娟，邓少贵，等.2012. 南堡5号构造火山岩岩性识别技术研究［J］.27（4）：1640-1647

冯福平.2008. 火山岩储层地层压力预测技术研究［J］. 大庆石油学院学报（地球科学版），26（3）：24-29

冯子辉，任延广，王成，等.2003. 松辽盆地深层火山岩储层包裹体及天然气成藏期研究［J］. 天然气地球科学，14（6）：436-442

付广，夏云清.2012. 南堡凹陷东一段油气成藏与分布的主控因素及模式［J］. 岩性油气藏，24（6）：27-31

付广，段海凤，祝彦贺.2006. 原油通过断裂带渗滤运移的物理模拟及其研究意义［J］. 油气地质与采收率，13（1）：40-43

付少英，彭平安，张文正，等.2002. 鄂尔多斯盆地上古生界煤的生烃动力学研究［J］. 中国科学（D），32（10）：812-818

傅家谟，盛国英.1992. 分子有机地球化学与古气候、古环境研究［J］. 第四纪研究，12（4）：306-320

傅家谟，徐世平，盛国英，等.1987. 抚顺煤树脂体成烃的初步研究（Ⅱ）［M］//中国科学院地球化学研究所有机地球化学开放研究实验室研究年报. 北京：科学出版社

傅清平，McInnes B I A，Davies P J. 2004. 岩浆成矿体系的热演化和剥露史的数字模拟［J］. 地球科学（中国地质大学学报），9（5）：555-562

高恩忆.1986. 辽西中生代火山岩中珍珠岩、沸石、膨润土成矿因素探讨［J］. 辽宁地质，1：35-46.

高福红，高红梅，赵磊.2009. 火山喷发活动对烃源岩的影响：以拉布达林盆地上库力组为例［J］. 岩石学报，25（10）：2671-2678

高岗.2000. 油气生成模拟方法及其石油地质意义. 天然气地球科学，11（2）：25-29

高先志，沈楠，何万军，等.2008. 彩25井区石炭系火成岩气藏形成条件［J］. 天然气工业，28（5）：18-20

关效如.1990. 我国东部高纯二氧化碳成因［J］. 石油实验地质，(03)：248-258

何家雄，李明兴，陈伟煌，等.2001. 莺琼盆地天然气中CO_2的成因及气源综合判识［J］. 天然气工业，(03)：15-21

贺建桥.2004. 神山侏罗系褐煤生烃模拟实验研究［D］. 中国科学院研究生院（兰州地质研究所）

侯启军，赵志魁，王立武，等.2009. 松辽盆地深层天然气富集条件的特殊性［J］. 大庆石油学院学报，33（2）：31-35

胡明，付广，吕延防，等.2010. 松辽盆地徐家围子断陷断裂活动时期及其与深层气成藏关系分析［J］. 地质论评，56（5）：710-718

胡前泽，王玲利，任忠跃，等.2012. 三塘湖盆地条湖组火山岩油藏主控因素探讨［J］. 新疆地质，30（1）：58-61

黄第藩，李晋超，周翥红，等.1984. 陆相有机质的演化和成烃机理［M］. 北京，石油工业出版社

黄剑霞.1987. 厦门港湾氧化-还原沉积环境的划分［J］. 台湾海峡，6（1）：27-32

黄志龙，柳波，罗权生，等.2012. 三塘湖盆地马朗凹陷石炭系火山岩系油气成藏主控因素及模式［J］. 地质学报，86（8）：1210-1216

贾蓉芬，周中毅.1981. 近500和1000大气压下现代海藻的热转变模拟实验［J］. 地球化学，（1）：87-94

贾蓉芬，傅家谟．1983. 分子有机地球化学在研究环境及成岩作用方面的某些新进展［J］．地质地球化学，（8）：28-34
贾蓉芬，傅家谟，徐世平，等．1987. 抚顺树脂体成烃的初步实验研究——Ⅰ．烃的产率与性质［J］. 中国科学（B辑），（1）：88-94
姜峰，杜建国，王万春，等．1998. 高温超高压模拟实验研究——温压条件对有机质成熟作用的影响［J］．沉积学报，16（3）：153-155
焦贵浩，罗霞，印长海，等．2009. 松辽盆地深层天然气成藏条件与勘探方向［J］．天然气工业，（9）：28-31
金强．1998. 裂谷盆地生油层中火山岩及其矿物与有机质的相互作用——油气生成的催化和加氢作用研究进展及展望［J］．地球科学进展，13（6）：542-546
金强，翟庆龙．2003. 裂谷盆地的火山热液活动和油气生成［J］．地质科学，38（3）：413-424
金强，钱家麟，黄醒汉．1986. 生油岩干酪根热降解动力学研究及其在油气生成量计算中的应用［J]. 石油学报，7（03）：11-19
金强，熊寿生，卢培德．1998. 中国断陷盆地主要生油岩中的火山活动及其意义［J］．地质论评，（2）：136-142
康静，罗静兰，康麒龙，等．2012. 准噶尔盆地陆东地区石炭系火山岩岩性岩相及其对储层物性的影响［J］．石油化工应用，31（1）：30-34
雷海燕，柳成志，何仁忠，等．2011. 马朗凹陷火山岩成岩作用及其对储集物性的影响［J］．新疆石油地质，32（5）：480-483
冷成彪，张兴春，王守旭，等．2009. 岩浆-热液体系成矿流体演化及其金属元素气相迁移研究进展［J］．地质论评，55（1）：100-112
李光云，毛世权，陈凤来，等．2010. 三塘湖盆地马朗凹陷卡拉岗组火山岩油藏主控因素及勘探方向［J］．中国石油勘探，15（1）：11-15
李华明，陈红汉，赵艳军．2009. 三塘湖盆地火山岩油气藏油气充注幕次及成藏年龄确定［J］．地球科学（中国地质大学学报），34（5）：785-791
李先奇，戴金星．1997. 中国东部二氧化碳气田（藏）的地化特征及成因分析［J］．石油实验地质，（03）：215-221
李小燕，王琪，史基安，等．2010. 准噶尔盆地陆西地区石炭系火山岩储层发育主控因素分析［J］. 天然气地球科学，21（3）：449-457
李祖兵，王建伟，刘洋．2010. 南堡凹陷5号构造沙河街组火山岩岩性分布及储层特征［J］．天然气地球科学，21（3）：413-420
梁狄刚，秦建中，郭树芝，等．1988. 冀中煤成烃凝析油的油源及煤岩的排烃问题［M］//中国科学院地球化学研究所有机地球化学开放实验室研究年报．北京：科学出版社
刘宝泉，贾蓉芬．1990a. 中上元古界生油岩中正、异构烷烃热演化的特征及热模拟实验［J］．地球化学，（3）：242-248
刘宝泉，蔡冰，方杰．1990b. 上元古界下马岭叶岩干酪根的油气生成模拟［J］．实验石油实验地质，12（2）：147-160
刘德汉，周中毅，贾蓉芬，等．1982. 碳酸盐生油岩中沥青变质程度和沥青热变质实验［J］．地球化学，（3）：237-243
刘德汉，傅家谟，等．1986. 煤成气和煤成油产出阶段和特征的初步研究［M］//中国科学院地球化学研究所年报．贵州：贵州人民出版社，185-196
刘德汉，付金华，郑聪斌，等．2004. 鄂尔多斯盆地奥陶系海相碳酸盐岩生烃性能与中部长庆气田气

源成因研究［J］．地质学报，78（4）：132-146
刘德良，李振生，孙岩，等．2006．松辽盆地北部火山岩 CO_2 脱气参数及其对 CO_2 资源量估算的意义［J］．高校地质学报，12（2）：223-227
刘和甫．1995．前陆盆地类型及褶皱-冲断层样式［J］．地学前缘，2（3）：59-68
刘嘉麒．1989．论中国东北大陆裂谷系的形成与演化［J］．地质科学，（03）：209-216
刘嘉麒，孟凡超，崔岩，等．2010．试论火山岩油气藏成藏机理［J］．岩石学报，（01）：1-13
刘金钟，唐永春．1998．用干酪根生烃动力学方法预测甲烷生烃量之一例［J］．科学通报，43（11）：1187-1191
刘全有，刘文汇，秦胜飞，等．2001．煤岩及煤岩加不同介质的热模拟地球化学实验——气态和液态产物的产率以及演化特征［J］．沉积学报，19（3）：465-468
刘诗文．2001．辽河断陷盆地火山岩油气藏特征及有利成藏条件分析［J］．特种油气藏，（03）：6-9
刘佑荣．2005．岩体力学［M］．北京：中国地质大学出版社，32-44
刘泽容，信荃麟，王永杰，等．1988．山东惠民凹陷西部第三纪火山岩油气藏形成条件与分布规律［J］．地质学报，（3）：210-222
柳成志，于海山．2010．烃碱流体对兴城地区营一段火山岩储集层的改造作用［J］．新疆石油地质，31（2）：135-138
柳成志，刘红，王翔飞，等．2011．马朗凹陷哈尔加乌组火山岩储集层特征［J］．新疆石油地质，32（6）:589-593
卢家烂．1995．干酪根成烃模拟实验及其应用［M］//傅家谟，秦匡宗．干酪根地球化学．广州：广东科技出版社，471-519
卢双舫．1996．有机质成烃动力学理论及其应用［M］．北京：石油工业出版社
卢双舫，赵锡嘏，黄第藩，等．1994．煤成烃的生成和运移的模拟实验研究Ⅰ．气态和液态产物特征及其演化［J］．石油实验地质，（03）：290-302
卢双舫，王民，王跃文，等．2006．密闭体系与开放体系模拟实验结果的比较研究及其意义［J］．沉积学报，24（2）：282-288
卢双舫，钟宁宁，薛海涛，等．2007．碳酸盐岩有机质二次生烃的化学动力学研究及其意义［J］．中国科学（D辑：地球科学），（02）：178-184
卢双舫，孙慧，王伟明，等．2010．松辽盆地南部深层火山岩气藏成藏主控因素［J］．大庆石油学院学报，34（5）：42-47
罗明高，欧阳可悦，马压西，等．2011．北三台地区石炭系火成岩储集层物性非均质特征及影响因素［J］．新疆石油地质，32（2）：112-114
罗群．1999．"断裂控烃理论"概要［J］．勘探家，4（3）：10-11
马昌前．1987．岩浆对流作用及其岩石学意义［J］．地质地球化学，3：24-28
马文平，丁云杰，李永旺，等．2001．费托合成反应动力学研究的回顾与展望［J］．天然气化工，26（3）：42-47
孟吉祥，李术元，郭绍辉．1994．水介质热压模拟法研究干酪根的催化生烃特征//第五届全国有机地球化学会议论文集．南京：江苏科学技术出版社
米敬奎，张水昌，陶士振，等．2008．松辽盆地南部长岭断陷 CO_2 成因与成藏期研究［J］．天然气地球科学，19（4）：452-456
米敬奎，张水昌，王晓梅，等．2009a．松辽盆地高含 CO_2 气藏储层包裹体气体的地球化学特征［J］．石油与天然气地质，30（1）：68-73
米敬奎，张水昌，王晓梅．2009b．不同类型生烃模拟实验方法对比与关键技术［J］．石油实验地质，

31（4）：409-414
彭宁，崔秀梅，崔周旗，等．2010. 冀中坳陷古近系-新近系火成岩岩相特征与油气成藏模式［J］．油气地质与采收率，(2)：17-20
秦匡宗，石卫，郭绍辉．1995. 煤在水介质下热压模拟的实验研究［M］．北京：石油工业出版社，55-82
任战利．2000. 中国北方沉积盆地热演化史的对比［J］．石油与天然气地质，21（1）：33-37
单玄龙，衣健，李建忠，等．2010. 松辽盆地三台地区营城组珍珠岩地球化学特征及地质意义［J］．岩石学报，26（1）：93-98
邵奎政，梁晓东．2002. 徐家围子地区天然气成藏期次及其模式［J］．大庆石油地质与开发，21（6）：4-5
石卫，郭绍辉，秦匡宗．1994. 烃源岩在水介质下热压模拟的研究//第五届全国有机地球化学会议论文集．南京：江苏科学技术出版社，238
帅燕华，张水昌，陈建平，等．2008. 海相成熟干酪根生气潜力评价方法研究［J］．地质学报，82（8）：1129-1134
宋岩，徐永昌．2005. 天然气成因类型及其鉴别［J］．石油勘探与开发，32（4）：24-29
孙国强，史基安，张顺存，等．2012. 准噶尔盆地中拐地区石炭—二叠纪火山岩特征及构造环境分析［J］．47（4）：993-1004
孙永革，傅家谟，刘德汉，等．1995. 火山活动对沉积有机质演化的影响及其油气地质意义——以辽河盆地东部凹陷为例［J］．科学通报，40（11）：1019-1022
唐华风，王璞珺，李瑞磊，等．2012. 松辽盆地断陷层火山机构类型及其气藏特征［J］．吉林大学学报（地球科学版），42（3）：583-589
陶奎元，毛建仁，邢光福，等．1999. 中国东部燕山期火山岩浆大爆发［J］．矿床地质，(04)：316-322
陶士振，刘德良，杨晓勇，等．1999. 无机成因二氧化碳气的类型分布和成藏控制条件［J］．中国区域地质，(02)：107-111
汪本善，刘德汉，张丽洁，等．1980. 渤海湾盆地黄骅拗陷石油演化特征及人工模拟实验研究［J］．石油学报，1（1）：43-51
王昌桂，杨飚．2002. 三塘湖盆地油气勘探前景［J］．新疆石油地质，23（2）：92-94
王德滋，赵广涛，邱检生．1995. 中国东部晚中生代A型花岗岩的构造制约［J］．高校地质学报，(02)：13-21
王对兴．2006. 大庆油田徐家围子地区火山岩岩石学特征及形成环境研究［D］．中国地质大学（北京）
王宏语，康西栋，李军，等．2002. 松辽盆地徐家围子地区深层异常压力分布及其成因［J］．吉林大学学报（地球科学版），32（1）：41-42
王剑秋，乌立言，钱家麟．1984. 应用岩石评价仪进行生油岩热解生烃动力学研究［J］．华东石油学院学报，8（1）：1-9
王京红，靳久强，朱如凯，等．2011. 新疆北部石炭系火山岩风化壳有效储层特征及分布规律［J］．石油学报，32（5）：757-766
王可勇，任云生，程新民，等．2004. 黑龙江团结沟金矿床流体包裹体研究及矿床成因［J］．大地构造与成矿学，28（2）：171-178
王民，卢双舫，薛海涛，等．2010. 岩浆侵入体对有机质生烃（成熟）作用的影响及数值模拟［J］．岩石学报，26（1）：177-184

王鹏，罗明高，杜洋，等 . 2010. 北三台地区石炭系火山岩储层控制因素研究［J］. 特种油气藏，17（3）：41-44

王璞珺，冯志强 . 2008. 盆地火山岩［M］. 北京：科学出版社

王伟锋，高斌，卫平生，等 . 2012. 火山岩储层特征与油气成藏模式研究［J］. 地球物理学进展，27（6）：2478-2487

王先彬，李春园，陈践发，等 . 1997. 论非生物成因天然气［J］. 科学通报，42（12）：1233-1241

王振奇，郑勇，支东明，等 . 2010. 车排子地区石炭系油气成藏模式［J］. 石油天然气学报（江汉石油学院学报），32（2）：21-25

王政军，马乾，赵忠新 . 2012. 南堡凹陷深层火山岩天然气成因与成藏模式［J］. 石油学报，33（5）：772-779

吴江山，张保银，刘瑞红，2003. 惠民凹陷东部火成岩披覆油藏特征及构造描述［J］. 特种油气藏，10（1）：43-46

吴晓智，周路，杨迪生，等 . 2012. 准噶尔盆地北三台凸起构造演化与油气成藏［J］. 地质科学，47（3）：653-668

吴聿元，秦黎明，刘池阳，等 . 2010. 长岭断陷火山岩储层流体包裹体分布特征及天然气成藏期次［J］. 天然气工业，30（2）：26-31

吴志雄，王惠，汤智灵，等 . 2011. 准噶尔盆地西北缘中拐一五八区石炭系—二叠系火山岩储层控制因素分析［J］. 天然气地球科学，22（6）：1034-1039

伍新和，王成善，伊海生，等 . 2004. 新疆三塘湖盆地烃源岩特征［J］. 成都理工大学学报（自然科学版），31（5）：511-516

肖之华，胡国艺，李志生 . 2007. 封闭体系下压力变化对烃源岩产气率的影响［J］. 天然气地球化学，118（2）：284-288

肖之华，胡国艺，李志生 . 2008. 从烃源岩模拟实验探讨其生烃特征［J］. 天然气地球化学，19（4）:544-548

熊益学，郗爱华，冉启全，等 . 2012. 火山岩原生储集空间成因及其四阶段演化——以准噶尔盆地滴西地区石炭系为例［J］. 中国地质，39（1）：146-153

徐永昌，等 . 1994. 天然气成因理论及应用［M］. 北京：科学出版社

徐永昌，等 . 1995. 天然气地球化学文集［M］. 兰州：甘肃科学技术出版社

闫全人，高山林，王宗起，等 . 2002. 松辽盆地火山岩的同位素年代、地球化学特征及意义［J］. 地球化学，31（2）：169-179

闫相宾，金晓辉，李丽娜，等 . 2009. 松辽盆地长岭断陷火山活动与烃源岩成烃史分析［J］. 地质论评，55（2）：225-230

杨峰平 . 2005. 松辽盆地徐家围子断陷火山岩及天然气成藏研究［D］. 中国地质大学（北京）

杨辉，张研，邹才能，等 . 2006. 松辽盆地深层火山岩天然气勘探方向［J］. 石油勘探与开发，33（3）：274-281

杨珍祥，梁浩，罗权生 . 2010. 三塘湖盆地石炭系火山岩储集性能［J］. 新疆石油地质，31（3）：254-256

翟庆龙 . 2003. 火山热液活动对烃源岩生排烃的作用—以东营凹陷西部沙三段为例［J］. 油气地质与采收率，10（3）：11-13

张大江，姚焕新，王培荣，等 . 1995. 褐煤中干酪根、腐殖酸、抽提物对成油的作用和贡献［M］. 北京：石油工业出版社，1-32

张国防，吴德云，马金钰 . 1993. 盐湖相石油的早期生成［J］. 石油勘探与开发，20（5）：42-48

张厚福，方朝亮，张枝焕，等．1999. 石油地质学［M］．北京：石油工业出版社
张惠之，刘德汉，傅家谟，等．1986. 不同煤岩组分的热解成气实验研究［M］//中国科学院地球化学研究所年报．贵州：贵州人民出版社，150-152
张健，石耀霖．1997. 沉积盆地岩浆侵入的热模拟［J］．地球物理学进展，12（3）：53-64
张金亮．1998. 利用流体包裹体研究油藏注入史［J］．西安石油学院学报，13（4）：1-4
张雷，卢双舫，张学娟，等．2010. 松辽盆地三肇地区扶杨油层油气成藏过程主控因素及成藏模式［J］. 吉林大学学报（地球科学版），40（3）：491-502
张敏，林壬子．1994. 试论轻烃形成过程中过渡金属的催化作用［J］．地质科技情报，13（3）：75-80
张明洁．2000. 准噶尔盆地石炭系统圈闭特征［J］．新疆石油学院学报，12（1）：1-5
张芮．2012. 中国沉积盆地火山岩油气藏形成与分布［J］．科技风，(20)：219
张顺存，姚卫江，邢成志，等．2011. 准噶尔盆地西北缘中拐凸起-五、八区火山岩岩相特征［J］．新疆石油地质，32（1）：7-10
张文正，杨华，彭平安，等．2009. 晚三叠世火山活动对鄂尔多斯盆地长7优质烃源岩发育的影响［J］．地球化学，38（6）：573-582
张艳，舒萍，王璞珺，郑常青，等．2007. 陆上与水下喷发火山岩的区别及其对储层的影响——以松辽盆地营城组为例［J］．吉林大学学报（地球科学版），37（6）：1259-1265
张耀夫，陈鹤年，巫全淮，等．1990. 东南沿海珍珠岩矿床及其成因［J］．中国地质科学院南京地质矿产研究所所刊，11（1）：75-90
张勇，唐勇，查明，等．2013. 克拉美丽气田石炭系火山机构与大型天然气藏［J］．新疆石油地质，34（1）：50-52
张元厚，毛景文，李宗彦，等．2009. 岩浆热液系统中矿床类型、特征及其在勘探中的应用［J］．地质学报，83（3）：399-425
张振才，史习慧，等．1987. 冀中石炭—二叠系煤岩特征及生油气潜力．煤成气地质研究［M］．北京：石油工业出版社，42-52
章凤奇，陈汉林，董传万．2006. 升平-兴城气田营城组火山岩储层流体包裹体研究［J］．矿物岩石地球化学通报，25（1）：92-97
赵孟军，王绪龙，达江，等．2011. 准噶尔盆地滴南凸起-五彩湾地区天然气成因与成藏过程分析［J］．天然气地球科学，22（4）：595-601
赵文智，张光亚，王红军，等．2003. 中国叠合含油气盆地石油地质基本特征与研究方法［J］．石油勘探与开发，(02)：1-8
赵文智，邹才能，李建忠，等．2009. 中国陆上东西部地区火山岩成藏比较研究与意义［J］．石油勘探与开发，36（1）：1-11
赵文智，王红军，徐春春，等．2010. 川中地区须家河组天然气藏大范围成藏机理与富集条件［J］．石油勘探与开发，(02)：146-157
赵艳军，鲍志东，付晶，等．2010. 油气成藏过程对低对比度油层形成的控制作用［J］．地质科技情报，29（2）：71-76
赵越，杨振宇，马醒华．1994. 东亚大地构造发展的重要转折［J］．地质科学，(02)：105-119
支东明，贾春明，姚卫江，等．2010. 准噶尔盆地车排子地区火山岩油气成藏主控因素［J］．石油天然气学报，(2)：66-169
周庆华，冯子辉，门广田．2007. 松辽盆地北部徐家围子断陷现今地温特征及其与天然气生成关系研究［J］．中国科学（D辑），(SⅡ)：177-188

朱映康．2011．徐家围子断陷火山岩气藏成藏机制及有利区预测［J］．吉林大学学报（地球科学版），1：1-9

Allred V D. 1966. Kinetics of oil shale pyrolyis［J］. Chemical Engineering Progress, 62（8）：55-60

Alomon W R, Johns W D. 1975. Petroleum forming reactions：The mechanism and rate of clay catalyzed fatty acid decarboxiolation［J］. Advance of Organic Geochemistry, 157-170

Annen C, Sparks R S J. 2002. Effects of repetitive emplacement of basaltic intrusions on thermal evolution and melt generation in the crust［J］. Earth and Planetary Science Letters, 457（3）：111-127

Araújo L M, Trigüis J A, Cerqueira J R, et al. 2000. The atypical permian petroleum system of the Paraná Basin, Brazil［M］. AAPG Memoir, 377-402

Barker C E, Bone Y, Lewan M D. 1998. Fluid inclusion and vitrinite-reflectance geothermometry compared to heat-flow models of maximum paleotemperature next to dikes, western onshore Gippsland Basin, Australia［J］. International Journal of Coal Geology, 37（1-2）：73-111

Behar F, Kressmann S, Rudkiewicz J L, et al. 1992. Experimental simulation in a confined system and kinetic modelling of kerogen and oil cracking［J］. Organic Geochemistry, 19（1-3）：173-189

Berner U, Faber E, Stahl W. 1992. Mathematical simulation of the carbon isotopic fraction between huminitic coals and related methane［J］. Chemical Geology, 94：315-339

Berner U, Faber E, Scheeder G, et al. 1995. Primary cracking of algal and landplant kerogens：kinetic models of isotope variations in methane, ethane and propane［J］. Chemical Geology, 126：233-245

Bottinga Y, Weill D F. 1972. The viscosity of magmatic silicate liquids; a model calculation［J］. American Journal of Science, 272（5）：438-475

Braun R L, Brurnham A K, Reynolds J G, et al. 1990. Methamatical model of oil generation, degradation and expulsion［J］. Energy & Fuels, 4（2）：132-146

Brooks J D, Smith J W. 1969. The diagenesis of plant lipids during the formation of coal, petroleum and natural gas; Ⅱ, Coalification and the formation of oil and gas in the Gippsland Basin［J］. Geochimica et Cosmochimica Acta, 33（10）：1183-1194

Burnham A K. 1990. Oil evolution from a self-purging reactor：kinetics and composition at 2℃/min and 2℃/h［J］. Energy Fuels, 5（1）：205-214

Burnham A K, Braun R L. 1990. Development of a detailed model of petroleum formation, destruction, and expulsion from lacustrine and marine source rocks［J］. Organic Geochemistry, 16（1-3）：27-39

Burnham A K, Braun R L, Gregg H R, et al. 1987. Comparison of methods for measuring kerogen pyrolysis rates and fitting kinetic parameters［J］. Energy & Fuels, 1（6）：452-458

Burnham A K, Braun R L, Samoun A M. 1988. Further comparison of methods for measuring kerogen pyrolysis rates and fitting kinetic parameters［J］. Organic Geochemistry, 13（4）：839-845

Burnham A K, Schmidt B J, Braun R L. 1995. A test of the parallel reaction model using kinetic measurements on hydrous pyrolysis residues［J］. Organic Geochemistry, 23（10）：931-939

Carslaw H S, Gaegar J C. 1959. Conduction of Heat in Solids［M］. New York：Oxford University Press

Chen Z, Yan H, Li J S, et al. 1999. Relationship between Tertiary volcanic rocks and hydrocarbons in the Liaohe Basin, People's Republic of China［J］. AAPG Bulletin, 83（6）：1004-1014

Cooper J R, Crelling J C, Rimmer S M, et al. 2007. Coal metamorphism by igneous intrusion in the Raton Basin, CO and NM：Implications for generation of volatiles［J］. International Journal of Coal Geology, 106（1）：59-77

Cramer B, Faber E, Gerling P, et al. 2001. Reaction kinetics of stable carbon isotope in natural gas-insights from dry, open system pyrolysis experiments [J]. Energy & Fuels, 15: 517-532

Dieckmann V, Ondrak R, Cramer B, et al. 2006. Deep basin gas: New insights from kinetic modelling and isotopic fractionation in deep- formed gas precursors [J]. Marine and Petroleum Geology, 23 (2): 183-199

Dow W. 1977. Kerogen studies and geological interpretations. Journal of Geochemical Exploration, 47 (1): 79-99

Durand B, Monin J C. 1980. Elemental analysis of kerogens (C、H、O、N、S、Fe) [J]. Kerogen: Paris, Editions: Technip: 113-142

Eisma E, Jurg J W. 1967. Fundamental aspects of the diagenesis of organic matter and the formation of hydrocarbons [C] //Proceedings of 7th world Petroleum Congress. London: Applied Sciece Pub, 2: 61-72

Embley R W, Chadwick W W, Baker E T, et al. 2006. Long-term eruptive activity at a submarine arc volcano [J]. Nature, 441 (7092): 494-497

Erdmann M, Horsfield B. 2006. Enhanced late gas generation potential of petroleum source rocks via recombination reactions: Evidence from the Norwegian North Sea [J]. Geochimica et Cosmochimica Acta, 70 (15): 3943-3956

Espitalié J. 1986. Use of T_{max} as a maturation index for different types of organic matter. Comparison with vitrinite reflectance [M] //Thermal Modelling in Sedimentary Basins. Editions Technip Paris: 475-796

Feng Z Q. 2008. Volcanic rocks as prolific gas reservoir: A case study from the Qingshen gas field in the Songliao Basin, NE China [J]. Marine and Petroleum Geology, 35 (2): 129-142

Finkelman R B, Bostick N H, Dulong F T, et al. 1998. Influence of an igneous intrusion on the inorganic geochemistry of a bituminous coal from Pitkin County, Colorado [J]. International Journal of Coal Geology, 36 (3): 243-258

Fitzgerald D, Van Krevelen D W. 1959. Chemical structure and properties of coal XXI-The kinetics of coal carbonization [J]. Fuel, 38: 17

Fjeldskaar W, Helset H M, Johansen H, et al. 2008. Thermal modeling of magmatic intrusions in the Gjallar Ridge, Norwegian Sea: implications for vitrinite reflectance and hydrocarbon maturation [J]. Basin Research, (1): 143-159

Galushkin Y I. 1997. Thermal effects of igneous intrusions on maturity of organic matter: A possible mechanism of intrusion [J]. Organic Geochemistry, 26 (11-12): 645-658

Gaschnitz R, Krooss B M, Gerling P, et al. 2001. On- line pyrolysis- GC- IRMS: isotope fractionation of thermally generated gases from coals [J]. Fuel, 80 (15): 2139-2153

George S C. 1992. Effect of igneous intrusion on the organic geochemistry of a siltstone and an oil shale in the Midland Valley of Scotland [J]. Organic Geochemistry, 18 (5): 705-723

German C R, Parson L M. 1998. Distributions of hydrothermal activity along the Mid- Atlantic Ridge: interplay of magmatic and tectonic controls [J]. Earth and Planetary Science Letters, 160 (3): 327-341

Gurba L W, Weber C R. 2001. Effects of igneous intrusions on coalbed methane potential, Gunnedah Basin, Australia [J]. International Journal of Coal Geology, 67 (1): 127-137

Henderson W, Eglinton G, Simmods P, et al. 1968. Thermal alteration as a contributory process to the genesis of petroleum [J]. Nature, 219 (5158): 1012-1016

Horsfield B, Douglas A G. 1980. The influence of minerals on the pyrolysis of kerogens [J]. Geochimica et Cosmochimica Acta, 44 (8): 1119-1131

Hort M, Spohn T. 1991. Crystallization calculations for a binary melt cooling at constant rates of heat removal:

implications for the crystallization of magma bodies [J]. Earth and Planetary Science Letters, 107 (3): 463-474

Hunt J M. 1979. Petroleum geochemistry and geology [M]. Sanfrancisco, Calif, United States, W H Freeman and Co, 1-615

Hurter S J, Pollack H N. 1994. Effect of the Cretaceous Serra Geral igneous event on the temperatures and heat flow of the Parana Basin, southern Brazil [J]. Basin Research, 6 (4): 239-244

Ishiwatari R, Ishiwatari M, Rohrback B G, et al. 1977. Thermal alteration experiments on organic matter from recent marine sediments in relation to petroleum genesis [J]. Geochimica et Cosmochimica Acta, 41 (6): 815-828

Jaeger J C. 1957. The temperature in the neighborhood of a cooling intrusive sheet [J]. American Journal of Science, 255: 306-318

Jaeger J C. 1964. Thermal Effects of Intrusions [J]. Reviews of Geophysics, 2 (3): 443-466

Jarvie D M. 1991. Factors affecting Rock-Eval derived kinetic parameters [J]. Chemical Geology, 93 (1–2): 79-99

Jenden P D, Kaplan I R, Hilton D R, et al. 1993. Abiogenic hydrocarbons and mantle helium in oil and gas fields [J]. United States Geological Survey, Professional Paper; (United States), 1570

Jokat W, Fechner N, Heesemann B, et al. 1992. Marine Seismic//Miller H (ed.). The Expedition ANTARKTIS-X of RV Polarstern 1992, Report of Legs ANT-X/1a and 2, Berichte Zur Polarforschung, 152, 91-111 (in German)

Katz B J. 1983. limitations of "Rock-Eval" pyrolysis for typing organic matter [J]. Organic Geochemistry, 4 (3/4): 195-199

Kazarinov V V, Homenko A V. 1981. Effect of traps on oil and gas bearing Paleozoic rocks of Lena-Tungussian region. In Litologiya I geohimiya neftegasonosnyh tolsch Sibirskoy platformy [J]. Moscow, Nauka, 113-117

Keating G N, Geissman J W, Zyvoloski G A. 2002. Multiphase modeling of contact metamorphic systems and application to transitional geomagnetic fields [J]. Earth and Planetary Science Letters, 198 (3): 429-448

Klomp U C, Wright P A. 1990. A new method for the measurement of kinetic parameters of hydrocarbon generation from source rocks [J]. Organic Geochemistry, 16 (1–3): 49-60

Koning T. 2003. Oil and gas production from basement reservoirs: examples from Indonesia, USA and Venezuela [J]. Geological Society, London, Special Publications, 214: 83-92

Kontorovich A E, Surkov V C, Trofimuk A A, et al. 1981. Oil and gas geology of West Siberian Platform [J]. Moscow, Nedra, 550

Lafrance B, Mueller W U, Daigneault R, et al. 2000. Evolution of a submerged composite arc volcano: volcanology and geochemistry of the Normétal volcanic complex, Abitibi greenstone belt, Québec, Canada [J]. Precambrian Research, 101 (2): 277-311

Lerche I. 1988. Inversion of multiple thermal indicators: Quantitative methods of determining paleoheat flux and geological parameters. II. Theoretical development for chemical, physical, and geological parameters [J]. Mathematical Geology, 20 (2): 73-96

Lerche I, Yarzab R F, Kendall C G S C. 1984. Determination of paleoheat flux from vitrinite reflectance data [J]. AAPG Bulletin, 68 (11): 1704-1717

Lewan M D. 1993. Laboratory simulation of petroleum formation: hydrous pyrolysis [M]. New York:

Plenum, 419-442

Lewan M D. 1985. Evaluation of petroleum generation by hydrous pyrolysis experimentation [J]. Philosophical Transactions of the Royal Society, London, Series A, (315): 123-134

Lewan M D, Williams I A. 1987. Evaluation of petroleum generation from resinites by hydrous pyrolysis [J]. AAPG Bulletin, 71 (2): 207

Lovering T S. 1935. Theory of heat condition applied to geological problems [J]. Geological Society of America Bulletin, 46 (1): 69-94

Magoon L B. 1987. The petroleum system-a classification scheme for research, resource assement and exploration [J]. AAPG Bulletin, 71 (5): 587

Mango F D. 1992. Transition metal catalysis in the generation of petroleum and natural gas [J]. Geochimica et Cosmochimica Acta, 56 (1): 553-555

Mango F D. 1996. Transition metal catalysis in the generation of natural gas [J]. Organic Geochemistry, 24 (10):977-984

Mango F D, Hightower J W, James A T. 1994. Role of transition-metal catalysis in the formation of natural gas [J]. Nature, 368 (6471): 536-538

Mastalerz M, Drobniak A, Schimmelmann A. 2009. Changes in optical properties, chemistry, and micropore and mesopore characteristics of bituminous coal at the contact with dikes in the Illinois Basin [J]. International Journal of Coal Geology, 77 (3-4): 310-319

Mitsuhata Y, Matsuo K, Minegishi M. 1999. Magnetotelluric survey for exploration of a volcanic-rock reservoir in the Yurihara oil and gas field, Japan [J]. Geophysical Prospecting, 47 (2): 195-218

Orem W H, Neuzil S G, Lerch H E, et al. 1996. Experiment early-stage coalification of a peat sample and a peatified wood sample from Indonesia [J]. Org Geochemistry, 24 (2): 111-125

Othman R, Arouri K R, Ward C R, et al. 2001. Oil generation by igneous intrusions in the northern Gunnedah Basin, Australia [J]. Organic Geochemistry, 31 (3): 177-202

Palinkaš L A, Bermanec V, Borojević Šoštarić S, et al. 2008. Volcanic facies analysis of a subaqueous basalt lava-flow complex at Hruškovec, NW Croatia—Evidence of advanced rifting in the Tethyan domain [J]. Journal of Volcanology and Geothermal Research, 178 (4): 644-656

Parfitt E A, Gregg T K P, Smith D K. 2002. A comparison between subaerial and submarine eruptions at Kilauea Volcano, Hawaii: implications for the thermal viability of lateral feeder dikes [J]. Journal of Volcanology and Geothermal Research, 113 (1): 213-242

Peters K E. 1986. Guidelines for evaluating petroleum source rock using programmed pyrolysis [J]. AAPG Bull, 70 (3): 318-329

Petford N, McCaffrey K J W. 2003. Hydrocarbons in Crystalline Rocks (Geological Society Special Publication) [J]. Published by Geological Society of London

Pirajno F, Smithies R H. 1992. The FeO/ (FeO+ MgO) ratio of tourmaline: a useful indicator of spatial variations in granite-related hydrothermal mineral deposits [J]. Journal of Geochemical Exploration, 42 (2): 371-381

Pitt G J. 1962. The Kinetics of the evolution of volatile products from coal [J]. Fuel, 41: 267-274

Potter J, Konnerup-Madsen J. 2003. A review of the occurrence and origin of abiogenic hydrocarbons in igneous rocks [J]. Geological Society, London, Special Publications, 214: 151-173

Quigley T M, Mackenzie A S. 1988. The temperature of oil and gas formation in the sub-surface [J]. Nature, 333 (9): 549-553

Raymond A C, Murchison D G. 1988. Development of organic maturation in the thermal aureoles of sills and its relation to sediment compaction [J] . Fuel, 67 (12): 1599-1608

Raymond A C, Murchison D G. 1989. Organic maturation and its timing in a Carboniferous sequence in the central Midland Valley of Scotland: comparisons with northern England [J] . Fuel, 68 (3): 328-334

Reuter J H, Perdue E M. 1977. Importance of heavy metal-organic matter interactions in natural waters [J] . Geochimica et Cosmochimica Acta, 41 (2): 325-334

Reverdatto V V, Polyansky O P. 2004. Modelling of the thermal history of metamorphic zoning in the Connemara region (western Ireland) [J] . Tectonophysics, 379 (1): 77-91

Rodnova E N. 1978. Change in collector attributes of sediments in contact zone of traps in central part of nosty Tungusskoy sineklize [J] . Trudy Vsegei, Leningard, 308: 18-133

Rodriguez M F, Villar H J, Baudino R, et al. 2009. Modeling an atypical petroleum system: A case study of hydrocarbon generation, migration and accumulation related to igneous intrusions in the Neuquen Basin, Argentina [J] . Marine and Petroleum Geology, 26 (4): 590-605

Saxby J D, Riley K W. 1984. Petroleum generation by laboratory-scale pyrolysis over six years simualting conditions in a subsiding basin [J] . Nature, 308 (8): 177-179

Schaefer R G, Schenk H J, Hardelauf H, et al. 1990. Determination of gross kinetic parameters for petroleum formation from Jurassic source rocks of different maturity levels by means of laboratory experiments [J] . Organic Geochemistry, 16 (1): 115-120

Schimmelmann A, Mastalerz M, Gao L, et al. 2009. Dike intrusions into bituminous coal, Illinois Basin: H, C, N, O isotopic responses to rapid and brief heating [J] . Geochimica et Cosmochimica Acta, 73 (20): 6264-6281

Schoell M. 1988. Multiple origins of methane in the earth [J] . Chemical Geology, 71 (1): 1-10

Schutter S R. 2003. Occurrences of hydrocarbons in and around igneous rocks [J] . Geological Society, London, Special Publications, 214 (1): 35-68

Seghedi I, Downes H. 2011. Geochemistry and tectonic development of Cenozoic magmatism in the Carpathian - Pannonian region [J] . Gondwana Research, 20 (4): 655-672

Simoneit B R T, Brenner S, Peters K E, et al. 1978. Thermal alteration of Cretaceous black shale by basaltic intrusions in the Eastern Atlantic [J] . Nature, 273: 501-504

Simoneit B R T, Brenner S, Peters K E, et al. 1981. Thermal alteration of Cretaceous black shale by diabase intrusions in the Eastern Atlantic—II. Effects on bitumen and kerogen [J] . Geochimica et Cosmochimica Acta, 45 (9): 1581-1602

Sruoga P, Rubinstein N. 2007. Processes controlling porosity and permeability in volcanic reservoirs from the Austral and Neuquén basins, Argentina [J] . AAPG Bulletin, 91 (1): 115-129

Stagpoole V, Funnell R. 2001. Arc magmatism and hydrocarbon generation in the northern Taranaki Basin, New Zealand. Petroleum Geoscience, 7 (3): 255-267

Subramaniam B, McHugh M A. 1986. Reactions in supercritical fluids- a review [J] . Industrial & Engineering Chemistry Process Design and Development, 25 (1): 1-12

Sun Y G, Fu J M, Liu D H, et al. 1995. Effect of volcanism on maturation of sedimentary organic matter and its significance for hydrocarbon generation, a case: East Sag of Liaohe Basin [J] . Chinese Science Bulletin, 40 (11): 1019-1022 (in Chinese with English abstract)

Takeda N, Sato S, Machihara T. 1990. Study of petroleum generation by compaction pyrolysis—I. Construction of a novel pyrolysis system with compaction and expulsion of pyrolyzate from source rock [J] . Organic Geochemistry, 16 (1): 143-153

Tang Y, Perry J K, Jenden P D, et al. 2000. Mathematical modeling of stable carbon isotope ratios in natural gases [J]. Geochimica et Cosmochimica Acta, 64 (15): 2673-2687

Thorpe A N, Senftle F E, Finkelman R B, et al. 1998. Change in the magnetic properties of bituminous coal intruded by an igneous dike, Dutch Creek Mine, Pitkin County, Colorado [J]. International Journal of Coal Geology, 36 (3): 243-258

Tissot B. 1969. Premiéres données sur les mécanismes et la cinétique de la formation du pétrole dans les bassins sédiments. Simulation d'un schéma réactionnel sur ordinateur [J]. Rev Inst Fr Pét, 24: 470-501

Ungerer P. 1990. State of the art of research in kinetic modelling of oil formation and expulsion [J]. Organic Geochemistry, 16 (1–3): 1-25

Vassayevich N B, Burlin Y K, Konyukhov A I, et al. 1976. The role of clays in oil formation [J]. Internet Geology Review, 18 (2): 125-134

Verati C, Donato P, Prieur D, et al. 1999. Evidence of bacterial activity from micrometer-scale layer analyses of black-smoker sulfide structures (Pito Seamount Site, Easter Microplate) [J]. Chemical Geology, 158 (3-4): 257-269

Wang M, Lu S F, Xue H T, et al. 2011. Hydrocarbon generation kinetic characteristics from different types of organic matter [J]. Acta Geologica Sinica-English Edition, 85 (3): 702-711

Wang X, Lerche I, Walters C. 1989. The effect of igneous intrusive bodies on sedimentary thermal maturity [J]. Organic Geochemistry, 36 (3): 303-307

Zhang X J, De Jong W, Preto F. 2009. Estimating kinetic parameters in TGA using B-spline smoothing and the Friedman method [J]. Biomass and Bioenergy, 33 (10): 1435-1441

Zou C N, Hou L H, Tao S Z, et al. 2012. "Hydrocarbon accumulation mechanism and structure of large-scale volcanic weatherin-crust of scale volcanic weathering mthe CarlDa onLilflerous in northern Xinjiang, China" [J]. Science China-Earth Sciences, 55 (2): 221-235

结　语

本书是在国家重点基础研究发展计划（973计划）项目“火山岩油气藏的形成机制与分布规律”（2009CB219300）大力资助下完成的，属于项目之下06课题（2009CB219306）；主要研究目标为揭示典型火山岩油气藏的成藏机理；定量评价火山作用对成烃的热效应；估算我国火山岩油气资源潜力。课题组通过对近四年来在火山作用的成烃效应、火山流体的成藏贡献、火山作用对成藏建造及改造与破坏作用、我国火山岩储层油气领域资源潜力四方面的研究成果进行总结，编著本书；主要取得三项创新性研究成果：

（1）通过火山作用侵入、喷发状态成烃热效应模拟，建立火山作用热效应理论模型与定量表征方法，分别建立侵入体、喷发岩热效应成油、成气热效应理论方程；基本实现火山作用成烃定量评价；评价结果证明火山侵入作用明显。

（2）首次建立火山流体成烃实验装置，确定火山流体的成烃作用评价流程，基本实现火山流体促烃产烃率定性评价，评价结果证明火山流体成烃作用有限。

（3）通过典型火山岩油气藏解剖，初步建立我国火山岩储层油气两种成藏模式：①构造背景下岩性成藏模式，具生烃中心和油源断层约束下的火山机构控藏SFE成藏条件（即近源（S）、断层运移（F）、机构控储（E））；②改造条件下的风化壳地层岩性成藏模式，具生烃中心和油源断层约束下的不整合和岩相控藏SFUL成藏机理（即近源（S）、断层运移（F）、不整合控带（U）、岩相控储（L））；我国火山岩具有“相-面控储、断-壳控运、复式聚集成藏”基本规律。

研究课题组围绕“火山岩储层成藏机理”这一基础科学问题开展了有意义的探索性研究，重点分析了我国火山岩储层油气藏成藏物质条件、基本要素、控制因素、成藏过程、成藏组合特征，获得了较为客观的地质认识，基本明确了我国火山岩油气藏地质理论研究方向与重点勘探方向，揭示了火山作用成烃、成藏及成藏机理，这些研究成果必将对我国火山岩领域油气勘探起到良好推动作用。

本书稿在编写过程中，得到总项目与相关课题领导和专家的关怀、指导与鼎立协助，同时也得到中国石油勘探开发研究院地质所与实验中心、大庆油田公司、新疆油田公司、吐哈油田公司、吉林油田公司、华北油田公司、辽河油田公司、大港油田公司、冀东油田公司、中国科学院太原煤炭化工研究所与广州地球化学研究所、东北石油大学领导与相关科研工作者的大力支持，在此一并表示感谢。